格蠹新编

软件调试以战说法

张银奎◎著

清華大學出版社
北京

内容简介

本书通过63个真实案例，以故事形式深度聚焦软件调试这一关键技术，直面发生在真实产品中的真实故障，并介绍定位故障的调试工具和方法。案例中涉及的硬件包括经典的x86和新兴的ARM；涉及的软件平台主要是GNU/Linux系统；涉及的上层软件包括Chrome浏览器、英伟达GPU驱动、微信、腾讯会议、阿里旺旺、银行软件等。书中涵盖常见的各类软件问题，包括应用程序崩溃、多线程死锁、驱动程序故障、系统级挂死和崩溃等。书中设计了一些动手试验，以供读者上手小试牛刀。

本书适合各个阶段的软件调试工程师参考阅读。

图书在版编目（CIP）数据

格蠹新编 ： 软件调试以战说法 / 张银奎著. --北京 ： 清华大学出版社，2025. 7. -- ISBN 978-7-302-69911-8

Ⅰ. TP311. 562

中国国家版本馆CIP数据核字第202513XP64号

责任编辑： 王中英
封面设计： 杨玉兰
责任校对： 徐俊伟
责任印制： 杨 艳

出版发行： 清华大学出版社
网　　址：https://www.tup.com.cn，https://www.wqxuetang.com
地　　址：北京清华大学学研大厦A座　　邮　　编：100084
社 总 机：010-83470000　　邮　　购：010-62786544
投稿与读者服务：010-62776969，c-service@tup.tsinghua.edu.cn
质 量 反 馈：010-62772015，zhiliang@tup.tsinghua.edu.cn
课 件 下 载：https://www.tup.com.cn，010-83470236

印 装 者： 三河市人民印务有限公司
经　　销： 全国新华书店
开　　本： 185mm×260mm　　**印　　张：** 23.75　　**字　　数：** 541千字
版　　次： 2025年8月第1版　　**印　　次：** 2025年8月第1次印刷
定　　价： 99.00元

产品编号：110597-01

推荐语

（按照姓氏拼音排序）

这本书难得地做到了两件事：一是把调试、排障、逆向等“底层活儿”写得既系统又生动；二是不仅讲技术，更传递了问题导向的思维方式。它不是简单的流水账，而是作者多年与系统“死磕”的现场笔记，内容硬核，案例真实，读完让人更想深入底层世界。

段钢　看雪学苑创始人

本书作者从实战案例中提炼调试方法和技巧，如抽丝剥茧；系统性解决复杂软件问题的过程，似庖丁解牛。本书是深入掌握软件调试的良师益友。

李建忠　全球机器学习技术大会主席，
CSDN 高级副总裁

本书暗含一条从调试入手“打怪升级”（格蠹致知）的修炼路径，从利用调试手段解决日常困扰，到以调试利器刺探深层漏洞和底层细节，再到御调试之剑在大规模系统软件的世界中自如穿梭。

中文的“调试”一词比英文的 Debug 含义更广，不但包含“捉虫”的字面意思，还包含调优测试等设计活动，其实正切合调试活动的实质。调试早已与软件设计和维护密不可分。细品书中的鲜活案例，体会其中的软件作者（不乏来自“大”公司的“大”软件）设计实现上的得失，在会心一笑、拍案叫绝之际，读者的软件设计功力和品味也将得到滋养。

本书出版时，以 LLM 为代表的 AI 新浪潮正席卷软件工业，而 Kerninghan 定律（书中的戴氏法则表达了类似的意思）仍适用：“人人都知道调试代码的难度是编写代码的两倍。所以如果你在写代码时用尽全力，那么你要如何调试它呢？”请读者朋友思考：如何确保 AI 生成的代码可调试？又如何调试“最聪明”的 AI 生成的代码？

杨文波　资深嵌入式 C++ 程序员，《现代 C++ 白皮书》《C++ Templates（第 2 版）》《C++ Core Guidelines 解析》等书译者

格物致知，方可通达。“格蠹”亦是如此。此书贵在“以战说法”，将深奥的系统原理，融合于一个个真实的案例之中。它带我们穿越崩溃、死锁与挂起的迷雾，抽丝剥茧，寻踪觅迹，不仅传授调试之“术”，更启迪我们洞察软件运行之“道”。

朱少民　CCF 杰出会员，《软件工程 3.0》作者

推荐序

Debug公案：痛并快乐着

Debug 是所有程序员痛苦与欢乐的来源，银奎聚焦于软件调试多年，他的《软件调试》一书已迭代两版，但现在的这本书太不同了。他之前写的技术书，和大多数技术书籍一样采取循序渐进讲技术点的方式，读者阅读和实践的过程就类似于机器学习，以此建立起扎实的知识体系。而这本书采取“以战说法”的方式，讲述 63 个真实调试的故事，阅读时就像阅读系列侦探小说一样引人入胜，而是否真正掌握了 debug 的思路和屠龙技，可以在每个案件里打磨，不同段位的“debugging 侦探”对每个案件的处理、分析还可以衍生出更多的知识点，太过瘾了！ 2024 年第一届 CCF 程序员大会，银奎演讲时把我和他都感慨过的一句话放到大屏幕上：“计算机科学是一门极度工程化的 hands-on 学科，和其他学科太不同了。”这也正是这本书最独特的地方，全部都是“hands-on”的实例和“当时”在各种压力条件下的解决之道——铁打的 bug，流水的调试，这本书对问题的描述和分析，才是历久弥新的精华所在。今天，AI 已经在编程中替代了很多人工工作，但是在各领风骚的 debugging 里，工程师的智慧闪烁其中，当然你会培养自己的 AI 华生或者黑斯廷斯。

说起程序调试，随着计算机体系结构从单机、单进程迅速发展到多线程、大规模并行和分布式系统，人类 bug 侦探的头脑极限，就面临着新工具和新方法的瓶颈，譬如多线程程序的线程安全隐患，就无法使用单步和设置断点的方式复现，必须采用统计方法的工具加以侦测；而面对大模型训练和推理这样大规模集群的并行应用，对错误的预测和定位是更大的挑战。曾经有很长时间，debugging 和测试都不被重视，但每一个殚精竭虑从调试中走过来的工程师，才真正知晓系统调试的重要性。吴伯凡老师曾经说过一个洞见：“一个组织里最重要的工作，往往是不被看见的。”这里，就包含着含辛茹苦的调试工作。

读这本书，我常想起 2001 年那个遥远的芝加哥郊区，同事们周末去市中心放松，我说："你们走，我总算有一整天可以 debug 了。"当然那不证明我有多精于调试，很有可能我只是个笨蛋侦探毛利小五郎，那时候我如果认识银奎君，就会做好笔记，留下自己的侦探故事。

何万青　清程极智合伙人 VP，前 Intel 首席工程师，
阿里云高性能计算负责人

理一分殊话格物——代序

很多人都上过大学，但是很遗憾，很多人都没有认真读过《大学》这本书。

或许是因为值得学习的东西太多了，至少对于像我这样的理科生来说，传统文化中的很多瑰宝被忽视了。比如，我们上了很多作文课，却没有认真读一读《文心雕龙》；我们读了很多的书，却没有读一下短小精悍的经典之作《大学》。

30 多岁后，我开始广泛阅读非技术类书籍，随着涉猎越来越广，终于有机会接触到那些本来被忽视的文化瑰宝。当我第一次读到《文心雕龙》的第一句话“文之为德也大矣”时，真是感动不已，思接千载，仿佛看到了 1500 多年前的那位前辈……

第一次读《大学》时，我不禁拍案，原来那句“治国平天下”出自这本书。后来反复阅读，慢慢体会到这本小书的精妙。

今年夏天，曾经与几位“格友”到苏州木渎小聚，在灵岩山上分享阅读《大学》的心得，很多陌生的游客围过来倾听。篇幅关系，此处只分享《大学》里的一个要点，即格物。

所谓《大学》，即大人的学问，中心思想是如何修身，也就是平常所说的人生是一场修炼。如何修身呢？简单回答就是要格物。

《大学》原文如此：“古之欲明明德于天下者，先治其国；欲治其国者，先齐其家；欲齐其家者，先修其身；欲修其身者，先正其心；欲正其心者，先诚其意；欲诚其意者，先致其知，致知在格物。”

上文中的“格物”“致知”“正心”“诚意”“修身”“齐家”“治国”“平天下”被称为大学的“八条目”，用来支持“明明德”“新民”“止于至善”这三个纲领。

在八条目中，“格物”位于末端，是基础。

完整的《大学》分“经”和“传”（读 zhuàn）两部分，“传”是用来解释“经”的。解释“格物”的部分在流传过程中散失了，宋代大儒朱熹做了补充，这就是著名的《格物补传》，我很喜欢朱熹的文笔，其中的一段又可谓朱熹笔下的精华，必须引用一下：

“所谓致知在格物者，言欲致吾之知，在即物而穷其理也。盖人心之灵莫不有知，而天下之物莫不有理，惟于理有未穷，故其知有不尽也。是以《大学》始教，必使学者即凡天下之物，莫不因其已知之理而益穷之，以求至乎其极。至于用力之久，而一旦豁然贯通焉，则众物之表里精粗无不到，而吾心之全体大用无不明矣。此谓物格，此谓知之至也。”

这段话对格物思想做了非常好的阐释，但是没有明确解释“格物”二字的含义。读八厚本《朱子语类》之第二册，里面有更详细的解释，以师生问答的形式为主。

以我的浅薄理解，“格”的主要含义是探究和穷尽，可以做动词，也可以做形容词。所谓格物，就是探究事物，认识和深入理解，直到穷尽其内涵。

人生修炼有很多种方法，我喜欢格物思想的主要原因是它很客观具体，不主观虚无；很积极进取，不空洞无为。

世间万物，错综复杂，千头万绪，虽然很多道理是相通的，即所谓“千头万绪，终归一理”（朱熹语），但如何领悟到那一理呢？回答是格物，今日格一件，明日再格一件，日积月累，终究一日会融会贯通。

本书就是在带读者格物——探究调试之道，通过一个个软件调试的真实案例，带读者见识典型故障，积累调试经验，在日积月累中融会贯通。

最后以朱熹的名句收尾与格友们共勉。

“万理虽只是一理，学者且要去那万理中千头万绪都理会，四面凑合来，自见得是一理。不去理会那万理，只管去理会那一理，只是空想象。”

张银奎

2024-12-08 于 863 国家软件园

目　录

救急第一

（张貌）少以侠闻，振穷救急。

——《三国志·卷七·魏书·张貌传》

第 1 章
从挂死的Chrome中抢救未提交的图文

写书是一件很花费时间的事，偏巧这两年的写作计划又撞到了一起。周一到周五有很多工作要做，一般没时间写书，于是就只剩下周六和周日的时间。而在周六和周日，又容易冒出写文章的念头，如果写文章，写书的时间就又被抢占了。昨天是周六，本来是打算拿出一整天冲一冲书稿的，可是早上一起来，有了写文章的兴致，想起了在脑海中萦绕许久的一个题目：《江湖上的那些传说》。于是自己欺骗自己，小声对自己说：“文章一会儿就写好，写好了再写书稿。”但其实文章也没那么好写，一写可能就是半天。于是，打开电脑，登录微信公众号，打开新的图文，敲出题目：江湖上的那些传说，然后开始铺开正文。

江湖是什么？本意就是江河湖海。延伸一下，就是泛指四方各地。因为流浪的人居无定所，漂流四方，所以“江湖”便有了流浪的意味。其实不止穷人流浪，一些武艺高强的人也喜欢行走于“江湖之间”，劫富济贫，扬善惩恶，于是“江湖”一词又有了一种“侠义”的味道。江湖不总是风平浪静的，可能阴云密布，杀声震耳，血流满地……某些时候，正义也干不过邪恶，于是江湖又有了“阴险”“狡诈”等负面的含义……

因为是酝酿已久的题目，大多数素材都在心里，倾泻而出，一行行转化成文字，这样畅快的写作体验很是难得。

写到一半时，因为要放插图，我不得不打开一个 PPT 文件，从中复制一幅图过来，因此切换了几次窗口。在我某一次从另一个窗口切回 Chrome 浏览器里的公众号图文编辑窗口后，打算输入“系统”的拼音时，敲入的 x、i 两个字符只显示出来一个 x，窗口便“僵住”了（见图 1-1）。

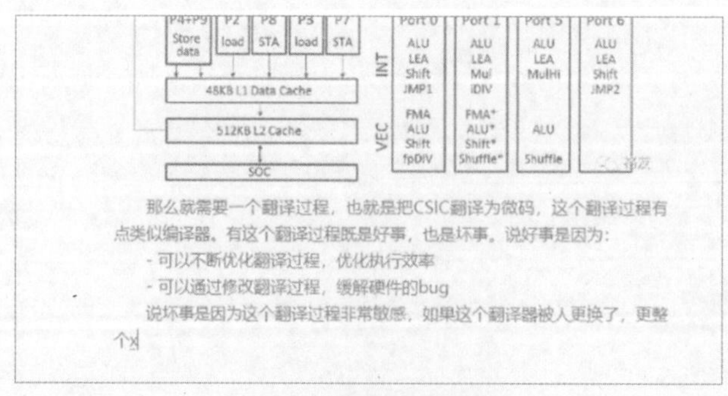

图 1-1　系统卡死现场

我立刻产生不好的预感，根据多年的经验，浏览器似乎挂住了。有时挂住是短时间的，

过一会儿就会苏醒，于是我怀着焦急的心情等它醒来。过了几秒钟，Chrome 窗口的标题变了，出现了我不想看到的“Not Responding”，如图 1-2 所示。

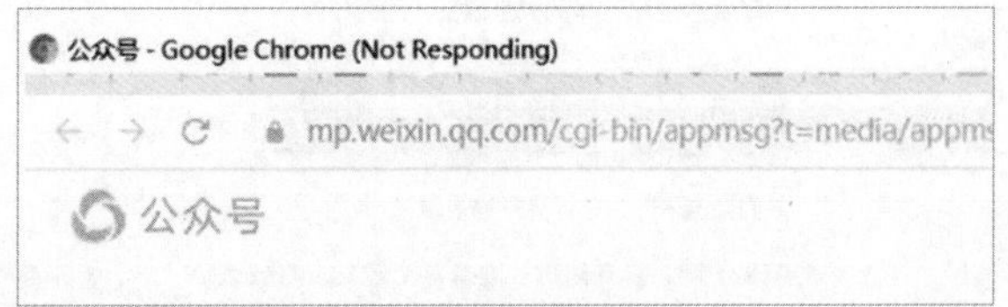

图 1-2　浏览器失去响应

糟糕，怕什么什么就来了，前面写的文字只有一小部分有备份。本来准备速战速决的事在半路卡壳了。

先做个完整的截屏（见图 1-3）留个证据吧。

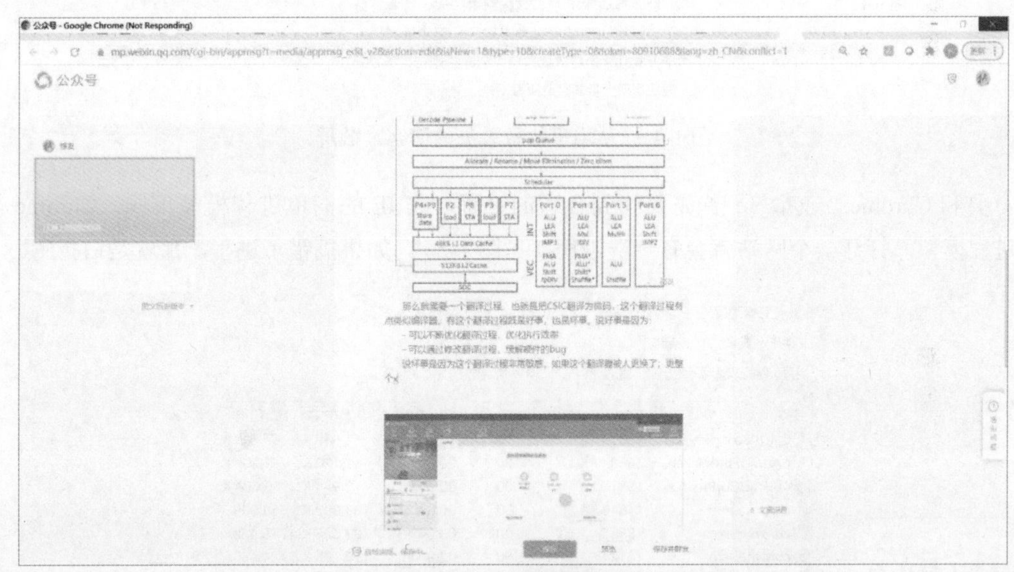

图 1-3　完整的截屏

我又等了一会，还是没有变化。尝试了几种简单的方法也没有效果。

怎么办呢？放弃？那已经写了一半的文章就白写了。或者根据记忆赶紧重写一遍？那不符合我的方法论啊！眼睛看着已经僵死的 Chrome 窗口，我开始飞速思考下一步的作战方案……

很多年前，我曾经使用 WinDBG 抢救丢失的博客，并把过程写成了文章，先在《程序员》杂志发表，而后又作为首篇首章收录到《格蠹汇编》一书里。今年盛格塾小程序推出后，又成为小程序里的第一批作品（见图 1-4）。

看昔日文章中的日期，上次“战役”发生在 2010 年的元旦假期，是 15 年前的事情了。15 年间，计算机系统的软硬件环境变化巨大，当时使用的还是 IE，今天 IE 已经被 Chrome 打得一败涂地，几乎销声匿迹了。

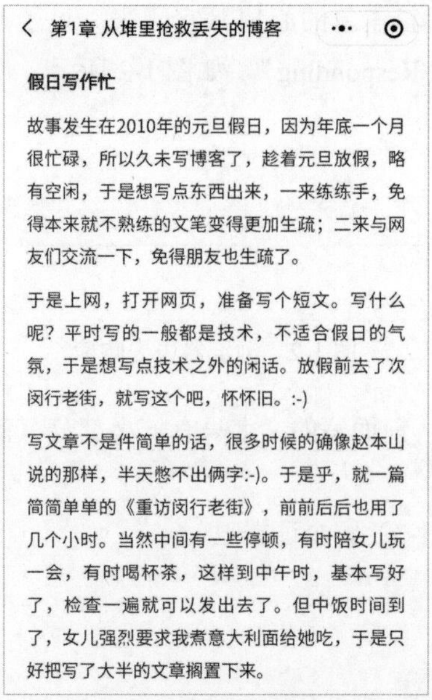

< 第1章 从堆里抢救丢失的博客 ··· ⊙

假日写作忙

故事发生在2010年的元旦假日，因为年底一个月很忙碌，所以久未写博客了，趁着元旦放假，略有空闲，于是想写点东西出来，一来练练手，免得本来就不熟练的文笔变得更加生疏；二来与网友们交流一下，免得朋友也生疏了。

于是上网，打开网页，准备写个短文。写什么呢？平时写的一般都是技术，不适合假日的气氛，于是想写点技术之外的闲话。放假前去了次闵行老街，就写这个吧，怀怀旧。:-)

写文章不是件简单的话，很多时候的确像赵本山说的那样，半天憋不出俩字:-)。于是乎，就一篇简简单单的《重访闵行老街》，前前后后也用了几个小时。当然中间有一些停顿，有时陪女儿玩一会，有时喝杯茶，这样到中午时，基本写好了，检查一遍就可以发出去了。但中饭时间到了，女儿强烈要求我煮意大利面给她吃，于是只好把写了大半的文章搁置下来。

图 1-4 《从堆里抢救丢失的博客》截屏

要和 Chrome“较量”，首先要找到合适的进程。与 IE 的简单进程模型不同，Chrome 是多进程模型，打开一个网站就会有一群进程（见图 1-5）。如果搞错了进程，那就是白折腾。

任务管理器

文件(F) 选项(O) 查看(V)

进程 性能 应用历史记录 启动 用户 详细信息 服务

名称	PID	会话 ID	CPU	CPU 时间	工作集(内存)	峰值工作...
Calculator.exe	16012	1	00	00:00:01	548 K	67,708 K
CAudioFilterAgen...	3668	1	00	00:00:00	1,120 K	7,900 K
CBGrabConnect_x...	15312	1	00	00:00:00	2,944 K	10,684 K
chrome.exe	14848	1	00	00:03:23	193,092 K	359,068...
chrome.exe	12596	1	00	00:04:58	302,628 K	375,428...
chrome.exe	12124	1	00	00:07:49	156,728 K	224,480...
chrome.exe	5932	1	00	00:00:00	2,776 K	7,352 K
chrome.exe	12604	1	00	00:00:49	28,452 K	44,576 K
chrome.exe	12724	1	00	00:00:10	9,872 K	35,672 K
chrome.exe	12944	1	00	00:00:00	9,488 K	31,912 K
chrome.exe	13088	1	00	00:00:00	9,760 K	32,748 K
chrome.exe	13112	1	00	00:00:00	9,928 K	33,164 K
chrome.exe	13176	1	00	00:00:02	38,828 K	58,384 K
chrome.exe	13188	1	00	00:00:00	11,296 K	36,792 K

图 1-5 任务管理器里有很多个 Chrome 进程

Chrome 的很多设计秉承“邪恶”理念，野蛮占用系统资源，在图 1-5 所示的“任务管理器”窗口的“详细信息”选项卡中，可以看到有一群 Chrome 进程。值得注意的是，这里不显示进程是否挂死这个信息，所以无法判断这些 Chrome 进程中的哪个是挂住的。在“进程”选项卡中会显示哪个 Chrome 进程的状态是“已挂起”（见图 1-6），右击列表的标题行，在弹出的快捷菜单中选择 PID 命令，显示出进程 ID，就可以找到挂死的那个 Chrome 进程实例了。

任务管理器

文件(F) 选项(O) 查看(V)

进程 性能 应用历史记录 启动 用户 详细信息 服务

名称	状态	9% CPU	54% 内存	8% 磁盘	0% 网络
Intel® Software Manager (32 位)		0%	9.0 MB	0 MB/秒	0 Mbps
Google Chrome (42)		0%	501.7 MB	0 MB/秒	0 Mbps
Google Chrome	已挂起	0%	206.3 MB	0 MB/秒	0 Mbps
Google Chrome		0%	13.3 MB	0 MB/秒	0 Mbps
Google Chrome		0%	3.1 MB	0 MB/秒	0 Mbps
Google Chrome		0%	1.6 MB	0 MB/秒	0 Mbps

图 1-6　挂住的 Chrome 进程

确定了进程后，我首先新建了一个转储文件，把内存里的所有信息永久存档。转储文件本来在 temp 目录，我将其复制到自己专门用来收集转储文件的文件夹 F:\dumps（见图 1-7）中。

属性	值
文件	
名称	chrome.DMP
类型	DMP 文件
文件夹路径	F:\dumps\sgs
大小	936 MB
创建日期	2021-03-13 11:57
修改日期	2021-03-13 11:57
属性	A
所有者	E580GD\zigong
计算机	E580GD (这台电脑)

图 1-7　新建转储文件

从图 1-7 中可以看出，转储文件大小为 936 MB，接下来的问题是如何在这些接近 1GB 的数据里，找到我想要的图文信息。

在寻找需要的数据之前，我想先看看 Chrome 到底如何挂死的，并且挂死在哪里了。如果是简单挂死，那么还可能将其救活。唤出 WinDBG，选择转储文件，单击确定，可是 WinDBG 极其缓慢，显示 BUSY，迟迟不能进入命令状态（见图 1-8）。

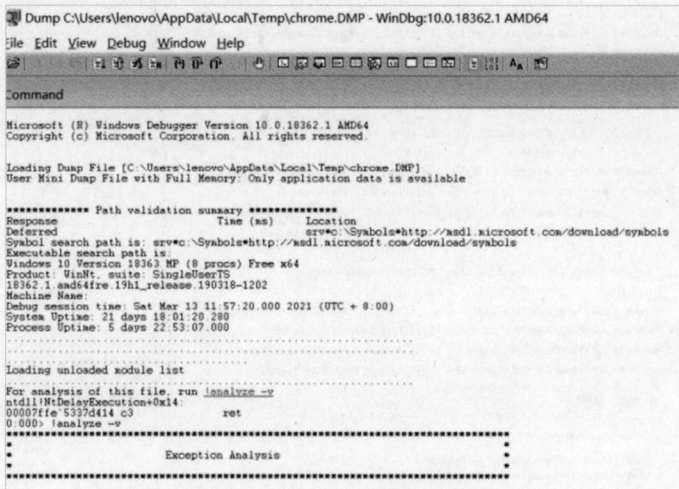

Dump C:\Users\lenovo\AppData\Local\Temp\chrome.DMP - WinDbg:10.0.18362.1 AMD64

File Edit View Debug Window Help

Command

```
Microsoft (R) Windows Debugger Version 10.0.18362.1 AMD64
Copyright (c) Microsoft Corporation. All rights reserved.


Loading Dump File [C:\Users\lenovo\AppData\Local\Temp\chrome.DMP]
User Mini Dump File with Full Memory: Only application data is available


************* Path validation summary **************
Response                         Time (ms)     Location
Deferred                                       srv*c:\Symbols*http://msdl.microsoft.com/download/symbols
Symbol search path is: srv*c:\Symbols*http://msdl.microsoft.com/download/symbols
Executable search path is:
Windows 10 Version 18363 MP (8 procs) Free x64
Product: WinNt, suite: SingleUserTS
18362.1.amd64fre.19h1_release.190318-1202
Machine Name:
Debug session time: Sat Mar 13 11:57:20.000 2021 (UTC + 8:00)
System Uptime: 21 days 18:01:20.280
Process Uptime: 5 days 22:53:07.000
................................................................
................................................................
.....................................
Loading unloaded module list
................................................................
For analysis of this file, run !analyze -v
ntdll!NtDelayExecution+0x14:
00007ffe`5337d414 c3              ret
0:000> !analyze -v
*******************************************************************************
*                                                                             *
*                        Exception Analysis                                   *
*                                                                             *
*******************************************************************************
```

图 1-8　迟迟不能进入命令状态的 WinDBG

单击 Break 也没有效果，等了几分钟仍显示 BUSY。于是我又唤出了 NanoCode，选择转储文件，单击确定，瞬间就进入命令状态了（见图 1-9）。

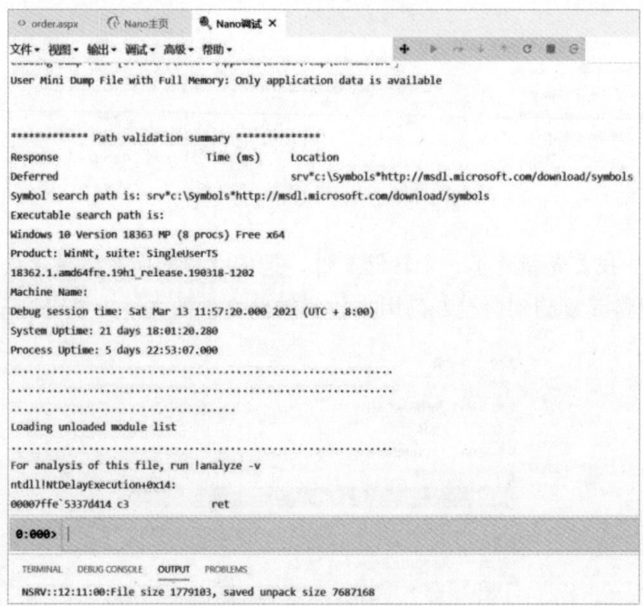

图 1-9　瞬间进入命令状态的 NanoCode

去年在英特尔分享时，也遇到类似的情况，NanoCode 的表现十分卓越。执行 ~* k 命令观察线程概况，可以看到有 30 多个线程（见图 1-10）。

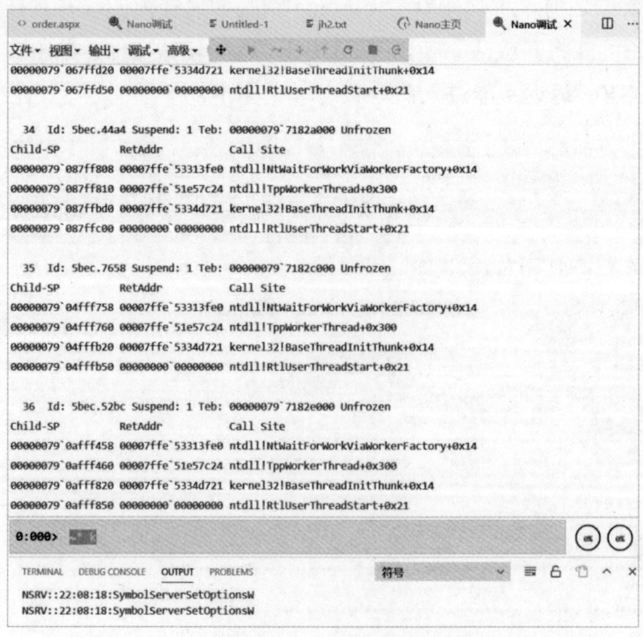

图 1-10　观察线程

因为是 GUI 挂死，所以切换到 0 号线程，再执行 k 命令，仔细观察它的栈回溯。

函数调用很长，为了方便观察，执行 kcn 命令显示简洁的函数调用关系。

```
 # Call Site
00 ntdll!NtDelayExecution
01 KERNELBASE!SleepEx
02 chrome_elf!DumpHungProcessWithPtype_ExportThunk
03 KERNELBASE!UnhandledExceptionFilter
04 ntdll!RtlUserThreadStart$filt$0
05 ntdll!_C_specific_handler
06 ntdll!RtlpExecuteHandlerForException
07 ntdll!RtlDispatchException
08 ntdll!RtlRaiseException
09 KERNELBASE!RaiseException
0a chrome!RelaunchChromeBrowserWithNewCommandLineIfNeeded
【省略 30 行】
28 chrome!ChromeMain
29 chrome_exe!GetHandleVerifier
2a chrome_exe!GetHandleVerifier
2b chrome_exe!IsSandboxedProcess
2c kernel32!BaseThreadInitThunk
2d ntdll!RtlUserThreadStart
```

上面的栈回溯就像一个人的履历，里面有些很平淡，有些很惊险。留下关键环节，如下：

```
00 ntdll!NtDelayExecution
01 KERNELBASE!SleepEx
02 chrome_elf!DumpHungProcessWithPtype_ExportThunk
03 KERNELBASE!UnhandledExceptionFilter
09 KERNELBASE!RaiseException
27 chrome!ChromeMain
```

看栈回溯一般应该从下往上看，栈帧 27 是进程的入口，栈帧 09 表示有函数发起异常，可能是通过 throw 这样的机制“报警”。栈帧 03 代表无人处理异常，进入所谓的“无人处理”流程。栈帧 02 表示 chrome_elf 模块注册了一个顶级的“未处理异常”处理器，它接管了这个未处理异常。微软的 Office 程序一般也会注册这个顶级异常处理器，用来紧急存盘。审视 chrome_elf 这个模块名，其中的 elf 后缀很另类。在软件领域，ELF 是一个著名的术语，代表的是 Linux 下广泛使用的可执行文件格式，可是现在明明运行的是 Chrome 的 Windows 版本。

继续看栈帧 01，是 Sleep，我焦急万分，这里却在调用 Sleep（睡觉），非常糟糕。

反汇编调用 SleepEx 的函数（见图 1-11），观察调用 SleepEx 之前的指令，是 mov ecx, 0ea60。

```
0:000> ub 00007ffe`1af57dad
chrome_elf!DumpHungProcessWithPtype_ExportThunk+0xf90c:
00007ffe`1af57d7c ff1536180a00     call    qword ptr [chrome_elf!InjectDump
00007ffe`1af57d82 ff1540150a00     call    qword ptr [chrome_elf!InjectDump
00007ffe`1af57d88 89050a210b00     mov     dword ptr [chrome_elf!InjectDump
00007ffe`1af57d8e 488935fb200b00   mov     qword ptr [chrome_elf!InjectDump
00007ffe`1af57d95 488b0d94d80a00   mov     rcx,qword ptr [chrome_elf!Inject
00007ffe`1af57d9c ff15ce170a00     call    qword ptr [chrome_elf!InjectDump
00007ffe`1af57da2 b960ea0000       mov     ecx,0EA60h
00007ffe`1af57da7 ff15fb170a00     call    qword ptr [chrome_elf!InjectDump
```

图 1-11　调用 SleepEx 的汇编指令序列

根据经验，0EA60 是传递给 SleepEx 的参数，代表要睡觉的时间。翻译成十进制，刚好是 6 万，单位为毫秒，那就是 60 秒，一分钟。

```
0:000> .formats ea60
Evaluate expression:
 Hex: 00000000`0000ea60
 Decimal: 60000
```

如此看来，Chrome 的 GUI 线程里发生了一次异常，这次异常无人处理，转为“未处理异常”进入顶级处理流程，在顶级处理流程里，糟糕的 chrome_elf 模块接管了执行权，估计是做了一些写 log 的动作，然后就调用 Sleep“装死”了。

Google 是一个商业上很成功的软件公司，可是看了几次它的代码后，给我的印象都不好，最严重的问题就是其中经常使用不合乎常理的“野蛮”做法。比如上面这样在非常敏感的异常处理代码中调用 Sleep 就非常简单粗暴，写这个代码的程序员肯定没有认真学习过 Windows 系统的异常处理流程，没有透彻理解里面所蕴含的哲学思想。

可是责怪 Google 也没有用。接下来还是要找丢失的图文。当年拯救丢失的博客时，面对的是 32 位的进程，用户空间只有 2GB，搜索的难度较小。可是现在面对的是 64 位的 Chrome，用户空间有 128TB。

暴力搜索 128TB 的空间难以想象，需要的时间太久。那么，如何缩小搜索范围呢？

经过思考，得出图文的信息应该是动态分配的，Chrome 的大多数代码都是 C/C++ 系列，那么图文信息就应该在普通堆上。

于是执行 !heap 列出进程里的所有堆。

```
!heap
Failed to read heap keySEGMENT HEAP ERROR: failed to initialize the extention
HEAPEXT: Unable to get address of ntdll!RtlpHeapInvalidBadAddress.
Index   Address  Name  Debugging options enabled
  1:   27417160000
  2:   27416fc0000
  3:   274172d0000
  4:   274199c0000
  5:   2741d1d0000
  6:   274269d0000
```

接下来，使用内存搜索命令来搜索堆，这里以搜索“江湖”这个词为例。

```
s -u 27417160000 274269d0000+100000 "江湖"
```

发出命令后，很快得到一堆结果（见图 1-12）。

因为文章的题目就是“江湖”，我又曾经在浏览器里搜索过“江湖”两个字，所以堆上这个词很多。

细化搜索条件，搜索“江湖是什么”（见图 1-13），这一次结果少了一些，可是还有几十个。

```
0:000> s -u 27417160000      274269d0000+100000 "江湖"
00000274`18ec0c0c  6c5f 6e56 8067 0031 773c 6cea 8089 4e0a  _lVng.1.<w.l
00000274`18f87c98  6c5f 6e56 80a0 1b01 53e8 8073 562e 0031  _lVn.....Ss.
00000274`18f89e8c  6c5f 6e56 8088 556e 0006 5570 000b 5574  _lVn..nU..pU
00000274`18fc629a  6c5f 6e56 806f 54e1 804f 5584 0004 55ae  _lVno..TO..U
00000274`1b165240  6c5f 6e56 0020 002d 0020 56fd 9645 7248  _lVn .-. ..V
00000274`1b16527a  6c5f 6e56 0026 0071 0073 003d 006e 0026  _lVn&.q.s.=.
00000274`1b1652b0  6c5f 6e56 0026 0073 0063 003d 0030 002d  _lVn&.s.c.=.
00000274`1b165de0  6c5f 6e56 0020 002d 0020 56fd 9645 7248  _lVn .-. ..V
00000274`1b165e1a  6c5f 6e56 0026 0071 0073 003d 006e 0026  _lVn&.q.s.=.
00000274`1b165e50  6c5f 6e56 0026 0073 0063 003d 0030 002d  _lVn&.s.c.=.
00000274`1b29f784  6c5f 6e56 7248 2eda 0274 0000 0000 0000  _lVnHr..t...
00000274`1bff0900  6c5f 6e56 662f 4ec0 0000 0000 0000 0000  _lVn/f.N....
00000274`1bff09b0  6c5f 6e56 4e4b 95f4 201d ff0c 52ab 5bcc  _lVnKN......
00000274`1bff09d4  6c5f 6e56 0000 0000 53c8 6709 0000 0000  _lVn.....S.g
00000274`1bff0a5a  6c5f 6e56 53c8 0000 0000 0000 0000 9669  _lVn.S......
00000274`1bff0a9c  6c5f 6e56 0000 0000 0000 0000 0000 0000  _lVn........
00000274`1bff1d40  6c5f 6e56 662f 4ec0 4e48 ff1f 000a 672c  _lVn/f.NHN..
00000274`1bff1da6  6c5f 6e56 201d 4fbf 6709 4e86 6d41 6d6a  _lVn. .O.g.N
00000274`1bff1df0  6c5f 6e56 4e4b 95f4 201d ff0c 52ab 5bcc  _lVnKN......
00000274`1bff1e14  6c5f 6e56 4e00 8bcd 53c8 6709 4e86 4e00  _lVn.N...S.g
00000274`1bff1e38  6c5f 6e56 4e0d 603b 662f 98ce 5e73 6d6a  _lVn.N;`/f..
00000274`1bff1e9a  6c5f 6e56 53c8 6709 4e86 201c 9634 9669  _lVn.S.g.N.
00000274`1bff1edc  6c5f 6e56 201d ff0c 542b 4e49 6781 5176  _lVn. ..+TIN
00000274`1bff37b6  6c5f 6e56 201d 4fbf 6709 0001 0000 6d6a  _lVn. .O.g..
00000274`1bff38aa  6c5f 6e56 53c8 6709 4e86 201c 9634 44b0  _lVn.S.g.N.
00000274`1bff38ec  6c5f 6e56 201d ff0c 542b 4e49 6781 5176  _lVn. ..+TIN
```

图 1-12　搜索到很多个“江湖”

```
0:000> s -u 27417160000      274269d0000+100000 "江湖是什么"
00000274`1bff1d40  6c5f 6e56 662f 4ec0 4e48 ff1f 000a 672c  _lVn/f.NHN....,g
00000274`1c0549b8  6c5f 6e56 662f 4ec0 4e48 ff1f 000a 672c  _lVn/f.NHN....,g
00000274`1c05c198  6c5f 6e56 662f 4ec0 4e48 ff1f 000a 672c  _lVn/f.NHN....,g
00000274`1c05d2b0  6c5f 6e56 662f 4ec0 4e48 ff1f 000a 672c  _lVn/f.NHN....,g
00000274`1c061738  6c5f 6e56 662f 4ec0 4e48 ff1f 000a 672c  _lVn/f.NHN....,g
00000274`1c061fc8  6c5f 6e56 662f 4ec0 4e48 ff1f 000a 672c  _lVn/f.NHN....,g
00000274`1c5bc6d8  6c5f 6e56 662f 4ec0 4e48 ff1f 000a 672c  _lVn/f.NHN....,g
00000274`1c5bc818  6c5f 6e56 662f 4ec0 4e48 ff1f 000a 672c  _lVn/f.NHN....,g
00000274`1d3c1090  6c5f 6e56 662f 4ec0 4e48 ff1f 000a 672c  _lVn/f.NHN....,g
00000274`1f320a18  6c5f 6e56 662f 4ec0 4e48 ff1f 000a 672c  _lVn/f.NHN....,g
00000274`1f322758  6c5f 6e56 662f 4ec0 4e48 ff1f 000a 672c  _lVn/f.NHN....,g
00000274`1f4b87b8  6c5f 6e56 662f 4ec0 4e48 ff1f 000a 672c  _lVn/f.NHN....,g
00000274`1f4b8b18  6c5f 6e56 662f 4ec0 4e48 ff1f 000a 672c  _lVn/f.NHN....,g
00000274`1f4b8d58  6c5f 6e56 662f 4ec0 4e48 ff1f 000a 672c  _lVn/f.NHN....,g
00000274`1f585460  6c5f 6e56 662f 4ec0 4e48 ff1f 000a 672c  _lVn/f.NHN....,g
```

图 1-13　缩小搜索范围

使用 du 命令观察其中的一个，看到一大堆中文（见图 1-14）。

```
0:000> du 00000274`1bff1d40
00000274`1bff1d40  "江湖是什么？.本意就是江河湖海。延申一下，就是泛指四
00000274`1bff1d80  "为流浪的人，居无定所，漂流四方，所以▮江湖▮便有了流浪
00000274`1bff1dc0  "其实不止穷人流浪，一些武艺高强的人也喜欢行走于▮江湖
00000274`1bff1e00  "济贫，扬善惩恶，于是江湖一词又有了一种▮侠义▮的味道。
00000274`1bff1e40  "是风平浪静的，可能阴云密布，杀声震耳，血流满地......
00000274`1bff1e80  "候，正义也干不过邪恶，于是江湖又有了▮阴险▮、▮狡诈▮、
00000274`1bff1ec0  "诈▮等负面的含义。.这就是▮江湖▮，含义极其丰富的两个字
00000274`1bff1f00  "一定社会阅历的人一看到这两个字，心中立刻浮想联翩，五
```

图 1-14　使用 du 命令观察堆上的数据

仔细一看，正是我写的图文内容。虽然有点难看，换行符号不起作用了，本来分行的字符现在可怜兮兮地挤在了一起……但是看到它们，我很高兴，因为终于找到了之前所写的内容。

接下来，至少可以把文字复制粘贴出来了。但因为调试器显示的信息是带地址的，粘贴过来的文本中间被插入了很多数字。

当然，可以使用调试器的存盘命令，解决这个问题即：

```
0:000> .writemem f:\dumps\sgs\jh.txt
Writing 10000 bytes
Unable to read memory at 00000000`00000000, file is incomplete
0:000> .writemem f:\dumps\sgs\jh.txt 00000274`1bff1d40 L200
Writing 200 bytes.
```

使用 .writemem 命令，可以把大段文字保存成文件。但保存成文件后，直接打开文件，看到的是乱码（见图 1-15）。

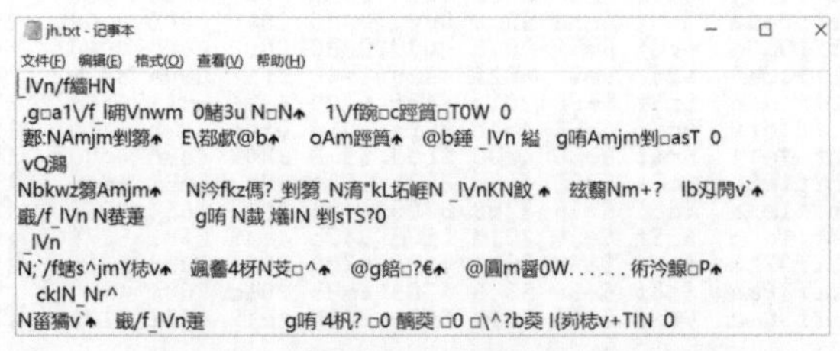

图 1-15　保存到文件里的图文为乱码

不过，这个问题容易解决，使用 10 年前的方法即可。启动 Visual Studio，以二进制方式打开 jh.txt（见图 1-16）。

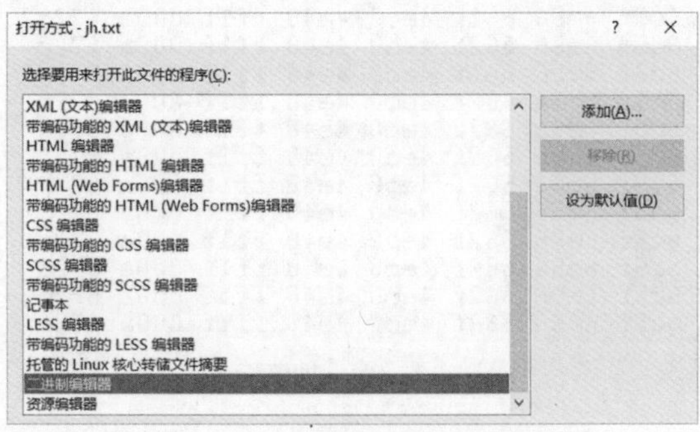

图 1-16　以二进制方式打开文件

打开后看到的是二进制的数据，如图 1-17 所示。

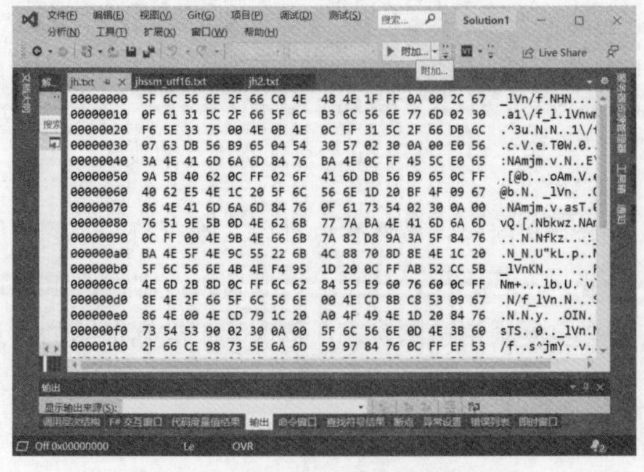

图 1-17　显示在 VS 中的图文数据

接下来，只需要在数据开头加入代表 Unicode 的 FF FE。

加入 FF FE 后保存，再用记事本打开，图文信息又以适合人类阅读的形式出现了（见图 1-18）。

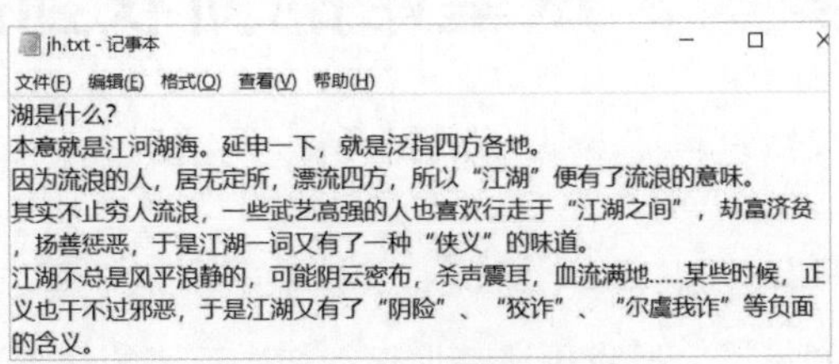

图 1-18 抢救回来的图文

美哉，丢失的图文终于找回来了。

接下来，我把本来写好的图文复制到公众号的编辑窗口，略作调整和修饰，再加上没有写完的内容，然后发出去让它传播了。

今天调试的软件体积庞大，逻辑复杂，这样高复杂度的软件需要程序员具有非常强的技术能力来控制。发明最短路径搜索算法和倡导结构化编程而著名的计算机前辈 Ew Dijkstra 有句名言：

I had learned that a programmer should never make something more complicated than he can control.（我已经领悟到，程序员永远不应该编写复杂度超出其控制能力的代码。）

在软件调试研习班中，我曾多次讲到 Dijkstra 前辈的这句名言，并将其简称为“戴氏法则”。作为一名有责任心的严肃程序员，应该不断提高自己的控制力，恪守戴氏法则。但事实上，今天的大多数程序员都在违反这个法则，包括上述代码的 Google 作者。

【亲自动手】

1. 下载本书的配套文件包，解压缩到本地磁盘，比如 c:\gedulab2。

2. 安装微软的调试工具软件 WinDBG（Debugging Tools for Windows），启动 WinDBG 调试器，单击 File > Open Crash Dump…打开 c:\gedulab2\dumps\chrome.DMP。

3. 执行 !heap 列出进程里的所有堆。

4. 使用 s 命令搜索图文数据。

s -u 27417160000 274269d0000+100000 " 江湖 "

5. 增加搜索条件。

s -u 27417160000 274269d0000+100000 " 江湖是什么 "

6. 使用 du 观察搜索到的内容。

```
0:000> du 00000274`1bff1d40
00000274`1bff1d40  "江湖是什么？ . 本意就是江河湖海。延申一下，就是泛指四方各地。. 因"
00000274`1bff1d80  "为流浪的人，居无定所，漂流四方，所以 " 江湖 " 便有了流浪的意味。. "
```

7. 仿照本章正文步骤继续操作，保存找到的图文数据。

初稿写于 2021-03-14，2024-12-30 略作修改于 863 国家软件园

第 2 章
long究竟有多长，从皇帝的新衣到海康SDK

转眼之间初中毕业 30 年了，但我仍清楚地记得初中英语的一篇课文，题目叫《皇帝的新装》（The king’s New Clothes）。这篇课文的前两句话是：“Long long ago, there was a king. He liked new clothes.” 因为整篇文章不长，故事生动，文字优美，而且有很多经典的句式，所以当时老师要求背诵这篇课文，于是学习这篇文章的那几天，每天早自习时教室内外都可以听到“Long long ago, there was a king”。

从那之后，每当看到 long 这个单词，我便不由地想起当年反复背诵的“Long long ago, there was a king”。long 是英文中的常用词汇，使用场合很多，在计算机世界里也是如此。比如在经典的 C 语言中，便把 long 定义为语言本身的关键字。图 2-1 所示为 C 语言标准中的关键字，可以看到其中包含 long。

6.4.1 Keywords

Syntax

keyword: one of

auto	enum	restrict	unsigned
break	extern	return	void
case	float	short	volatile
char	for	signed	while
const	goto	sizeof	_Bool
continue	if	static	_Complex
default	inline	struct	_Imaginary
do	int	switch	
double	long	typedef	
else	register	union	

图 2-1　C 语言的关键字

在 C 语言中，关键字 long 的基本用法是用作对基本数据类型的修饰符（modifiers）。比如，在 int 类型前可以加上 long 表示更长的整数，在 double 前也可以加上 long 表示更长的浮点数。例如，下面是来自某个 C 语言编程指南的示例。

```
short int smallInteger;
long int bigInteger;
signed int normalInteger;
unsigned int positiveInteger;
```

其中，long int 可以简写为 long。或者说，直接使用 long 定义变量时，long 便代表 long int。顺便说一下，本文只讨论 long int，不讨论 long double。

在 2000 年批准的 C99 标准中，新增了 long long int 的定义，用来表示比 long int 更长的整数。

说到这里，大家可能要问，long 修饰后的整数到底有多长呢？就像英文字典里没有定义 long 的精确长度，只是解释为“having considerable duration in time”一样，在 C 语言的标准里，也没有精确定义 long 和 long long 到底应该多长，只是做了一些限定。特意摘录 C99 标准中有关的文字如下：

The rank of long long int shall be greater than the rank of long int, which shall be greater than the rank of int, which shall be greater than the rank of short int, which shall be greater than the rank of signed char.

意思是说，要保证 long long int 比 long int 长，long int 比 int 长。

那么，long 到底是多长呢？简单回答，因为语言标准里没有明确定义，这个问题是因环境不同而有差别的。读到这里，那些陪着小孩学编程的非软件专业的朋友可能会笑话了：“你们搞软件的怎么搞的，这么个基本问题还模棱两可？”

作为一个做了二十多年软件的人，我也非常困惑，既然说是要成为工业标准，是“计算机科学”，那么该精确和严谨的就一定要尽可能精确和严谨，不能模糊，否则会导致分歧和误解，以及各种乱七八糟的麻烦。

定义 C 标准的前辈没有明确定义 long 的长度，而是把这个问题留给了做编译器的人。

然而对于做编译器的同行，这个问题一定是要确定的，因为编译器必须明确每个变量的大小，才知道要在内存中为它分配多大的空间。

编译好的程序要执行时，需要调用执行环境里的库函数和系统函数，传递参数时也必须以统一的约定来传。因此，这个问题又与操作系统有关。

在不同的操作系统中，大家的定义可能是不同的。为了便于讨论，通常用数据模型（data model）来称呼这个问题。

在 32 位环境下，Windows 和 Linux 使用的都是 ILP32 模型，ILP 分别代表 int、long 和指针（Pointer）3 种类型，32 表示它们都是 32 位的，也就是 4 个字节，因此这种模型也称为 4/4/4 模型。

可是，在 64 位系统中，Windows 和 Linux 使用不同的数据模型。Windows 64 使用的是 LLP64（4/4/8）模型，int 和 long 都是 32 位，指针和 long long 是 64 位。而 Linux 64 使用的是 LP64（4/8/8）模型，int 是 32 位，long 和指针都是 64 位。

也就是说，在今天流行的两大操作系统平台（Windows 和 Linux）上，32 位下 long 的长度是一样的，而 64 位下 long 的长度是不一样的，这一点很关键。

说到这里，非软件专业的读者可能又要疑惑了。其实不仅非软件专业的，即使是软件专业的，也十分困惑。“要么就都一样，要么就都不一样，这一会儿一样，一会儿不一样，不是要把大家搞晕么？！”

诚然如此，把全世界的程序员都请出来，能精确回答出这个差异的也可能不到一半。下面要讲的就是我亲身经历的与此相关的一个案例。

现代社会，满大街、满世界都是摄像头，自然造就了一些以开发和销售摄像头为主的企

业，海康和大华是排名比较靠前的两家。

今年年初，因为要在格蠹（笔者所工作的公司）的识别软件中访问海康摄像头的图像，于是我的办公室里也准备了一批海康的产品，包括各种款式的摄像头和DVR。

当然，除了硬件外，还有软件，特别是海康的"设备网络SDK"。海康的官网上有"设备网络SDK"的下载链接，不需要注册就可以直接下载，做得很友好。下载页面上根据操作系统和32/64位分为4个链接，也很清晰。

```
设备网络 SDK_Win32
设备网络 SDK_Win64
设备网络 SDK_Linux32
设备网络 SDK_Linux64
```

因为我需要的产品环境是64位Linux，所以我选择了SDK_Linux64。

本来这个工作是一位同事做的，我也没有太关心。在CentOS上用了一段时间，也没有出什么问题。但是最近在Ubuntu 19.04上面却出了问题，程序崩溃。因为有客户急着要用，时间紧迫，我赶紧亲自上阵，上GDB！

幸运的是在Ubuntu上，这个问题可以稳定重现，在GDB中也可以。

不负所望，GDB抓到了经典的段错误。对于上过庐山研习班[①]的朋友来说，一定很熟悉SEGV。在秀峰的中正行营里，我曾经翻来覆去地讲这个不该被称为"段"错误的段错误。

```
Thread 2.22 "fireeye" received signal SIGSEGV, Segmentation fault.
[Switching to Thread 0x7ffebf9b5700 (LWP 15828)]
0x0000555555572822 in InputSource_IpCamera_HC::RealDataCallBack_V30 (
lRealHandle=0, dwDataType=1, pBuffer=0x7fffe08a1390 "IMKH\002\001",
dwBufSize=40, cookie=0x555abef0)
at /home/fireeye/work/fireeye/source/InputIPCam.cpp:366
366 pThis->D4D(D4D_LEVEL_VERBOSE, "%s got callback: NET_DVR_SYSHEAD!", pThis->
GetString());
```

感谢海康的同行们，在发布版本中仍然包含了宝贵的调试信息。因为有这些信息，让我们理解起来轻松了很多。

从下往上看，可以看到这个线程属于海康的libhpr模块。

```
in RecvOperation(int, pthread_mutex_t*, IO_DATA*) () from /opt/xedge/fireeye/bin/
libhpr.so
```

从函数名来看，是用于接收摄像头数据的。

中间是一系列处理流的函数，估计是解码的，暂且跳过，看最上面一帧，这是格蠹同事写的函数。

```
InputSource_IpCamera_HC::RealDataCallBack_V30
 (lRealHandle=0, dwDataType=1, pBuffer=0x7fffe08a1390 "IMKH\002\001", dwBufSize=40,
cookie=0x555abef0)
```

① 庐山研习班：针对软件工程师的技术培训，专注软件调试方向，始于2013年，曾在庐山白鹿洞书院、秀峰、五老峰、太乙峰等景点举行多次。

```
at /home/fireeye/work/fireeye/source/InputIPCam.cpp:366
```

从源代码的目录名中，可以看到 fireeye，是“火眼”的意思，看了这个名字，有些英特尔老朋友可能要笑（我在英特尔工作时，曾开发了一款名为 fireeye 的调试器），甚至误会，怎么还是 fireeye 啊？必须解释一下，此 fireeye 非彼 fire eye。今天的 fire eye 是真的和火有关，用于识别火焰。最近几年，与火结缘，做的项目都包含 fire。

下面继续 debug。

细看上面崩溃的方法，名为 InputSource_IpCamera_HC::RealDataCallBack_V30，是 InputSource_IpCamera_HC 类的一个静态函数，用作回调函数传递给海康 SDK，调用处的代码如下：

```
iRet = NET_DVR_SetRealDataCallBack(lRealPlayHandle, InputSource_IpCamera_HC::RealDataCallBack_V30, this);
```

其中的 NET_DVR_SetRealDataCallBack 是海康 SDK 的公开函数。因为问题就出在这个函数上，有必要从 SDK 文档中摘录这个函数的原型，如下：

```
BOOL NET_DVR_SetRealDataCallBack(LONG lRealHandle, fRealDataCallBack cbRealDataCallBack, DWORD dwUser);
```

注意这个函数的参数，第一个是 LONG 类型，第二个是函数指针，第三个是 DWORD。

因为是多个问题搅在一起，所以有必要先交代一下，虽然我们使用的是 Linux 64 版本的 SDK，但是其中的很多文件和信息仍是与 Windows 版本共享的，比如这个原型定义，就有着非常深的 Windows 烙印。各位 Linux 读者看着一定非常不爽，怎么那么多大写？怎么那么多重定义类型？

如今，大家都面临着两个环境，一个是 Windows，被认为垂垂老矣但又离不开它；一个是冉冉升起的 Linux，被普遍看好，但一时半会又不能完全扶正。

于是，大家都要忙活两个环境，两套东西，有些一样，有些不一样，要努力相互兼容，但又不能完全做到。

呼应前文，在 64 位系统下，微软的 long 和 Linux 的 long 是不一样长的，微软的 long 是 32 位，Linux 的 long 是 64 位。

那么这个 Linux 64 SDK 版本的函数中出现了 LONG，到底用的是微软的 long 还是 Linux 的 long 呢？按道理，既然是 Linux 64 的版本，就该遵循 Linux 64 的规则，long 是 64 位的。

但是，海康的同行们没有这样认为，他们仍然执拗地把 LONG 定义为 int，使用了微软的套路：

```
typedef  int LONG;
```

有些读者可能不相信了：海康是大公司，不会出这样的低级错误吧？

我特意反复确认，从 Linux 64 SDK 的 consoleDemo/include 中找到了官方演示程序使用的头文件，如图 2-2 所示。

```
#if (defined(_WIN32)) //windows
    #define NET_DVR_API  extern "C" __declspec(dllimport)
    typedef  unsigned  __int64   UINT64;
    typedef  signed    __int64   INT64;
#elif defined(__linux__) || defined(__APPLE__) //linux
    #define  BOOL  int
    typedef  unsigned int        DWORD;
    typedef  unsigned short      WORD;
    typedef  unsigned short      USHORT;
    typedef  short               SHORT;
    typedef  int                 LONG;
    typedef  unsigned char       BYTE;
    typedef  unsigned int        UINT;
    typedef  void*               LPVOID;
    typedef  void*               HANDLE;
    typedef  unsigned int*       LPDWORD;
    typedef  unsigned long long UINT64;
```

图 2-2　类型定义

不得不说，在 Linux 64 下把 LONG 定义为 int 是错误的，有很多危害。不仅会导致大家认知混乱，而且会导致源代码冲突。比如，这个定义就与格蠹的代码冲突了。因为格蠹代码中的 LONG 是按 Linux 64 的约定，是 64 位的，在 Linux 64 下，LONG 就定义为 long（注意大小写差别）。

第一次看到海康 SDK 的这个定义时，我就以为是明显的“笔误”，将其纠正为 long，但是这样会导致很多链接错误，ld 程序找不到海康 SDK 中的函数。

这样看来，海康的同行编译 SDK 的库时的确把 LONG 定义为 int。

为了解决这个问题，我不得不定义了一个 HCLONG，代表是海康的 LONG。海康的拼音缩写不是 HK 么，为什么用 HC，因为 SDK 的名字是 HCNETxxx。

问题还只是开始，第一个参数是所谓的播放句柄，其值总是很小，所以 32 位或者 64 位不会导致实质问题。导致问题的是第三个参数：

```
DWORD dwUser
```

这里没有使用 LONG，但仍使用了微软风格的 DWORD。DWORD 代表 double word，遵循的仍是微软的套路，在 32 位和 64 位系统中都是 32 位的。

问题大了，NET_DVR_SetRealDataCallBack 是一个设计回调函数的接口，第二个参数是回调函数，第三个参数是所谓的调用者数据。一般称为回调上下文，意思是告诉 SDK，你回调我的函数时，把这个再传回给我。

第一次看到把这个参数定义为 DWORD 时，我顿感诧异，这怎么可以定义为 DWORD 呢？也是因为像 LONG 那样，搞不清楚长度吗？

像这样的参数，一般要定义为 void * 这样的变长类型，在 32 位时为 32 位，在 64 位时为 64 位，因为调用者常常是要传指针的，在今天普遍使用 C++ 语言的背景下，一般是传 this 指针的。

```
iRet = NET_DVR_SetRealDataCallBack(lRealPlayHandle, InputSource_IpCamera_
HC::RealDataCallBack_V30, this);
```

这样的话，在回调函数中，便可以拿到 this 指针，然后再转给 C++ 的方法，这样便从 C 代码又回到了 C++ 代码，即：

C++ 代码 -> C 回调 -> C++ 代码。

可是遇到了这样的 SDK 接口，还能传 this 指针吗？

同事曾经这样写：

```
iRet = NET_DVR_SetRealDataCallBack(lRealPlayHandle, InputSource_IpCamera_
HC::RealDataCallBack_V30, (DWORD)this);
```

这样行吗？

编译器肯定同意：“你要强转，我就给你转。”

CentOS 的版本就这样工作了几个月，但其实这是个巨大的陷阱，隐藏了危机，对错误的纵容是非常危险的。

暂时不说 CentOS 下为什么还能工作，先说 Ubuntu 下为什么崩溃吧？

道理很简单，this 指针被截断了。本来是 64 位的指针，截了一半，只传了 32 位。

请看编译器产生的下列调用代码：

```
=> 0x0000555555571f75 <+1209>: movrax,QWORD PTR [rbp-0x2f8]
   0x0000555555571f7c <+1216>: movedx,eax
   0x0000555555571f7e <+1218>: movrax,QWORD PTR [rbp-0x2f8]
   0x0000555555571f85 <+1225>: moveax,DWORD PTR [rax+0x8ec]
   0x0000555555571f8b <+1231>: cdqe
   0x0000555555571f8d <+1233>: learcx,[rip+0x83e]# 0x5555555727d2 <InputSource_
IpCamera_HC::RealDataCallBack_V30(int, unsigned int, unsigned char*, unsigned int,
void*)>
```

第一条是从局部变量中读出对象指针（this），放到 64 位的 rax 寄存器中，看一下它的值：

```
(gdb) p this
$1 = (InputSource_IpCamera_HC * const) 0x5555555abef0
```

再看一下 rax 的值。

```
rax 0x5555555abef0  93824992591600
```

二者一模一样，完整传递，既省事又正确，可是就因为这个错误定义的函数原型，不得不把好好的指针截断。

```
mov edx,eax
```

注意，这里使用的是 eax 和 edx，都是 32 位的寄存器，也就是只把 rax 寄存器中的低 32 位传给了 edx。

讲到这里，问题就很明显了，在回调函数中，只能取到 this 指针的低 32 位，只要访问就会崩溃。

从上面的崩溃现场可以看到，第三个参数就是被截断了的指针。

```
0x0000555555572822 in InputSource_IpCamera_HC::RealDataCallBack_V30 (
```

```
lRealHandle=0, dwDataType=1, pBuffer=0x7fffe08a1390 "IMKH\002\001",
dwBufSize=40, cookie=0x555abef0)
```

说到这里，大家明白了 Ubuntu 下为什么崩溃，那么 CentOS 下为什么可以工作呢？

不是编译器的原因，编译器产生的代码是等价的。上调试器观察一下，就知道原因了。

在 GDB 下单步跟踪到调用指令处：

```
0x00000000004b68a5 <+453>: learsi,[rip+0x6c4]# 0x4b6f70 <_ZN23InputSource_
IpCamera_HC20RealDataCallBack_V30EljPhjj>
0x00000000004b68ac <+460>: movsxd rdi,eax
0x00000000004b68af <+463>: movedx,ebx
=> 0x00000000004b68b1 <+465>: call   0x469140 <NET_DVR_SetRealDataCallBack@plt>
```

观察寄存器的值：

```
(gdb) info registers
rax 0x0 0
rbx 0x725b60 7494496
rcx 0x0 0
rdx 0x725b60 7494496
```

其中，rdx 中是 this 指针的内容。继续观察变量值，可以发现在 CentOS 下运行时，this 指针的值总是比较小，高 32 位总是 0，只用低 32 位就够了。

怎么会这样？一种解释是巧合，另一种解释是 CentOS 下的内存分配策略使然。

再回到 Ubuntu，按说在 Ubuntu 64 下使用这个 SDK 的用户应该也不少，其他同行难道没有遇到这个问题吗？

看海康官方的示例代码，演示了如何调用这个 API，但是最后一个参数传递的是 0。

```
iRet = NET_DVR_SetRealDataCallBack(lRealPlayHandle, g_HikDataCallBack, 0);
```

这是故意的吗？

另一种解释是大家都只用 C 语言，使用全局变量，不用 this 指针，但是这样做支持多实例会很麻烦，让代码的伸缩性很差，也很难看。

怎么解决这个问题呢？同事建议用映射表，那意味着本来非常简洁优雅的代码会变得很长，难以让人接受。不到万不得已，不能用此下策。还是要要感谢调试器，在 GDB 的帮助下，我发现一个名为 NET_DVR_SetRealDataCallBackEx 的函数。根据 GDB 显示的原型信息，它的最后一个参数正好是我所希望的 void *。可是查遍官方文档，没有这个 Ex 版本函数的说明，在 Linux 版本的头文件中，也没有这个函数的定义。

怎么解决呢？抱着试试看的想法，我自己写了个函数声明，然后编译连接，顺利通过。测试运行，正常工作了！①

初稿写于 2019-05-18，2024-12-09 晨略作修改于 863 国家软件园

---

① 重定义基本类型之风盛于 20 世纪八九十年代，今日回观，实在是害多利少。今日仍有大量软件受其影响，可谓贻害甚久。纠正之法其实非常简单，遵循标准，包含 stdint.h 即可。

第 3 章
在调试器下看微信是如何耗电的

在今天这个做什么都离不开手机的时代里，手机的待机时间太重要了。特别是对于我这个不喜欢带充电宝出门的人来说，一旦看到手机电量低于 20%，立刻就会精神紧张，因为一切信息都在手机里，如果手机没电，那么就等于失联了。

我一直保存着一个小的诺基亚手机，我使用它很多年了，如今想来，它最大好处是“一周只需充一次电”。

对于今天我用的手机，必须每个晚上给它充电。即使这样，如果第二天用得比较多，还是可能会陷入电量危机。

是什么让手机变得如此耗电呢？我和计算机打交道 20 多年了，当然很清楚这个问题的答案。从硬件角度看，屏幕和处理器（CPU、GPU 等）最费电。而处理器到底费电多少，就要看软件了。

手机厂商当然也知道这些道理，所以他们也一直在想办法。比如，打开我手机里的设置程序，切换到电池功能，会显示出一个很不错的耗电排行榜（见图 3-1）。

图 3-1　手机里的耗电排行榜

在图 3-1 所示的耗电排行榜上，硬件消耗 25% 的电量，展开后可以看到，都是屏幕消耗的。

硬件列表里没有包含处理器，因为处理器耗的电就是软件消耗的。

图 3-1 中的“软件（75%）”代表软件消耗了 75% 的电量，是硬件的 3 倍。而对于软件消耗的 75% 电量，几乎都是一个程序消耗的，它就是“微信”。对于“电池”程序给出的这个排行榜，我并不惊讶，因为我的手机此前多次提示“微信是高耗电应用”。

那么，微信为何如此耗电呢？在很多个日夜里，特别是手机电量不足时，我都会产生一个想法：“为什么微信如此费电？”与其他 App 不想用就卸载不同，微信太重要了，即使费电，也还必须得开着它。

而且，每当我想起这个问题时，心里都有一个愿望，那就是上调试器看一下它为何如此费电。

但这个愿望并不容易实现，因为微信运行在手机上，手机是一个封闭的系统，进入这个系统很难，在里面安装调试工具更难。有人说，不是可以使用 adb（Android Debug Bridge）连接么？某些手机是可以，但是连上了之后，还有工具链的问题，手机里一般不会预装 GDB，产品化阶段一般也不会有 GDBserver，而 strace、kernelshark 这样的工具就更不会有了。如果从普通 Linux 系统复制，那么多半无法运行，因为安卓系统里使用的 C 运行时库是 bionic, 不是 glibc。

今年[①]8 月，格蠹在幽兰代码本上跑通了 Waydroid 环境，让微信可以在幽兰上运行了，如图 3-2 所示。看着微信的图标出现在幽兰的任务栏上，我非常开心，忍不住对它说：“Welcome onboard！”（欢迎登机！）

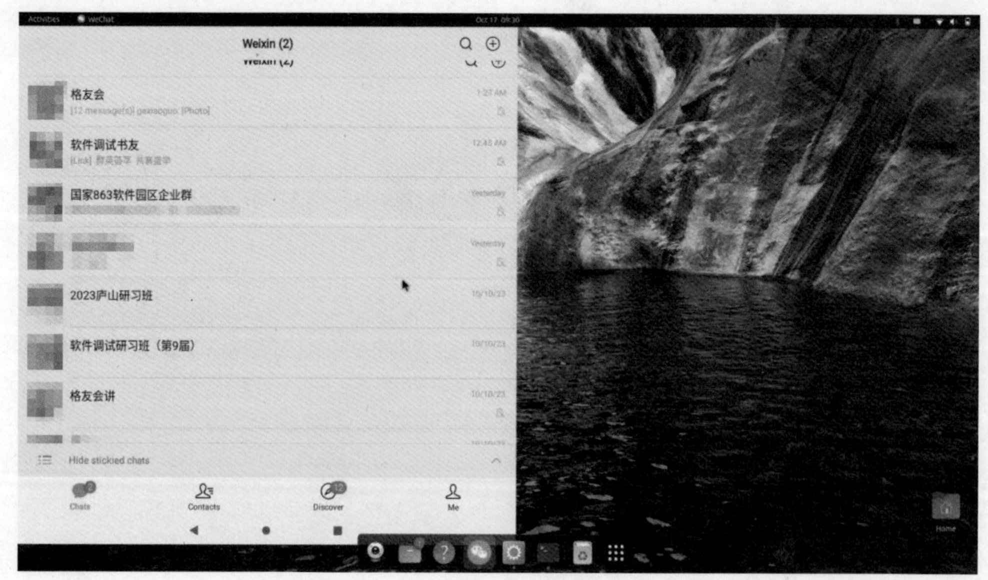

图 3-2　运行在幽兰桌面上的微信程序

① 文中时间请参考各章末的初稿写作时间。

我很喜欢幽兰代码本的这个功能，因为有了这个功能后，就可以运行 3 个微信实例：在普通计算机上运行 Windows 版本，在手机上运行手机版本，在幽兰代码本上运行平板（tablet）版本。这样登录后，手机的微信上会显示："2 个设备已登录微信"。点击一下，便会列出已登录设备，如图 3-3 所示。

图 3-3　登录设备列表

幽兰上的微信是平板版本，所以屏幕更大，更适合看照片和视频。但对于我来说，在幽兰上运行微信的最大好处是提供了调试的便利。

Waydroid 是基于容器技术的，使用的是 LXC（Linux Container），不是 docker。不管是 LXC 还是 docker，能让安卓 App 在幽兰代码本上运行就已经足够了。

与虚拟机使用深度隔离技术不同，容器技术的好处是弱隔离。举例来说，如果在 Linux 上安装一个安卓虚拟机，在虚拟机里安装微信，那么在 Linux 系统中是看不到微信进程的。另一方面，当在 Linux 系统中运行容器，在容器里运行微信，那么，在 Linux 系统中也可以看到容器中的所有进程，而且可以用 GDB 附加上去（需要 sudo）。

比如，在幽兰上启动微信后，再执行 ps aux | grep tencent 命令，就可以看到微信的各个进程。

```
    geduer@ulan:/$ ps aux | grep tencent
    geduer        2608  0.0  0.1 353972 28972 ?          Sl   10:52   0:00 /usr/bin/
python3 /usr/bin/waydroid app launch com.tencent.mm
    10140      139020  8.9  4.8 128958040 794620 ?    t<l  16:16  13:38 com.tencent.mm
    10140      152643  0.3  3.3 339094948 548288 ?    S<l  16:46   0:24 com.tencent.
mm:appbrand0
    10140      152657  0.2  2.4 110599668 406744 ?    Sl   16:46   0:17 com.tencent.
mm:appbrand1
    10140      158875  4.4  2.1 23495372 356752 ?     S<l  17:01   4:47 com.tencent.
mm:xweb_privileged_process_0
    99002       158891  3.7  2.3 234261784 382704 ?    S<l  17:01   3:56 com.
tencent.mm:xweb_sandboxed_process_0:com.tencent.xweb.pinus.sdk.process.
SandboxedProcessService
    10140      164644  0.2  1.7 7191804 291696 ?     Sl   17:17   0:12 com.tencent.
```

```
mm:push
    geduer       196771  0.0  0.0    3056  1228 pts/4     S+    18:48    0:00 grep
--color=auto tencent
```

其中，com.tencent.mm 就是微信程序。

执行 top 命令，也可以看到微信的各个进程。图 3-4 中排在最上面的和最下面的两个进程都是。

```
top - 17:05:30 up  6:15,  5 users,  load average: 1.32, 1.05, 0.85
Tasks: 427 total,   1 running, 426 sleeping,   0 stopped,   0 zombie
%Cpu(s):  4.3 us,  1.9 sy,  0.0 ni, 93.8 id,  0.0 wa,  0.0 hi,  0.0 si,  0.0 st
MiB Mem :  15924.9 total,    331.9 free,   3780.7 used,  12220.4 buff/cache
MiB Swap:      0.0 total,      0.0 free,      0.0 used.  12144.2 avail Mem

    PID USER      PR  NI    VIRT    RES    SHR S  %MEM     TIME+ COMMAND
 139020 10140     12  -8  122.9g 764552 421320 S   4.7   5:09.30 com.tencent.mm
 158875 10140     10 -10   22.4g 354396 216776 S   2.2   0:09.10 leged_process_0
 158891 99002     10 -10  223.5g 379368 132224 S   2.3   0:10.82 ProcessService0
   1513 geduer    20   0 4663740 450512 296348 S   2.8   5:46.55 gnome-shell
   3758 10142     10 -10 7082092 327064 176768 S   2.0   8:12.94 putmethod.sogou
 159437 geduer    20   0    9872   5092   2928 S   0.0   0:02.17 top
   2824 geduer    20   0 2355640  50500  42188 S   0.3   2:10.61 composer@2.1-se
 159535 geduer    20   0    3908   2716   2448 S   0.0   0:01.18 bash
 159964 geduer    20   0    9872   5092   2928 R   0.0   0:00.86 top
  16743 geduer    20   0   21592   7556   4908 S   0.0   0:02.05 sshd
     12 root      20   0       0      0      0 I   0.0   0:27.56 rcu_sched
    498 systemd+  20   0   16136   6572   5720 S   0.0   1:03.01 systemd-oomd
    511 root      20   0       0      0      0 S   0.0   0:28.01 dhd_watchdog_th
    512 root      -2   0       0      0      0 S   0.0   1:26.52 dhd_dpc
   6110 geduer    20   0   21664   7748   5000 S   0.0   1:20.77 sshd
   8100 10142     20   0 6138116 155640 108600 S   1.0   0:12.87 thod.sogou:home
  16701 root      20   0   20664   7864   6136 S   0.0   0:00.20 sshd
 142915 root       0 -20       0      0      0 I   0.0   0:02.07 kworker/2:1H-events_highpri
 143353 root       0 -20       0      0      0 I   0.0   0:03.68 kworker/6:2H-ext_eventd
 144314 root       0 -20       0      0      0 I   0.0   0:02.05 kworker/3:1H-events_highpri
 152239 root       0 -20       0      0      0 I   0.0   0:00.72 kworker/u17:1-kbase_pm_poweroff_wait
 152426 root      20   0       0      0      0 I   0.0   0:01.34 kworker/3:0-events_freezable
 152643 10140     12  -8  323.4g 563100 369380 S   3.5   0:11.90 nt.mm:appbrand0
 152657 10140     20   0  105.4g 421424 273124 S   2.6   0:09.37 nt.mm:appbrand1
```

图 3-4 使用 top 命令观察进程列表

从图 3-4 中可以看出，微信进程在内存中使用了 122.9GB 的虚拟内存，764MB 物理内存，产生了 1600 万次页错误。

从微信能在幽兰上运行的第一天起，我就想上 GDB 调试它，查找它耗电多的原因。但是一直没有抽出时间。昨天有兰友（使用幽兰代码本的朋友）提出想用幽兰来深入分析安卓系统，他的想法又激发了我调试微信的念头。

微信有多个进程，选哪个呢？当然就选占用 CPU 净时间最长的，也就是图 3-4 中排在最上面的，名为 com.tencent.mm，进程 ID 为 139020。打开一个终端窗口，轻敲键盘，输入以下命令，唤出 GDB：

```
GDB --pid 13902
```

命令发出后，可以看到微信的界面不动了，说明这个进程就是微信的主程序。大约 1 秒钟后，系统弹出程序不响应提示（见图 3-5），选择等待，令其消失。

接下来，集中精力与 GDB 对话，“在 GDB 下看微信”正式开始。

GDB 附加到微信进程后，开始枚举进程里的所有线程。GDB 有按页显示信息的习惯。显示了一屏后，便暂停等待（见图 3-6），按【Enter】键就可以继续显示。

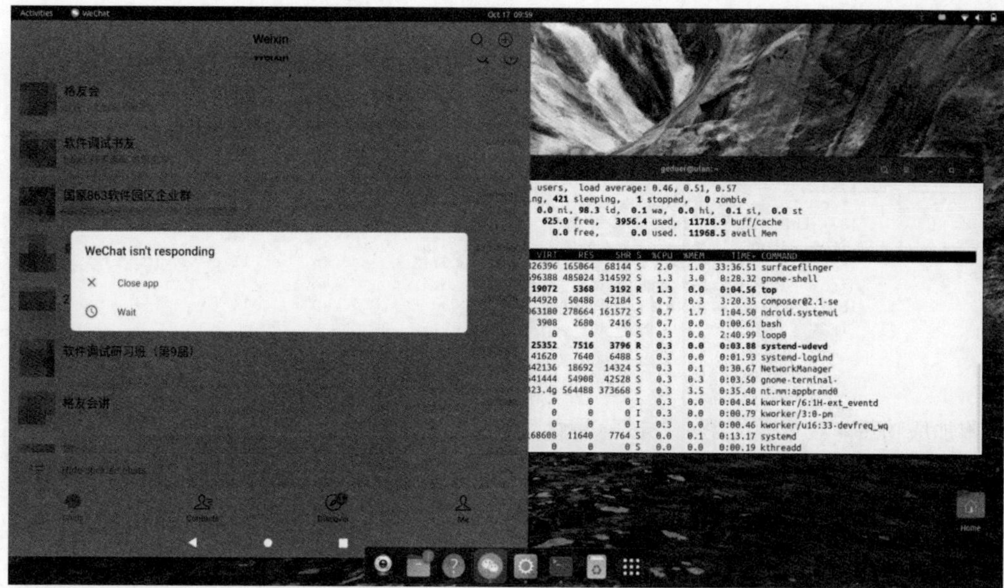

图 3-5　系统弹出程序不响应提示

```
Copyright (C) 2023 Free Software Foundation, Inc.
License GPLv3+: GNU GPL version 3 or later <http://gnu.org/licenses/gpl.html>
This is free software: you are free to change and redistribute it.
There is NO WARRANTY, to the extent permitted by law.
Type "show copying" and "show warranty" for details.
This GDB was configured as "aarch64-linux-gnu".
Type "show configuration" for configuration details.
For bug reporting instructions, please see:
<https://www.gnu.org/software/gdb/bugs/>.
Find the GDB manual and other documentation resources online at:
    <http://www.gnu.org/software/gdb/documentation/>.

For help, type "help".
Type "apropos word" to search for commands related to "word".
Attaching to process 139020
[New LWP 139030]
[New LWP 139031]
[New LWP 139032]
[New LWP 139033]
[New LWP 139034]
[New LWP 139035]
[New LWP 139036]
[New LWP 139037]
[New LWP 139038]
[New LWP 139039]
[New LWP 139040]
[New LWP 139041]
[New LWP 139045]
[New LWP 139046]
--Type <RET> for more, q to quit, c to continue without paging--
[New LWP 139047]
```

图 3-6　GDB 的分页显示

出乎意料的是，按了很多次【Enter】键之后，还没有显示完，直到我按【C】键取消分屏显示，才终于显示完。

使用 info threads 命令再列一遍，仍有很多屏，但是这次看到线程个数了，是 189 个（见图 3-7）。

```
182  LWP 211877 "[GT]SLocationMa" 0x0000007f8aec2ad8 in __epoll_pwait ()
  from target:/apex/com.android.runtime/lib64/bionic/libc.so
183  LWP 211878 "d_thread"        0x0000007f8aec2ad8 in __epoll_pwait ()
  from target:/apex/com.android.runtime/lib64/bionic/libc.so
184  LWP 211893 "WifiManagerThre" 0x0000007f8aec2ad8 in __epoll_pwait ()
  from target:/apex/com.android.runtime/lib64/bionic/libc.so
185  LWP 211894 "GeoLocationServ" 0x0000007f8aec2ad8 in __epoll_pwait ()
  from target:/apex/com.android.runtime/lib64/bionic/libc.so
186  LWP 214178 "[GT]ColdPool#17" 0x0000007f8ae70b4c in syscall ()
  from target:/apex/com.android.runtime/lib64/bionic/libc.so
187  LWP 216895 "com.tencent.mm"  0x0000007f8ae70b4c in syscall ()
  from target:/apex/com.android.runtime/lib64/bionic/libc.so
188  LWP 216896 "dart:io EventHa" 0x0000007f8aec2ad8 in __epoll_pwait ()
  from target:/apex/com.android.runtime/lib64/bionic/libc.so
189  LWP 217954 "ThreadPoolForeg" 0x0000007f8ae70b4c in syscall ()
  from target:/apex/com.android.runtime/lib64/bionic/libc.so
```

图 3-7　列出所有线程

附加成功后，我想做的第一个试验是看微信的安静度，也就是用户不使用微信时，微信进程是否安静，静则省电，动则耗电，少动少耗，多动多耗。于是输入 c 命令，恢复微信执行。没想到它立刻又断入到调试器；再次输入 c 命令，又断入调试器（见图 3-8）。

```
(gdb) c
Continuing.
[New LWP 224007]

Thread 20 "[GT]HotPool#2" received signal SIGQUIT, Quit.
[Switching to LWP 139051]
0x0000007f8ae70b4c in syscall () from target:/apex/com.android.runtime/lib64/bionic/libc.so
(gdb) c
Continuing.

Thread 15 "[GT]HotPool#0" received signal SIG35, Real-time event 35.
[Switching to LWP 139046]
0x0000007f8ae70b4c in syscall () from target:/apex/com.android.runtime/lib64/bionic/libc.so
(gdb) c
Continuing.
[New LWP 224050]
[LWP 223988 exited]

Thread 7 "ReferenceQueueD" received signal SIG35, Real-time event 35.
[Switching to LWP 139035]
0x0000007f8ae70b4c in syscall () from target:/apex/com.android.runtime/lib64/bionic/libc.so
(gdb) c
Continuing.

Thread 10 "Binder:17942_1" received signal SIG35, Real-time event 35.
[Switching to LWP 139038]
0x0000007f8aec1b18 in __ioctl () from target:/apex/com.android.runtime/lib64/bionic/libc.so
(gdb) c
Continuing.
[New LWP 224070]
```

图 3-8　反复中断到调试器

反复中断到调试器的原因是微信总收到信号，有 SIG35、SIG33，还有 SIGQUIT。

信号是用于在不同软件组织间通信使用的，这么多信号，说明彼此间协作很多。在图 3-8 中，除了“某某线程收到 xx 信号”这样的信息，还有创建新线程的消息，即 [New LWP xxx]。线程是软件时间里的生命，创建线程是比较重的操作，频繁创建线程当然是要耗电的。但问题应该不仅于此，输入 handle 命令，让 GDB 收到信号后不必中断，打印信息后便自动继续。

```
(gdb) handle SIG35 nostop
Signal        Stop      Print   Pass to program Description
SIG35         No        Yes     Yes             Real-time event 35
(gdb) handle SIG33 nostop
```

```
Signal        Stop      Print   Pass to program Description
SIG33         No        Yes     Yes             Real-time event 33
(gdb) handle SIGQUIT nostop
Signal        Stop      Print   Pass to program Description
SIGQUIT       No        Yes     Yes             Quit
```

这样设置后，屏幕上的消息开始不停地出现，如图3-9所示。

```
Thread 181 "xh_refresh_loop" received signal SIG33, Real-time event 33.
Thread 187 "com.tencent.mm" received signal SIG33, Real-time event 33.
Thread 188 "dart:io EventHa" received signal SIG33, Real-time event 33.
Thread 189 "ThreadPoolForeg" received signal SIG33, Real-time event 33.
Thread 49 "[GT]ColdPool#13" received signal SIG35, Real-time event 35.
Thread 50 "audio_mix_contr" received signal SIG35, Real-time event 35.
Thread 51 "[GT]ColdPool#14" received signal SIG35, Real-time event 35.
Thread 52 "[GT]ColdPool#15" received signal SIG35, Real-time event 35.
Thread 53 "IPCThreadPool#W" received signal SIG35, Real-time event 35.
Thread 54 "mars::18030" received signal SIG35, Real-time event 35.
Thread 55 "wc_srvinit_4" received signal SIG35, Real-time event 35.
Thread 56 "[GT]ColdPool#14" received signal SIG35, Real-time event 35.
Thread 57 "queued-work-loo" received signal SIG35, Real-time event 35.
Thread 58 "FileObserver" received signal SIG35, Real-time event 35.
Thread 59 "[GT]HotPool#7" received signal SIG35, Real-time event 35.
```

图3-9　信号消息不断

看到这里，即使用户没有主动使用微信，微信进程内的活动也非常频繁。接下来，启动一个clock小程序，让它在前台运行，把微信切换到后台（不可见），看它在后台时的安静度。

没想到，在做这个切换时，微信进程发生了段错误。

```
Thread 1 "com.tencent.mm" received signal SIGSEGV, Segmentation fault.
[Switching to LWP 139020]
0x000000009cdc7ce8 in com.tencent.mm.plugin.newtips.model.i[j] ()
```

反汇编看错误指令：

```
      0x000000009cdc7ce4 <+596>:     b.ne        0x9cdc7f2c <com.tencent.mm.plugin.
newtips.model.i.j+1180>  // b.any
   => 0x000000009cdc7ce8 <+600>:   ldrsb   w0, [x0, #8]
      0x000000009cdc7cec  <+604>:     b           0x9cdc7d74 <com.tencent.mm.plugin.
newtips.model.i.j+740>
      0x000000009cdc7cf0 <+608>:   ldr     w21, [x19, #168]
      0x000000009cdc7cf4 <+612>:   str     wzr, [x19, #168]
      0x000000009cdc7cf8  <+616>:   ldr      w0, 0x9cdc80d4 <com.tencent.mm.plugin.
newtips.model.i.j+1604>
      0x000000009cdc7cfc <+620>:   mov     w1, #0x1                          // #1
      0x000000009cdc7d00 <+624>:   ldr     x30, [x19, #488]
```

```
    0x000000009cdc7d04 <+628>:    blr     x30
```

果然有不合理的内存访问。触发异常的是一条内存访问指令，这条指令访问的是 x0 对象，观察 x0，值为 0。

```
(gdb) p $x0
$4 = 0
```

看来这里有比较明显的空指针问题。模块标识为 com.tencent.mm.plugin.newtips.model（希望可以帮助快速修正）。

这个突如其来的段错误让我有点担心微信进程会消失，影响后面的继续分析。

看了一下调用栈，栈很深。这让我消除了担心，估计某一级父函数会有异常保护，于是输入 c 命令恢复执行，如图 3-10 所示。

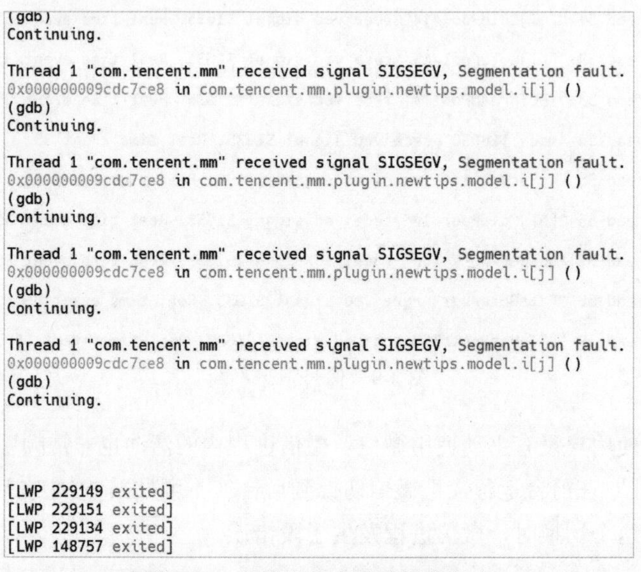

```
(gdb)
Continuing.

Thread 1 "com.tencent.mm" received signal SIGSEGV, Segmentation fault.
0x000000009cdc7ce8 in com.tencent.mm.plugin.newtips.model.i[j] ()
(gdb)
Continuing.

Thread 1 "com.tencent.mm" received signal SIGSEGV, Segmentation fault.
0x000000009cdc7ce8 in com.tencent.mm.plugin.newtips.model.i[j] ()
(gdb)
Continuing.

Thread 1 "com.tencent.mm" received signal SIGSEGV, Segmentation fault.
0x000000009cdc7ce8 in com.tencent.mm.plugin.newtips.model.i[j] ()
(gdb)
Continuing.

Thread 1 "com.tencent.mm" received signal SIGSEGV, Segmentation fault.
0x000000009cdc7ce8 in com.tencent.mm.plugin.newtips.model.i[j] ()
(gdb)
Continuing.



[LWP 229149 exited]
[LWP 229151 exited]
[LWP 229134 exited]
[LWP 148757 exited]
```

图 3-10　段错误没有导致微信退出

有惊无险，GDB 又收到了几次段错误后，进程还在。

大约几秒钟后，GDB 收到一些报错消息和线程退出事件（见图 3-11），这可能是切到后台后，某些线程故意退出，以减少耗电。

为了检测此时的安静度，我在 GDB 里输入 detach 命令分离调试会话。改用 strace -c –p 命令来监视微信的系统调用情况。

大约 5 分钟后，按【Ctrl + C】组合键停止监视，strace 给出了如图 3-12 所示的报告。

从图 3-12 中可以看出，微信进程在后台时，仍有比较频繁的系统调用。系统调用是软件世界里的一种跨空间调用，从微观意义上讲，具有较大的开销。

使用 strace 命令快速建立一些印象后，再次将 GDB 附加到微信进程。使用 info threads 命令观察，仍有 100 多个线程。

```
Unable to find JITed code entry at address: 0x9aa71730
Unable to find JITed code entry at address: 0x9ab25aa0
Unable to find JITed code entry at address: 0x9aaa7ce0
Unable to find JITed code entry at address: 0x9aa58ac0
Unable to find JITed code entry at address: 0x9aa5c2b0
Unable to find JITed code entry at address: 0x9aa59d10
Unable to find JITed code entry at address: 0x9ab3f1a0
Unable to find JITed code entry at address: 0x9aaa11f0
Unable to find JITed code entry at address: 0x9aa72250
Unable to find JITed code entry at address: 0x9aa5cd90
Unable to find JITed code entry at address: 0x9aa99ed0
Unable to find JITed code entry at address: 0x9aab6cf0
Unable to find JITed code entry at address: 0x9ab15ac0
Unable to find JITed code entry at address: 0x9aab03e0
Unable to find JITed code entry at address: 0x9aa71ed0
Unable to find JITed code entry at address: 0x9aab0060
Unable to find JITed code entry at address: 0x9aabd4e0
Unable to find JITed code entry at address: 0x9ab3e6f0
Unable to find JITed code entry at address: 0x9aa4ffb0
Unable to find JITed code entry at address: 0x9ab3de00
Unable to find JITed code entry at address: 0x9aa60520
Unable to find JITed code entry at address: 0x9ab264d0
Unable to find JITed code entry at address: 0x9aaa1c80
[LWP 235277 exited]
```

图 3-11　报错信息

```
% time     seconds  usecs/call     calls    errors syscall
------ ----------- ----------- --------- --------- ----------------
 77.80    4.681276        2023      2313           epoll_pwait
  7.94    0.477948         197      2418       224 futex
  3.09    0.185679         234       792       170 ioctl
  2.84    0.171045          32      5186           flock
  2.65    0.159345          80      1989           getuid
  0.95    0.056955          88       647           write
  0.77    0.046504          93       499           read
  0.63    0.037718          79       474           pread64
  0.48    0.028847         136       211       176 openat
  0.41    0.024854         128       193        11 newfstatat
  0.35    0.020821         113       183           prctl
  0.29    0.017472          52       330           clock_gettime
  0.27    0.016024         127       126           gettid
  0.22    0.013419          44       303       202 recvfrom
  0.21    0.012844         135        95           mprotect
  0.19    0.011495         140        82           fcntl
  0.12    0.007302         521        14         5 mkdirat
  0.11    0.006648         147        45           mmap
  0.11    0.006326         234        27           close
  0.10    0.006099        3049         2           writev
  0.07    0.004390         292        15           clone
  0.07    0.004339          35       123           madvise
  0.06    0.003521        1760         2           epoll_ctl
  0.05    0.002996          29       102           process_vm_readv
  0.03    0.001948          57        34           rt_sigreturn
  0.03    0.001625          17        94           rt_sigprocmask
  0.02    0.001424          18        79           timerfd_settime
  0.02    0.001416          67        21           munmap
```

图 3-12　strace 给出的系统调用统计报告

切换到 1 号线程，果然在调用 epoll_pwait。

```
(gdb) thread 1
[Switching to thread 1 (LWP 230737)]
#0  0x0000007f8aec2ad8 in __epoll_pwait () from target:/apex/com.android.runtime/lib64/bionic/libc.so
(gdb) bt
#0  0x0000007f8aec2ad8 in __epoll_pwait () from target:/apex/com.android.runtime/lib64/bionic/libc.so
#1  0x0000007f8b33aad4 in android::Looper::pollInner(int) () from target:/system/lib64/libutils.so
```

```
#2  0x0000007f8b33a9b4 in android::Looper::pollOnce(int, int*, int*, void**) ()
from target:/system/lib64/libutils.so
#3  0x0000007f8d3d9108 in android::android_os_MessageQueue_nativePollOnce
(_JNIEnv*, _jobject*, long, int) ()
    from target:/system/lib64/libandroid_runtime.so
（节约篇幅，删除多行）
#21 0x0000007f8d3688b4 in android::AndroidRuntime::start(char const*, android::
Vector<android::String8> const&, bool) ()
    from target:/system/lib64/libandroid_runtime.so
#22 0x0000005579dc4584 in main ()
```

最后，我想看一下微信进程的内存分配行为，在 GDB 中埋下两个断点：

```
b malloc
b free
```

一个是分配内存，一个是释放内存。

恢复进程后，断点立刻命中，使用 bt 命令观察调用者，来自 libwechatmm.so，从它名称里的 mm 来看，它可能是很重要的一个模块。

```
(gdb) bt
#0  0x0000007f8ae2fbbc in malloc () from target:/apex/com.android.runtime/lib64/
bionic/libc.so
#1  0x0000007e8b1996b8 in operator new(unsigned long) ()
    from target:/data/app/~~Au1aWPhBArFeVNeRmXfc1Q==/com.tencent.mm-EG5OCux-
RKBnXU6UuLnpjQ==/lib/arm64/libc++_shared.so
#2  0x0000007e5b062444 in ?? ()
    from target:/data/app/~~Au1aWPhBArFeVNeRmXfc1Q==/com.tencent.mm-EG5OCux-
RKBnXU6UuLnpjQ==/lib/arm64/libwechatmm.so
（节约篇幅，删除多行）
#7  0x0000007f8aed68f0 in __pthread_start(void*) () from target:/apex/com.
android.runtime/lib64/bionic/libc.so
#8  0x0000007f8ae75a88 in __start_thread () from target:/apex/com.android.
runtime/lib64/bionic/libc.so
```

执行 p $x0 命令，观察 malloc 的参数，这一次分配的内存块大小为 272 个字节。

```
(gdb) p $x0
$1 = 272
```

执行 c 命令继续，又立刻命中，发生在不同的线程，但是仍为 mm 模块，这一次是 528 字节。

```
Thread 40 "wc_srvinit_2" hit Breakpoint 1, 0x0000007f8ae2fbbc in malloc ()
   from target:/apex/com.android.runtime/lib64/bionic/libc.so
(gdb) bt
#0  0x0000007f8ae2fbbc in malloc () from target:/apex/com.android.runtime/lib64/
bionic/libc.so
#1  0x0000007e8b1996b8 in operator new(unsigned long) ()
    from target:/data/app/~~Au1aWPhBArFeVNeRmXfc1Q==/com.tencent.mm-EG5OCux-
RKBnXU6UuLnpjQ==/lib/arm64/libc++_shared.so
#2  0x0000007e5b062444 in ?? ()
```

```
    from target:/data/app/~~Au1aWPhBArFeVNeRmXfc1Q==/com.tencent.mm-EG5OCux-RKBnXU6UuLnpjQ==/lib/arm64/libwechatmm.so
（节约篇幅，删除多行）
#6  0x0000007f8ae75a88 in __start_thread () from target:/apex/com.android.runtime/lib64/bionic/libc.so
(gdb) p $x0
$2 = 528
```

为了把上述过程自动化，我给断点附加了一串命令：

```
(gdb) commands 1
Type commands for breakpoint(s) 1, one per line.
End with a line saying just "end".
>printf "****mallocing memory: %d bytes\n", $x0
>bt
>c
>end
(gdb) commands 2
Type commands for breakpoint(s) 2, one per line.
End with a line saying just "end".
>printf "freeing memory %p\n", $x0
>bt
>c
>end
```

这次再继续，打印不断，大量信息快速喷涌出来（见图 3-13），难以辨认。

```
#28 0x0000007f8ae75a88 in __start_thread () from target:/apex/com.android.runtime/lib64/bionic/libc.so
[Switching to LWP 139041]

Thread 13 "Profile Saver" hit Breakpoint 1, 0x0000007f8ae2fbbc in malloc () from target:/apex/com.android.runtime/lib64/bioni
***mallocing memory 48 bytes
#0  0x0000007f8ae2fbbc in malloc () from target:/apex/com.android.runtime/lib64/bionic/libc.so
#1  0x0000007f8cad5b70 in operator new(unsigned long) () from target:/system/lib64/libc++.so
#2  0x0000007f0908e2dc in art::jit::JitCodeCache::GetProfiledMethods(std::__1::set<std::__1::basic_string<char, std::__1::cha
llocator<char> >, std::__1::less<std::__1::basic_string<char, std::__1::char_traits<char>, std::__1::allocator<char> > >, std
basic_string<char, std::__1::char_traits<char>, std::__1::allocator<char> > > > const&, std::__1::vector<art::ProfileMethodIn
::ProfileMethodInfo> >&) () from target:/apex/com.android.art/lib64/libart.so
#3  0x0000007f09096fb8 in art::ProfileSaver::ProcessProfilingInfo(bool, unsigned short*) () from target:/apex/com.android.art
#4  0x0000007f09093dd0 in art::ProfileSaver::Run() () from target:/apex/com.android.art/lib64/libart.so
#5  0x0000007f090989f4 in art::ProfileSaver::RunProfileSaverThread(void*) () from target:/apex/com.android.art/lib64/libart.s
#6  0x0000007f8aed68f0 in __pthread_start(void*) () from target:/apex/com.android.runtime/lib64/bionic/libc.so
#7  0x0000007f8ae75a88 in __start_thread () from target:/apex/com.android.runtime/lib64/bionic/libc.so
[Switching to LWP 139074]

Thread 36 "wc_lp_srvinit_0" hit Breakpoint 1, 0x0000007f8ae2fbbc in malloc () from target:/apex/com.android.runtime/lib64/bio
***mallocing memory 200 bytes
#0  0x0000007f8ae2fbbc in malloc () from target:/apex/com.android.runtime/lib64/bionic/libc.so
#1  0x0000007f8e135c0c in init_resb_result(ResourceData const*, unsigned int, char const*, int, UResourceDataEntry*, UResourc
rceBundle*, UErrorCode*) () from target:/apex/com.android.art/lib64/libicuuc.so
#2  0x0000007f8e1373ac in ures_getByKey_66 () from target:/apex/com.android.art/lib64/libicuuc.so
#3  0x0000007f00fe586c in ICU_getCurrencyCode(_JNIEnv*, _jclass*, _jstring*) () from target:/apex/com.android.art/lib64/libja
#4  0x000000070e0b670 in art_jni_trampoline () from target:/apex/com.android.art/javalib/arm64/boot-core-libart.oat
#5  0x0000000070c96910 in java.util.Currency.getInstance () from target:/apex/com.android.art/javalib/arm64/boot.oat
#6  0x0000000070c75514 in java.text.DecimalFormatSymbols.initialize () from target:/apex/com.android.art/javalib/arm64/boot.o
#7  0x000000009ca695dc in com.tencent.mm.sdk.platformtools.Log.w ()
#8  0x000000009cd0e170 in com.tencent.mm.sdk.platformtools.MMHandler$2.dispatchMessage ()
#9  0x000000007253e990 in android.os.Looper.loop () from target:/system/framework/arm64/boot-framework.oat
```

图 3-13 频繁调用 malloc

把 GDB 输出的信息复制出来浏览一下，发现频繁的小块内存分配很多。

为什么对 malloc 函数设置断点呢？因为它是从堆（heap）上分配内存的。有经验的读者都知道，从堆上分配内存具有很大的开销。频繁从堆上分配内存会消耗较多的系统资源，包括 CPU、内存、内存总线等。

我在分析时，有一次遇到疑似死锁的问题，微信界面无法输入文字，看主线程的调用栈，android.text.TextLine.handleText 在等待一个互斥量，难以自拔。这个调用栈非常深，有 115 个栈帧。

```
    0x0000007f8ae70b50 in syscall () from target:/apex/com.android.runtime/lib64/
bionic/libc.so
    (gdb) bt
    #0  0x0000007f8ae70b50 in syscall () from target:/apex/com.android.runtime/lib64/
bionic/libc.so
    #1  0x0000007f08eed930 in art::Mutex::ExclusiveLock(art::Thread*) () from
target:/apex/com.android.art/lib64/libart.so
    #2  0x0000007f093a9af0 in art::GoToRunnable(art::Thread*) () from target:/apex/
com.android.art/lib64/libart.so
    #3  0x0000007f093a9900 in art::JniMethodEnd(unsigned int, art::Thread*) () from
target:/apex/com.android.art/lib64/libart.so
    （节约篇幅，删除多行）
    #114 0x0000005579dc4584 in main ()
```

归纳一下，微信软件早已不“微”。相反，它已经非常庞大，可谓“煌煌巨篇”。它的体量不仅体现在安装程序上，也体现在模块众多，错综复杂。用古人的话来说，可谓“五步一楼，十步一阁。廊腰缦回，檐牙高啄”。

当然，微信的体量更体现在它运行时，使用 122GB 的虚拟空间，动辄消耗数百兆的物理空间。

本文使用 GDB 调试工具，走进微信进程内部，看到其模块成堆，线程成群，信号繁复，段错误时有发生，调用栈深不见底，系统调用和动态内存分配频繁。这些观察证实了微信的宏大，也从侧面验证了此前的一些猜想。

初稿写于 2023-10-17，2024-12-30 略作修改于 863 国家软件园

第4章 大代码时代下的一个大陷阱

七月初，格蠹办公室里来了一批实习生。他们从不同的地方聚集到上海，最南的来自广东，最北的来自秦皇岛，最西的来自古都西安。他们有一个共同的特点——年轻，都是00后。

1. 实习生首战告捷

对于来格蠹实习的每一位实习生，我都尽可能地为他们量身定制最适合他们的任务，不能太难，避免挫伤了他们尚未丰满的羽翼；也不能太浅，以免他们觉得没有学到东西，虚度了时光。但是，这个难度并不太好掌握，特别是刚开始的一两周，双方还都不太了解。以来自江西上饶的陆君（实名隐去）为例，上周的一个难题差点把他打倒，准备放弃。

6月15日下午，我和陆君在一个直聘平台上相遇，看到他的学校在江西上饶，让我不禁想起了著名的鹅湖书院。和他初步聊了几句后，我在五点半的时候发给他一份编程题目，两个小时后，他发来了答案。今天的大学生，大多缺少编码实践。陆君能快速完成编程题目，技术方面就算过了关。当晚，我和他语音聊了几分钟，双方都觉得合适，当即便约定好了实习计划。7月3日一早，有人敲门，我大声说“请进”。门被慢慢推开后，一位白面书生走进了格蠹的办公室，他就是陆君。

在欢迎实习生的短会上，我问陆君是否去过鹅湖书院。他说不知道。鹅湖书院位于上饶市铅山县鹅湖镇鹅湖山麓，可能距离陆君的校园比较远。

我给陆君安排的第一个任务是改进“刘姥姥”驱动[①]。先编译旧的代码，再增加新的功能。

陆君很少说话，但是遇到问题时，会两手抱着笔记本电脑走到我的座位前提问。他的笔记本并不是很重，但是他每次都是伸长双臂，像是抱着千斤重物一样。

用了大约一周时间，他顺利完成了第一个任务，不仅完成了代码，还写了两篇文章。一篇是《整理刘姥姥驱动的基本用法》，另一篇是《比较处理硬件差异的两种不同做法：条件编译和动态检测》。在后一篇文章的末尾，他引用苏轼的名句——“横看成岭侧成峰，远近高低各不同”表达感慨之情，意思是同一件事情，可以有多种做法，效果不同，风景不同。

① “刘姥姥”驱动：用于学习目的的Linux内核驱动，可参考第45章的介绍。

2. 开源项目

陆君的第二个任务是关于 debuginfod 的，是一个开源项目，用来搭建调试符号服务器，分成服务端和客户端两个部分。整个设施的功能与微软的调试符号服务器很类似。

下载了开源代码后，陆君有点茫然，感觉文件很多，代码量很大，不知道应该从哪里下手进行编译。我浏览了他下载的代码后，果断指出了方向，只需要关注和编译 debuginfod 一个目录，其他目录的都是基础库，可以使用动态链接方法，不需要自己编译。

我建议他自己写一个小的 Makefile，单独编译 debuginfod 目录里的文件（见图 4-1）。目录里的文件并不算多，只有几个头文件，一个 C++ 源文件，2 个 c 文件（图 4-1 中的 test.c 是后来新增的）。

(D:) › Work › nano › nd › debuginfod

名称	修改日期	类型
ChangeLog	2023-07-10 17:05	文件
config.h	2023-07-10 17:05	C/C++ Header
debuginfod.cxx	2023-07-10 17:05	CXX File
debuginfod.h	2023-07-10 17:05	C/C++ Header
debuginfod.h.in	2023-07-10 17:05	IN 文件
debuginfod.pptx	2023-07-13 22:19	Microsoft PowerPoint 演示文稿
debuginfod-client.c	2023-07-10 17:05	C Source file
debuginfod-client.o	2023-07-10 17:05	O 文件
debuginfod-find	2023-07-10 17:05	文件
debuginfod-find.c	2023-07-10 17:05	C Source file
debuginfod-find.o	2023-07-10 17:05	O 文件
Deploying debuginfod servers for your developers.docx	2023-07-13 22:28	Microsoft Word 文档
eu-config.h	2023-07-10 17:05	C/C++ Header
libdebuginfod.map	2023-07-10 17:05	Linker Address Map
libdw.h	2023-07-10 17:05	C/C++ Header
libdwelf.h	2023-07-10 17:05	C/C++ Header
Makefile	2023-07-10 17:05	文件
printversion.c	2023-07-10 17:05	C Source file
printversion.h	2023-07-10 17:05	C/C++ Header
printversion.o	2023-07-10 17:05	O 文件
system.h	2023-07-10 17:05	C/C++ Header
test	2023-07-10 17:05	文件
test.c	2023-07-10 17:05	C Source file

图 4-1　debuginfod 目录里的文件

按照我的建议，陆君写了一个 Makefile，处理了一些编译错误后，遇到了一大堆链接错误。对于这些链接错误，他不知道哪个函数应该链接哪个库了。我当时比较忙，便安排了一位同事，帮他在 Makefile 中增加 -l 选项，指定动态库，解决链接问题。

在同事的帮助下，陆君成功编译出两个可执行文件：debuginfod 和 debuginfod-find。前者是服务端，后者是客户端。

接下来，我建议陆君搭建一个模拟的服务器，测试整套符号设施，包括增加符号文件、下载文件等。

debuginfod 支持如下 3 类调试文件：

- 可执行文件：交给 CPU 执行的程序，通常用在分析转储文件时。
- 符号文件：一般只包含供调试使用的符号信息，也就是所谓的分离的符号文件（separate debug info）。

- 源文件：源程序文件，.c、.h 等。

针对以上 3 类调试文件，作为服务程序的 debuginfod 有如下两大功能：

- 接收客户端的下载请求，下载对方所需的文件。
- 按配置的时间间隔，自动扫描指定的工作目录，将新增的调试文件增加到自己的文件仓库和 SQLite 数据库中。

其中，第二个功能默认是关闭的，可以使用 -F 选项打开，例如：

```
./debuginfod -F /home/geduer/testfile
```

这样启动后，debuginfod 便会扫描 /home/geduer/testfile 文件夹下所有的 ELF/DWARF 文件。

值得说明的是，对于源代码文件，debuginfod 的处理逻辑并不是在工程目录里直接扫描 .c 这样的文件，而是解析符号文件中的源文件表，这样做既可以避免把不需要的源文件增加到库中，又可以避免文件路径表达方式与符号文件中的不一致。

但如果这样做，就需要解析 DWARF 格式的符号表，正是在尝试这个功能时，陆君遇到了“拦路虎”。

3. 拦路虎

7 月 12 日，我意识到陆君挺长时间没有抱着本子来找我提问，我便主动询问他是否顺利。他用手指指屏幕，慢条斯理地说：“一运行就崩掉了。”

我看是著名的段错误，建议他使用 GDB。他说：“不熟悉啊……”我说：“多用用就熟悉了。”

在我的敦促下，他启动了 GDB，发现崩溃发生在一个名为 _dwarf_load_section 的函数中。

从调用栈看，这个线程正是 debuginfod 用来扫描调试文件的工作线程。为了获取源文件信息，它在调用 dwarf_extract_source_paths 提取源文件路径。

调用一层层深入，通过 _dwarf_load_debug_info 加载符号信息，符号信息是以节的形式保存的，所以又调用 _dwaf_load_section 加载一个节。

但正是在这个 _dwaf_load_section 函数中，程序崩溃了，崩溃的位置在 1939 行，即：

```
1939            res = o->methods->load_section(
1940                o->object, section->dss_index,
1941                &section->dss_data, &err);
1942            if (res == DW_DLV_ERROR) {
1943                DWARF_DBG_ERROR(dbg, err, DW_DLV_ERROR);
1944        }
```

C 程序最常见的崩溃就是段错误，段错误最常见的原因就是空指针。在崩溃这一行，有两次指针引用：

```
o->methods->load_section
```

观察变量 o，不为空，继续观察 o->methods，果真为空。

如此看来，问题就出在这个 o->methods 成员上，根据多年经验，它像是一个函数表。

4. 空指针

初步搜索源代码，这个函数表有很多地方在使用（见图 4-2）。

寻找对它赋值的地方，发现有 3 处（赋空除外）（见图 4-3）。

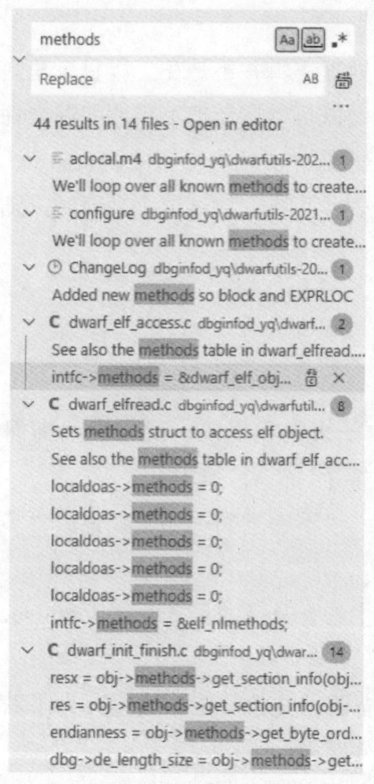

图 4-2　搜索表指针

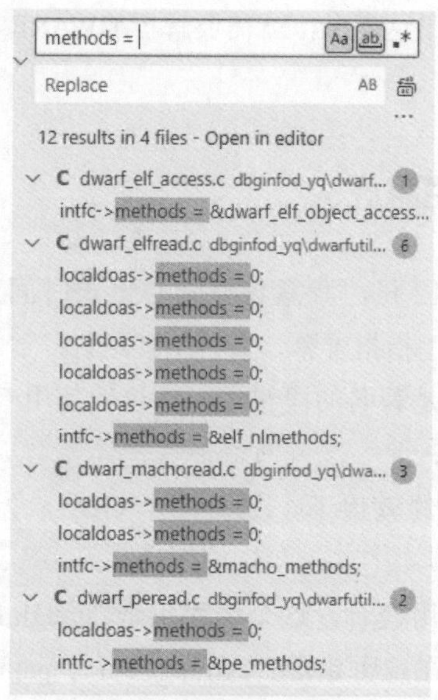

图 4-3　对函数表赋值

观察其中一处（见图 4-4），果然是在把一个全局变量记录的函数表赋值给 methods 指针。

图 4-4 所示的这些代码位于一个以 init 命名的函数中，推测是在初始化阶段被调用。顺着推理，段错误的根源可能是没有做好初始化工作。于是我建议陆君检查初始化有关的代码，确认是否调用了这个初始化函数。给陆君指出这个方向后，我便忙别的事去了。

一天后的周四上午，我又想起陆君，走过去询问情况，发现昨天的问题还没有解决。而且，他似乎没有按照我的建议定位 init 函数的调用情况，而是按照自己的想法逐级分析 _dwaf_load_section 的父函数，并且说：“父函数里没有任何一个会调用 init……”我说：“在崩溃线程的调用栈里是看不到 init，init 可能被调用过，返回了，栈上已经不见了。”他满脸问号，对我的话，可能是没懂，也可能是充满怀疑（后来知道）。

```
    internals = malloc(sizeof(dwarf_pe_object_access_internals_t));
    if (!internals) {
        *localerrnum = DW_DLE_ALLOC_FAIL;
        /* Impossible case, we hope. Give up. */
        return DW_DLV_ERROR;
    }
    memset(internals,0,sizeof(*internals));
    res = _dwarf_pe_object_access_internals_init(internals,
        fd,
        ftype, endian, offsetsize, filesize,
        access,
        localerrnum);
    if (res != DW_DLV_OK){
        /* *err is already set. and the call freed internals */
        return DW_DLV_ERROR;
    }

    intfc = malloc(sizeof(Dwarf_Obj_Access_Interface));
    if (!intfc) {
        /* Impossible case, we hope. Give up. */
        free(internals);
        *localerrnum = DW_DLE_ALLOC_FAIL;
        return DW_DLV_ERROR;
    }
    /* Initialize the interface struct */
    intfc->object = internals;
    intfc->methods = &pe_methods;
    *binary_interface = intfc;
    return DW_DLV_OK;
}
```

图 4-4　对函数表指针赋值

周四下午，我又问他情况，他再次说：“父函数里没有任何一个会调用 init……”我知道，他没明白我前面的话，给他做了个比喻：“你春天是去大学读书，放假先回到家里，从家里又到上海。因此，在查询你从家到上海的这段旅程时，中间是没有学校这个点的。”我觉得这个比喻挺贴切的，但是他似乎并没有听懂，因为他可能事实上一放假就来实习，是从学校直接到上海的，和我比喻的情况不同。

周四下午五点多，陆君向我发了一张代码截图，我看了一下，感觉和崩溃问题没什么关系。

下午六点到了，小伙伴们大多准时下班回家了，陆君也下班了。

第二天是周五，一上午和下午，陆君仍然在和这个问题战斗。要下班时，我约他到会议室里聊了一会儿，告诉他职业软件开发和大学里写的练习代码有很多不同。

5. 久攻不下

两天周末，我到合肥见几位老朋友。

周一一整天，陆君继续分析这个问题。他有了一个发现，如果在编译被扫描的程序时，增

加一个 -Og 选项，那么就可以避免崩溃。但是在我的启发下，他意识到了，这个选项的作用是不产生源文件表，因此 debuginfod 运行时不会执行引发崩溃的 _dwaf_load_section 函数。但在实际使用中，是不能要求所有项目都增加这个编译选项的。

周一下午五点左右，我意识到，陆君的耐力快用完了。我问他情况时，他开始抱怨开源代码质量不好，怀疑是这个项目本身有问题，本来代码就有 bug。我说："这是个著名的项目，全世界有很多用户，已经使用几年了。"他说："那也可能有问题呢。"

我说："怀疑精神是好的。连 CPU 都可能有 bug，但是被我们遇到的概率是很小的。"

6. 以物为师

多日来，几次陪着陆君看代码，虽然每次时间不长，但是我也逐渐建立了一些对这个代码的理解。debuginfod 的核心代码是使用 C++ 写的，而且是现代 C++。

对于这个问题，我始终觉得关键点就在于 methods 这个空指针。要调查的就是这个指针为什么没有初始化。在我多次推动下，陆君证实给 methods 赋值的几个初始化函数根本没有调用过。

这个结论，有点出乎我的预料。我本来的推测是，debuginfod 的代码里调用了 init 函数，但是因为某个条件，走了错误的分支，没能给 methods 指针赋值。现在陆君证明说 init 函数根本没有被调用，那么就说明 debuginfod 的源代码里根本没有这个 init 逻辑。浏览了一下 debuginfo 的源代码，和陆君的说法一致。

于是，我建议陆君安装 Ubuntu 官方仓库里的 debuginfod。陆君是使用幽兰代码本做这个项目的，开发工具和仓库设置都是现成的，几秒钟之后官方的 debuginfod 便装好了。使用它加 -F 选项扫描符号文件，尝试重现问题，没有崩溃。这证明了我说的这个软件是可靠的。

接下来上调试器，对 init 函数设置断点，使用 r 命令让程序重新运行，断点也没有命中。这证明了陆君说的"init 函数根本没有被调用"是真的。

这时，我想起陆君曾提起的库版本问题，建议他比较两种情况下使用的库有何不同。崩溃的 _dwaf_load_section 函数位于 libdwarf.so 中，在有问题的情况下，它的路径为：

```
/lib/aarch64-linux-gnu/libdwarf.so.1
```

在没有问题的官方进程里寻找 libdwarf.so.1 时，发现里面根本没有这个 so。

```
(gdb) info shared
From                To                  Syms Read   Shared Object Library
0x0000007ff7fbeec0  0x0000007ff7fdac34      Yes     /lib/ld-linux-aarch64.so.1
0x0000007ff7e4f300  0x0000007ff7f39fb0      Yes     /lib/aarch64-linux-gnu/libsqlite3.so.0
0x0000007ff7df2ec0  0x0000007ff7e07fc8      Yes     /lib/aarch64-linux-gnu/libelf.so.1
0x0000007ff7d41d30  0x0000007ff7dabf1c      Yes     /lib/aarch64-linux-gnu/libcurl.so.4
（节约篇幅，删除多行）
```

发现这个事实后，我俩都很兴奋，有一种"山穷水尽疑无路，柳暗花明又一村"的感觉，感觉离答案似乎很近了。

我提议打开 Makefile，去掉里面的 -ldwarf，再次编译运行，果然问题不见了，进程也不崩溃了。

看到这个场景，我俩都站了起来，发自内心的喜悦之情上升到脸上。此时是周一晚上七点，已过了下班时间，格蠹的其他小伙伴都下班了，办公室里只剩我们两个人。

问题解决了，我们也很快都下班了。

在回家路上，我收到陆君的信息："谢谢张老师。"外加一个笑脸。

7. 复盘

回过头看，这个问题的根源在于有两个开源库都实现了非常类似的功能，都有相同的导出函数 dwarf_offdie。

```
    (gdb) info func dwarf_offdie
    All functions matching regular expression "dwarf_offdie":
    File ../backends/i386_unwind.c:
    74:      Dwarf_Die *dwarf_offdie(Dwarf *, Dwarf_Off, Dwarf_Die *);
    81:      Dwarf_Die *dwarf_offdie_types(Dwarf *, Dwarf_Off, Dwarf_Die *);
    File /build/dwarfutils-RGIFmM/dwarfutils-20210528/libdwarf/dwarf_abbrev.c:
    2814:    int dwarf_offdie(Dwarf_Debug, Dwarf_Off, Dwarf_Die *, Dwarf_Error *);
    2822:     int dwarf_offdie_b(Dwarf_Debug, Dwarf_Off, Dwarf_Bool, Dwarf_Die *, Dwarf_
Error *);
```

这两个库的名称也很类似，一个是 libdwarf.so，另一个是 libdw.so。其中的 DWARF 便是著名的调试符号格式标准，经常被缩写为 DW。故障情况使用的是 libdwarf，正常情况使用的是 libdw。

从时间上看，libdwarf 很古老，差不多是解析 DWARF 格式的最早实现。根据大卫•安德森（David Anderson）的描述，它始于 20 世纪 90 年代初，源自 SGI。"从 1993 年开始，SGI MIPS/IRIX C 编译器的每个版本都会附带 dwarfdump 和 libdwarf（以可执行文件形式，不是源代码）。1994 年（我认为是正确的年份），SGI 同意（在我要求下）开源 libdwarf（1999 年还开源了 dwarfdump），这样任何人都可以使用它们。"① 大卫的个人网站里有很多关于 DWARF 的第一手资料，非常珍贵。

相对而言，libdw 要年轻一些，始于 21 世纪初，是 elfutils 的一部分，源于红帽公司（redhat）。根据源代码包里的 ChangLog 文件，libdw 的主要作者有两位：他们都与 glibc 密切相关，一位是 Ulrich Drepper，是 glibc 目前的维护者；另一位是 Roland McGrath，glibc 的最初维护者和主要开发者，他做了 30 年的 glibc 后，把接力棒传给了 Ulrich Drepper。

下面是调用正确版本时的情景：

```
    Thread 5 "debuginfod" hit Breakpoint 1.1, dwarf_offdie (dbg=0x7fdc00f3c0,
```

① https://www.prevanders.net/dwarf.html.

```
offset=12, result=0x7ff28ad7b8) at /usr/src/elfutils-0.188-2.1/libdw/dwarf_offdie.c:43
    43          if (dbg == NULL)
    (gdb) bt
    #0  dwarf_offdie (dbg=0x7fdc00f3c0, offset=12, result=0x7ff28ad7b8) at /usr/src/elfutils-0.188-2.1/libdw/dwarf_offdie.c:43
    #1  0x0000005555567440 in dwarf_extract_source_paths (elf=0x7fdc026b70, debug_sourcefiles=std::set with 0 elements) at debuginfod.cpp:2844
    #2  0x0000005555567f48 in elf_classify (fd=10, executable_p=@0x7ff28addbe: true, debuginfo_p=@0x7ff28addbf: true, buildid="e135d39ce2bebc779e80bbc7c84766d04aba4a3e", debug_sourcefiles=std::set with 0 elements) at debuginfod.cpp:3027
    (节约篇幅，删除多行)
    #6  0x0000007ff77b7d5c in thread_start () at ../sysdeps/unix/sysv/linux/aarch64/clone.S:79
```

我在读大学时，曾买过一本很厚的书，是用C语言实现的函数库。那时，一些比较基础的函数还缺少实现，是缺少代码的时代。

今天，形势大不一样，软件的社会化大生产让代码的体量和数量都急剧增长，我们已经进入了“大代码时代”。即使是符号解析这样只有编译工具和调试工具才使用的库，也有多种实现。多种实现带来的问题是一旦选错了库，就可能误入歧途，掉入陷阱。

初稿写于2023-07-28，2024-12-30略作修改于863国家软件园

第5章
Linux系统登录缓慢为哪般

上周在给 GDK8 升级 Linux 系统镜像时，测试小伙伴发现了一个严重的问题，在登录界面输入用户名和密码后，要等 30 秒才能进入桌面。以下是部分试验记录：

9:47:00 输入密码单击登录

9:47:35 显示桌面图标

开机时间是影响用户体验的关键指标，这个速度比之前的镜像慢太多，是不可以接受的。于是，我亲自上阵，加入战斗。

1. 系统日志

对于这样的问题，通常是 systemd 所领导的系统初始化过程发生故障，比如启动某个服务时发生意外。

要定位这样的问题，首先是查看系统日志，常用的命令如下：

```
journalctl --no-pager
```

日志很长，但因为是按时间排列的，所以很容易按小伙伴记录的时间找到下面这条线索：

```
May 22 09:47:30 GDK8 dbus-daemon[470]: [system] Failed to activate service 'org.freedesktop.UPower': timed out (service_start_timeout=25000ms)
```

这条日志的时间是 5 月 22 日早上 9：47：30 秒，距离小伙伴输入密码后 30 秒，日志的内容是没能成功激活 'org.freedesktop.UPower' 服务，冒号后面是原因：超时，括号里面是启动这个服务的超时参数 25 000 毫秒，也就是 25 秒。

看来系统在启动这个服务时遇到意外，等待 25 秒也没有收到这个服务的成功消息，于是报告超时错误。

这个服务是谁呢？全名为 org.freedesktop.UPower，一般简称为 upower。使用如下命令可以观察 upower 服务的状态。

```
systemctl status  upower
geduer@gdk8sudo systemctl status  upower
× upower.service - Daemon for power management
      Loaded: loaded (/usr/lib/systemd/system/upower.service; disabled; preset: enabled)
     Active: failed (Result: exit-code) since Wed 2024-05-22 10:03:04 CST; 1min 58s ago
```

```
        Docs: man:upowerd(8)
     Process: 1715 ExecStart=/usr/libexec/upowerd (code=exited, status=217/USER)
    Main PID: 1715 (code=exited, status=217/USER)
         CPU: 116ms
    May 22 10:03:04 GDK8 systemd[1]: upower.service: Scheduled restart job, restart counter is at 5.
    May 22 10:03:04 GDK8 systemd[1]: upower.service: Start request repeated too quickly.
    May 22 10:03:04 GDK8 systemd[1]: upower.service: Failed with result 'exit-code'.
    May 22 10:03:04 GDK8 systemd[1]: Failed to start upower.service - Daemon for power management.
```

使用以物为师的方法论，观察没有问题的幽兰系统，也有这个服务，而且正在健康运行。

```
geduer@ulan:~$ systemctl status upower
● upower.service - Daemon for power management
     Loaded: loaded (/usr/lib/systemd/system/upower.service; disabled; preset: enabled)
     Active: active (running) since Tue 2024-05-22 10:09:07 CST; 22min ago
       Docs: man:upowerd(8)
   Main PID: 1230 (upowerd)
      Tasks: 4 (limit: 18741)
     Memory: 2.9M ()
        CPU: 511ms
     CGroup: /system.slice/upower.service
             └─1230 /usr/libexec/upowerd
```

2. 知己知彼

接下来的任务是调查这个 upower 服务为何没有启动成功。在 freedesktop 的官网可以看到 upower 的详细文档（https://upower.freedesktop.org/docs/）。根据这个文档可以知道 upower 服务的接口、主要功能等信息。

浏览完 upower 的文档后，我对它有了几分亲近感。

3. 上调试器

下一步我准备上 GDB，使用如下命令行让 upower 服务在 GDB 中运行。

```
sudo GDB --args /usr/libexec/upowerd -rvd
```

其中的选项 d 代表启用调试模式；选项 v 代表 verbose，打印丰富信息；选项 r 代表用这个服务替代已经运行的实例。GDB 启动后，执行 r 命令，让 upower 在调试器下运行。

```
[New Thread 0x7ff6f560a0 (LWP 1314)]
[New Thread 0x7ff67460a0 (LWP 1315)]
[New Thread 0x7ff5f360a0 (LWP 1316)]
TI:11:19:14     Acquired inhibitor lock (7, delay)
```

```
[New Thread 0x7ff57260a0 (LWP 1317)]
TI:11:19:14      Starting upowerd version 1.90.3
```

upower 代码里有一组变量：debug 和 verbose，它们与命令选项 d 和 v 是对应的。

```
gboolean debug = FALSE;
gboolean verbose = FALSE;
```

同时打开 debug 和 verbose 后，可以看到 upower 在运行时输出了大量调试信息。

浏览调试信息，下面这条引起了我的注意。

```
upower.service: Failed to set up user namespacing: Invalid argument
```

这条信息包含明确的“Failed（失败）”关键字，并指出失败的原因是“没有能设置用户命名空间”。

顺着这条信息追查，用户命名空间是与容器技术相关的内核功能。在幽兰代码本上观察，这个功能是动态开启的。

而在 GDK8 上观察，这个选项没有开启。

```
geduer@GDK8:/proc$ zcat config.gz  | grep CONFIG_USER_NS
# CONFIG_USER_NS is not set
```

找到这个线索后，我立刻安排小伙伴修改内核选项，增加 CONFIG_USER_NS 支持。

这样重新构建内核，并且换上新的内核后，登录速度果然大幅度提高，问题被解决了。

4. 优化工具

顺便说一下，对于系统服务启动问题，systemd 自带了一个很好的优化工具，名为 systemd-analyze。它支持很多个子命令，用于满足各种优化需求。最常用的是 blame 子命令，使用它可以按耗时多少列出所有后台服务，耗时最长的列在最上面。

比如，在幽兰代码本上运行这条命令后，可以看到一张包含 111 个服务的耗时排行榜。

```
geduer@ulan:~$ systemd-analyze blame
2.911s NetworkManager-wait-online.service
2.297s logrotate.service
2.047s NetworkManager.service
1.520s snapd.service
```

超过 1 秒钟的有上面 4 个，是值得优化的目标；小于 20 毫秒的有下面 8 个，它们是速度标兵。

```
19ms systemd-user-sessions.service
17ms sys-fs-fuse-connections.mount
16ms ifupdown-pre.service
14ms sys-kernel-config.mount
14ms modprobe@dm_mod.service
11ms plymouth-quit-wait.service
```

```
11ms rtkit-daemon.service
 6ms snapd.socket
```

当不带任何子命令运行时，可以看到一个启动耗时简报，比如在幽兰上运行的结果如下：

```
geduer@ulan:~$ systemd-analyze
Startup finished in 3.783s (kernel) + 8.258s (userspace) = 12.042s
graphical.target reached after 7.980s in userspace.
```

上面结果的含义是，Linux 系统启动总共用时 12 秒，其中内核阶段占用 3.8 秒，用户空间初始化阶段占用 8.2 秒。

相对而言，我在阿里云上的一台云主机要慢很多。

```
[root@gsl ~]# systemd-analyze
Startup finished in 831ms (kernel) + 1.857s (initrd) + 1min 30.632s (userspace) =
1min 33.322s
multi-user.target reached after 1min 30.624s in userspace
```

启动时间总共 1 分 33 秒，内核空间不到 1 秒，很快，主要原因应该是虚拟机的硬件比较简单；initrd 阶段 1.8 秒；用户空间初始化 1 分 30 秒，时间非常长。使用 blame 子命令观察。超过 1 秒的服务有 11 个。

```
[root@gsl ~]# systemd-analyze blame
          8.189s mysqld.service
          7.615s cloud-init-local.service
          4.271s update-motd.service
          2.811s postfix.service
          2.666s aliyun_init.service
          1.959s tuned.service
          1.891s NetworkManager-wait-online.service
          1.842s dnf-makecache.service
          1.161s php-fpm.service
          1.146s sysstat-summary.service
          1.065s postgresql.service
```

软件世界，问题很多，错综复杂，而且每个问题都不一样，但是“工具 + 数据”的解决方法是大有规律可循的。展开一点说，就是一定要深入到问题现场，人到心到，使用趁手的工具，从问题的第一现场提取第一手的鲜活数据。

初稿写于 2024-05-28，2024-12-10 略作修改于 863 国家软件园

第 6 章 破解抖音卡图之谜

抖音，“记录美好生活”。名字取得好，广告语也很鼓舞人。其实，记录美好生活的方式有很多种，雕刻家用刻刀，画家用画笔，作家用文字……而在抖音眼里，这些方式都太原始了。抖音使用更现代的方式来记录生活，用先进的摄像技术直接拍摄生活，用先进的音视频技术快速把立体的世界压扁捋直，串行化成一个数据流，然后用先进的互联网技术传递给全世界。这种方式太快速、太强大、太直接了，于是乎，山川世界，人情世故，三教九流，千业百行，大千世界无不在抖音之中了。我曾做过一场关于安卓调试的直播（用的仍是微信和腾讯会议，不是抖音），名为“安卓调试新纪元”，介绍了如何把各种安卓应用安装到幽兰的 Waydroid 容器里，然后以上帝视角审视它们（见图 6-1），用 GDB 看它们的每个字节。

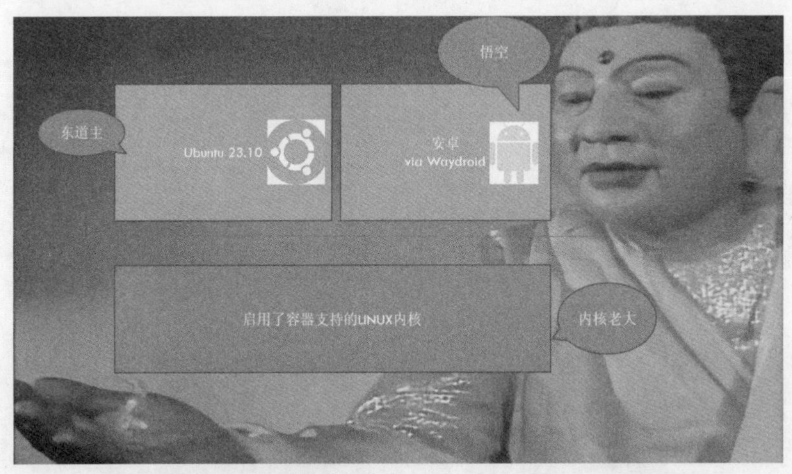

图 6-1　上帝视角看安卓（背景来自《西游记》电视剧画面）

同时，我还建了一个名为“安卓调试”的微信群，并牵头组织了一个兴趣小组，取名“卓研社”——安卓技术研习社，旨在与业界同行深入交流安卓调试技术。

安卓和抖音有什么关系呢？“安卓调试”群刚建立，就有同行来证明它们的关系。先是有悲观倾向的思想者发出深沉的忧患：“幽兰本能通过抖音、小红书这些 App 的风险检测吗？”这是担心抖音等 App 会检测运行环境，不能在 Waydroid 里运行。对于经验丰富的程序员来说，有一些“忧患意识”无可厚非。但是接下来更有主观臆断者直接断言：“并不能”（见图 6-2）。

软件世界纷繁复杂，各种代码纵横交错地缠绕在一起，各种技术问题和非技术问题作用在里面，几乎所有人世的善与恶、美与丑都表现在软件世界里。但是无论软件如何复杂，作为软件技术的从业者来说，最重要的就是“实事求是”，重视数据。遇到不确定的问题，要观察，要搜集数据，不可以妄下结论。

上面的发言发生在 3 月 9 日，当天晚上我有直播课，讲解 UEFI，我是在直播课即将开始的时候，看到了主观臆断者的发言，为了不影响讲课，我选择暂时忽略。UEFI 的课程从 2024 年 1 月初开始，跨越春节，历时两个多月，上周六是最后一次课。课程结束后，我感觉轻松了很多。休息一会后，我想起了“安卓调试”群里的发言。我再次看屏幕上的对话，这样的主观臆断发言严重违背了我一贯主张的格物思想。经过一番思考后，我决定将这个人请出“安卓调试”群。我是很少这么做的，但是要让一个技术讨论群保持健康，这又是必要的。接下来，我想实际调查一下这个问题。下载抖音 App 的安装包（APK 文件），双击安装文件，过了一会儿，那个熟悉的抖音图标出现在幽兰桌面上了。

单击抖音 App 的图标，启动它。第一次启动有些慢，几秒钟后，抖音的界面出现了，不过画面倒了 。我把幽兰的屏幕立起来（见图 6-3），拍了张照片，“记录美好生活”。

图 6-2　讨论安卓调试技术的微信群

图 6-3　在幽兰代码本上运行抖音

因为手机的屏幕大多是细高的，长边是垂直的，而幽兰的屏幕是“矮胖的”，长边是水平的，这可能导致抖音 App 的画面“卧倒”了。但这个问题容易解决，只要调整一下 Waydroid 的屏幕设置即可。

不过，我很快发现一个更大的问题，与在手机上打开抖音 App 时火辣画面炫动扑来不同，眼前的抖音视频窗口是静止的，凝固不动，始终卡在一个画面上，我把这个问题简称为

“抖音卡图”。

周一上班后，我安排格蠹同事 Alex 调查抖音“卡图”的问题。Alex 首先在他的幽兰上复现了问题。

周三时，Alex 发给我一个截图，是抖音运行时的日志（见图 6-4），里面有一些错误信息。

```
Surface : dequeueBuffer failed (Out of memory)
ttmn    : <7bb7e04500,an_render.cpp,drawPicture,363>Unable to lock window buffer.mWindow:0x7be040f940 ret:-12
GraphicBufferAllocator: Failed to allocate (576 x 768) layerCount 1 format 842094169 usage 933: 3
BufferQueueProducer: [TID:59#com.ss.android.ugc.aweme/com.ss.android.ugc.aweme.splash.SplashActivity#1](id:73000

Surface : dequeueBuffer failed (Out of memory)
ttmn    : <7bb7e04500,an_render.cpp,drawPicture,363>Unable to lock window buffer.mWindow:0x7be040f940 ret:-12
GraphicBufferAllocator: Failed to allocate (576 x 768) layerCount 1 format 842094169 usage 933: 3
BufferQueueProducer: [TID:59#com.ss.android.ugc.aweme/com.ss.android.ugc.aweme.splash.SplashActivity#1](id:73000

Surface : dequeueBuffer failed (Out of memory)
ttmn    : <7bb7e04500,an_render.cpp,drawPicture,363>Unable to lock window buffer.mWindow:0x7be040f940 ret:-12
GraphicBufferAllocator: Failed to allocate (576 x 768) layerCount 1 format 842094169 usage 933: 3
BufferQueueProducer: [TID:59#com.ss.android.ugc.aweme/com.ss.android.ugc.aweme.splash.SplashActivity#1](id:73000

Surface : dequeueBuffer failed (Out of memory)
ttmn    : <7bb7e04500,an_render.cpp,drawPicture,363>Unable to lock window buffer.mWindow:0x7be040f940 ret:-12
GraphicBufferAllocator: Failed to allocate (576 x 768) layerCount 1 format 842094169 usage 933: 3
BufferQueueProducer: [TID:59#com.ss.android.ugc.aweme/com.ss.android.ugc.aweme.splash.SplashActivity#1](id:73000

Surface : dequeueBuffer failed (Out of memory)
ttmn    : <7bb7e04500,an_render.cpp,drawPicture,363>Unable to lock window buffer.mWindow:0x7be040f940 ret:-12
GraphicBufferAllocator: Failed to allocate (576 x 768) layerCount 1 format 842094169 usage 933: 3
BufferQueueProducer: [TID:59#com.ss.android.ugc.aweme/com.ss.android.ugc.aweme.splash.SplashActivity#1](id:73000

Surface : dequeueBuffer failed (Out of memory)
ttmn    : <7bb7e04500,an_render.cpp,drawPicture,363>Unable to lock window buffer.mWindow:0x7be040f940 ret:-12
```

图 6-4　错误日志

周三下午，Alex 又发给我一个截图，也是安卓的日志，里面又包含了一些错误信息，包括一个 Java 异常，名为非法状态异常（IllegalStateException）（见图 6-5）。

```
03-13 15:56:35.185   239   266 W ActivityManager: Stopping service due to app idle: u0a141 -5m56s203ms com.ss.and
03-13 15:56:35.185   239   266 W ActivityManager: Stopping service due to app idle: u0a141 -5m56s138ms com.ss.and
03-13 15:56:35.185   239   266 W ActivityManager: Stopping service due to app idle: u0a141 -5m56s777ms com.ss.and
03-13 15:56:35.189    21    21 W lowmemorykiller: Failed to open /proc/3120/oom_score_adj; errno=2: process 3120
03-13 15:56:35.189    21    21 W lowmemorykiller: Failed to open /proc/3611/oom_score_adj; errno=2: process 3611
03-13 15:56:35.191    21    21 W lowmemorykiller: Failed to open /proc/3611/oom_score_adj; errno=2: process 3611
03-13 15:56:36.058    21    21 W lowmemorykiller: Failed to open /proc/3120/oom_score_adj; errno=2: process 3120
03-13 15:56:40.331  1467  1611 W Settings: Setting adb_enabled has moved from android.provider.Settings.Secure to
03-13 15:56:41.205   239   287 W BestClock: java.time.DateTimeException: Missing NTP fix
03-13 15:56:41.232   239   287 E NetworkStats: problem reading network stats
03-13 15:56:41.232   239   287 E NetworkStats: java.lang.IllegalStateException: problem parsing tethering stats:
03-13 15:56:41.232   239   287 E NetworkStats:  at com.android.server.NetworkManagementService$NetdTetheringStats
03-13 15:56:41.232   239   287 E NetworkStats:  at com.android.server.NetworkManagementService.getNetworkStatsTet
03-13 15:56:41.232   239   287 E NetworkStats:  at com.android.server.net.NetworkStatsService.getNetworkStatsTeth
03-13 15:56:41.232   239   287 E NetworkStats:  at com.android.server.net.NetworkStatsService.getNetworkStatsUidD
03-13 15:56:41.232   239   287 E NetworkStats:  at com.android.server.net.NetworkStatsService.recordSnapshotLocke
03-13 15:56:41.232   239   287 E NetworkStats:  at com.android.server.net.NetworkStatsService.performPollLocked(N
03-13 15:56:41.232   239   287 E NetworkStats:  at com.android.server.net.NetworkStatsService.performPoll(Network
03-13 15:56:41.232   239   287 E NetworkStats:  at com.android.server.net.NetworkStatsService.openSessionInternal
03-13 15:56:41.232   239   287 E NetworkStats:  at com.android.server.net.NetworkStatsService.openSessionForUsage
03-13 15:56:41.232   239   287 E NetworkStats:  at android.net.INetworkStatsService$Stub.onTransact(INetworkStats
03-13 15:56:41.232   239   287 E NetworkStats:  at android.os.Binder.execTransactInternal(Binder.java:1154)
03-13 15:56:41.232   239   287 E NetworkStats:  at android.os.Binder.execTransact(Binder.java:1123)
03-13 15:56:41.232   239   287 E NetworkStats: Caused by: android.os.ServiceSpecificException: [Remote I/O error]
03-13 15:56:41.232   239   287 E NetworkStats:  (code 121)
```

图 6-5　非法状态异常

同时，Alex 还有一个重大发现，即 B 站的安卓 App 可以在幽兰上流畅地播放视频。为什么说这个发现比较重大呢，因为 Alex 觉得，B 站的 App 和抖音有相似性，既然 B 站 App 能在同样的环境里顺利工作，那么就不是环境问题了，而是抖音 App 的问题。

对于这样的程序员理论，我首先表示理解，然后立刻又从产品经理的角度及时纠正：“用户想要抖音，我们就需要让抖音能工作，不能说服用户放弃抖音，改用 B 站……”。

刚好当天晚上，我又有一个关于安卓调试的直播，在直播中，我演示了如何调试 B 站的 App。演示时，B 站的音视频确实都很流畅。

周五早上，Alex 把注意力转移到了显存问题上。他的理论是：“可能就是抖音用的（显存）比较多，但没有那么多的显存了……”提到显存，很多程序员的大脑里都会涌出一大堆信息，A 卡、N 卡、GDDR，等等。

可是这些术语大多都是 PC 时代的，在今天的手机时代里，它们还适用吗？格蠹的办公室里闲置着好几块巨大的独立显卡，个头比砖头还大，工作起来比抖音还响，功耗也大得惊人。功耗大不只是费电的问题，更大的风险是导致整台计算机开不了机。就在前几周，盛格塾编辑用的一台装有独立显卡的台式机突然黑屏，再也开不了机了。

其实，今天的移动 GPU 大多都是与 CPU 共用内存，不需要独立的闪存。

为了追查闪存问题，Alex 打开了 GPU 内核驱动的调试信息，发现抖音工作时，GPU 内核驱动会有大量输出。但在这些信息中没有发现有价值的线索。

周五快下班时，我决定亲自看一下抖音卡图的问题。

打开幽兰，启动抖音，复现问题。这一次，抖音的窗口有所不同，视频区域是黑的（见图 6-6）。

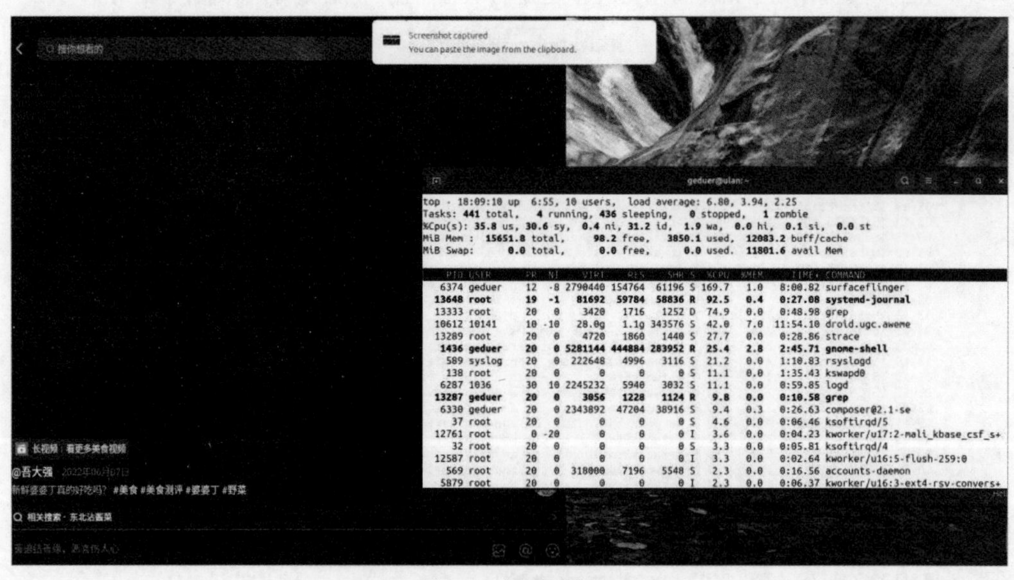

图 6-6　调试现场

有趣的是，虽然抖音的画面看不见，但是声音却是正常的，一位懂生活的主播在讲“婆婆丁”，即蒲公英的幼苗。

我一边听主播讲婆婆丁，一边思考为何抖音的画面显示不出来，而声音能出来。总不应该是因为名字叫“抖音”，而不叫“抖图”？

从眼前的事实来看，抖音的音频处理代码似乎比视频的更强一些。

我一边想，一边下意识地打开了 top，以上帝视角看安卓和抖音的世界（见图 6-7）。

```
top - 18:09:10 up  6:55, 10 users,  load average: 6.00, 3.94, 2.25
Tasks: 441 total,   4 running, 436 sleeping,   0 stopped,   1 zombie
%Cpu(s): 35.8 us, 30.6 sy,  0.4 ni, 31.2 id,  1.9 wa,  0.0 hi,  0.1 si,  0.0 st
MiB Mem :  15651.8 total,     98.2 free,   3850.1 used,  12083.2 buff/cache
MiB Swap:      0.0 total,      0.0 free,      0.0 used.  11801.6 avail Mem

  PID USER      PR  NI    VIRT    RES    SHR S  %CPU  %MEM     TIME+ COMMAND
 6374 geduer    12  -8 2790440 154764  61196 S 169.7   1.0   8:00.82 surfaceflinger
13648 root      19  -1   81692  59784  58836 R  92.5   0.4   0:27.08 systemd-journal
13333 root      20   0    3420   1716   1252 D  74.9   0.0   0:48.98 grep
10612 10141     10 -10   28.0g   1.1g 343576 S  42.0   7.0  11:54.10 droid.ugc.aweme
13289 root      20   0    4720   1860   1440 S  27.7   0.0   0:28.86 strace
 1436 geduer    20   0 5281144 444884 283952 R  25.4   2.8   2:45.71 gnome-shell
  589 syslog    20   0  222648   4996   3116 S  21.2   0.0   1:10.83 rsyslogd
  138 root      20   0       0      0      0 S  11.1   0.0   1:35.43 kswapd0
 6287 1036      30  10 2245232   5940   3032 S  11.1   0.0   0:59.85 logd
13287 geduer    20   0    3056   1228   1124 R   9.8   0.0   0:10.58 grep
 6330 geduer    20   0 2343892  47204  38916 S   9.4   0.3   0:26.63 composer@2.1-se
   37 root      20   0       0      0      0 S   4.6   0.0   0:06.46 ksoftirqd/5
12761 root       0 -20       0      0      0 I   3.6   0.0   0:04.23 kworker/u17:2-mali_kbase_csf_s+
   32 root      20   0       0      0      0 S   3.3   0.0   0:05.81 ksoftirqd/4
12587 root      20   0       0      0      0 I   3.3   0.0   0:02.64 kworker/u16:5-flush-259:0
  569 root      20   0  318000   7196   5548 S   2.3   0.0   0:16.56 accounts-daemon
 5879 root      20   0       0      0      0 I   2.3   0.0   0:06.37 kworker/u16:3-ext4-rsv-convers+
```

图 6-7　以上帝视角看安卓和抖音的世界

凝视 top，在列表中找到抖音 App：droid.ugc.aweme（上数第 4 个）。不看则已，一看把我吓一跳。抖音 App 的内存使用高达 28.0GB（其中有 1.1GB 在物理内存中）。

再看一下 top 上面的物理内存宏观数据，纯粹空闲的只有 98.2MB。坦率地说，使用幽兰一年多，我还是第一次看到空闲内存这么低。考虑到内存的重要性，幽兰配置了 16GB 物理内存。因此，在跑几乎所有传统 Linux 应用时，幽兰的空闲内存都还有很多个 GB。看到这么低的空闲内存，我的大脑立刻兴奋了，自动屏蔽了主播反复唠叨的“婆婆丁”话题，一道灵光闪现，我猜出了抖音卡图的原因。

打开控制台窗口，使用 sudo su 命令切换到管理员身份，接下来输入几串命令创建内存交换文件。

```
mkdir /swap
dd if=/dev/zero of=/swap/swapfile bs=1M count=8192
mkswap /swap/swapfile # 建立 swap 文件系统
chmod 600 /swap/swapfile # 修改权限
然后执行 swapon 启用内存交换文件。
swapon /swap/swapfile
```

关闭抖音，再次开启，可以看到抖音视频动起来了。

因为截图无法证明视频在动，所以我拿出手机，录了一小段录像，发到“安卓调试”群（见图 6-8）。

折腾一周的问题，居然在周五下班时迎刃而解，超出我的预料。把刚才的命令略作整理，发到了幽兰的 wiki 页面：https://www.nanocode.cn/wiki/docs/youlan/swapfile。

回过头来仔细看 Alex 第一次报告的错误日志（见图 6-4），里面有很多“内存用完”（Out of memoy）的错误，其实是密切相关的，只不过当时他和我都没有顺着这个方向去思考。不然的话，就会更快解决问题。

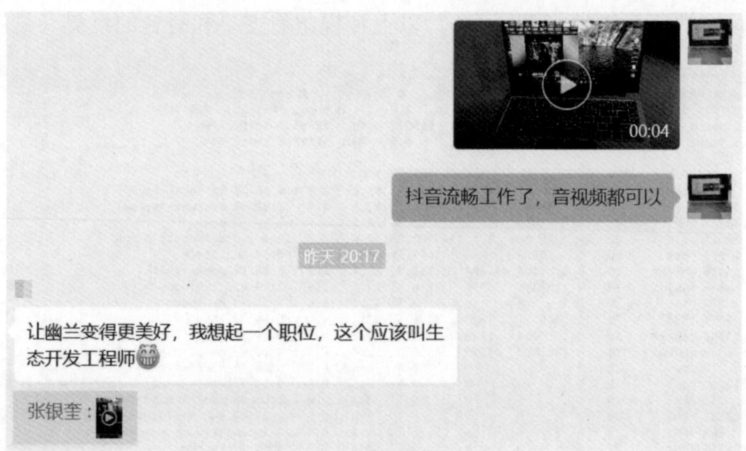

图 6-8 “安卓调试”技术群

Surface：dequeBuffer failed(Out of memoy) ①

内存是软件的舞台，虽然今天的计算机系统都配置有较高的物理内存，但其实还是不够用，至少对于抖音这样的 App 来说是不够用的。因此，有必要使用虚拟内存。Linux 内核对虚拟内存有很好的支持，是从 1991 年就有的功能，最初版本是林纳斯在 1991 年的圣诞节前日夜奋战而实现的，我在《软件简史》里也详细记录了林纳斯的 1991，从春到夏，从夏到秋，从秋到冬。

在秀峰版本前，幽兰默认建有交换分区，但是在双剑镜像中，这个好的特征丢失了，在下一个版本中一定会调整回来。老朋友张佩曾说过：“Windows 太吃内存了。”套用这句话：“抖音也很吃内存。”我相信，在这样的软件大生产时代里，吃内存的应用会越来越多。当然，对于软件同行来说，能够合理规划架构，节约使用内存就更好了。

初稿写于 2024-03-16，2024-12-11 略作修改于 863 国家软件园

① 调试内存故障无数，看到此日志居然没能迅速做出反应，太不应该。亦证明亲自上手的重要性，调试时一定要在问题现场，眼到心到，心无旁骛，这样才能抓住关键线索，不然，便可能失之交臂。

第 7 章 Wi-Fi连网失败为哪般

2003 年，英特尔推出迅驰（centrino）技术（见图 7-1），低功耗的 Pentium-M CPU 和芯片组加上 Wi-Fi 无线网卡三件套捆绑销售，走遍天下，是英特尔历史上的辉煌之作。从此之后，Wi-Fi 成为移动计算的标配。

图 7-1　曾经辉煌的迅驰技术

20 多年后的今天，虽然 Wi-Fi 技术已经非常成熟，但因为 Wi-Fi 硬件种类繁多，软件代码量大且复杂，所以 Wi-Fi 的问题还是挺多的。根据我这几年的项目经验，每次适配新硬件平台或者操作系统时，最常出现问题的就是 Wi-Fi。比如，前些天在给幽兰代码本适配 Debian 12 时，又出现 Wi-Fi 问题。系统启动到 Debian 桌面后，在系统托盘区展开 Wi-Fi 列表，可以找到很多热点（AP），但是选择一个热点，输入密码后，Debian 出现一条错误：连接失败。附带一条模糊的消息：网络连接激活失败（见图 7-2）。

对于这样的 Wi-Fi 问题，调试起来难度很大，主要原因是故障的范围大，从底层硬件，到 Wi-Fi 固件，到 Wi-Fi 内核驱动，到网络协议栈，到用户空间的网络服务，再到网络服务的客户端界面。这么大的范围，首先要决定从哪里寻找突破口。格蠹的小伙伴一度怀疑是内核驱动的问题，但是我觉得更可能是用户空间的问题。因为既然可以找到那么多的热点，说明内核驱动已经工作得挺好了。

本周三上午，我开始准备《RK3588 驱动实战》系列直播第四讲的讲义，主题刚好是“Wi-Fi 常见问题和排查方法”。借着这个机会，我一边整理以往调试 Wi-Fi 问题的资料，一边调试 Debian 的 Wi-Fi 问题。根据直觉，我把主要战场放在用户空间。因为错误信息中包含“网络连接激活失败”，所以我首先想到的是 wpa_supplicant。

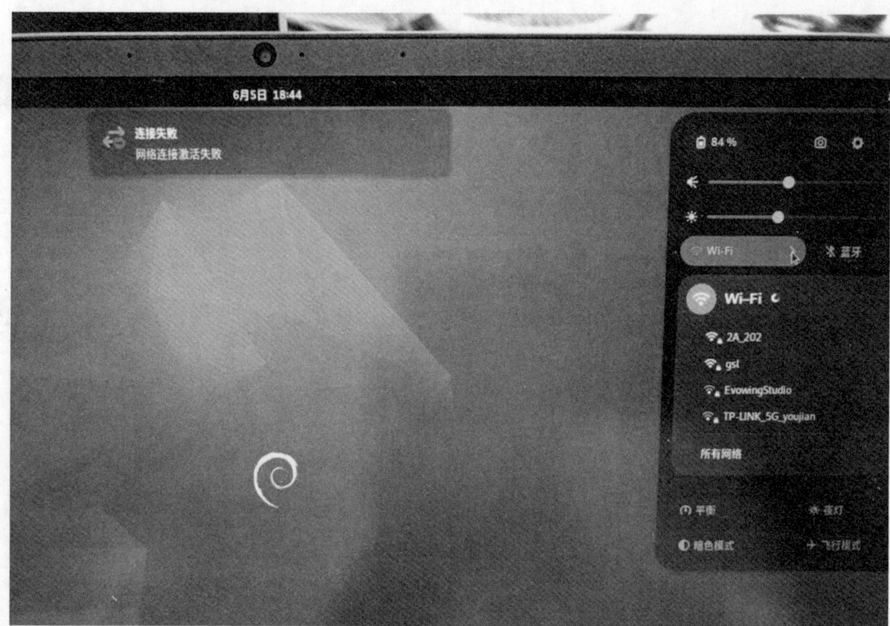

图 7-2　在 Debian 中连接 Wi-Fi 失败

1. wpa_supplicant

WPA（Wi-Fi Protected Access）是 Wi-Fi 网络的认证和授权协议，wpa_supplicant 是实现这个协议的一个开源项目，主要作者是下面照片中的朱尼 • 马利尼（Jouni Malinen）。很可能是因为这个开源项目被广泛使用，朱尼在 2012 年获得了 IEEE 802 组织的表彰（见图 7-3）。

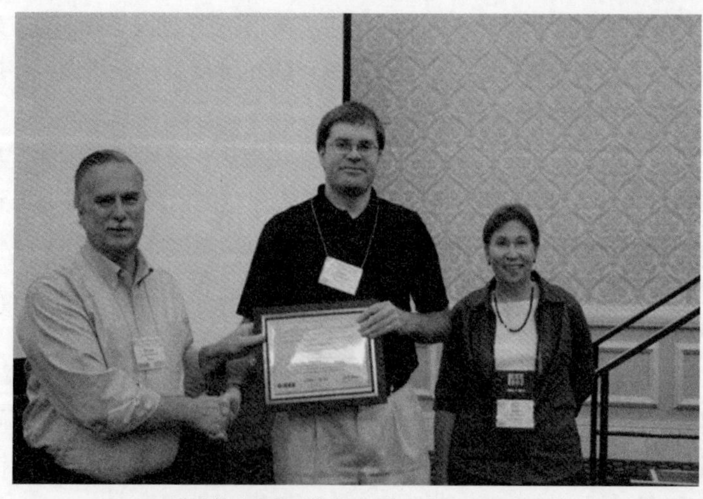
图 7-3　wpa_supplicant 项目的主要开发者朱尼（中）（照片来自 IEEE 802 组织官网）

wpa_supplicant 一般是以后台服务的形式运行的。大多数 Linux 系统中，都可以看到这个服务，比如在幽兰代码本里：

```
geduer@ulan:~/ndb$ ps -A | grep wpa
    600 ?        00:00:00 wpa_supplicant
geduer@ulan:~/ndb$
```

它也支持以命令行方式运行，特别是可以跟上调试选项 -d，这样它就会输出很详细的调试信息。

```
root@ulan:/etc/wpa_supplicant# wpa_supplicant -i wlan0 -c /etc/wpa_supplicant/gd.conf -d
wpa_supplicant v2.9
random: getrandom() support available
Successfully initialized wpa_supplicant
Initializing interface 'wlan0' conf '/etc/wpa_supplicant/gd.conf' driver 'default' ctrl_interface 'N/A' bridge 'N/A'
Configuration file '/etc/wpa_supplicant/gd.conf' -> '/etc/wpa_supplicant/gd.conf'
Reading configuration file '/etc/wpa_supplicant/gd.conf'
ctrl_interface='/run/wpa_supplicant'
ctrl_interface_group='wheel'
update_config=1
ap_scan=1
country='US'
Priority group 0
   id=0 ssid='MYSSID'
nl80211: Using driver-based roaming
nl80211: TDLS supported
nl80211: Supported cipher 00-0f-ac:1
nl80211: Supported cipher 00-0f-ac:5
nl80211: Supported cipher 00-0f-ac:2
nl80211: Supported cipher 00-0f-ac:4
nl80211: Supported cipher 00-0f-ac:6
```

2. nm 出场

我一边寻找 wpa_supplicant 的问题，一边写晚上的讲义，一边在 Debian 官网等网站上查找资料，寻找其他线索。

不知不觉中，我的注意力慢慢集中到另一个角色上，即 NetworkManager，简称 nm。

nm 是 freedesktop 旗下的开源项目，主要功能就是管理和设置网络，被很多种 Linux 发行版使用。nm 有很多组件，简单来说，常用的有以下 3 个：

- nm 后台服务，一般称为 NetworkManager。
- nm 配置界面，一般称为 nm-gui。
- nm 命令行，名为 nmcli。

对于调试来说，nmcli 功能强大，使用方便，是我的首选。我先用 nmcli 观察幽兰太乙版本的网络设备，里面显示 wlan0 设备连接到格蠹办公室的 gsl 热点，gsl 是 GEDU Shanghai Lab

的缩写。

```
geduer@ulan:~/wpa-2.9$ nmcli d
DEVICE          TYPE       STATE      CONNECTION
wlan0           wifi      connected  gsl
docker0         bridge     unmanaged  --
lo              loopback  unmanaged  --
p2p-dev-wlan0  wifi-p2p  unmanaged  --
```

在有问题的 Debian 12 上执行相同的命令，得到的信息如下：

```
geduer@ulan:~/rkwifi/bcmdhd$ sudo nmcli d
DEVICE          TYPE       STATE   CONNECTION
lo              loopback  已断开   --
wlan0           wifi      已断开   --
p2p-dev-wlan0  wifi-p2p  已断开   --
```

我继续用 GDB 和 nmcli 命令来手动连接 Wi-Fi 热点：

```
sudo GDB nmcli dev wifi hotspot ifname wlan0 ssid gsl password "xxx"
```

得到一条更精确的错误信息：

```
Error: Connection activation failed: 设备配置未就绪 .
```

这条信息在图形界面报告的“网络连接激活失败”基础上（见图 7-2），说出了进一步的原因：设备配置未就绪。可谓“发前人所未发”。“设备配置未就绪”，是什么配置呢？难道是 NetworkManger 的配置吗？顺着这条线索，我找到了 /etc 下的 nm 配置文件。

```
geduer@ulan:/etc/NetworkManager$ sudo vi NetworkManager.conf
[main]
plugins=ifupdown,keyfile

[ifupdown]
managed=false
~
```

上面是 Debian 系统上的，再打开没有故障的太乙镜像，居然不一样：

```
geduer@ulan:/etc/NetworkManager$ cat NetworkManager.conf
[main]
plugins=ifupdown,keyfile
[ifupdown]
managed=false
[device]
wifi.scan-rand-mac-address=no
```

仔细对比这两个配置文件，没问题的太乙版本多两行。把多余的两行复制到 Debian 版本，然后重启 nm 服务：

```
sudo systemctl restart NetworkManager
```

重启服务后，Debian 界面上的 Wi-Fi 图标浮现出 3 个圆点，忽明忽暗，表示正在工作。与之前过一会儿就出现错误信息不同，这一次，圆点隐去后，完整的 Wi-Fi 图标被加亮，表示连接成功了。

搁置几周的 Debian Wi-Fi 问题解决了，我第一时间把这个好消息发到了兰舍群里，兰友们纷纷点赞。

3. 回味无穷

这个问题解决后，我继续下载了 nm 的源代码，搜索到了“设备配置未就绪”对应的英文错误信息。

```
#: src/libnmc-base/nm-client-utils.c:358
msgid "The device could not be readied for configuration"
msgstr "设备配置未就绪"
```

这个错误信息对应的常量是：

```
NM_DEVICE_STATE_REASON_CONFIG_FAILED
```

这个常量的值为 4。顺着英文错误信息，我找到了有关的代码。我用 GDB 辅助阅读代码。因为涉及很多模块，下载符号文件花了很多时间。

nm 的核心代码是用 C 语言编写的，代码质量看起来很不错。nm 的代码量很大，如同一头大象。借着这次 Wi-Fi 问题的机会浏览一番，只是蜻蜓点水。这再次印证了我常说的，软件的关键复杂度在“代码量”。

值得一提的是，通过搜索导致问题的配置项（wifi.scan-rand-mac-address=no），可以在 Debian 的官方 wiki 里找到下面这条“故障排除”小贴士：

```
    Troubleshooting & Tips for NetworkManager
    WiFi can scan, but not connect using NetworkManager (Debian 9 Stretch)
    If you find that your wireless network device can scan, but will not complete
connecting, try turning off MAC address randomization.
    Write inside /etc/NetworkManager/NetworkManager.conf:
    [device]
    wifi.scan-rand-mac-address=no
    After doing this, restart NetworkManager with service NetworkManager restart
```

这个小贴士描述的正是前面遇到的问题，症状和解决方法都一样。看来这是 Debian 知道的问题，既然如此，为什么不像 Ubuntu 那样默认包含这个设置呢？系统软件研发的挑战有很多，或许有其他的考虑吧！

初稿写于 2024-06-07，2024-12-11 略作修改于 863 国家软件园

第 8 章
比内存被踩还难调试的问题

软件领域的难题很多。在很多同行看来，内存数据被踩是一个很难调试的问题，因为内存空间很大，内存中的数据很多，重要的数据和不重要的数据纵横交错，鱼龙混杂，一个数据被踩了之后，它又不会说话，等发现时，已经不知道过了多久，这时再还原真相，就很不容易了。

在我看来，内存被踩的问题的确比较难，但并不是最难的。还有一些问题比它更难，比如声音的问题。

声音的捕捉（capture）和回放（playback）是多媒体技术中的重要部分。简单地说，声音的捕捉和回放就是分别把声音信号进行 AD（模数）和 DA（数模）转换。但因为以下几个因素，它变得复杂了。

一个因素是系统里常常要支持多种声音设备，通俗地说，就是多声“卡”。以幽兰为例，就有两个声卡，使用 aplay -l 可以列出：

```
geduer@ulan:~$ aplay -l
**** List of PLAYBACK Hardware Devices ****
card 0: rockchipes8326 [rockchip-es8326], device 0: dailink-multicodecs ES8326.3-0019-0 [dailink-multicodecs ES8326.3-0019-0]
  Subdevices: 1/1
  Subdevice #0: subdevice #0
card 1: rockchiphdmi0 [rockchip-hdmi0], device 0: rockchip-hdmi0 i2s-hifi-0 [rockchip-hdmi0 i2s-hifi-0]
  Subdevices: 1/1
  Subdevice #0: subdevice #0
```

其中的 card 0 是内建的声卡设备，主要部件是贴在主板上的两块芯片（见图 8-1），大一点的名为 ES8326，小一点的是与 ES8326 配合使用的 AD/DA 转换芯片。

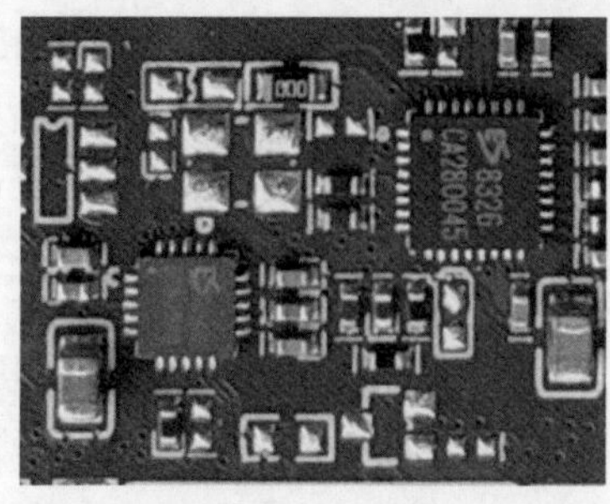

图 8-1　幽兰主板上的“声卡”芯片

第二个因素是声音格式有很多种，技术参数众多，如采样率、编码宽度、数据压缩方式等。

上面两个因素就可以产生出很多种排列组合。为了管理这些组合方式，一种比较先进的方法是使用“图”（见图 8-2）。把处理视频的每个部件称为节点（Node），每个节点可以有一个或多个端口（Port），端口之间可以互联（link）。有了这样的图之后，声音数据便在这个图中“流淌”。

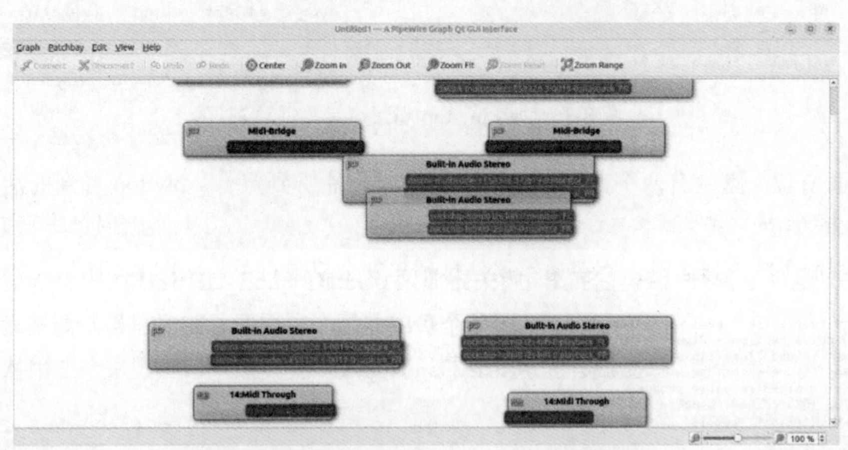

图 8-2 在幽兰上运行 qpwgraph 观察音频设备节点

记得大约十年前，我的一位英特尔同事离职创业，做了一款特殊用途的平板电脑，软硬件都跑起来后，发现声音有问题，回放时声音流偶尔有“断裂”。当时使用的系统是 Windows，声音子系统称为 UAA（Universal Audio Architecture）。UAA 使用复杂的软件栈来管理声音数据，当系统中的 CPU 忙碌时，可能来不及把声音数据及时传送给声音硬件，这时就会出现声音“断断续续”、不流畅的问题。这种问题有很大的随机性，不好复现，上调试器也不容易找到问题，很难调试。

这几天，幽兰上也出现了一个声音的问题：在把 Ubuntu 系统升级到 23.04 后，发现没有声音了，播放视频没有声音，麦克风输入也不工作。

在 Ubuntu 23.04 中，默认使用名为 PipeWire 的音频服务器。在升级之前，系统中使用的音频服务器称为 PulseAudio。PulseAudio 已经在 Linux 中流行了十几年，有很多应用是基于它开发的，但是它在安全性方面有一个明显的问题：各个应用之间缺少隔离，可能相互影响。

除此以外，Linux 的声音子系统也一直有卡顿和不流畅的问题。而 PipeWire 则旨在彻底改变这个局面，革新内部实现，以全新的设计打造一个强大的音视频服务系统，而在接口方面，尽可能兼容现有的各种应用。

PipeWire 从 2015 年左右就开始了，最初的名称为皮洛斯（Pinos），是以主要作者威廉•泰曼斯（Wim Taymans）所居住的城市命名的。威廉在 GStreamer 2015 会议上介绍过皮洛斯项目，在 2020 年 9 月演示了初步完成的 PipeWire。

在幽兰以前的镜像中，使用的是 PulseAudio，升级到 23.04 后，默认使用的音频服务器便改为 PipeWire。测试时，发现声音有问题，播放视频没有声音，Sound 设置中没有输入设备。

使用 pw-top 工具（见图 8-3）进行观察，可以看到有音频数据在活动，但是却听不到声音。

```
S   ID  QUANT   RATE    WAIT    BUSY   W/Q  B/Q  ERR FORMAT          NAME
I   28      0      0   0.0us   0.0us  0.00 0.00    0                 Dummy-Driver
S   29      0      0     ---     ---   ---  ---    0                 Freewheel-Driver
S   37      0      0     ---     ---   ---  ---    0                 Midi-Bridge
S   46      0      0     ---     ---   ---  ---    0                 alsa_output.platform-es8326-sound.stereo-fallback
S   47      0      0     ---     ---   ---  ---    0                 alsa_input.platform-es8326-sound.stereo-fallback
R   32    512  48000 128.6us  45.5us  0.01 0.00   64   S32LE 2 48000 alsa_output.platform-hdmi0-sound.stereo-fallback
R   64    960  48000  59.8us  32.4us  0.01 0.00   64    F32P 2 48000  + mpv
S   56      0      0     ---     ---   ---  ---    0                 v4l2_input.platform-fc800000.usb-usb-0_1_1.0
```

图 8-3 使用 pw-top 观察声音数据动态

如前面所说，幽兰有两个声卡，使用 HDMI 时，能听到声音，pw-top 看到的活动信息与使用 ES8326 类似。

当观察服务状态日志时，有多条错误信息都与安全权限有关，如图 8-4 所示。

```
geduer@ulan:/usr/share/pipewire$ systemctl --user status pipewire-pulse
● pipewire-pulse.service - PipeWire PulseAudio
     Loaded: loaded (/usr/lib/systemd/user/pipewire-pulse.service; enabled; preset: enabled)
     Active: active (running) since Wed 2023-05-17 09:41:35 CST; 4h 41min ago
TriggeredBy: ● pipewire-pulse.socket
   Main PID: 1030 (pipewire-pulse)
      Tasks: 2 (limit: 19071)
     Memory: 45.0M
        CPU: 38.921s
     CGroup: /user.slice/user-1000.slice/user@1000.service/session.slice/pipewire-pulse.service
             └─1030 /usr/bin/pipewire-pulse

May 17 09:41:35 ulan systemd[1019]: Started pipewire-pulse.service - PipeWire PulseAudio.
May 17 09:41:36 ulan pipewire-pulse[1030]: mod.rt: Can't find org.freedesktop.portal.Desktop. Is xdg-desktop-portal running?
May 17 09:41:36 ulan pipewire-pulse[1030]: mod.rt: found session bus but no portal
May 17 09:41:36 ulan pipewire-pulse[1030]: mod.rt: RTKit error: org.freedesktop.DBus.Error.AccessDenied
May 17 09:41:36 ulan pipewire-pulse[1030]: mod.rt: could not set nice-level to -11: Permission denied
May 17 09:41:36 ulan pipewire-pulse[1030]: mod.rt: RTKit error: org.freedesktop.DBus.Error.AccessDenied
May 17 09:41:36 ulan pipewire-pulse[1030]: mod.rt: could not make thread 1042 realtime using RTKit: Permission denied
```

图 8-4 观察日志

上面的日志中，有两条都包含 Permission denied。看起来是 PipeWire 想提高自己的优先级，以便可以拿到更多的 CPU 时间，但是这样的操作被系统拒绝了。

使用 dmesg 观察内核消息，可以看到很多条 TX FIFO Underrun。

```
root@ulan:/# dmesg
[ 3878.801599] rockchip_i2s_tdm_isr: 411761 callbacks suppressed
[ 3878.801609] rockchip-i2s-tdm fe470000.i2s: TX FIFO Underrun
[ 3878.801620] rockchip-i2s-tdm fe470000.i2s: TX FIFO Underrun
```

Underrun 是相对 overrun 而言的，意思是发送（TX）视频数据的 FIFO 队列里缺少数据，换句话说，就是供给没有消耗快，供不上硬件使用。

在驱动代码中找到打印这个消息的地方，它的确有 stop_xrun 的行为，如图 8-5 所示。

于是，我们花费很多时间在这两类错误上，但是都没有什么收效。

从 pw-top 的数据活动情况看，音频数据是在流动的，但是没有声音播放出来，则说明数据没有流动到硬件队列，可能是 FIFO 队列出现 underrun 故障后，在处理故障时出错了。

```
sound > soc > rockchip > C rockchip_i2s_tdm.c > rockchip_i2s_tdm_isr(int, void *)
static irqreturn_t rockchip_i2s_tdm_isr(int irq, void *devid)
{
    struct rk_i2s_tdm_dev *i2s_tdm = (struct rk_i2s_tdm_dev *)devid;
    struct snd_pcm_substream *substream;
    u32 val;

    regmap_read(i2s_tdm->regmap, I2S_INTSR, &val);
    if (val & I2S_INTSR_TXUI_ACT) {
        dev_warn_ratelimited(i2s_tdm->dev, "TX FIFO Underrun\n");
        regmap_update_bits(i2s_tdm->regmap, I2S_INTCR,
                   I2S_INTCR_TXUIC, I2S_INTCR_TXUIC);
        substream = i2s_tdm->substreams[SNDRV_PCM_STREAM_PLAYBACK];
        if (substream)
            snd_pcm_stop_xrun(substream);
    }

    if (val & I2S_INTSR_RXOI_ACT) {
        dev_warn_ratelimited(i2s_tdm->dev, "RX FIFO Overrun\n");
        regmap_update_bits(i2s_tdm->regmap, I2S_INTCR,
                   I2S_INTCR_RXOIC, I2S_INTCR_RXOIC);
        substream = i2s_tdm->substreams[SNDRV_PCM_STREAM_CAPTURE];
        if (substream)
            snd_pcm_stop_xrun(substream);
    }

    return IRQ_HANDLED;
}
```

图 8-5 打印错误信息的内核代码

为了定位这个错误，我们曾尝试把 GDB 附加到音频服务进程，但是这个进程太敏感了，挂上 GDB 后，进程便退出了（深层原因待查）。

既然服务进程敏感，我便把 GDB 挂在播放视频的 mpv 进程上，看到了一些错误信息（见图 8-6）。

```
[vo/gpu] VT_GETMODE failed: Inappropriate ioctl for device
[vo/gpu/opengl] Failed to set up VT switcher. Terminal switching will be unavailable.
[New Thread 0x7f7b7ee480 (LWP 4327)]
Unsupported hwdec: rkmpp
[New Thread 0x7fbcd5e480 (LWP 4328)]
[New Thread 0x7fbd56e480 (LWP 4329)]
[New Thread 0x7fbdd7e480 (LWP 4330)]
[New Thread 0x7fce9ae480 (LWP 4331)]
[New Thread 0x7fce19e480 (LWP 4332)]
[New Thread 0x7fcd98e480 (LWP 4333)]
[New Thread 0x7fcd17e480 (LWP 4334)]
[New Thread 0x7fcc96e480 (LWP 4335)]
[New Thread 0x7f9fffe480 (LWP 4336)]
[New Thread 0x7f9f7ee480 (LWP 4337)]
[ao/pulse] The stream is suspended. Bailing out.
[Thread 0x7f9f7ee480 (LWP 4337) exited]
[ao] Failed to initialize audio driver 'pulse'
Could not open/initialize audio device -> no sound.
Audio: no audio
VO: [gpu] 2548x1518 yuv420p
V: 00:00:36 / 00:05:56 (10%) Dropped: 5
```

图 8-6 GDB 中看到的错误信息

如今，PipeWire 的官方网站提供了一些诊断方法，包括调整日志级别，从源代码编译和在源代码目录不安装运行（make run）等，但都没有解决问题。我们也曾想卸载 PipeWire，回退到 PulseAudio。但是在卸载 PipeWire 时发现，因为桌面程序依赖 PipeWire，所以卸载 PipeWire 会导致桌面软件被卸载，因此放弃了这个想法。

```
geduer@ulan:~$ sudo apt remove pipewire
```

```
[sudo] password for geduer:
Reading package lists... Done
Building dependency tree... Done
Reading state information... Done
The following packages will be REMOVED:  gdm3 gnome-remote-desktop gnome-shell
gnome-shell-extension-appindicator gnome-shell-extension-desktop-icons-ng gnome-
shell-extension-ubuntu-dock gstreamer1.0-pipewire pipewire pipewire-jack  pipewire-
pulse ubuntu-desktop ubuntu-desktop-minimal ubuntu-session wireplumber0 upgraded, 0
newly installed, 14 to remove and 13 not upgraded.After this operation, 10.5 MB disk
space will be freed.Do you want to continue? [Y/n]
```

以上方法都尝试了之后，我决定使用“缓兵之计”，让同事先做其他任务，只留我一个人一边准备 3588 配套课程的讲义，一边看代码。

说是缓兵之计，但只要这个问题不解决，新镜像就没法发布，所以，我还是有些着急的。一边看代码，一边结合源代码上的信息在幽兰上做试验，做各种尝试。

我把注意力转向 PipeWire 的配置文件，这些配置文件可以在多个位置，使用 pw-config 命令可以观察当前正在使用的。幽兰上用的是 /usr/share/pipewire/pipewire.conf。我仔细阅读 pipewire.conf 文件的每个部分后，大胆地做了一些修改，模仿注释增加了一个名为 alsa-sink 的插槽对象，定义如下：

```
{ factory = adapter
    args = {
        factory.name             = api.alsa.pcm.sink
        node.name                = "alsa_output.platform-es8326-sound.stereo-fallback"
        node.description         = "Builtin speaker of YourLand"
        media.class              = "Audio/Sink"
        api.alsa.path            = "hw:0"
        api.alsa.period-size     = 1024
        api.alsa.headroom        = 0
        api.alsa.disable-mmap    = false
        api.alsa.disable-batch   = false
        audio.format             = "S16LE"
        audio.rate               = 48000
        audio.channels           = 2
        audio.position           = "FL,FR"
    }
}
```

这次修改后，使用下面的命令重启 pipewire 后台服务。

```
> systemctl --user restart pipewire.service
> systemctl --user restart pipewire-pulse.service
```

然后，再尝试播放视频，这一次，幽兰主板两侧的扬声器真的发出声音了。

困扰多日的问题终于解决了。回顾起来，除了开篇提到的音频问题难点，其实还有一个更基本的障碍，即涉及的问题域太大，既有内核空间，又有用户空间，既有 mpv 这样的应用软件，还有很多个敏感的后台服务。这么多角色加在一起后，总的代码量巨大，总的变量数太多。当然，这个问题的难度也体现在涉及相对较新的PipeWire系统，它推出的时间较短，资料比较少。

顺便把调试命令归纳一下，观察声音服务的日志：

```
journalctl --user-unit=pipewire --user-unit=wireplumer --user-unit=pipewire-pulse -f
```

直接运行pipewire程序：

```
pipewire -vv
```

观察服务状态：

```
systemctl --user status pipewire.service
```

这个调试经历也坚定了我把工作环境迁移到幽兰上的想法。一般来说，Linux是指Linux内核。但是实际上，只有内核是无法使用的，真正能使用的是Linux系统，这个系统要比内核大很多。因此，学习Linux，只学习内核是不够的，还要学习用户空间的各种系统服务和子系统。而要熟悉整个系统的最好方法就是把工作环境迁移过去，与它们朝夕相处。

初稿写于2023-05-18，2024-12-30略作修改于863国家软件园

第 9 章
实战FreeRTOS的UsageFault异常

在即将过去的 2022 年里，我花了很多时间在 ARM-M 核上。M 核的最大优点就是小巧轻便，整个系统不如信用卡大，重量同一元硬币差不多。

我用的 M 核开发板是格蠹科技的 GDK3，它价格低廉，小巧轻便，自带内存、闪存、两种 USB 口和 GPIO，支持 CoreSight 技术，可以用挥码枪与它配合，玩法很多。

当然，如果给它加上操作系统，就更有意思了。ARM-M 核是典型的 MCU，它上面的操作系统有个统一的称呼，一般称为 RTOS（实时操作系统）。

在众多的 RTOS 中，FreeRTOS 是流行度很高的一种。在 sourceforge 的 2022 RTOS 排名中（Real-Time Operating Systems of 2022）位居首位。

前些天，我着手把 FreeRTOS 移植到包含 ARM-M 核的 GDK3 上。最初我使用的是沁恒移植的版本，因为 GDK3 的 SoC 是沁恒的 CH32F103。但是在编译汇编代码时遇到问题，沁恒版本使用的是 Keil 编译工具，而我不想依赖 Keil，而是想完全基于 GCC 的开源工具链。

既然这样，我只好到官方项目中寻找汇编部分的代码。FreeRTOS 的模块化工作做得很好，把硬件和编译器差异部分单独放在 portable 子目录下。

替换了 GCC 版本的汇编代码后，编译通过。但是功能明显有问题，多线程没有跑起来。

使用挥码枪观察中断向量表（IVT），很快发现了故障。原因是 port.c 中的中断处理函数入口名称和标准的不一样。这导致一旦异常发生时，执行的是空的桩函数，直接进入死循环。比如，执行 SVC 指令时，直接进入下面这个循环：

```
u lk!EXTI2_IRQHandler
lk!EXTI2_IRQHandler [../../startup/startup_GDK3.s @ 78]:
8001c50 e7fe      b#0x8001c50
```

注意，上面的代码是一条无条件跳转指令，目标地址指向的就是自身。

比较其他版本的代码，发现有些版本中有如下宏定义：

```
/* Corresponding to startup.s  */
#define vPortSVCHandler        SVC_Handler
#define xPortPendSVHandler     PendSV_Handler
#define xPortSysTickHandler    SysTick_Handler
```

上面的宏是把代码里的函数名重定义为标准的名称。按照一般的 C 语言习惯，这种用法是有点古怪的，但是实际效果是有效的。

加上这几个宏，再编译更新，使用 NDB 的 dds 命令观察 IVT，可以看到上面 3 个宏相关

的中断处理函数都换成新的了。

```
dds 0
00000000  20005000
00000004  08001c0d lk!Reset_Handler+0x1 [../../startup/startup_GDK3.s @ 39]
00000008  08001c51 lk!EXTI2_IRQHandler+0x1 [../../startup/startup_GDK3.s @ 78]
0000000c  08001b7d lk!HardFault_Handler+0x1 [../../startup/exceptions.c @ 279]
00000010  08001ba1 lk!MemManage_Handler+0x1 [../../startup/exceptions.c @ 294]
00000014  08001bc5 lk!BusFault_Handler+0x1 [../../startup/exceptions.c @ 309]
00000018  08001be9 lk!UsageFault_Handler+0x1 [../../startup/exceptions.c @ 324]
0000001c  00000000
00000020  00000000
00000024  00000000
00000028  00000000
0000002c  08001441 lk!SVC_Handler+0x1 [portable/RVDS/ARM_CM3/port.c @ 229]
00000030  08001c51 lk!EXTI2_IRQHandler+0x1 [../../startup/startup_GDK3.s @ 78]
00000034  00000000
00000038  08001551 lk!PendSV_Handler+0x1 [portable/RVDS/ARM_CM3/port.c @ 404]
0000003c  080015ad lk!SysTick_Handler+0x1 [portable/RVDS/ARM_CM3/port.c @ 441]
00000040  08001c51 lk!EXTI2_IRQHandler+0x1 [../../startup/startup_GDK3.s @ 78]
```

更重要的是，有了这个修改后，两个示例线程开始跑了，在调试器里可以看到线程工作函数开头的 printf 函数打印的信息。

```
gdk3:SystemClk:72000000
gdk3:FreeRTOS Kernel Version:V10.4.4+
gdk3:task1 entry
gdk3:task2 entry
```

可是，只能进展到这里，接下来就出现异常了。

```
gdk3:**** EXCEPTION OCCURRED CFSR=0x20000****
gdk3:Type: Usage Fault
gdk3:Reason: invalid EPSR
gdk3:
gdk3:R0=0 R1=2000108c
gdk3:R2=10000000 R3=e000ed04
gdk3:R12=8002c5f LR=8000e87
gdk3:PC=2000001c PSR=0
gdk3:HFSR=deadd0d0 CFSR=20000
```

值得说明的是，FreeRTOS 在异常处理方面是比较弱的，一旦出问题，多半就是跳到一个死循环，根本没有 NT 那样的蓝屏。与 Linux 的 Panic 机制相比，也要弱很多。大家现在看到的打印信息还是我后来加进去的。

在上面的错误信息中，第一行包含了 CFSR 寄存器的内容，CFSR 是 Configurable Fault Status Register 的缩写，意思是可配置的错误状态寄存器。这个寄存器把 M 核的异常分为三大类：UsageFault、BusFault 和 MemManage，即用法错误、总线错误和内存管理（错误）。

那么，什么是用法错误呢？简单说，就是“软件把硬件用错了”，是站在硬件的角度说话，仿佛在说：“你们这帮程序员啊，乱写代码，这么好的硬件用不好，不按规则做，到处犯规……读书时不认真学习，毕业了不勤奋实践，真拿你们没有办法 ^_^”

阅读 M 核的手册，可以看到“用法错误”又分为多种，CFSR 的每个比特位代表一种。上面报告的是 INVSTATE，即无效状态。

使用 ARM 文档上的话，这个错误的原因是：

```
Instruction executed with invalid EPSR.T or EPSR.IT field.
```

大致可以翻译为：当 EPSR.T 或 EPSR.IT 字段无效时执行指令。这又是什么意思呢？简单来说，ARM 的指令分为 4 字节的普通指令，以及 2 字节或 4 字节的 THUMB 指令。为了区分这两种指令，程序状态寄存器（PSR）里定义了一个 T 位（THUMB），当 T 位为 1 时，代表要执行的是 THUMB 指令；当 T 位为 0 时，代表要执行的是标准指令。

对于 GDK3 使用的 M 核 CPU 来说，它只支持 THUMB 指令。因此 T 位应该总是为 1，如果将其改写为 0，那么 CPU 就会报 UsageFault，准确的说是 UsageFault.INVSTATE。

上面的信息主要来自 ARM 的架构参考手册（简称 ARM）。结合多年的积累，我把“用法错误”的原因搞得比较清楚了。但是，这与实际解决问题还有很大的距离。

接下来，需要寻找是哪里的代码会把 EPSR 的 T 位清零。要知道 EPSR 寄存器的字段是只读的，不可以直接修改，是处理器自动维护的。

用 ARM 里的话来说：

The EPSR fields are read-only. The processor ignores any attempt by privileged software to write to them.（EPSR 字段是只读的。如果特权软件尝试写它们，那么会被处理器忽略。）

看到这里，有些读者可能着急了：“既然是硬件自动维护这个寄存器，那为什么还报软件用法错误？”

硬件工程师的回答是：“可能是你们软件间接导致的啊？”

比如加载 PC 寄存器时，如果目标地址的低位为 1，那么硬件就会设置 T 位；如果为 0，那么就会清除 T 位。因为这个原因，中断向量表（IVT）里的处理函数地址都是实际函数地址加 1。

```
00000004  08001c0d lk!Reset_Handler+0x1 [../../startup/startup_GDK3.s @ 39]
00000008  08001c51 lk!EXTI2_IRQHandler+0x1 [../../startup/startup_GDK3.s @ 78]
0000000c  08001b7d lk!HardFault_Handler+0x1 [../../startup/exceptions.c @ 279]
00000010  08001ba1 lk!MemManage_Handler+0x1 [../../startup/exceptions.c @ 294]
00000014  08001bc5 lk!BusFault_Handler+0x1 [../../startup/exceptions.c @ 309]
00000018  08001be9 lk!UsageFault_Handler+0x1 [../../startup/exceptions.c @ 324]
```

本来的函数地址都是偶数，加上 1 后，变为奇数，也就是 bit 0 为 1。

正当分析到这里时，新冠病毒来了，我只好休息几天。并把这个问题和好朋友杨文波说了，代码也发了一份给他。昨天中午时，我的微信连续跳出一串消息，都是来自杨文波（见图 9-1），我看了前面几条后，顿时兴奋，给他回复了一个大拇指。

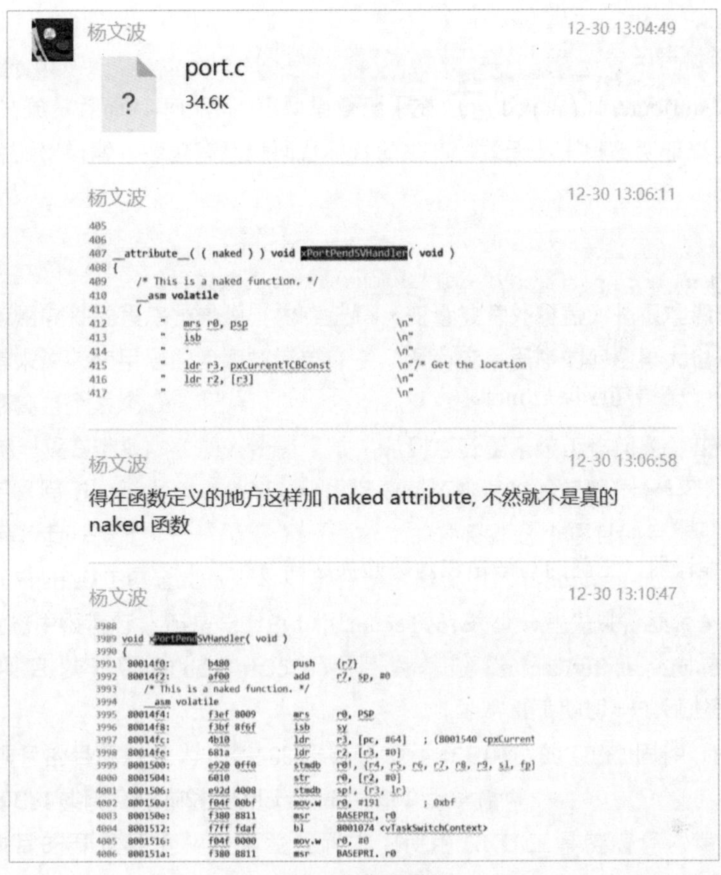

图 9-1　发现要害

最关键的是第一条消息："得在函数定义的地方这样加 naked attribute, 不然就不是真的 naked 函数"。

Naked 的意思很好理解。在 C 程序里，简单来说，普通的函数都不是 naked，都是有"包装"的，也就是在函数开头和结尾都有包装，一般称为函数的序言和结语，是编译器自动加上的。而所谓的 naked 函数，就是不带包装的。

函数序言和结语的主要功能是操作栈。也就是在开头把要保存的寄存器压进栈，在末尾时再弹出。分配和释放局部变量一般也是这时做的。

对于普通的函数，编译器都会给它们加上包装。而对于异常处理函数来说，CPU 在处理异常时，直接飞进这些函数，这时要求精确地操作栈，这也是为什么要用汇编语言来写中断处理函数入口的原因。

那么，为什么漏了 naked 属性呢？准确地说，不是漏，而是误会了。因为 naked 属性并不常用，它的写法不是 C 语言的标准，所以不同编译器的写法不同。以本例来说，本来使用的代码是这样写的：

```
void xPortPendSVHandler(void) __attribute__((naked));
```

```
void xPortSysTickHandler(void);
void vPortSVCHandler(void) __attribute__((naked));
```

也就是把 __attribute__((naked)) 放在了函数原型声明语句里，而且是放在函数名后面。

但是实际情况证明这种写法无效，产生的目标代码仍然有包装，编译器还会加上栈操作，反汇编可以看到：

```
u lk!PendSV_Handler
lk!PendSV_Handler [portable/RVDS/ARM_CM3/port.c @ 404]:
8001550 b480     push     {r7}
8001552 af00     add      r7, sp, #0
```

而真正的第一条语句应该是 mrs。

```
void xPortPendSVHandler(void){    /* This is a naked function. */
    __asm volatile    (         "   mrs r0, psp                              \n"
"   isb                        \n"       "                               \n"
```

对于 GCC 编译器，正确的写法是在函数开头这样写：

```
__attribute__((naked)) void xPortPendSVHandler(void){      /* This is a naked
function. */     __asm volatile
```

这样纠正写法后，一切就都正常了！

初稿写于 2022-12-31，2024-12-30 略作修改于 863 国家软件园

第 10 章
当挑剔的Windows遇到说半句话的键盘

格蠹科技有一个产品名为超级键鼠，是一个小的配件，可以把一台计算机上的鼠标键盘事件传给另一台计算机，比如各种开发板和 GDK8 盒子等 。图 10-1 所示为手绘的超级键盘（NKM）原理图。

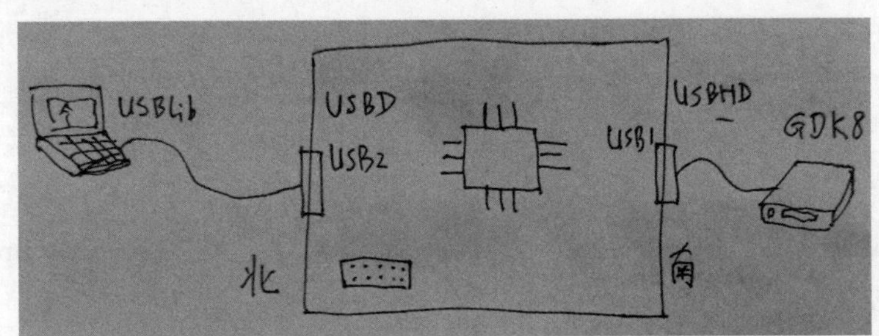

图 10-1　手绘的超级键盘（NKM）原理图

做这个配件的目的是可以让一些小的设备复用笔记本的鼠标和键盘，省得桌子上摆一堆鼠标键盘，这个功能和曾经流行过一段时间的 KVM（不是虚拟机的意思）类似。超级键鼠的徽标是两只老鼠，一只仰面朝天，四只脚抱着一堆按键，另一只四脚着地，用尾巴拖着伙伴前进，象征着把按键消息从一台机器运送到另一台机器，如图 10-2 所示。

图 10-2　超级键鼠的外壳

超级键鼠的英文名称为 Nano Keyboard & Mouse，简称 NKM。因为对于目标机来说，NKM 看起来就是一个 USB 复合设备：一个 USB 鼠标加上一个 USB 键盘。

1. 第一轮改进

可别小瞧这样个小配件，它的开发非常费时费力。它的最初版本在 2022 年年底开始开

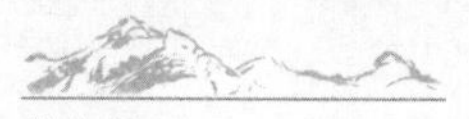

发，在 2023 年初开始工作，但是工作得不够理想，主要问题有以下两个：

- 鼠标方面，主机上的光标位置和主机上的位置在用了一段时间后，就不同步了。
- 键盘方面，有些特殊按键和组合键工作得不好。

为了解决这两个问题，2023 年暑假时，我指导两个实习生做了一次升级，一方面把上位机的软件（名为千里眼）移植到 Linux；另一方面，更新 NKM 的固件，支持直接转发 HID 的数据报告（report）。

2. 玄而又玄

HID 是 Human Input Device 的缩写，是 USB 总线对鼠标键盘等人机接口设备的统称。参与了很多个 USB 项目之后，我对 USB 总线终于有了比较深的理解。在总线的历史上，USB 总线代表着一个新的境界。为了追求更好的灵活性和通用性，USB 总线的一个基本设计原则就是抽象，我把它称为“玄而又玄”，就是在抽象的基础上再做抽象。比如 PCI 总线只定义了一种描述符，也就是所谓的 PCI 设备描述符。而 USB 总线则不然，它定义了很多种描述符，即使 NKM 这么小的一个设备，也有十几个描述符。在 NKM 代码里搜索 Descriptor，竟然搜索到 500 多个（见图 10-3）。

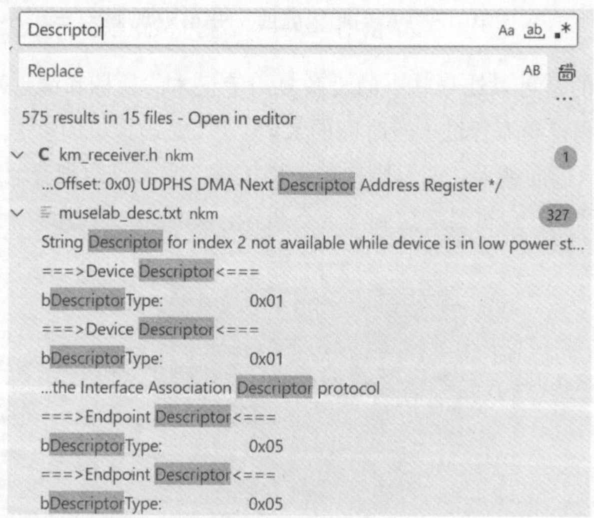

图 10-3　描述符是 USB 总线的精髓

这么多描述符是怎么用的呢？通俗地说，一个 USB 设备插到一台机器后，双方就开始了一个复杂的聊天过程，聊天的主题就是交流描述符。

主机：“你是什么设备啊？”

设备：“啊，给你我的设备描述符（Device Descriptor）。”

主机：“你是哪家公司的产品啊？”

设备：“哦，给你我的产商名字描述符（字符串描述符，类型 3）。”

主机：“你有几个接口啊？”

设备：“哦，这是我的接口描述符（Interface Descriptor）。”

……

就这样，一个个描述符要过来。生动点说，USB 总线是个喜欢聊天的协议。一上来根本不知道对方是啥，能干啥，完全要靠聊天来知道。同样，当 NKM 插到目标机时，双方也会做上面那样一番对话，交换很多信息，包括两张“报告格式描述符”，图 10-4 所示便是“键盘报告描述符”的一部分。

```
C km_sender.c    C nan_usbd_desc.c ×
nkm > C nan_usbd_desc.c > [@] MyCfgDescr

/* Keyboard Report Descriptor */
const uint8_t KeyRepDesc[ ] =
{
    0x05, 0x01,                        // Usage Page (Generic Desktop)
    0x09, 0x06,                        // Usage (Keyboard)
    0xA1, 0x01,                        // Collection (Application)
    0x05, 0x07,                        // Usage Page (Key Codes)
    0x19, 0xE0,                        // Usage Minimum (224)
    0x29, 0xE7,                        // Usage Maximum (231)
    0x15, 0x00,                        // Logical Minimum (0)
    0x25, 0x01,                        // Logical Maximum (1)
    0x75, 0x01,                        // Report Size (1)
    0x95, 0x08,                        // Report Count (8)
    0x81, 0x02,                        // Input (Data,Variable,Absolute)
    0x95, 0x01,                        // Report Count (1)
    0x75, 0x08,                        // Report Size (8)
    0x81, 0x01,                        // Input (Constant)
```

图 10-4　键盘报告描述符

3. 第二轮改进

暑假更新后的版本在使用了一段时间之后，又发现了一些问题。于是，春节之后，对 NKM 的第二轮改进开始了。这一次的目标是严格测试，扫清“臭虫”，改进用户体验。改进项目进行了大约两周后，一个难缠的“臭虫”出来挡路了。当把 NKM 用在 Windows 目标机时，Windows 收不到按键。

因为 NKM 的主要使用场景是 GDK8 这样的 ARM 盒子，里面通常是 Linux 系统，所以以前没有认真测试过 Windows 目标机。这一次仔细测试，bug 被发现了。

4. 有内核消息吗？

这个 bug 的最大特点是在 Linux 目标机上不发作，只在 Windows 目标机上发作。

既然在 Linux 目标机上能工作，那么就说明固件的工作流程没有大的问题。但是究竟根源在哪儿，还是要探索。我们首先想到的方法是看日志，寻找 Linux 内核消息那样的可读信息。

可是 Windows 没有 Linux 那样的内核消息机制，虽然 Windows 内核也有打印调试信息的函数，但是很多驱动里没有使用这种方法，实际效果不好。

今天的 Windows 驱动常常使用 ETW 机制来产生追踪事件，驱动代码里的 WPP 机制便是这个用途。但是实际测试下来，这个机制的效果也不好，收集到的信息可读性差，也没报告出有价值的信息。

5. 上调试器

Windows 系统的内核调试器（KD）很强大。对于这个问题，也的确有效果。为了监视 Windows 收到的 HID 报告，我在 KbdHid_ReadComplete 函数中设置断点。断点命中后，使用图 10-5 所示的方法找 HID 报告的缓冲区。KbdHid_ReadComplete 的第三个参数是 DevExt 指针，这个指针偏移 0x70 处是一个 HID 对象，HID 对象偏移 0x50 处便是 HID 报告的缓冲区。

```
0: kd> db ffffc50e3137ce08
ffffc50e`3137ce08  00 00 00 29 04 00 00 00-00 00 00 00 00 00 00 00  ...)............
ffffc50e`3137ce18  29 00 07 00 00 00 00 00-00 00 00 00 00 00 00 00  )...............
ffffc50e`3137ce28  00 00 00 00 00 00 00 00-00 00 00 00 00 00 00 00  ................
ffffc50e`3137ce38  00 00 00 00 00 00 00 00-00 00 00 00 00 00 00 00  ................
ffffc50e`3137ce48  00 00 00 00 00 00 00 00-00 00 00 00 00 00 00 00  ................
ffffc50e`3137ce58  00 00 00 00 00 00 00 00-00 00 00 00 00 00 00 00  ................
ffffc50e`3137ce68  00 00 00 00 00 00 00 00-00 00 00 00 00 00 00 00  ................
ffffc50e`3137ce78  00 00 00 00 00 00 00 00-00 00 00 00 00 00 00 00  ................
```

图 10-5　寻找 HID 报告的缓冲区

HID 报告的正常长度是 8 字节，基本格式如下：

- 字节 0：标志位组合，比如是否按下【Ctrl】键等。
- 字节 1：始终为 0，不使用。
- 字节 2 ～ 7：按键的扫描码。

正常情况下，当用户按下一个键后，会有一个 HID 报告，包含这个键的扫描码。松开一个键后，也有一个 HID 报告，一般是 8 字节全 0。使用这种方法观察 NKM 发来的报告，按键按下会触发断点，但是数据都是 0。

6. 全 0 谜团

接下来的任务就是追查为什么 Windows 收到的 HID 报告全是 0。在 Linux 目标机上工作正常，能收到正确的键码，而且在 Windows 目标机上，每次按键断点都会命中，说明 NKM 会发送数据出去，Windows 也有收到报告。

对 Windows 端的情况有所了解后，我同时使用硬件调试器调试 NKM 的固件代码，架起两个调试器，下决心一定要找到 bug。

我仔细跟踪固件代码发送 HID 报文的整个过程，核对每一行代码，追查每一个参数。终

于，在第二次跟踪下面这个发送函数时，有了重大发现。

```
    uint8_t NKM_SendKeyboardHidPacket(nkm_keyboard_HID* HID)
    {
        uint8_t ckCode, ret;
        dbgprintf(GDDBG_DEBUG, "kbhidpack %d %d %d %d %d %d %d %d\n", HID->
hidpack[0],HID->hidpack[1],HID->hidpack[2],HID->hidpack[3],HID->hidpack[4],HID->
hidpack[5],HID->hidpack[6],HID->hidpack[7]);
         ret = USBHD_Endp_DataUp(DEF_UEP1, HID->hidpack, sizeof(HID->hidpack), DEF_
UEP_CPY_LOAD);
        if(ret == NoREADY) {
            nkm_dog.kb_cnt_failure++;
        } else {
            nkm_dog.kb_cnt_sent++;
        }
        return ret;
    }
```

上面第 6 行中的 USBHD_Endp_DataUp 函数很关键，是它把 HID 报告复制到 USB 硬件的缓冲区，我在调试器里仔细看调用这个函数的每个参数。

当核对第三个参数时，一道灵光跃入脑海："size 可能有问题！"

```
    USBHD_Endp_DataUp(DEF_UEP1, HID->hidpack, sizeof(HID->hidpack), DEF_UEP_CPY_
LOAD);
```

第三个参数使用了 sizeof 运算符，它的结果由下面的结构体定义决定。但这个结构体里把 hidpack 定义为 4 字节的数据。

```
    typedef struct _nkm_keyboard_HID {
      uint8_t hidpack[4]; // HID packet by https://wiki.osdev.org/USB_Human_Interface_Devices
    } nkm_keyboard_HID;
```

根据 HID 协议，USB 键盘的 HID 报告长度是可变化的（可以商定），最多为 8 字节：The USB keyboard report may be up to 8 bytes in size。

理论上来说，根据协议，这里定义为 4 字节没有错。但是问题是上面提到过的"键盘报告描述符"里报告的是 8 字节（见图 10-4）。

7. 挑剔的 Windows

对于上述问题，NKM 的固件言行不一，报告描述里说报文长度为 8 字节，但是实际上每次发的长度却是 4 个字节，好像一个人总说半句话。

但是对于说半句话的 NKM，在和 Linux 目标机对话时，很顺利，没有表现出任何问题。

而同样的 NKM，在和 Windows 目标系统对话时，却出现了问题，Windows 虽然收到报文（设在接收函数的断点命中），但是却没有产生任何按键事件。有点像是看到了 NKM 在说话，但是没有听清，拒不理睬了。

这次的经历再次印证了我多年来的经验，Linux 系统的容错性比较高，宽容，有耐心，与它对话时，慢一点它能容忍，说半句话，它也能接受。而 Windows 则不然，要求严格，和它说话时，速度要快，回答太慢，它就不和你聊了；而且回答还要精确，说是 8 字节，那么就必须 8 字节，只说半句话，那它也转头不和你聊了。

初稿写于 2024-03-10，2024-12-15 略作修改于 863 国家软件园

第 11 章 闪存烧写失败和调试第一心法

2024 年的第一个季度就要过去了，回顾过去的近 3 个月，我没有一天出差，也没有一天请假，每个工作日都在办公室。

而且在过去的这些天里，我没有做任何新的产品，所有精力都放在改进现有产品上，主要是升级软件，改进用户体验，包括找 bug 和解 bug。在已解决的众多 bug 中，没有任何两个是一样的。所以我相信，要训练 AI 来解 bug 的话，最大的问题将是训练样本不足。但是在解 bug 的思想方法方面，我的确找到了一个很有效的规律，我把它称为“调试第一心法”。

为了避免空洞说教，还是举个真实例子吧。

3 月 9 日，一位 GDK3 的用户报告问题，使用 NanoCode 给 GDK3 刷固件时没有成功。看到这个信息后，我意识到这个问题可能是因为升级了最新的 OpenOCD 代码而引入的。

去年下半年，为了支持调试幽兰代码本，NanoCode 的 OCD 库从原来的 0.11 版本升级到最新的 0.12 版本。这次升级，对访问 ARM 硬件的 NTP 模块（ntp.dll）改动较大。尝试使用老的 ntp.dll，果然可以刷成功。

接下来的问题就是比较新老代码，看新代码哪里有问题。这个问题的复杂度与代码量直接相关，如果只有一点点代码，那么很容易找到差异。但实际上，这个模块的代码量很大，而且新老代码的差异有很多。

在做了一些简单的改进后，问题归结到下面这个错误：

```
corrupted fifo read pointer 0x20000044
```

这个错误信息中有如下几个地方挺严重的：

- fifo 是一种数据结构，所谓的先进先出队列。
- pointer 是指针，是 C 语言里最著名的特征，高效直接，用好了很有杀伤力，用坏了也很有杀伤力。我在给小朋友们讲的编程课里，用“到你家找你”来做比喻。
- corrupted 的意思是腐败，代表损毁极为严重。

fifo 要求很精准和有序，指针很锐利，指错地方就像失控的铲车，铲到哪里算哪里。现在说是 corrupted 了，真是吓人。根据这个错误信息搜索代码，精准定位到一个很长的函数，名字和函数原型也都很长：

```
int target_run_flash_async_algorithm(struct target *target,
    const uint8_t *buffer, uint32_t count, int block_size,
    int num_mem_params, struct mem_param *mem_params,
    int num_reg_params, struct reg_param *reg_params,
```

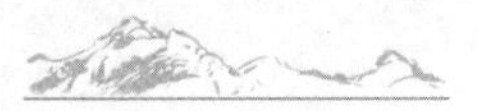


```
    uint32_t buffer_start, uint32_t buffer_size,
    uint32_t entry_point, uint32_t exit_point, void *arch_info)
```

下面分段解释一下函数名 target_run_flash_async_algorithm。

- target 是这个模块的名字，用于访问调试目标，所在的源代码称为 target.c，有 7000 多行，文件里的大多数函数都是以 target 开始的。
- run 表示运行，这个函数内部会调用另一个名为 target_start_algorithm 的函数来启动一个小程序，称为“闪存算法”，下文会加以解释。
- flash 即闪存的意思。
- async 代表异步，也就是以异步方式启动闪存算法程序，启动之后不阻塞调用线程。
- algorithm 的本意是算法，在这里代表通过调试器推送到 GDK3 上的一小段代码。

接下来解释一下所谓的“闪存算法程序”，这就不得不说一下 ARM 上烧写固件的著名套路了。如图 11-1 所示，左侧是主机端，运行着 NanoCode 软件，右侧是基于 ARM-M 核的 GDK3 系统。

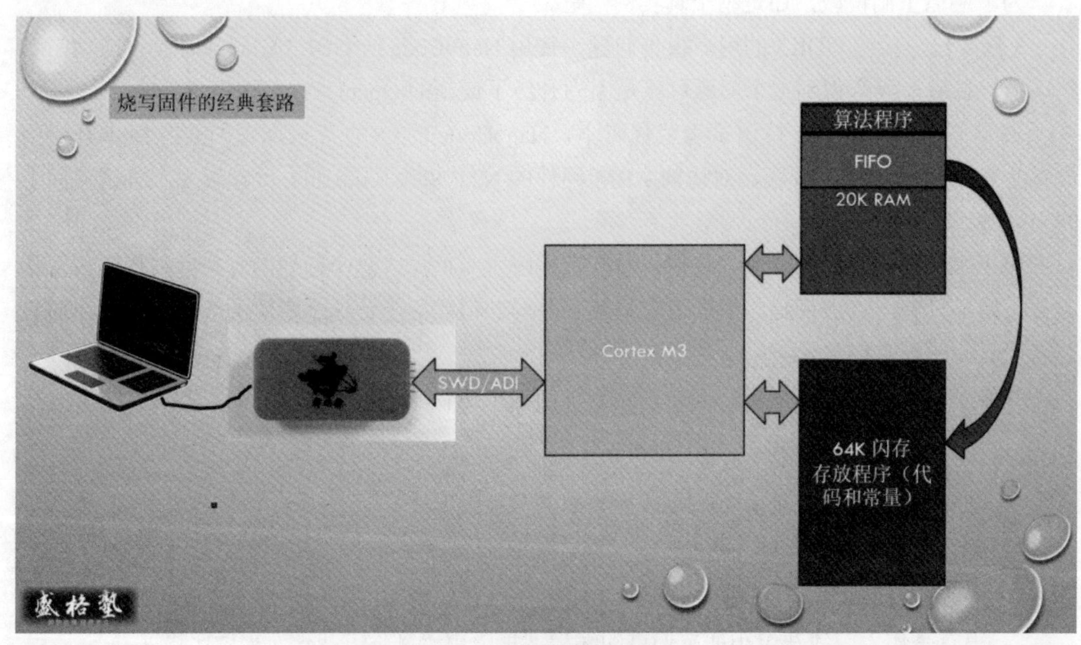

图 11-1　烧写固件原理图

当在 NanoCode 里发出 !program gem3.hex 这样的命令后，NanoCode 中的 NDB（Nano Debugger）会通过挥码枪把一段事先准备好的程序写到 GDK3 的内存里，这段程序就是所谓的“闪存算法程序”。

闪存算法程序很短，一般只有几十条指令，图 11-2 所示的数组便是程序的机器码。

图 11-2 数组形式的闪存算法程序

下面是使用NDB反汇编出来的算法程序。

```
u 20000000
20000000 6816     ldr  r6, [r2]
20000002 2e00     cmp  r6, #0
20000004 d018     beq  #0x20000038
20000006 6855     ldr  r5, [r2, #4]
20000008 42b5     cmp  r5, r6
2000000a d0f9     beq  #0x20000000
2000000c 882e     ldrh r6, [r5]
（节约篇幅，删除多行）
20000038 4630     mov   r0, r6
2000003a be00     bkpt  #0
2000003c 0044     lsls  r4, r0, #1
2000003e 2000     movs  r0, #0
20000040 0044     lsls  r4, r0, #1
```

注意上面指令倒数第4条是著名的断点指令：

```
2000003a be00     bkpt  #0
```

它是用来重新中断到调试器的。

设计这个套路的ARM架构师一定是一个调试高手。不然怎么会想出这么巧妙而且离不开调试器的方法呢？

NDB把闪存算法程序写到GDK3的内存里后，重启M核，让它进入算法程序。

算法程序开始工作后，便监视FIFO区域（位于算法程序后面），如果有要写的数据，便把它写到闪存区域。

在主机端，NDB 启动算法程序后，便把要更新的闪存内容写到 FIFO 区。两端如此配合以实现固件更新。

再回到出问题的函数（见图 11-3），它的 1016 行便是启动算法程序。

```
target.c    (全局范围)
ntp
1015    /* Start up algorithm on target and let it idle while writing the first chunk */
1016    retval = target_start_algorithm(target, num_mem_params, mem_params,
1017            num_reg_params, reg_params,
1018            entry_point,
1019            exit_point,
1020            arch_info);
1021
1022    if (retval != ERROR_OK) {
1023        LOG_ERROR("error starting target flash write algorithm");
1024        return retval;
1025    }
1026
1027    while (count > 0) {
1028        retval = target_read_u32(target, rp_addr, &rp);
1029        if (retval != ERROR_OK) {
1030            LOG_ERROR("failed to get read pointer");
1031            break;
1032        }
1033
1034        LOG_DEBUG("offs 0x%zx count 0x%" PRIx32 " wp 0x%" PRIx32 " rp 0x%" PRIx32,
1035            (size_t) (buffer - buffer_orig), count, wp, rp);
1036
1037        if (rp == 0) {
1038            LOG_ERROR("flash write algorithm aborted by target");
1039            retval = ERROR_FLASH_OPERATION_FAILED;
1040            break;
1041        }
1042
1043        if (!IS_ALIGNED(rp - fifo_start_addr, block_size) || rp < fifo_start_addr || rp >= fifo_end_addr) {
1044            LOG_ERROR("corrupted fifo read pointer 0x%" PRIx32, rp);
1045            break;
1046        }
1047
1048        /* Count the number of bytes available in the fifo without
1049         * crossing the wrap around. Make sure to not fill it completely,
1050         * because that would make wp == rp and that's the empty condition. */
1051        uint32_t thisrun_bytes;
1052        if (rp > wp)
1053            thisrun_bytes = rp - wp - block_size;
1054        else if (rp > fifo_start_addr)
1055            thisrun_bytes = fifo_end_addr - wp;
1056        else
1057            thisrun_bytes = fifo_end_addr - wp - block_size;
1058
1059        if (thisrun_bytes == 0) {
1060            /* Throttle polling a bit if transfer is (much) faster than flash
1061             * programming. The exact delay shouldn't matter as long as it's
```

图 11-3　关键函数

1027 行开始的循环便是与算法程序配合，反复向 FIFO 写数据的。

对于这个错误，我首先想到疫情期间开发 GDK3 时，一开始也是无法用 NDB 烧写固件，后来解决了。但是如何解决的细节记不清了。搜索代码里的注释，也没有收获。

接下来想到的是算法程序的差别。我首先比较了能工作的老版本和新版本，确认二者是一致的。

抱着试试看的想法，我也咨询了 GDK3 所用芯片的支持工程师。对方态度非常好，给了我几个提示，我顺着思路怀疑到了挥码枪，仔细核对了挥码枪里的固件逻辑，但是也没有什么收获。

尝试了上面各种方法都没有效果后，我穿插做了一些其他工作。

但是过了几天后，我又想到这个问题。一个问题如果不解决，就像是一个鱼刺卡在喉咙里，即使暂时不痛了，一旦想起来，还是难受。于是我又打开代码，复现问题，设置断点，一步步跟踪烧写固件的代码。

我一边跟踪，一边核对各种地址信息，寻找线索。我仔细阅读了闪存算法，梳理了内存布局，特别是FIFO的位置，把这些都弄懂后，继续跟踪代码。反复跟踪启动算法程序的过程后，我感觉算法程序确实被下载到GDK3了。使用NDB观察，它也确实在执行了。

如此看来，很多逻辑都工作了，而且感觉工作得非常好。那为什么报错呢？走遍千山万水后，我终于跟踪到了包含错误信息的while循环。

为了深刻理解这个循环的工作过程，我特意切换回老的代码，看它是如何工作的。

有了正确的样本后，我再切换到有问题的代码继续跟踪。当我第二次跟踪包含log的while循环时，我仔细核对进入报错信息的条件，也就是下面的几条语句：

```
    if (!IS_ALIGNED(rp - fifo_start_addr, block_size) || rp < fifo_start_addr || rp >=
fifo_end_addr) {
        LOG_ERROR("corrupted fifo read pointer 0x%" PRIx32, rp);
        break;
    }
```

判断条件的if语句有点长，是把3个条件或在一起：

```
- !IS_ALIGNED(rp - fifo_start_addr, block_size)
- rp < fifo_start_addr
- rp >= fifo_end_addr
```

观察有关的几个变量，后两个条件都不满足。再仔细看第一个条件，是判断地址对齐的，用了“！”号，也就是不对齐时报错。仔细想一下，rp就是fifo_start_addr，rp-fifo_start_addr = 0，应该符合对齐原则的，但是单步一下，居然进了条件块。这时，仿佛有一道光在我的脑海里闪过：“就是这里有问题啊！”

再来看IS_ALIGNED宏，进一步确认了推测，这个宏最初是针对Linux写的，写法如下：

```
#define IS_ALIGNED(x, a)        (((x) & ((typeof(x))(a) - 1)) == 0)
```

移植到Windows后，因为VC不支持typeof，所以移植时使用了一种简易的写法：

```
((x)%(a)) == 0
```

但是这种写法在x大于a时成立，在x为0时是错误的。

将宏改写为如下形式：

```
#define IS_ALIGNED(x, a)        (((x) & ((a) - 1)) == 0)
```

编译测试，问题不见了。

案例讲完了。搜遍千山万水之后，其实出错的语句就在 log 语句的上一行。因此，调试第一心法就两个字：近思。

进一步说就是遇到问题时，不要从远处想起，要从近处想起。不要怀疑太多、太远的代码，先怀疑较少、较近的代码。这其实是一个学习规律：听别人讲和空想得越多，心越虚，实际动手实践得越多，越踏实。

其实这个规律也适用于调试，遇到问题，想得越多，怀疑得越多，对问题的恐惧越深。相反，低下头来，实实在在地跟踪问题附近的代码，常常有意想不到的效果。

初稿写于 2024-03-27，2024-12-15 略作修改于 863 国家软件园

第 12 章 比声音卡顿还难调试的问题

对于编写应用软件的程序员来说，内存被踩（变量被意外覆盖）是很难调试的问题。对于系统软件开发者来说，应用层的问题却简单许多，因为应用程序的问题再大也是发生在一个进程里，不至于影响整个系统。

今年上半年，我在准备幽兰的系统镜像时，遇到声音子系统工作问题，花了很多时间把这个问题解决好后，写了一篇文章，名为《比内存被踩还难调试的问题》。

最近几个月，我一直忙于一个代号为“子游”的项目。这个项目的目标是把 UEFI 运行在幽兰代码本上（Enable UEFI on Ulan），用于替换本来使用的 u-boot。u-boot 具有短小精悍的优点，在 ARM 生态中很流行。但是与 UEFI 相比，u-boot 缺少一些先进特征。

“子游”项目以开源的 edk2-rk3588 项目为基础：https://github.com/edk2-porting/edk2-rk3588。

这个开源项目的目标就是为 RK3588 平台开发基于 EDK2 的 UEFI 固件。EDK2 是 Intel 开源出来的一台 UEFI 实现，以前主要用于 x86 生态中。

“子游”项目的开发环境就是幽兰代码本，使用 GNU 工具链编译。编辑代码则用 VS Code。对于 EDK2 这样体量的项目，在幽兰上可以非常轻松地进行构建，发出 build 命令后，几秒钟后即可完成编译、链接，并自动产生镜像文件。

```
5824+1 records in
5824+1 records out
5964288 bytes (6.0 MB, 5.7 MiB) copied, 0.0728761 s, 81.8 MB/s
+ cp /gewu/edk2-rk3588/workspace/RK3588_NOR_FLASH.img /gewu/edk2-rk3588/
+ set +x
Build done: RK3588_NOR_FLASH.img
```

最初，我们使用瑞芯微的工厂工具（rkdevtool）把编译好的镜像刷到幽兰的 NOR FLASH 中，但是速度较慢，而且偶尔有错误发生。于是，我们改为使用 SD 卡，把镜像刷到 SD 卡上，然后用 SD 卡启动，效率大大提高。

在 edk2-rk3588 项目的文档中，推荐用 balenaEtcher 工具来刷 SD 卡。但是这个工具很庞大，是由 node.js 开发的，如此简单的界面，用 node.js 真是大材小用。

于是，我尝试使用小巧的 rufus，实际上也是可以的，而且比 balena 工作得更加稳定。这样，工作效率又提升了一步。

因为使用 SD 卡承载要测试的 UEFI 镜像，所以暂时无法同时用挥码枪来调试了。于是，串口打印成为最主要的调试手段。串口的速率为 1500000，速度很快。一旦按下电源键，来自串口的调试信息便奔涌出来。

略过进展顺利的任务不谈，一个奇怪的 bug 出现了。使用新镜像启动时，来自串口的调试信息在奔涌几秒钟后，便戛然而止（见图 12-1）。

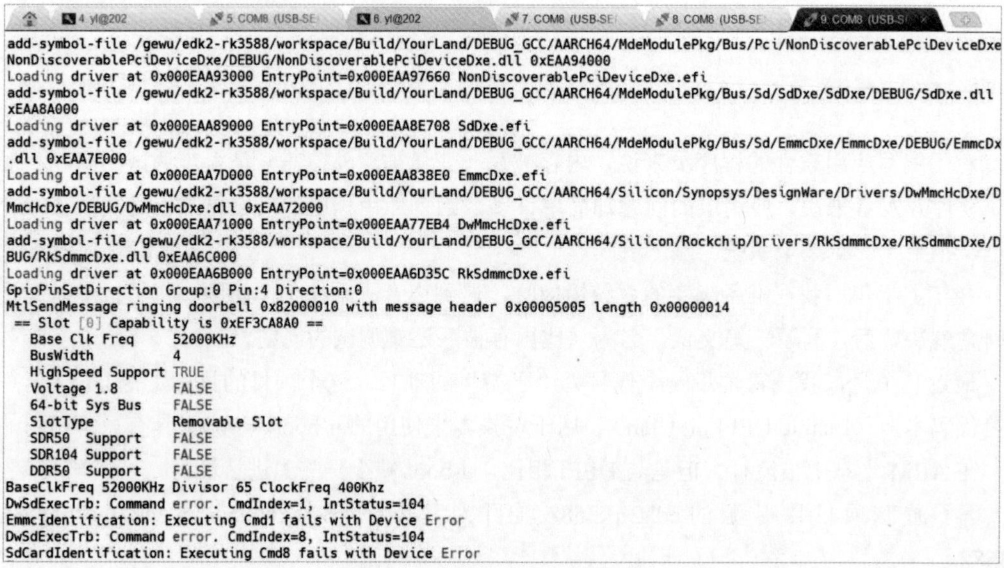

```
4 yl@202   5 COM8 (USB-SE   6 yl@202   7 COM8 (USB-SE   8 COM8 (USB-SE   9 COM8 (USB-S
add-symbol-file /gewu/edk2-rk3588/workspace/Build/YourLand/DEBUG_GCC/AARCH64/MdeModulePkg/Bus/Pci/NonDiscoverablePciDeviceDxe
NonDiscoverablePciDeviceDxe/DEBUG/NonDiscoverablePciDeviceDxe.dll 0xEAA94000
Loading driver at 0x000EAA93000 EntryPoint=0x000EAA97660 NonDiscoverablePciDeviceDxe.efi
add-symbol-file /gewu/edk2-rk3588/workspace/Build/YourLand/DEBUG_GCC/AARCH64/MdeModulePkg/Bus/Sd/SdDxe/SdDxe/DEBUG/SdDxe.dll
xEAA8A000
Loading driver at 0x000EAA89000 EntryPoint=0x000EAA8E708 SdDxe.efi
add-symbol-file /gewu/edk2-rk3588/workspace/Build/YourLand/DEBUG_GCC/AARCH64/MdeModulePkg/Bus/Sd/EmmcDxe/EmmcDxe/DEBUG/EmmcDx
.dll 0xEAA7E000
Loading driver at 0x000EAA7D000 EntryPoint=0x000EAA838E0 EmmcDxe.efi
add-symbol-file /gewu/edk2-rk3588/workspace/Build/YourLand/DEBUG_GCC/AARCH64/Silicon/Synopsys/DesignWare/Drivers/DwMmcHcDxe/D
MmcHcDxe/DEBUG/DwMmcHcDxe.dll 0xEAA72000
Loading driver at 0x000EAA71000 EntryPoint=0x000EAA77EB4 DwMmcHcDxe.efi
add-symbol-file /gewu/edk2-rk3588/workspace/Build/YourLand/DEBUG_GCC/AARCH64/Silicon/Rockchip/Drivers/RkSdmmcDxe/RkSdmmcDxe/D
BUG/RkSdmmcDxe.dll 0xEAA6C000
Loading driver at 0x000EAA6B000 EntryPoint=0x000EAA6D35C RkSdmmcDxe.efi
GpioPinSetDirection Group:0 Pin:4 Direction:0
MtlSendMessage ringing doorbell 0x82000010 with message header 0x00005005 length 0x00000014
 == Slot [0] Capability is 0xEF3CA8A0 ==
   Base Clk Freq      52000KHz
   BusWidth           4
   HighSpeed Support  TRUE
   Voltage 1.8        FALSE
   64-bit Sys Bus     FALSE
   SlotType           Removable Slot
   SDR50  Support     FALSE
   SDR104 Support     FALSE
   DDR50  Support     FALSE
BaseClkFreq 52000KHz Divisor 65 ClockFreq 400Khz
DwSdExecTrb: Command error. CmdIndex=1, IntStatus=104
EmmcIdentification: Executing Cmd1 fails with Device Error
DwSdExecTrb: Command error. CmdIndex=8, IntStatus=104
SdCardIdentification: Executing Cmd8 fails with Device Error
```

图 12-1　串口消息戛然而止

调试信息的停止位置大多时候发生在 RkSdmmcDxe 驱动加载后。

```
BaseClkFreq 52000KHz Divisor 65 ClockFreq 400Khz
DwSdExecTrb: Command error. CmdIndex=1, IntStatus=104
EmmcIdentification: Executing Cmd1 fails with Device Error
```

阅读出错的信息，看起来与 SD 卡有关，但仔细分析发现，这个 SD 卡错误不是根本问题。

尝试多次，每次停止的地方并不完全一样。而且有时停止的地方是一句话的中间，看起来好像是一句话说了一半就被打倒了。

下班路上，我仍在思考这个问题，思考为什么调试信息结束的地方不稳定。一种可能是调试信息被缓存了，所以死机时有些信息还在缓存里，没有来得及发出。

吃过晚饭，查看 edk2 的源代码，顺着调用关系一路找到写串口的函数 SerialPortWrite。

```
UINTN EFIAPI SerialPortWrite (IN UINT8*Buffer,IN UINTN NumberOfBytes)
{
  UINTN  Result;
  UINT8  Data;
  if (Buffer == NULL) {
    return 0;
  }
  Result = NumberOfBytes;
  while ((NumberOfBytes--) != 0) {
```

```
    //
    // Wait for the serial port to be ready.
    //
    do {
      Data = IoRead8 ((UINT16) gUartBase + LSR_OFFSET);
    } while ((Data & LSR_TXRDY) == 0);
    IoWrite8 ((UINT16) gUartBase, *Buffer++);
  }
  return Result;
}
```

根据这个函数的逻辑，一旦开始发送一句话，那么就应该发送完，否则函数不会返回。也就是说，下班路上怀疑的情况被否定了。

一方面，我继续思考调试信息为什么不在固定的位置终止。固件阶段通常只有一个CPU工作，而且这个CPU也是以比较单纯的方式执行指令，不存在复杂的并发场景。按照这个特征推理，如果代码里有空指针之类的问题，那么CPU应该死在固定的位置，打印出的调试信息应该是稳定的。

另一方面，我开始重视另一个关键细节，那就是每次发生故障后，电源键会失灵一段时间，这段时间不算很短，可能持续几十秒钟。

顺着上面两条线索推理，我做出一个大胆的推测，那就是问题可能出在供电逻辑上。试想，如果CPU被意外下电，那么它的执行位置和打印出的调试信息就有随机性了。

在平板、笔记本、手机这样的移动设备上，通常有一个专门的芯片负责电源逻辑。这块芯片的名称为电源管理集成电路（Power Management IC），简称PMIC。多年前，我去台北出差支持Intel的平板项目时，曾和这个芯片打过交道，领会到了它的重要性。

对于瑞芯微的RK3588平台，有两套PMIC方案，一套是使用一片RK806加上一小颗RK860（不足2mm见方的一个小玻璃镜片），另一套是使用两颗RK806。前者的成本要低一些，在低端的小开发板上用得比较多，后者的成本高一些。而幽兰使用的是后者，SoC的左右各有一片RK806。

edk2-rk3588项目目前支持的硬件主要是开发板，这些开发板使用的一般都是1片RK806。这样便可以解释，为什么我们编译出来的镜像在小开发板上可以顺利启动到UEFI界面。

顺着这个大胆的推测，我一面找硬件工程师帮忙，一面深入分析电源有关的代码，特别是支持RK806和RK860的部分。

我曾经把RK860的代码去掉，中午时分我尝试把它加回来，问题依然存在。

下午，我继续分析RK806的执行逻辑，逐行理解它的调试输出。

```
RK3588InitPeripherals: Entry
RK806Init(605): base: FEB20000
SpiCongig(565): 0: 0
buck_set_voltage: volt=750000, buck=1, reg=0x1A, mask=0xFF, val=0x28
```

终于，我发现了破绽，目前代码只配置了一颗 RK806，没有配置另一颗。我立刻参考 Linux 内核代码，配置另一颗 RK806。

增加代码后，编译，再烧录测试，调试信息持续奔涌而出，越过了这几天经常卡住的所有位置，跑到预期的尝试各种启动项（boot options）的部分，而后，熟悉的 UEFI 界面出现了（见图 12-2）。

图 12-2　UEFI 的图形界面

在计算机系统的分工中，固件承担着初始化硬件、处理硬件差异等重要任务，包括这里谈到的配置 PMIC 芯片和初始化供电设施。因此，固件代码的重要性不言而喻。从开发的角度讲，固件开发是比驱动程序开发还底层的开发任务。从事固件开发，必须懂得必要的硬件知识。因此，在我的 Intel 老同事中，有很多位是专门的固件工程师。从 bug 的严重性来看，不同层面的问题严重程度也不一样。如果固件层的代码有问题，那么就可能出现本文所描述的电源供应故障，说不定何时 CPU 被下电（见图 12-3）。

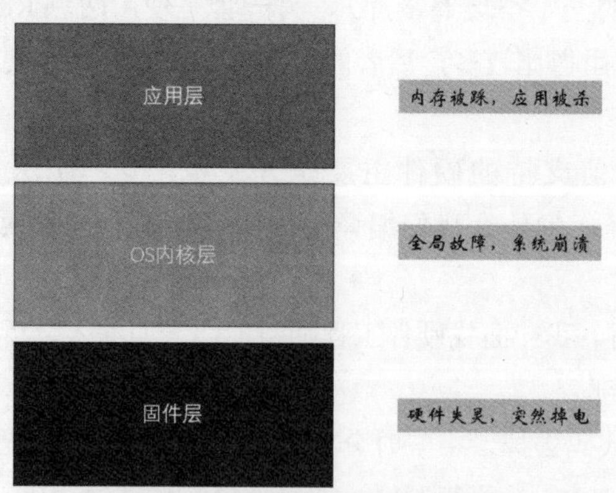

图 12-3　不同层面的调试难题

一言以敝之，比声音卡顿还难调试的问题是突然下电。

初稿写于 2023-11-02，2024-12-15 略作修改于 863 国家软件园

磨练第二

人须在事上磨炼做功夫，乃有益。若只好静，遇事便乱，终无长进。那静时功夫亦差似收敛，而实放溺也。

——《王守仁全集·知行录之八》

第 13 章 腾讯会议为何不闪即退

最近一段时间里，我的背包里总是装着一新一旧两台笔记本，它们都是灰色的，屏幕都是 14 英寸，外壳的长度也一样。论差异，新的比旧的明显薄很多，也轻很多。

除了外表的差别，它们更大的差别是“内心”：旧的是 Wintel（Windows + x86），新的是 ARM + Linux。旧的名为 ThinkPad，新的名为幽兰。

用了几十年 Wintel 之后，我决意要迁移到新的 ARM + Linux 了。要实现这个迁移，数量众多的应用软件是最大的困难。比如，视频会议软件的问题就不大好解决。以 Zoom 和腾讯会议这两个著名的会议系统软件为例，Zoom 的网站上对 Linux 系统只提供 x86 版本的下载，而腾讯会议虽然提供了 ARM64 版本的下载，但是同事安装完之后，单击图标启动时，没有看到图形界面。

具体来说，从腾讯会议官网下载腾讯会议的 ARM64 版本客户端后，可以在 Downloads 目录中找到一个大约 146MB 的安装包（deb 文件）。

```
TencentMeeting_0300000000_3.14.0.402_arm64_default.publish.deb
```

打开终端窗口，执行如下命令安装：

```
sudo dpkg -i ~/Downaloads/TencentMeeting_0300000000_3.14.0.402_arm64_default.
publish.deb
```

安装过程是比较顺利的，安装后，应用程序列表中会新增一个腾讯会议的图标，名为 WemeetApp。

但是单击这个图标试图启动它时，根本没有看到腾讯会议的任何界面，而是回到空的桌面。根据多年的经验，看起来是启动失败了，失败的时间点可能比较早，所以根本没有机会显示出任何窗口，哪怕是一个对话框。

几周前就听小伙伴说起过这个问题，但是我一直没有空深究。这几天五一小长假，我特意分出一段时间来调查这个问题。

图形方式启动看到的信息太有限了，为了便于分析，我打开一个终端窗口，切换到存放第三方程序的 /opt 目录，执行 ls 命令，果然看到 wemeet 目录，进去后看到几个子目录，还有一个脚本文件 wemeetapp.sh，如下：

```
bin  lib  plugins  resources  translations  wemeetapp.sh  wemeet.png  wemeet.svg
```

读一下这个脚本，看起来就是用来启动应用程序的。

手动执行这个脚本，可以看到一些错误信息（见图 13-1）。

```
geduer@ulan:~$ cd /opt
geduer@ulan:/opt$ ls
containerd  gedu  wemeet
geduer@ulan:/opt$ cd wemeet
geduer@ulan:/opt/wemeet$ ls
bin  plugins    translations  wemeet.png
lib  resources  wemeetapp.sh  wemeet.svg
geduer@ulan:/opt/wemeet$ ./wemeetapp.sh
wemeet:WemeetSatrt
libGL error: failed to create dri screen
libGL error: failed to load driver: rockchip
libGL error: failed to create dri screen
libGL error: failed to load driver: rockchip
in3 LoadCustomFont()
in4 Microsoft YaHei
in4 Microsoft YaHei UI
Failed to open file '/opt/wemeet/bin/xcast.conf' 2:'No such file or directory' mode 'rb'Failed to read json file2023-05-
02 02:09:55|548255469584|xnn.XNNHandleMonitor|xnnhandlemonitor.cpp:37||regist handle,type:0 handle:603255632
2023-05-02 02:09:55|548255469584|xnn.XNNContext|xnncontext.cpp:95||init xnn context succ
2023-05-02 02:09:55|548255469584|xnn.XNNContext|xnncontext.cpp:134||SetParalleTaskCount, cnt:0
2023-05-02 02:09:55|548255469584|xnn.XNNRTResource|xnnrtresource.cpp:20||the acc thread cnt is 0
2023-05-02 02:09:55|548255469584|XNNReg|xnnlayerreg.cpp:828||layer map inited
2023-05-02 02:09:55|548255469584|xnn.XNNHandleMonitor|xnnhandlemonitor.cpp:37||regist handle,type:0 handle:603257104
2023-05-02 02:09:55|548255469584|xnn.XNNContext|xnncontext.cpp:95||init xnn context succ
2023-05-02 02:09:55|548255469584|xnn.XNNContext|xnncontext.cpp:134||SetParalleTaskCount, cnt:0
2023-05-02 02:09:55|548255469584|xnn.XNNRTResource|xnnrtresource.cpp:20||the acc thread cnt is 0
2023-05-02 02:09:55|548255469584|XNNReg|xnnlayerreg.cpp:828||layer map inited
2023-05-02 02:09:55|548255469584|xnn.XNNHandleMonitor|xnnhandlemonitor.cpp:37||regist handle,type:0 handle:603258864
2023-05-02 02:09:55|548255469584|xnn.XNNContext|xnncontext.cpp:95||init xnn context succ
2023-05-02 02:09:55|548255469584|xnn.XNNContext|xnncontext.cpp:134||SetParalleTaskCount, cnt:0
2023-05-02 02:09:55|548255469584|xnn.XNNRTResource|xnnrtresource.cpp:20||the acc thread cnt is 0
Segmentation fault (core dumped)
```

图 13-1　以命令行方式启动腾讯会议

开始的 4 行错误信息是关于图形子系统（DRI）的，我最初以为是这几个错误导致无法启动，但是网上搜索一番后得知，这些错误信息可能并无大碍，在多年前就有很多讨论了。接下来的 LoadCustomFont（加载定制字体）信息也证明了这一点，说明在 DRI 错误后程序的逻辑仍在前进。

两行 YaHei（雅黑）信息后，有一行如下：

```
Failed to open file '/opt/wemeet/bin/xcast.conf'
```

无法打开配置文件，我核对了一下，的确没有这个配置文件。

接下来的一系列信息都有 XNN 字样，应该是它正在初始化腾讯会议的内部设施，比如 XNNContext 和 XNNRTResource。

或许再运行几步，界面就出现了，但这时致命的事件发生了：

```
Segmentation fault（段错误）
```

段错误是 Linux 下应用程序崩溃的最常见原因，这个错误的名字本身也是错误的，它的真正含义其实大多时候都是页错误，相当于 Windows 下的访问违例（Access Violation），但因为历史原因起了“段错误”这个名字，不好改了。

另外值得注意的是，虽然段错误信息后有 core dumped 字样，但是其实默认并不会产生 core 文件。

执行如下步骤，可以启用 core 文件：

```
ulimit -c unlimited
```

```
echo /var/tmp/%p.core | sudo tee -a /proc/sys/kernel/core_pattern
```

启用后，再重现错误，果然在 /var/tmp 下有 core 文件了。

```
geduer@ulan:/var/tmp$ ls
6770.core
```

接下来启动 GDB 分析 core 文件。

```
GDB --core /var/tmp/6770.core /opt/wemeet/bin/wemeetapp
```

GDB 启动后，先列出了很多个线程，然后显示出如下崩溃现场（见图 13-2）。

```
[New LWP 6810]
[Thread debugging using libthread_db enabled]
Using host libthread_db library "/lib/aarch64-linux-gnu/libthread_db.so.1".

warning: Loadable section ".note.gnu.build-id" outside of ELF segments
--Type <RET> for more, q to quit, c to continue without paging--
Core was generated by `wemeetapp'.
Program terminated with signal SIGSEGV, Segmentation fault.
#0  0x0000007f9efc508c in fixup_x11_display (display=0x1) at ../hook/hook.c:462
462     ../hook/hook.c: No such file or directory.
[Current thread is 1 (Thread 0x7efa7fbfd0 (LWP 6818))]
```

图 13-2　使用 GDB 分析 core 文件

执行 thread apply all bt 命令观察各个线程的执行情况，可以看到，进程里共有 45 个线程（见图 13-3），很多线程已经是就绪状态，进入等待函数。

```
(gdb) thread apply all bt

Thread 45 (Thread 0x7f02ffcfd0 (LWP 6810)):
#0  0x0000007fb183d964 in __libc_open64 (file=0x7efc0012d0 "/dev/video0", oflag=<optimized out>) at ../sysdeps/unix/sysv/l
/open64.c:48
#1  0x0000007fa1be09ac in ?? () from /opt/wemeet/lib/libxcast.so
Backtrace stopped: previous frame identical to this frame (corrupt stack?)

Thread 44 (Thread 0x7f76ffcfd0 (LWP 6791)):
#0  futex_wait_cancelable (private=0, expected=0, futex_word=0x35543e38) at ../sysdeps/nptl/futex-internal.h:183
#1  __pthread_cond_wait_common (abstime=0x0, clockid=0, mutex=0x35543de0, cond=0x35543e10) at pthread_cond_wait.c:508
#2  __pthread_cond_wait (cond=0x35543e10, mutex=0x35543de0) at pthread_cond_wait.c:647
#3  0x0000007f994a22ac in ?? () from /usr/lib/aarch64-linux-gnu/dri/swrast_dri.so
#4  0x0000007f994a222c in ?? () from /usr/lib/aarch64-linux-gnu/dri/swrast_dri.so
#5  0x0000007fa36a4624 in start_thread (arg=0x7f994a2210) at pthread_create.c:477
#6  0x0000007fb184b49c in thread_start () at ../sysdeps/unix/sysv/linux/aarch64/clone.S:78

Thread 43 (Thread 0x7f47ffefd0 (LWP 6794)):
#0  0x0000007fb184b5c4 in __GI_epoll_pwait (epfd=<optimized out>, events=0x7f47ffa4c0, maxevents=1024, timeout=-1, set=0x0
 ../sysdeps/unix/sysv/linux/epoll_pwait.c:42
#1  0x0000007fafce8f18 in ?? () from /opt/wemeet/lib/libwemeet_base.so
#2  0x0000000100000000 in ?? ()
Backtrace stopped: previous frame identical to this frame (corrupt stack?)

Thread 42 (Thread 0x7efb7fdfd0 (LWP 6816)):
#0  0x0000007fb184c6e8 in __libc_sendto (fd=61, buf=0x7efb7fd530, len=20, flags=0, addr=..., addrlen=12) at ../sysdeps/uni
sv/linux/sendto.c:27
#1  0x0000007fb1863ab0 in __netlink_sendreq (h=0x7efb7fd618, h=0x7efb7fd618, type=18) at ../sysdeps/unix/sysv/linux/ifaddr
```

图 13-3　观察线程（局部）

28 号线程看起来是腾讯会议的业务线程，代码所属的模块名为 libwemeet_base.so，它在调用 select() 函数等待数据。

```
Thread 28 (Thread 0x7f44ff8fd0 (LWP 6800)):
#0  0x0000007fb1844620 in __GI___select (nfds=<optimized out>, readfds=0x7f44ff85d8, writefds=0x0, exceptfds=0x0, timeout=0x7f44ff85c8) at ../sysdeps/unix/sysv/linux/select.c:53
```

```
#1  0x0000007faf863c38 in ?? () from /opt/wemeet/lib/libwemeet_base.so
#2  0x0000007faf867f4c in ?? () from /opt/wemeet/lib/libwemeet_base.so
（节约篇幅，删除多行）
#7  0x0000007fb1a88fac in ?? () from /lib/aarch64-linux-gnu/libstdc++.so.6
#8  0x0000007fa36a4624 in start_thread (arg=0x7fb1a88f90) at pthread_create.c:477
#9  0x0000007fb184b49c in thread_start () at ../sysdeps/unix/sysv/linux/aarch64/
clone.S:78
```

执行bt命令观察调用栈，可以看到是在调用eglGetDisplay时触发了钩子逻辑。

```
(gdb) bt
#0  0x0000007f9efc508c in fixup_x11_display (display=0x1) at ../hook/hook.c:462
#1  0x0000007f9efc5104 in eglGetDisplay (display_id=<optimized out>) at ../hook/
hook.c:485
#2  0x0000007fa1beccd8 in ?? () from /opt/wemeet/lib/libxcast.so
```

查阅EGL的官方文档（https://registry.khronos.org/EGL/sdk/docs/man/html/eglGetDisplay.xhtml），可以看到eglGetDisplay函数的详细说明。某种程度来说，这个函数与Windows的获取屏幕DC（GetDC(NULL)）类似，就是获取整个屏幕的显示上下文。

崩溃发生在fixup_x11_display函数中，它的源文件名为hook.c，行号为462行。腾讯没有剥离这个模块的符号，让我们可以看到源代码信息，这可能有两个原因：

- 这个模块经常出问题。
- 这个模块包含的不是腾讯会议的核心逻辑。

因为有符号，所以我们可以看到当前函数的参数信息。

```
(gdb) info args
display = 0x1
```

观察这个参数的类型，可以看到它是指向一个巨大结构体的指针。

```
(gdb) pt display
type = struct _XDisplay {
    XExtData *ext_data;
    struct _XFreeFuncs *free_funcs;
int fd;
【省略84行】
     int (*generic_event_copy_vec[128])(Display *, XGenericEventCookie *,
XGenericEventCookie *);
    void *cookiejar;
} *
```

既然是指针，那么这个指针的值就很奇怪，是1。在Linux这样的软件世界里，1不是有效地址，属于空指针。

那么，这个1是GDB的显示错误，还是的确如此呢？

可以尝试通过寄存器来核对。

```
(gdb) info registers
x0             0x0                 0
```

```
x1             0x7f9efc54e0        548128183520
x2             0x53                83
x3             0x5655              22101
x4             0x8                 8
x5             0x20                32
x6             0x68437364466b6664  7512975477899486820
（节约篇幅，删除多行）
x17            0x7fb17afad0        548438473424
x18            0x0                 0
x19            0x1                 1
（节约篇幅，删除多行）
sp             0x7efa7fb640        0x7efa7fb640
pc             0x7f9efc508c        0x7f9efc508c <fixup_x11_display+52>
cpsr           0x20001000          [ EL=0 SSBS C ]
fpsr           0x1f                31
fpcr           0x0                 0
```

寄存器x19的值是1，它是参数吗？执行info frame命令观察帧信息。

```
(gdb) info frame
Stack level 0, frame at 0x7efa7fb670:
 pc = 0x7f9efc508c in fixup_x11_display (../hook/hook.c:462); saved pc = 0x7f9efc5104
 called by frame at 0x7efa7fb680
 source language c.
 Arglist at 0x7efa7fb640, args: display=0x1
 Locals at 0x7efa7fb640, Previous frame's sp is 0x7efa7fb670
 Saved registers:
  x19 at 0x7efa7fb650, x20 at 0x7efa7fb658, x29 at 0x7efa7fb640, x30 at 0x7efa7fb648
```

x19的本来值保存到内存了，本函数里可能使用它来记录display参数。是否真的如此？可以查看汇编指令：

```
0x0000007f9efc5064 <+12>:    mov     x19, x0
(gdb) disassemble
Dump of assembler code for function fixup_x11_display:
   0x0000007f9efc5058 <+0>:     stp     x29, x30, [sp, #-48]!
   0x0000007f9efc505c <+4>:     mov     x29, sp
   0x0000007f9efc5060 <+8>:     stp     x19, x20, [sp, #16]
   0x0000007f9efc5064 <+12>:    mov     x19, x0
   0x0000007f9efc5068 <+16>:    adrp    x0, 0x7f9efc5000 <register_tm_clones+48>
   0x0000007f9efc506c <+20>:    add     x0, x0, #0x4c8
   0x0000007f9efc5070 <+24>:    bl      0x7f9efc4db0 <getenv@plt>
   0x0000007f9efc5074 <+28>:    cbz     x0, 0x7f9efc5088 <fixup_x11_display+48>
   0x0000007f9efc5078 <+32>:    mov     x0, x19
   0x0000007f9efc507c <+36>:    ldp     x19, x20, [sp, #16]
   0x0000007f9efc5080 <+40>:    ldp     x29, x30, [sp], #48
   0x0000007f9efc5084 <+44>:    ret
   0x0000007f9efc5088 <+48>:    cbz     x19, 0x7f9efc5078 <fixup_x11_display+32>
=> 0x0000007f9efc508c <+52>:    ldr     x0, [x19, #2408]
   0x0000007f9efc5090 <+56>:    cbnz    x0, 0x7f9efc5078 <fixup_x11_display+32>
（节约篇幅，删除多行）
```

```
    0x0000007f9efc50e4 <+140>:   mov     x0, x19
    0x0000007f9efc50e8 <+144>:   ldp     x19, x20, [sp, #16]
    0x0000007f9efc50ec <+148>:   ldr     x21, [sp, #32]
    0x0000007f9efc50f0 <+152>:   ldp     x29, x30, [sp], #48
    0x0000007f9efc50f4 <+156>:   ret
End of assembler dump.
```

观察上面的反汇编结果，果然在第 4 行处把本来放在 x0 里的参数转存到了 x19。

再往下看，带有 => 标志的那一行是引发崩溃的指令。

```
=> 0x0000007f9efc508c <+52>:    ldr     x0, [x19, #2408]
```

这条指令果然使用了 x19，在访问 x19 所指向结构体的偏移 2408 的字段。

如此看来，腾讯会议闪退是因为获取屏幕句柄时，触发了内部的钩子函数 fixup_x11_display。而 fixup_x11_display 内部没有很好地检查传进来的 XDisplay 指针是否有效（并不是不为 0 的指针都有效），在访问 XDisplay 大结构体的 +2408 字段时引发段错误，而导致整个进程终止。

相对于老牌的 Wintel，新的 ARM + Linux 还很年轻，有些设施还不成熟，但对于程序员来说，ARM + Linux 代表着未来，是大势所趋，是机遇所在。也正因为它们年轻，所以充满着各种有趣的问题。仿佛英姿勃发的少年，虽然有时表现单纯，甚至鲁莽，但是性情天真，充满魅力。

初稿写于 2023-05-02，2024-12-16 略作修改于 863 国家软件园

第 14 章 是谁不让访问用户空间

近日在给 NDB（Nano Debugger）增加新功能，让它可以访问用户空间。但在 ARM 平台上遇到一个问题，如果 CPU 中断时位于内核空间，那么访问任何用户空间的地址都失败。失败的基本症状是调试器中打印出一串串的问号（见图 14-1）。

```
db 0000007f`9f54f000
abort occurred - dscr = 0x03047d47
0000007f`9f54f000  ?? ?? ?? ?? ?? ?? ?? ??-?? ?? ?? ?? ?? ?? ?? ??  ????????????????
0000007f`9f54f010  ?? ?? ?? ?? ?? ?? ?? ??-?? ?? ?? ?? ?? ?? ?? ??  ????????????????
0000007f`9f54f020  ?? ?? ?? ?? ?? ?? ?? ??-?? ?? ?? ?? ?? ?? ?? ??  ????????????????
0000007f`9f54f030  ?? ?? ?? ?? ?? ?? ?? ??-?? ?? ?? ?? ?? ?? ?? ??  ????????????????
0000007f`9f54f040  ?? ?? ?? ?? ?? ?? ?? ??-?? ?? ?? ?? ?? ?? ?? ??  ????????????????
0000007f`9f54f050  ?? ?? ?? ?? ?? ?? ?? ??-?? ?? ?? ?? ?? ?? ?? ??  ????????????????
0000007f`9f54f060  ?? ?? ?? ?? ?? ?? ?? ??-?? ?? ?? ?? ?? ?? ?? ??  ????????????????
0000007f`9f54f070  ?? ?? ?? ?? ?? ?? ?? ??-?? ?? ?? ?? ?? ?? ?? ??  ????????????????
```

图 14-1　访问用户空间失败

而且，负责 JTAG 通信的 OCD 库打印出如下错误信息：abort occurred - dscr = 0x03047d47。

其中的 dscr 是 ARM CoreSight 技术中定义的外部调试寄存器，全称为 EDSCR，即外部调试状态和控制寄存器。在 ARMv8 架构手册中可以找到它的详细定义，结合上面的错误码，解读如图 14-2 所示。

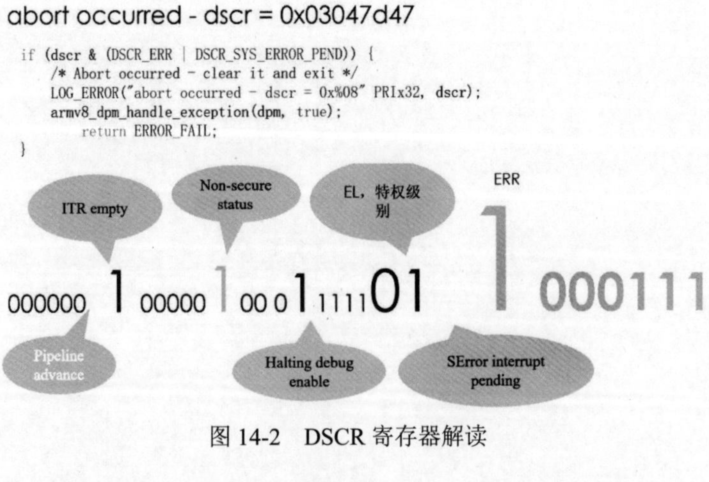

abort occurred - dscr = 0x03047d47

```
if (dscr & (DSCR_ERR | DSCR_SYS_ERROR_PEND)) {
    /* Abort occurred - clear it and exit */
    LOG_ERROR("abort occurred - dscr = 0x%08" PRIx32, dscr);
    armv8_dpm_handle_exception(dpm, true);
        return ERROR_FAIL;
}
```


图 14-2　DSCR 寄存器解读

本以为低 6 位的状态值部分可以给出错误原因，但是却始终给出的是“断点”含义，意思是这一次中断到调试器是因为遇到断点。

请老朋友使用ARM官方的DTRACE工具进行测试，也发现类似情况，某些情况下无法读用户空间。在ARM Development Studio（ADS）中，当切换到5号CPU后，再访问其他核可以访问的一段地址空间，访问失败，内存窗口显示一片红色，没有数据。

那么是谁在阻止强大的硬件调试器访问内存呢？根据多年的经验，可能是安全机制的问题。但是这个问题隐藏在哪里呢？

我想到了以前在写“猫蛇之战”系列（参见第30章）时读过的Linux内核uaccess代码。

虽然内核空间具有高特权，从特权级别来说可以访问用户空间。但其实真的要访问的话，还是比较复杂的。首先用户空间有很多个，用户空间的内存常常不在物理内存中，另外，内核访问用户空间也要有正当的理由，不可以“擅闯民宅”。所以内核访问用户空间时，也可谓如履薄冰。

另外，因为这部分逻辑与CPU硬件相关，所以代码也很分散。实现时又常常用宏或者嵌入式汇编，读起来也比较困难。

想到这里，我便打开内核代码，搜索uaccess。如果搜索整个内核代码树，则得到的结果太多了，因此，我只搜索GDK8使用的arch/arm64目录。这样搜索，果然有所收获。处理页错误的一行printk引起了我的注意。

```
die_kernel_fault("access to user memory outside uaccess routines", addr, esr, regs);
```

这个die系列打印是内核里的一道景观。一执行到这个函数，系统就进入panic了。品味这个错误信息：“在uaccess过程外访问用户内存”，这是调用die的理由，也就是给系统“判死刑”的原因。

顺着这条消息思考：在uaccess之外不可以访问用户内存。NDB显然属于这种情况。因为NDB是用JTAG来访问内存的，不是用uaccess。

那么为什么uaccess就能访问呢？打开arm64下的uaccess代码，很快找到了一个关键函数（见图14-3）。

```
/*
 * User access enabling/disabling.
 */
#ifdef CONFIG_ARM64_SW_TTBR0_PAN
static inline void __uaccess_ttbr0_disable(void)
{
    unsigned long flags, ttbr;

    local_irq_save(flags);
    ttbr = read_sysreg(ttbr1_el1);
    ttbr &= ~TTBR_ASID_MASK;
    /* reserved_ttbr0 placed before swapper_pg_dir */
    write_sysreg(ttbr - RESERVED_TTBR0_SIZE, ttbr0_el1);
    isb();
    /* Set reserved ASID */
    write_sysreg(ttbr, ttbr1_el1);
    isb();
    local_irq_restore(flags);
}
```

图14-3　禁止访问用户空间的内核函数

从 __uaccess_ttbr0_disable 这个函数名来看，是要禁止访问，问题多半出在它上面。这个函数上面有一个条件编译选项，查看这个选项，果然是打开的。

```
geduer@GDK8:~$ zcat /proc/config.gz | grep TTBR0
CONFIG_ARM64_SW_TTBR0_PAN=y
```

如此看来就是它在捣鬼。搜索这个宏的文档：

```
Emulate Privileged Access Never using TTBR0_EL1 switching
configname: CONFIG_ARM64_SW_TTBR0_PAN
Linux Kernel Configuration
└──> Kernel Features
└──> Emulate Privileged Access Never using TTBR0_EL1 switching
Enabling this option prevents the kernel from accessing
user-space memory directly by pointing TTBR0_EL1 to a reserved
zeroed area and reserved ASID. The user access routines
restore the valid TTBR0_EL1 temporarily.
```

写的很清楚，为了防止内核空间随便访问用户空间，故意把记录用户空间页目录的 ttbr0 寄存器偷梁换柱了。

使用 ndb 读 ttbr0 寄存器，看到的是下面这样一个值。

```
rdmsr ttbr0_el1
msr[182000] = 00000000`02503000
```

注意，这个值就是假冒的，和后面将看到的有效值差别很大。

既然是 uaccess 函数做的禁止，那么也应该有方法来启用它，诚然如此（见图 14-4）。

```
arch > arm64 > include > asm > C uaccess.h > ...
    local_irq_restore(flags);
}

static inline void __uaccess_ttbr0_enable(void)
{
    unsigned long flags, ttbr0, ttbr1;

    /*
     * Disable interrupts to avoid preemption between reading the 'ttbr0'
     * variable and the MSR. A context switch could trigger an ASID
     * roll-over and an update of 'ttbr0'.
     */
    local_irq_save(flags);
    ttbr0 = READ_ONCE(current_thread_info()->ttbr0);

    /* Restore active ASID */
    ttbr1 = read_sysreg(ttbr1_el1);
    ttbr1 &= ~TTBR_ASID_MASK;        /* safety measure */
    ttbr1 |= ttbr0 & TTBR_ASID_MASK;
    write_sysreg(ttbr1, ttbr1_el1);
    isb();

    /* Restore user page table */
    write_sysreg(ttbr0, ttbr0_el1);
    isb();
    local_irq_restore(flags);
}
```

图 14-4　启用访问用户空间的内核函数

阅读这个函数的代码，它是从当前线程信息中读到保存的 ttbr0，然后再写到物理 CPU 中。

如何找到保存的 ttbr 值呢？方法是在 NDB 中先执行 !ps 命令显示当前线程的 task_struct 地址。

```
task_struct:0xffffffc0f409e740 pid:  179  comm:avahi-daemon
 PGD:0xffffffc0f0d2b000 CR3=0x0
 state 0 flags:0x404100 stack:0xffffff800b8a8000
```

上面的地址指向的就是 Linux 下每个线程都有的 task_struct 结构体，内核源代码中常常使用著名的 current 宏来访问（我将其称为 Linux 内核第一霸）。这个结构体极其庞大，它的起始部分就是与架构相关的 thread_info 子结构。

```
dt lk!task_struct
   +0x000 thread_info            : thread_info
   +0x020 state                  : Int8B
   +0x028 stack                  : Ptr64 Void
   +0x030 usage                  :
   +0x034 flags                  : Uint4B
   +0x038 ptrace                 : Uint4B
   +0x040 wake_entry             : llist_node
   +0x048 on_cpu                 : Int4B
   +0x04c cpu                    : Uint4B
   +0x050 wakee_flips            : Uint4B
   +0x058 wakee_flip_decay_ts    : Int8B
   +0x060 last_wakee             : Ptr64 task_struct
（节约篇幅，删除多行）
```

既然 thread_info 就在 task_struct 的开头，那么 task_struct 的地址就是 thread_info 的地址。使用 dt 命令来观察：

```
dt lk!thread_info 0xffffffc0f409e740
   +0x000 flags                  : 0
   +0x008 addr_limit             : 549755813887
   +0x010 ttbr0                  : 0xf80000`f0d2b000
   +0x018 preempt_count          : 0
```

果然，真实的 ttbr0 现身了。 接下来，使用 NDB 的写寄存器命令把这个保存的 ttbr0 写给 CPU：

```
wrmsr ttbr0_el1 0xf80000f0d2b000
```

再读回来确认：

```
rdmsr ttbr0_el1msr[182000] = 00f80000`f0d2b000
```

确认 ttbr0 写成功后，再尝试访问用户空间：

```
dd 0000007f`82809000
0000007f`82809000  464c457f 00010102 00000000 00000000
```

```
0000007f`82809010  00b70003 00000001 000011c0 00000000
0000007f`82809020  00000040 00000000 0001e548 00000000
0000007f`82809030  00000000 00380040 00400007 0019001a
0000007f`82809040  00000001 00000005 00000000 00000000
0000007f`82809050  00000000 00000000 00000000 00000000
0000007f`82809060  0001c4d4 00000000 0001c4d4 00000000
0000007f`82809070  00010000 00000000 00000001 00000006
```

居然成功了，困扰多日的问题就这么解决了，在解决的过程中，年轻的 NDB 调试器和挥码枪发挥了积极作用。给它们拍个合影吧（见图 14-5）。

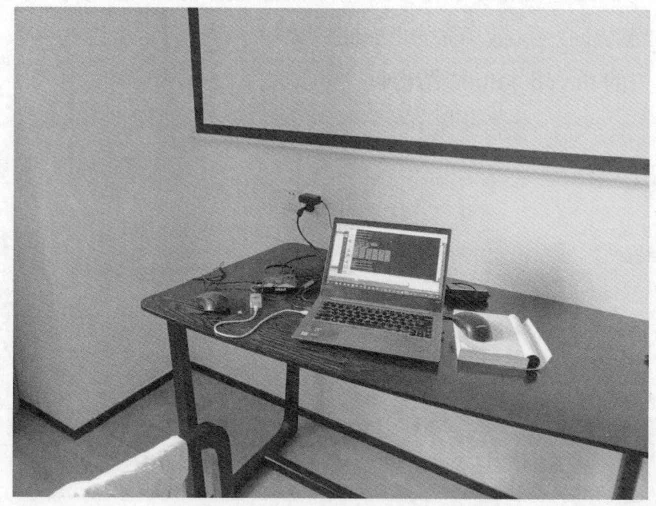

图 14-5　旅途中的内核调试现场

我是在旅途中写的这篇文章。GDK8 和挥码枪都很方便携带，所以我就把他们放在背包中，随时可以取出来，快速搭建起一个强大的调试环境。

图 14-5 中的蓝色配件（GDK8 与笔记本之间的小配件）名为 Nano Display，它可以把 GDK8 的 HDMI 输出转为 USB 信号，传送给笔记本电脑，Nano Code 中集成了一个视频播放功能，可以把 GDK8 的桌面显示在主机上，这样就可以复用笔记本的屏幕了。GDK8 的桌面是我深爱的庐山秀峰之龙潭，很多格友曾经与我同游过。

初稿写于 2022-07-16，2024-12-16 略作修改于 863 国家软件园

第 15 章
微信挂死为哪般

大家都经常使用微信，是否遇到过微信程序出问题的情况呢？有人可能说："有过，界面一闪就消失了，但再启动就好了。"也可能有人说："前段时间，遇到一串奇怪字符就死。"

我昨天真的遇到微信程序出现问题，而且还是比较严重的问题。首先澄清一下，出问题的是微信的 PC 版本，不是手机版本。为了便于区分，不妨把 PC 版本称为"微信大程序"（与手机上的微信区分）。

1. 大程序挂死

大多时候使用手机微信就够了，这一次启动微信大程序是为了从手机向 PC 传递文件。传递文件后就没有关闭它。昨天下午，有朋友发起语音聊天，托盘区域弹出漂亮的提示界面。我看到后，知道是要开一个约定好的"电话"会议。犹豫了一下是该在 PC 上接听，还是从手机上接听。考虑到伏案半天了，想站起来活动活动，于是就拿起手机接听。20 多分钟后，会议结束，放下手机，坐到计算机前，看到托盘区域的语音聊天提示还在。当时就有点好奇，不知道腾讯的同行是如何设计这个逻辑的，如果手机接听了，是不是应该把 PC 上的这个提示自动关闭呢？还是允许两边同时接听？

一边想，一边移动鼠标想把这个提示界面关闭。但是鼠标移过去后，光标的形状由尖尖的箭头变为一个圆环，中心透明。在窗口里移动鼠标，圆环跟着移动，移动的同时还在不停地旋转。我尝试着把鼠标移动到按钮处，光标没有任何变化，仍不停地旋转。看起来，窗口里的所有元素都凝固成了一团，分不出按钮还是背景。单击鼠标，感觉硬邦邦的，点不动，似乎一切都冻结了。

过了几秒钟再单击，出现了一个对话框。上面写着："WeChat 未响应"（见图 15-1）。

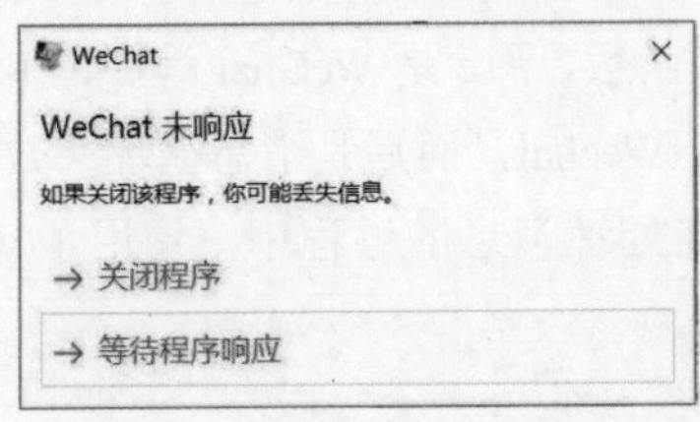

图 15-1　微信大程序失去响应

根据我多年的经验，可以很肯定地说：微信挂死了。准确地说，是微信大程序挂死了。

2. 上调试器

今天的软件太复杂了，程序本身复杂，环境也复杂，各种因素排列组合，复杂度呈指数级激增。CPU 在五花八门的各类函数间纵横驰骋，所到之处会遇到什么问题难以预估。而其中任何一个地方出问题，都可能导致 CPU 脱离正常轨道，出现上面所描述的情形。

那么，到底是什么问题导致微信大程序翻身落马，动弹不得呢？

或许有人会说，直接重启算了。非也，一旦重启就失去了第一手的数据，错过了找到问题根源的最好机会。接下来便可能有一大堆模棱两可的推测，或者稀里糊涂地产生一些错误结论。作为一个认真负责的软件工程师，我决定上调试器。

调出 WinDBG，尝试附加到 WeChat 进程，失败，错误码 5，访问被拒绝。以管理员方式运行 WinDBG 再试，成功。看来微信大程序是以较高权限运行的。

因为是界面挂死，直接观察 0 号 UI 线程的执行轨迹，如图 15-2 所示。[①]

```
0:000> kn
 # ChildEBP RetAddr
00 00afd740 77418869 ntdll!NtWaitForSingleObject+0xc
01 00afd7b4 774187c2 KERNELBASE!WaitForSingleObjectEx+0x99
02 00afd7c8 63433281 KERNELBASE!WaitForSingleObject+0x12
03 00afd7ec 63432956 wdmaud!CWorker::SubmitAndWait+0x78
04 00afd834 634330b9 wdmaud!CWaveHandle::Open+0xb9
05 00afd860 634331a4 wdmaud!CWxEndpoint::OpenHandle+0x96
06 00afd890 6343a969 wdmaud!CWxd::Open+0x52
07 00afd8ac 72b556cf wdmaud!widMessage+0x69
08 00afd908 553afe11 winmmbase!waveInOpen+0x23f
WARNING: Stack unwind information not available. Following frames may be wrong.
09 00afd938 55393d99 WeChatWin!TlsGetData+0x145fa1
0a 00afd97c 55393ba5 WeChatWin!TlsGetData+0x129f29
0b 00afda48 553992f6 WeChatWin!TlsGetData+0x129d35
0c 00afdbd4 55398df1 WeChatWin!TlsGetData+0x12f486
0d 00afdcc0 551188d3 WeChatWin!TlsGetData+0x12ef81
0e 00afe8e0 55116175 WeChatWin!IMVQQEngine::`default constructor closure'+0x1e7b13
0f 00afe9a4 5511589f WeChatWin!IMVQQEngine::`default constructor closure'+0x1e53b5
10 00afef08 551155ba WeChatWin!IMVQQEngine::`default constructor closure'+0x1e4adf
11 00aff0ac 5511469c WeChatWin!IMVQQEngine::`default constructor closure'+0x1e47fa
12 00aff138 55136409 WeChatWin!IMVQQEngine::`default constructor closure'+0x1e38dc
13 00aff1d4 5513614b WeChatWin!IMVQQEngine::`default constructor closure'+0x205649
14 00aff230 55135e2e WeChatWin!IMVQQEngine::`default constructor closure'+0x20538b
15 00aff24c 76602f8b WeChatWin!IMVQQEngine::`default constructor closure'+0x20506e
16 00aff278 765f5443 USER32!_InternalCallWinProc+0x2b
17 00aff360 765f4dd2 USER32!UserCallWinProcCheckWow+0x2d3
18 00aff3d4 765f4ba0 USER32!DispatchMessageWorker+0x222
19 00aff3e0 55454bec USER32!DispatchMessageW+0x10
1a 00aff410 5544cdd0 WeChatWin!StartWachat+0x7fec
1b 00aff698 01391943 WeChatWin!StartWachat+0x1d0
1c 00affea0 01393056 WeChat+0x1943
1d 00affeec 74838744 WeChat+0x3056
1e 00afff00 77a8582d KERNEL32!BaseThreadInitThunk+0x24
1f 00afff48 77a857fd ntdll!__RtlUserThreadStart+0x2f
```

图 15-2　0 号线程的调用栈

从下向上看，虽然因为缺少微信模块的调试符号，少了一些信息，但是总的执行脉络还是很清楚的，#1d 是编译器的入口函数，#1c 是 WeChat 程序的 Main 函数，之后进入 WeChat 程序的主 DLL，调用导出函数 StartWechat，而后是消息循环（#18-19），然后应该是收到某个消息，触发执行消息处理函数，在处理消息的过程中，调用了 waveInOpen API。查看这个 API 文档，可知其精确的函数原型。

```
MMRESULT waveInOpen(
```

① 本章的部分插图可能不够清晰，因生产环境不易复现，故仅供提示，如需深究，请按照本章后面动手试验部分亲自操作观察。

```
    LPHWAVEIN   phwi,
    UINTuDeviceID,
    LPCWAVEFORMATEX pwfx,
    DWORD_PTR   dwCallback,
    DWORD_PTR   dwCallbackInstance,
    DWORD   fdwOpen
);
```

waveXXX 系列 API 是 Windows 平台上经典的多媒体编程接口，用来输出和输入声音，从函数名中的 waveIn 来看，便知道它是用来接收声音（录音）的。如此看来，微信程序的 UI 线程是在打开录音设备时遇到了障碍，并且卡住不能动了。

浏览进程中其他线程的执行轨迹，发现有多个线程在执行声音有关的逻辑，包括 30 号线程正在打开声音输出设备，31 号线程正在执行打开声音输出设备句柄的内部逻辑（见图 15-3），并因此发起了 RPC（远程过程调用）。

```
0:031> kvn
 # ChildEBP RetAddr  Args to Child
00 041ff3a8 776c43bc 000011ac 40020000 1408e808 ntdll!NtAlpcSendWaitReceivePort+0xc (FPO: [8,0,0])
01 041ff42c 776a6d2e 947c73af 045536b8 00000000 RPCRT4!LRPC_BASE_CCALL::DoSendReceive+0xdc (FPO: [Non-Fpo])
02 041ff66c 776a4994 56b01408 56b09ed2 041ff690 RPCRT4!NdrClientCall2+0x9ee (FPO: [Non-Fpo])
03 041ff680 56b32a37 56b01408 56b09ed2 12cdfa78 RPCRT4!NdrClientCall4+0x14 (FPO: [Non-Fpo])
04 041ff764 56b32403 12db7ea0 00000000 8c140002 audioses!CAudioClient::InitializeAudioServer+0x9d (FPO: [Non-Fpo])
05 041ff870 56b2eefd 00000000 8c140002 000493e0 audioses!CAudioClient::InitializeInternal+0x313 (FPO: [Non-Fpo])
06 041ff8e4 634285fd 045536b8 00000000 8c140000 audioses!CAudioClient::Initialize+0x9d (FPO: [Non-Fpo])
07 041ff96c 63429166 0e4c0748 0e538130 00000008 wdmaud!CWaveHandle::_Open+0x1fd (FPO: [Non-Fpo])
08 041ff98c 6342786e 0e4c0748 0e538130 00000008 wdmaud!CWaveOutHandle::_Open+0x26 (FPO: [Non-Fpo])
09 041ff9b0 63427e22 00000000 0d928f10 0d928f10 wdmaud!CWorker::_StaticThreadProc+0x7e (FPO: [Non-Fpo])
0a 041ffae0 6342781c 634277f0 634277f0 041ffb04 wdmaud!CWorker::_ThreadProc+0x402 (FPO: [Non-Fpo])
0b 041ffaf0 74838744 0d928f10 74838720 2cae7206 wdmaud!CWorker::_StaticThreadProc+0x2c (FPO: [Non-Fpo])
0c 041ffb04 77a8582d 0d928f10 1a06b8fb 00000000 KERNEL32!BaseThreadInitThunk+0x24 (FPO: [Non-Fpo])
0d 041ffb4c 77a857fd ffffffff 77aa6369 00000000 ntdll!__RtlUserThreadStart+0x2f (FPO: [SEH])
0e 041ffb5c 00000000 634277f0 0d928f10 00000000 ntdll!_RtlUserThreadStart+0x1b (FPO: [Non-Fpo])
```

图 15-3　31 号线程在打开声音输出设备

3. 苦寻 RPC 服务线程

RPC 是 Windows 平台上著名的故障源（Trouble Maker），调试时如果看到它就看到了线索，但同时也可能到了绝境。因为很多时候，调试到这里便到了终点，接下来无处可追了。以下是经常听到的一段对话：

程序员甲：“追到哪里了？”

程序员乙：“追到 RPC 了”

程序员甲：“然后呢？”

程序员乙：“然后就不知道 call 到哪里去了……”

因为 RPC 常常是跨进程的，甚至是跨机器的，所以天生就比较难调试，更糟糕的是，RPC 有关的调试工具大多陈旧不堪，多年没有更新，因此辛辛苦苦找到一种方法，但是试一下却不好用。悲哉 RPC，令众多调试高手折戟而归！

对于眼下的问题，我也尝试了几种 RPC 调试工具，包括 WinDBG 的插件 rpcexts、WinDBG 附带的 dbgrpc 工具，以及第三方的 RpcView，但是都未能找到答案。比如，启动

RpcView 时，报的错误是不能支持系统中的 rpc 运行时 rpcrt4（见图 15-4）。

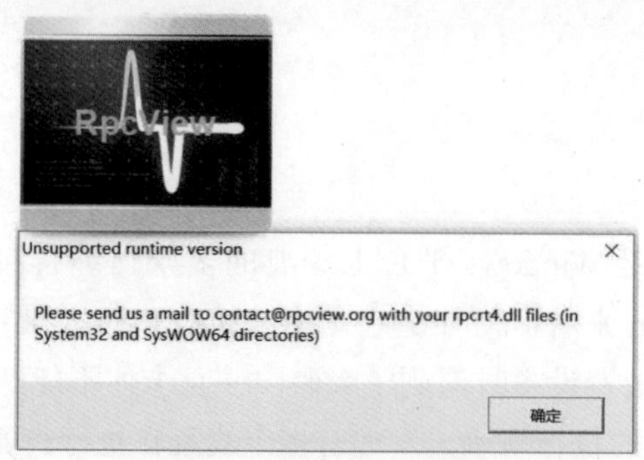

图 15-4　RpcView 报错

从图 15-3 栈回溯中的 NdrClientCall4 函数来看，该线程是 RPC 的客户端，接下来的关键是找到处理这个调用的服务端，把断了的线索衔接起来。

尝试本地内核调试，需要事先启用，我确实启用好了的，但是 WinDBG 报错失败。

4. LiveKD 显身手

踌躇之间，我忽然想到了 SysInternals 工具集中的 liveKD，启动一个管理员权限的控制台，切换到 livekd 目录，发出命令：livekd -k c:\wd10x64\windbg.exe。

```
C:\toolbox\dbger\livekd\LiveKD_v56>livekd -k c:\wd10x64\windbg.exe
LiveKd v5.62 - Execute kd/windbg on a live system
Sysinternals - www.sysinternals.com
Copyright (C) 2000-2016 Mark Russinovich and Ken Johnson
Launching c:\wd10x64\windbg.exe:
```

而后，WinDBG 跳出（见图 15-5），顺利建立内核调试会话，一切顺利，真是天无绝人之路。

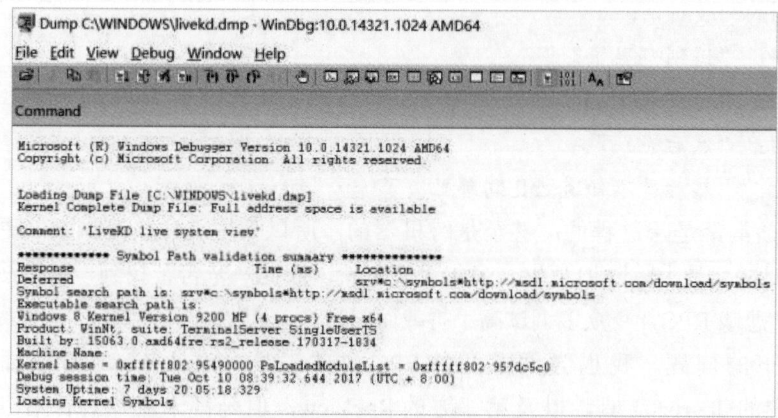

图 15-5　基于 LiveKD 的 WinDBG 本地内核调试

有了强大的内核调试会话，顿时感觉鸟枪换炮了。列出 WeChat 进程的所有线程，找到刚才发起 RPC 的 31 号线程（系统内部的线程 ID 是 4898）（见图 15-6）。

```
        THREAD ffffc48d9cb19080  Cid 3dc4.4898  Teb: 000000000095a000 Win32Thread: 0000000000000000 WAIT: (Suspended) UserMode Non-Alertable
SuspendCount 1
FreezeCount 1
            ffffc48d9cb19360  NotificationEvent
        Waiting for reply to ALPC Message ffffa4807ec1dce0 : queued at port ffffc48d8bee3cb0 : owned by process ffffc48d8bdf5080
        Not impersonating
        DeviceMap                 ffffa48072e1da60
        Owning Process            ffffc48da815a640       Image:         WeChat.exe
        Attached Process          N/A            Image:         N/A
        Wait Start TickCount      43012054       Ticks: 323519 (0:01:24:14.984)
        Context Switch Count      29             IdealProcessor: 1
        UserTime                  00:00:00.000
        KernelTime                00:00:00.000
        Win32 Start Address 0x00000000634277f0
        Stack Init ffff8481a6cc7c10 Current ffff8481a6cc6fe0
        Base ffff8481a6cc8000 Limit ffff8481a6cc1000 Call 0000000000000000
        Priority 15 BasePriority 15 PriorityDecrement 0 IoPriority 2 PagePriority 5
        Kernel stack not resident.
```

图 15-6　在内核会话中找到 31 号线程

从线程的基本信息中，果然看到它在等待 ALPC 消息（RPC 在本机时经常使用的通信方式）。

```
Waiting for reply to ALPC Message ffffa4807ec1dce0 : queued at port ffffc48d8bee3cb0 : owned by process ffffc48d8bdf5080
```

让人高兴的是，WinDBG 给出了关于 RPC 的多个细节，包括等待回复的消息地址，这个消息在排队的端口，以及拥有这个端口的进程。有了这 3 个关键信息后，形势立刻好转了，先使用 !alpc -m 显示消息详情（见图 15-7）。

```
0: kd> !alpc -m ffffa4807ec1dce0

Message ffffa4807ec1dce0
  MessageID                 : 0x64C8 (25800)
  CallbackID                : 0x264B4C7 (40154311)
  SequenceNumber            : 0x00000003 (3)
  Type                      : LPC_REQUEST
  DataLength                : 0x014C (332)
  TotalLength               : 0x0174 (372)
  Canceled                  : No
  Release                   : No
  ReplyWaitReply            : No
  Continuation              : Yes
  OwnerPort                 : ffffc48d81d73210 [ALPC_CLIENT_COMMUNICATION_PORT]
  WaitingThread             : ffffc48d9cb19080
  QueueType                 : ALPC_MSGQUEUE_PENDING
  QueuePort                 : ffffc48d8bee3cb0 [ALPC_CONNECTION_PORT]
  QueuePortOwnerProcess     : ffffc48d8bdf5080 (svchost.exe)
  ServerThread              : ffffc48d96231700
  QuotaCharged              : No
  CancelQueuePort           : 0000000000000000
  CancelSequencePort        : 0000000000000000
  CancelSequenceNumber      : 0x00000000 (0)
  ClientContext             : 000000000d384ad8
  ServerContext             : 0000000000000000
  PortContext               : 000001ef85008e00
  CancelPortContext         : 0000000000000000
  SecurityData              : 0000000000000000
  View                      : 0000000000000000
  HandleData                : 0000000000000000
```

图 15-7　31 号线程苦苦等待的 ALPC 消息

图 15-7 中的 Server Thread 就是我们苦苦寻找的那个“可恶的”服务线程，它所在的进程是 svchost.exe。系统里有很多个 svchost 进程实例，如果不依赖强大的工具，就不能找到这个进程。

观察服务线程的内核空间信息（见图 15-8），可以看到它也在等待。

```
0: kd> !thread ffffc48d96231700
THREAD ffffc48d96231700  Cid 0994.230c  Teb: 0000005902f14000 Win32Thread: 0000000000000000 WAIT: (Suspended) KernelMode Non-Alertable
SuspendCount 1
FreezeCount 1
    ffffc48d962319e0  NotificationEvent
Not impersonating
DeviceMap                 ffffa4806b25ba50
Owning Process            ffffc48d8bdf5080       Image:         svchost.exe
Attached Process          N/A            Image:         N/A
Wait Start TickCount      43460363
Context Switch Count      183            IdealProcessor: 2
UserTime                  00:00:00.000
KernelTime                00:00:00.000
Win32 Start Address 0x00007fffa6eb12c0
Stack Init ffff8481ac65fc10 Current ffff8481ac65f340
Base ffff8481ac660000 Limit ffff8481ac659000 Call 0000000000000000
Priority 10 BasePriority 8 PriorityDecrement 0 IoPriority 2 PagePriority 5
Child-SP          RetAddr            Args to Child                                                           Call Site
ffff8481`ac65f380 fffff802`954c3f4e  ffffc48d`00000000 00000000`0000066d ffff8481`3796e180 00000000`00000000 nt!KiSwapContext+0x76
ffff8481`ac65f4c0 fffff802`954c2911  ffffc48d`96231700 00000000`00000000 ffffc48d`8bed7420 00000000`00000000 nt!KiSwapThread+0x16a
ffff8481`ac65f570 fffff802`954c2220  00000000`00000001 fffff802`00000004 ffff8481`379cc180 ffffc48d`962319e0 nt!KiCommitThreadWait+0x101
ffff8481`ac65f610 fffff802`954ab104  ffffc48d`962319e0 00000000`00000005 ffff8481`ac65f800 fffff802`95601f00 nt!KeWaitForSingleObject+0x2b8
ffff8481`ac65f6e0 fffff802`954c59ae  00000000`00000000 ffffc48d`96231708 00000000`00000080 ffffc48d`96231798 nt!KiSchedulerApc+0x304
ffff8481`ac65f810 fffff802`954c4117  00000000`00000100 00000000`00002e74 ffff8481`00000000 00000000`00000000 nt!KiDeliverApc+0x23e
ffff8481`ac65f8a0 fffff802`954c2911  ffffc48d`96231700 fffff802`954c7c08 ffffc48d`8bdf2550 00000000`00000000 nt!KiSwapThread+0x337
ffff8481`ac65f950 fffff802`95502700  ffffc48d`96231840 ffffc48d`00000000 ffff8481`ac65fb00 ffffc48d`96231700 nt!KiCommitThreadWait+0x101
ffff8481`ac65f9f0 fffff802`953b4ffa  ffffc48d`96231700 ffff8481`ac65fb00 00000000`00000000 00000000`00000000 nt!KeWaitForAlertByThreadId+0xb4
ffff8481`ac65fa50 fffff802`95607413  ffffc48d`96231700 00000000`00000000 00000001`8443e990 00000059`0f0fea90 nt!NtWaitForAlertByThreadId+0x2e
ffff8481`ac65fa80 00007fff`a6f18bd4  00000000`00000000 00000000`00000000 00000000`00000000 00000000`00000000 nt!KiSystemServiceCopyEnd+0x13 (T
00000059`0f0fe2d8 00000000`00000000  00000000`00000000 00000000`00000000 00000000`00000000 00000000`00000000 0x00007fff`a6f18bd4
```

图 15-8　RPC 服务线程的内核空间调用栈

这个服务线程为何发起等待呢？因为是用户态发起的，所以使用用户态调试器更方便。记下它的线程 ID（230c）和进程 ID（994），为下一步调试做准备。

5. 第三驾马车

再开启一个 WinDBG 实例，附加到 svchost 进程（进程 ID 994）。执行 ~* k 命令，列出所有线程的执行轨迹，找到 230c 号线程（微信等待的服务线程）（见图 15-9）。

```
   8  Id: 994.230c Suspend: 1 Teb: 00000059`02f14000 Unfrozen
 # Child-SP          RetAddr           Call Site
00 00000059`0f0fe2d8 00007fff`a6eabe9b ntdll!NtWaitForAlertByThreadId+0x14
01 00000059`0f0fe2e0 00007fff`a6eabd01 ntdll!RtlpWaitOnAddressWithTimeout+0x43
02 00000059`0f0fe310 00007fff`a6e84571 ntdll!RtlpWaitOnCriticalSection+0x1a1
03 00000059`0f0fe3c0 00007fff`a6e84490 ntdll!RtlpEnterCriticalSectionContended+0xd1
04 00000059`0f0fe3f0 00007fff`9c9d0862 ntdll!RtlEnterCriticalSection+0x40
05 00000059`0f0fe420 00007fff`9c9cd534 audiosrv!ATL::CCritSecLock::Lock+0x12
06 00000059`0f0fe450 00007fff`9c9d4e72 audiosrv!CAudioDGProcess::LockADGProcess+0x34
07 00000059`0f0fe4c0 00007fff`9c9b7c48 audiosrv!AudioServerInitialize_Internal+0x132
08 00000059`0f0fe610 00007fff`a46588d3 audiosrv!AudioServerInitialize+0x58
09 00000059`0f0fe680 00007fff`a45f95cf RPCRT4!Invoke+0x73
0a 00000059`0f0fe710 00007fff`a4644c6a RPCRT4!NdrStubCall2+0x38f
0b 00000059`0f0fedb0 00007fff`a4633bb4 RPCRT4!NdrServerCall2+0x1a
0c 00000059`0f0fede0 00007fff`a4632cbd RPCRT4!DispatchToStubInCNoAvrf+0x24
0d 00000059`0f0fee30 00007fff`a463354b RPCRT4!RPC_INTERFACE::DispatchToStubWorker+0x1bd
0e 00000059`0f0fef00 00007fff`a4621256 RPCRT4!RPC_INTERFACE::DispatchToStub+0xcb
0f 00000059`0f0fef60 00007fff`a4621d35 RPCRT4!LRPC_SCALL::DispatchRequest+0x316
10 00000059`0f0ff040 00007fff`a462521e RPCRT4!LRPC_SCALL::HandleRequest+0x8d5
11 00000059`0f0ff150 00007fff`a4626ad8 RPCRT4!LRPC_ADDRESS::HandleRequest+0x2ee
12 00000059`0f0ff1f0 00007fff`a46281e8 RPCRT4!LRPC_ADDRESS::ProcessIO+0x8d8
13 00000059`0f0ff330 00007fff`a6eb2cc3 RPCRT4!LrpcIoComplete+0xd8
14 00000059`0f0ff3d0 00007fff`a6eb16b6 ntdll!TppAlpcpExecuteCallback+0x273
15 00000059`0f0ff480 00007fff`a6702774 ntdll!TppWorkerThread+0x3f6
16 00000059`0f0ff790 00007fff`a6ee0d51 KERNEL32!BaseThreadInitThunk+0x14
17 00000059`0f0ff7c0 00000000`00000000 ntdll!RtlUserThreadStart+0x21
```

图 15-9　RPC 服务线程的用户空间调用栈

从 #10 的 RPCRT4!LRPC_SCALL::HandleRequest 来看，这个线程真的在处理 RPC 请求。

不过，在处理过程中，它要进临界区时却失败了，应该是因为临界区里面已经有“人”了。发起进临界区的函数如下：

```
audiosrv!CAudioDGProcess::LockADGProcess
```

临界区是什么意思呢？举个生活中的例子吧，当你急着要用某个卫生间时，正赶上里面有人。假设附近没有其他卫生间，那么你只好等。当你等待的时候，你可能胡思乱想分散注意力，……但此时你脑海里拂之不去的一个问题可能是 " 谁在里面呢？ "

在软件世界里，这个问题好办，只需执行 !locks 命令，结果如图 15-10 所示。

```
0:006> !locks

CritSec +84435910 at 000001ef84435910
WaiterWoken        No
LockCount          19
RecursionCount     2
OwningThread       3b3c
EntryCount         0
ContentionCount    14
*** Locked

CritSec +84470e80 at 000001ef84470e80
WaiterWoken        No
LockCount          2
RecursionCount     1
OwningThread       4fcc
EntryCount         0
ContentionCount    2
*** Locked
```

图 15-10　观察"谁"在临界区里面

WinDBG 告诉我们有两个临界区处于锁状态。因为临界区是不可以跨进程的，所以可以确定刚才的 230c 号线程一定在等待其中的一个，那么，究竟是哪一个呢？

如果是 32 位进程，那么很容易通过分析参数确定下来。如果是 64 位进程，则参数回溯变得比较麻烦。不过只有两个，分别看一下吧。细节略过，我使用了大约 2 秒确定出是下面一个。也就是说，230c 想要进的临界区被 4fcc 线程捷足先登了。套用刚才的比喻来说，是 4fcc 占着卫生间不出来。

切换到这个 4fcc 线程，看它在做什么，显示如下（完整的栈回溯可以参考电子资源包里相应的图）。

```
ntdll!NtAlpcSendWaitReceivePoct+0x14
RPCRT4!LRPC_BASE_CCALL::DoSendReceiv+0x112
RPCRT4!I_RpcSendReceive+0xce
```

它也在做 RPC，可见，任何技术一旦被滥用，后果都是很严重的。

6. 寻找另一个 RPC 服务进程

4fcc 在调用谁呢？服务进程是哪一个？重用刚才的套路，切换到本地内核调试会话，找到 4fcc 线程，从它的状态中找到 ALPC 信息，显示如下（完整的栈回溯可以参考电子资源包里相应的图）。

```
Waiting for replay to ALPC Message ffffa80730b6890 queued at port ffffc48da9178090 owned by process ffffc48d958a1080
```

继续观察 ALPC 消息的信息（见图 15-11）。

原来服务进程的名称为 audiodg.exe，其大名为 Windows Audio Device Graph Isolation（Windows 语音设备图隔离），很博士范的一个名字。

```
0: kd> !alpc -m ffffa480730b6890

Message ffffa480730b6890
  MessageID                 : 0x59C8 (22984)
  CallbackID                : 0x24AE18E (38461838)
  SequenceNumber            : 0x00000207 (519)
  Type                      : LPC_REQUEST
  DataLength                : 0x00A4 (164)
  TotalLength               : 0x00CC (204)
  Canceled                  : No
  Release                   : No
  ReplyWaitReply            : No
  Continuation              : Yes
  OwnerPort                 : ffffc48da7067070 [ALPC_CLIENT_COMMUNICATION_PORT]
  WaitingThread             : ffffc48da6de0700
  QueueType                 : ALPC_MSGQUEUE_MAIN
  QueuePort                 : ffffc48da9178090 [ALPC_CONNECTION_PORT]
  QueuePortOwnerProcess     : ffffc48d958a1080 (audiodg.exe)
  ServerThread              : 0000000000000000
  QuotaCharged              : No
  CancelQueuePort           : 0000000000000000
  CancelSequencePort        : 0000000000000000
  CancelSequenceNumber      : 0x00000000 (0)
  ClientContext             : 000001ef8501f850
  ServerContext             : 0000000000000000
  PortContext               : 00000290988ff070
  CancelPortContext         : 0000000000000000
  SecurityData              : 0000000000000000
  View                      : 0000000000000000
  HandleData                : 0000000000000000
```

图 15-11　线程 4fcc 等待的内核消息

注意图 15-11 显示的信息中 ServerThread 条目为空。不过，这并不代表没有服务线程，观察服务端口（QueuePort）（见图 15-12），可以看到有 3 个线程登记注册了完成端口（线程间快速协作机制，翻译为中文后有点不通，姑且不论），记下它们的线程 ID，分别是 2c1c、441c 和 493c。

```
0: kd> !alpc -p ffffc48da9178090
Port  ffffc48da9178090
  Type                        : ALPC_CONNECTION_PORT
  CommunicationInfo           : ffffa48072e3cfb0
    ConnectionPort            : ffffc48da9178090 (OLE953C8397CBAE2C5283EF7CC87437)
    ClientCommunicationPort   : 0000000000000000
    ServerCommunicationPort   : 0000000000000000
  OwnerProcess                : ffffc48d958a1080 (audiodg.exe)
  SequenceNo                  : 0x00000002 (2)
  CompletionPort              : ffffc48d9a181f80
  CompletionList              : 0000000000000000
  ConnectionPending           : No
  ConnectionRefused           : No
  Disconnected                : No
  Closed                      : No
  FlushOnClose                : Yes
  ReturnExtendedInfo          : No
  Waitable                    : No
  Security                    : Static
  Wow64CompletionList         : No

  3 thread(s) are registered with port IO completion object:

    THREAD ffffc48d817b0700  Cid 323c.2c1c  Teb: 000000e327be4000 Win32Thread: 0000000000000000 WAIT
    THREAD ffffc48d9aee1080  Cid 323c.441c  Teb: 000000e327be6000 Win32Thread: ffffc48d9a5845f0 WAIT
    THREAD ffffc48d895c2080  Cid 323c.493c  Teb: 000000e327bf8000 Win32Thread: ffffc48d99bd02d0 WAIT

  Main queue has 61 message(s)

    ffffa480730b6890 000059c8 0000000000000994:0000000000004fcc ffffc48da6de0700 0000000000000000 LPC_REQUEST
    ffffa4807c225830 00002818 0000000000000418:000000000000044c 0000000000000000 0000000000000000 LPC_REQUEST
    ffffa48080237ce0 00007074 0000000000000418:000000000000044c 0000000000000000 0000000000000000 LPC_REQUEST
    ffffa4807be6c720 00006d88 0000000000000418:000000000000044c 0000000000000000 0000000000000000 LPC_REQUEST
```

图 15-12　观察服务端口

值得注意的是，这个端口的队列有 61 条消息在排队，非常拥堵。

不妨与没有排队的端口比较一下（见图 15-13）。

7. 第四架马车

下一步应该调试 audiodg 进程了，看它在忙什么，有那么多消息排队而不处理。

在 LKD 会话里观察它的概要信息，意外发现它已经在被调试。

```
0: kd> !process ffffc48d958a1080
```

```
PROCESS ffffc48d958a1080
SessionId: 0  Cid: 323cPeb: e327bdb000  ParentCid: 0994
FreezeCount 1
ElapsedTime   3 Days 15:38:12.880
DebugPort ffffc48d9b413760
```

```
0: kd> !alpc -p ffffc48d8bf8c790
Port  ffffc48d8bf8c790
  Type                          : ALPC_SERVER_COMMUNICATION_PORT
  CommunicationInfo             : ffffa4807ef8b970
    ConnectionPort              : ffffc48d8bee3cb0 (AudioClientRpc)
    ClientCommunicationPort     : ffffc48d81d73210
    ServerCommunicationPort     : ffffc48d8bf8c790
  OwnerProcess                  : ffffc48d8bdf5080 (svchost.exe)
  SequenceNo                    : 0x00000003 (3)
  CompletionPort                : 0000000000000000
  CompletionList                : 0000000000000000
  ConnectionPending             : No
  ConnectionRefused             : No
  Disconnected                  : No
  Closed                        : No
  FlushOnClose                  : Yes
  ReturnExtendedInfo            : No
  Waitable                      : No
  Security                      : Static
  Wow64CompletionList           : No

  Main queue is empty.

  Direct message queue is empty.

  Large message queue is empty.

  Pending queue is empty.

  Canceled queue is empty.
```

图 15-13　空闲的服务端口

谁在调试它呢？这个信息让我很诧异。

思考片刻，我推测或许是它崩溃了，触发了 JIT 调试。打开任务管理器观察（见图 15-14），果然如此，在会话 0 里有 windbg 附加在它身上了。还有另外几个 WinDBG 实例，看来后台服务崩溃了好几个，分别是 vmms、DELL 预装的 DDV 服务，以及 Windows 自动更新服务。

任务管理器

文件(F) 选项(O) 查看(V)

进程 性能 应用历史记录 启动 用户 详细信息 服务

名称	PID	状态	用户名	会话 ID	CPU	内存(专...	命令行	描述
WeChatWeb.exe	7928	正在运行	ge	1	00	436 K	WeChatWeb.exe --type=gpu-process --channel="1581...	Tencent Browsing Service
WerFault.exe	21048	正在运行	ge	1	00	864 K	werfault.exe /h /shared Global\c12cab6611584b628060...	Windows 问题报告
WINCMD32.EXE	3700	正在运行	ge	1	00	4,076 K	"C:\wincmd\WINCMD32.EXE"	Windows Commander 32 bit internationale V...
windbg.exe	17508	正在运行	ge	1	00	12,268 K	"C:\wd10x64\windbg.exe"	Windows GUI symbolic debugger
windbg.exe	16004	正在运行	ge	1	00	13,760 K	i386kd.exe -z C:\WINDOWS\livekd.dmp	Windows GUI symbolic debugger
windbg.exe	11212	正在运行	ge	1	00	1,616 K	"C:\windbg\windbg.exe"	Windows GUI symbolic debugger
windbg.exe	9276	正在运行	SYSTEM	0	00	1,028 K	"C:\wd10x64\windbg.exe" -p 7192 -e 456 -g	Windows GUI symbolic debugger
windbg.exe	4440	正在运行	SYSTEM	0	00	1,080 K	"C:\wd10x64\windbg.exe" -p 4208 -e 440 -g	Windows GUI symbolic debugger
windbg.exe	7184	正在运行	SYSTEM	0	00	1,068 K	"C:\wd10x64\windbg.exe" -p 8088 -e 392 -g	Windows GUI symbolic debugger
windbg.exe	15064	正在运行	LOCAL SE...	0	00	160 K	"C:\wd10x64\windbg.exe" -p 17800 -e 368 -g	Windows GUI symbolic debugger
wininit.exe	812	正在运行	SYSTEM	0	00	112 K		Windows 启动应用程序
winlogon.exe	940	正在运行	SYSTEM	1	00	560 K	winlogon.exe	Windows 登录应用程序
WINWORD.EXE	20552	正在运行	ge	1	00	11,404 K	"C:\Program Files (x86)\Microsoft Office\root\Office16\...	Microsoft Word
WmiApSrv.exe	12540	正在运行	SYSTEM	0	00	524 K	C:\WINDOWS\system32\wbem\WmiApSrv.exe	WMI 性能反向适配器
WmiPrvSE.exe	2192	正在运行	SYSTEM	0	00	5,216 K	C:\WINDOWS\system32\wbem\wmiprvse.exe	WMI Provider Host
WmiPrvSE.exe	6124	正在运行	NETWOR...	0	00	4,392 K	C:\WINDOWS\system32\wbem\wmiprvse.exe	WMI Provider Host
WmiPrvSE.exe	8484	正在运行	LOCAL SE...	0	00	824 K	C:\WINDOWS\system32\wbem\wmiprvse.exe	WMI Provider Host
WUDFHost.exe	1440	正在运行	LOCAL SE...	0	00	436 K	"C:\Windows\System32\WUDFHost.exe" -HostGUID:{19...	Windows 驱动程序基础 - 用户模式驱动程序框架...
WUDFHost.exe	1700	正在运行	LOCAL SE...	0	00	404 K	"C:\Windows\System32\WUDFHost.exe" -HostGUID:{19...	Windows 驱动程序基础 - 用户模式驱动程序框架...
wwbizsrv.exe	14144	正在运行	SYSTEM	0	00	1,584 K	"C:\Program Files (x86)\Alibaba\wwbizsrv\wwbizsrv.exe"	旺旺亮灯服务模块

图 15-14　在任务管理器中观察自动启动的 WinDBG

启动第四个 WinDBG 实例，以非入侵方式附加到 auduidg 进程，观察上面记录的 3 个监听线程。从栈回溯来看，它们都在调用 NtWaitForWorkViaWorkerFactory，进入内核等待任务了。

```
0:005> kc
```

```
 # Call Site
00 ntdll!NtWaitForWorkViaWorkerFactory
01 ntdll!TppWorkerThread
02 KERNEL32!BaseThreadInitThunk
03 ntdll!RtlUserThreadStart
```

看起来没什么问题啊？怎么回事呢？

如果沿着这个方向继续思考的话，方向就错了，会进入死胡同。查看线程列表，可以看到所有线程的挂起计数都是 2，说明它们都处于挂起状态（见图 15-15）。

```
0:006> ~*
#  0  Id: 323c.3b28 Suspend: 2 Teb: 000000e3`27bdc000 Unfrozen
      Start: AUDIODG!wWinMainCRTStartup (00007ff6`baacce10)
      Priority: 0  Priority class: 32  Affinity: f
   1  Id: 323c.2c1c Suspend: 2 Teb: 000000e3`27be4000 Unfrozen
      Start: ntdll!TppWorkerThread (00007fff`a6eb12c0)
      Priority: 0  Priority class: 32  Affinity: f
   2  Id: 323c.441c Suspend: 2 Teb: 000000e3`27be6000 Unfrozen
      Start: ntdll!TppWorkerThread (00007fff`a6eb12c0)
      Priority: 0  Priority class: 32  Affinity: f
   3  Id: 323c.ef8 Suspend: 2 Teb: 000000e3`27be8000 Unfrozen
      Start: combase!CRpcThreadCache::RpcWorkerThreadEntry (000
      Priority: 0  Priority class: 32  Affinity: f
   4  Id: 323c.3cf0 Suspend: 2 Teb: 000000e3`27bf6000 Unfrozen
      Start: ntdll!TppWorkerThread (00007fff`a6eb12c0)
      Priority: 0  Priority class: 32  Affinity: f
   5  Id: 323c.493c Suspend: 2 Teb: 000000e3`27bf8000 Unfrozen
      Start: ntdll!TppWorkerThread (00007fff`a6eb12c0)
      Priority: 0  Priority class: 32  Affinity: f
.  6  Id: 323c.2330 Suspend: 2 Teb: 000000e3`27b20000 Unfrozen
      Start: MaxxAudioRenderAVX64!DllUnregisterServer+0x79d30 (
      Priority: 14  Priority class: 32  Affinity: f
```

图 15-15　audiodg 进程的线程列表

为什么都被挂起来了呢？因为某个地方发生“爆炸”了。

8. 爆炸现场

浏览所有线程，当切换到 6 号线程，观察它的调用栈时，里面果然“硝烟弥漫”。

```
0:006> kc
 # Call Site
00 ntdll!RtlReportCriticalFailure
01 ntdll!RtlpHeapHandleError
02 ntdll!RtlpLogHeapFailure
03 ntdll!RtlFreeHeap
04 MaxxAudioRenderAVX64!DllUnregisterServer
05 MaxxAudioRenderAVX64!DllUnregisterServer
06 MaxxAudioRenderAVX64!DllUnregisterServer
07 kernel32!BaseThreadInitThunk
08 ntdll!RtlUserThreadStart
```

从 RtlpLogHeapFailure 和 RtlFreeHeap 就可以看出，是堆有关的问题。执行 !heap 命令，触发 WinDBG 检查堆的错误记录，果然有好几个错误（见图 15-16）。

```
0:006> !heap
************************************************************
*                                                          *
*                   HEAP ERROR DETECTED                    *
*                                                          *
************************************************************

Details:

Heap address:  00000290988c0000
Error address: 000002909892bc00
Error type: HEAP_FAILURE_BLOCK_NOT_BUSY
Details:    The caller performed an operation (such as a free
            or a size check) that is illegal on a free block.
Follow-up:  Check the error's stack trace to find the culprit.


Stack trace:
            00007fffa6f29024: ntdll!RtlFreeHeap+0x0000000000088254
            00007fff51053eb4: MaxxAudioRenderAVX64!DllUnregisterServer+0x00000000011f3154
            00007fff4ff098de: MaxxAudioRenderAVX64!DllUnregisterServer+0x00000000000a8b7e
            00007fff4fe9bce3: MaxxAudioRenderAVX64!DllUnregisterServer+0x000000000003af83
            00007fffa6702774: kernel32!BaseThreadInitThunk+0x0000000000000014
            00007fffa6ee0d51: ntdll!RtlUserThreadStart+0x0000000000000021

        Heap Address      NT/Segment Heap

         290988c0000          NT Heap
         29098800000          NT Heap
         29098c10000          NT Heap
         290998d0000          NT Heap
```

图 15-16 堆错误

错误类型：HEAP_FAILURE_BLOCK_NOT_BUSY，释放并非处于占用状态的块，简单说就是释放空闲块，或者说多次释放（double free）。从图 15-16 中的调用栈来看，调用 RtlFreeHeap 函数的模块名为 MaxxAudioRenderAVX64。

如此看来，追到源头了。可以很负责任地说，音频驱动模块 MaxxAudioRenderAVX64 内部多次释放堆块，引发堆的错误检查机制发生异常，MaxxAudioRenderAVX64 模块（见图 15-17）应负全部责任。

```
0:006> lm vm MaxxAudioRenderAVX64
Browse full module list
start             end                 module name
00007fff`4fdf0000 00007fff`5147c000   MaxxAudioRenderAVX64   (export symbols)       MaxxAudioRenderAVX64.dll
    Loaded symbol image file: MaxxAudioRenderAVX64.dll
    Image path: C:\Windows\System32\MaxxAudioRenderAVX64.dll
    Image name: MaxxAudioRenderAVX64.dll
    Browse all global symbols  functions  data
    Timestamp:        Wed Oct  5 19:03:37 2016 (57F4DE09)
    CheckSum:         016ACA86
    ImageSize:        0168C000
    File version:     7.1.60.0
    Product version:  7.1.60.0
    File flags:       8 (Mask 3F) Private
    File OS:          40004 NT Win32
    File type:        2.0 Dll
    File date:        00000000.00000000
    Translations:     0409.04b0
    CompanyName:      Waves Audio Ltd.
    ProductName:      Waves Audio MaxxAudio
    InternalName:     MaxxAudio APO
    OriginalFilename: MaxxAudioAPO.Dll
    ProductVersion:   7.1.60.0
    FileVersion:      7.1.60.0
    FileDescription:  MaxxAudio APO
    LegalCopyright:   © Waves Audio Ltd. All rights reserved.
    Comments:         Eldad Kuperman
```

图 15-17 犯错误的 MaxxAudioRenderAVX64 模块

前些天，手机安卓版的微信在处理一个特别的字符串时会陷入死循环。今天，微信开发团队的同行公开发文承认问题，并详细描述了 bug 的来龙去脉，这种开放的心态和实事求是的精神非常值得表扬。

无独有偶，我今天花了几个小时的时间，上下求索，4 个调试器实例齐上阵，终于让问题水落石出，证明不是微信本身模块的问题，还微信程序以清白（见图 15-18）。

c:\dumps\wechat*.*

↑Name	Ext	Size	Date
..[..]		<DIR>	2017/10/10
audiosrv	dmp	48,810,741	2017/10/10
kd	log	42	2017/10/10
livekd	dmp	8,482,525,184	2017/10/10
maxxaud	dmp	101,901,275	2017/10/10
rpcend	txt	15,211	2017/10/10
rpcend_32	txt	17,249	2017/10/10
wechat	dmp	534,280,056	2017/10/10

图 15-18　包含故障现场的转储文件

想到大半天的时间没有了，多少有些可惜。不过，想到搞清楚了一个问题，定位到了根源（希望 maxx audio 的同行联系我获取崩溃现场的 dump），而且记录下来的分析过程或许对软件同行们解决类似问题有所帮助，那么时间花得也算值了。分析过程中，我保存下了几个关键现场的转储文件（见图 15-18），供以后交流和研习使用。

【亲自动手】

1. 启动 WinDBG，单击 File > Open Crash Dump…打开 c:\gedulab2\dumps\maxxaud.dmp。
2. 执行 ~* k 命令，观察各个线程的调用栈。
3. ~6s 切换到包含 RtlpHeapHandleError 的 6 号线程，执行 k 命令，观察它的调用栈。
4. 执行 !heap 命令，观察堆管理器给出的错误信息。

初稿写于 2017-10-10，2024-12-16 略作修改于 863 国家软件园

第 16 章 这个银行的安全软件为何如此不安

魔都进入夏季，天气逐渐变得闷热，而且多雨。今天一早起来，窗外就在下雨。上午冒雨出去一次，回来时，雨略小了些，但是午饭后又下大了，一直下到傍晚。江南多雨，古来如此，有词为证："一川烟草，满城风絮，梅子黄时雨。"这是北宋人贺铸的词，接连的三个比喻，都是形容多：一个山谷的野草，满大街的柳絮，黄梅时节的雨水……贺铸用这三样东西来比喻"忧愁"，意思是愁很多。因为这几句词说出了很多人的"心中所有"，所以特别流行。也因为这几句词，贺铸也被称为贺三愁，或者贺梅子。

晚饭后，坐到计算机前，本想看代码的，但是一坐下来，就听到一阵阵风扇声音从键盘下面冒出来，持续不断。过了一会，仍没有停下来的迹象，如同贺三愁笔下的"梅子黄时雨"一样。

根据多年的经验，我知道是哪个软件在作怪。打开任务管理器，按 CPU（净）时间排名（见图 16-1），我想看看哪一位是吃 CPU 的"大户"，很可能就是它在折腾 CPU 和风扇。

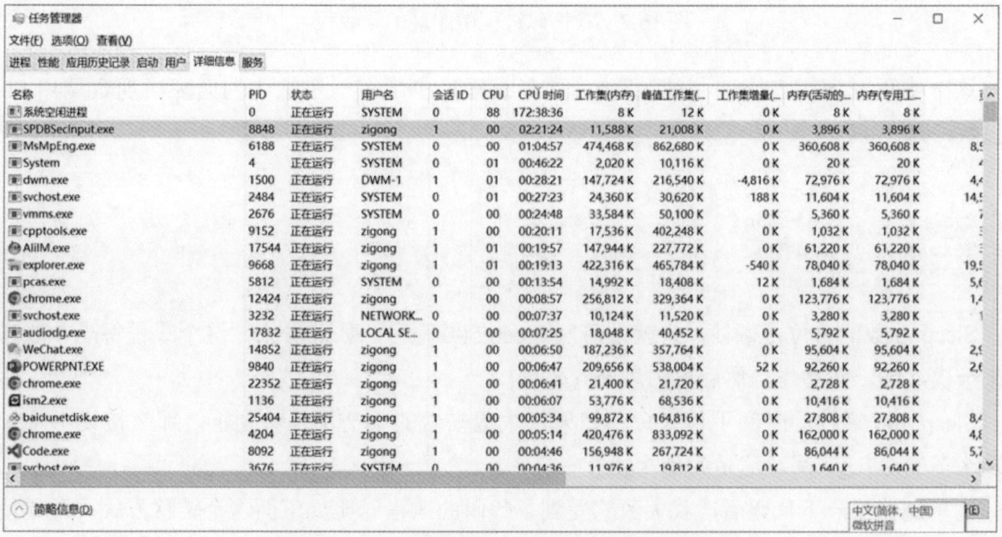

任务管理器

文件(F) 选项(O) 查看(V)

进程 性能 应用历史记录 启动 用户 详细信息 服务

名称	PID	状态	用户名	会话 ID	CPU	CPU 时间	工作集(内存)	峰值工作集(...	工作集增量(...	内存(活动的...	内存(专用工...	提
系统空闲进程	0	正在运行	SYSTEM	0	88	172:38:36	8 K	12 K	0 K	8 K	8 K	
SPDBSecInput.exe	8848	正在运行	zigong	1	00	02:21:24	11,588 K	21,008 K	0 K	3,896 K	3,896 K	
MsMpEng.exe	6188	正在运行	SYSTEM	0	00	01:04:57	474,468 K	862,680 K	0 K	360,608 K	360,608 K	8,5
System	4	正在运行	SYSTEM	0	01	00:46:22	2,020 K	10,116 K	0 K	20 K	20 K	4
dwm.exe	1500	正在运行	DWM-1	1	01	00:28:21	147,724 K	216,540 K	-4,816 K	72,976 K	72,976 K	4,4
svchost.exe	2484	正在运行	SYSTEM	0	01	00:27:23	24,360 K	30,620 K	188 K	11,604 K	11,604 K	14,5
vmms.exe	2676	正在运行	SYSTEM	0	00	00:24:48	33,584 K	50,100 K	0 K	5,360 K	5,360 K	7
cpptools.exe	9152	正在运行	zigong	1	00	00:20:11	17,536 K	402,248 K	0 K	1,032 K	1,032 K	3
AliIM.exe	17544	正在运行	zigong	1	01	00:19:57	147,944 K	227,772 K	0 K	61,220 K	61,220 K	3
explorer.exe	9668	正在运行	zigong	1	01	00:19:13	422,316 K	465,784 K	-540 K	78,040 K	78,040 K	19,5
pcas.exe	5812	正在运行	SYSTEM	0	00	00:13:54	14,992 K	18,408 K	12 K	1,684 K	1,684 K	5,6
chrome.exe	12424	正在运行	zigong	1	00	00:08:57	256,812 K	329,364 K	0 K	123,776 K	123,776 K	1,4
svchost.exe	3232	正在运行	NETWORK...	0	00	00:07:37	10,124 K	11,520 K	0 K	3,280 K	3,280 K	1
audiodg.exe	17832	正在运行	LOCAL SE...	0	00	00:07:25	18,048 K	40,452 K	0 K	5,792 K	5,792 K	
WeChat.exe	14852	正在运行	zigong	1	00	00:06:50	187,236 K	357,764 K	0 K	95,604 K	95,604 K	2,9
POWERPNT.EXE	9840	正在运行	zigong	1	00	00:06:47	209,656 K	538,004 K	52 K	92,260 K	92,260 K	2,6
chrome.exe	22352	正在运行	zigong	1	00	00:06:41	21,400 K	21,720 K	0 K	2,728 K	2,728 K	
ism2.exe	1136	正在运行	zigong	1	00	00:06:07	53,776 K	68,536 K	0 K	10,416 K	10,416 K	
baidunetdisk.exe	25404	正在运行	zigong	1	00	00:05:34	99,872 K	164,816 K	0 K	27,808 K	27,808 K	8,4
chrome.exe	4204	正在运行	zigong	1	00	00:05:14	420,476 K	833,092 K	0 K	162,000 K	162,000 K	4,8
Code.exe	8092	正在运行	zigong	1	00	00:04:46	156,948 K	267,724 K	0 K	86,044 K	86,044 K	5,7
svchost.exe	3676	正在运行	SYSTEM	0	00	00:04:36	11,976 K	19,812 K	0 K	1,640 K	1,640 K	

简略信息(D)

中文(简体，中国) 微软拼音

图 16-1　在任务管理器里看吃 CPU 的"大户"

忽略排在最上面的空闲进程（它占 CPU 时，CPU 在休息，不会引发风扇活动），排在第一位的进程名为 SPDBSecInput.exe。它的 CPU 净时间为 2 小时 21 分 24 秒。超过了一向非常吃 CPU 的微软杀毒引擎（MsMpEng）。

看到 SPDBSecInput.exe 这个名字，我一下子认出了它，它属于上个月安装的某发银行安全控件。

回想起来，第一次使用这个软件是在今年年初，安装的原因是因为要用某发银行的信用卡做一次在线支付。支付后，我就发现了这个软件的功耗很高，选择将其卸载。

上个月又需要在线支付，于是我又安装了这个安全控件，又发现问题，又用老方法将其卸载了。

可是今天又看到这个 SPDBSecInput.exe，让我立刻感觉不安，明明几天前已经将其卸载了，怎么又在运行？为了防止记忆错误，我特意查了一下控制面板里的应用程序列表，的确没有了。可是现在怎么这个吵闹的进程还在？卸载软件时故意留下的？还是出故障了？

想到这里，我决定上调试器。以管理员权限运行调试器，附加到这个不安静的进程。使用我惯用的命令找到最忙碌的线程，然后观察执行经过，如图 16-2 所示。

```
# ChildEBP RetAddr
00 0451fc60 771b58ab ntdll_77700000!NtDelayExecution+0xc
01 0451fcc8 771b584f KERNELBASE!SleepEx+0x4b
*** Unable to resolve unqualified symbol in Bp expression 'main'.
02 0451fcd8 00f18cd6 KERNELBASE!Sleep+0xf
WARNING: Stack unwind information not available. Following frames may be wrong.
03 0451fd48 00f17b42 SPDBSecInput+0x18cd6
04 0451fd54 00f46b8a SPDBSecInput+0x17b42
05 0451fd8c 00f46c14 SPDBSecInput+0x46b8a
*** Unable to resolve unqualified symbol in Bp expression 'main'.
06 0451fd98 76e0fa29 SPDBSecInput+0x46c14
07 0451fda8 77767a7e KERNEL32!BaseThreadInitThunk+0x19
08 0451fe04 77767a4e ntdll_77700000!__RtlUserThreadStart+0x2f
09 0451fe14 00000000 ntdll_77700000!_RtlUserThreadStart+0x1b
```

图 16-2　最忙碌进程中的最忙碌线程

这个线程在调用 Sleep。根据经验，这个线程里多半有一个很大的循环。观察调用 Sleep 的参数，是 1F4。

```
0:005:x86> .formats 1f4
Evaluate expression:
Hex:     000001f4
Decimal: 500
```

Sleep 参数的单位是毫秒，也就是每次 Sleep 500 毫秒。如此看来，这个线程每隔 500 毫秒醒来一次，做一番动作，然后再休息 500 毫秒。

Sleep 500 毫秒的时间不算太短，如果每次醒来做的事情不是特别重，那么按说不至于消耗那么多的 CPU 时间。这是为什么呢？

简单浏览了一下代码后，我大致感受到了代码的风格。比如下面这个转移方式，不是使用正常的 call 指令，而是先把目标位置压入栈，然后使用 ret 指令，所谓的“倒车”方式。

```
0129f61a 57 push    edi
0129f61b c3 ret
```

无心恋战，执行 g 命令，让它跑起来看看。

运行后，调试器立刻收到异常：0xC0000008。这是一个我很熟悉的异常代码，简单说就是操作无效句柄。观察执行经过，如图 16-3 所示。

```
0:005:x86> kv
 # ChildEBP RetAddr  Args to Child
00 0451fcbc 771a1e2a cdabef00 00f46bb0 03d03fe8 ntdll_77700000!NtClose+0xc (FPO: [1,0,0])
01 0451fcd8 0105d1a8 cdabef00 78b99b47 00f46bb0 KERNELBASE!CloseHandle+0x4a (FPO: [Non-Fpo])
WARNING: Stack unwind information not available. Following frames may be wrong.
02 0451fd48 00f17b42 01056cb0 0451fd8c 00f46b8a SPDBSecInput+0x15d1a8
03 0451fd54 00f46b8a 01056cb0 78b99b83 00f46bb0 SPDBSecInput+0x17b42
04 0451fd8c 00f46c14 00f46bb0 0451fda8 76e0fa29 SPDBSecInput+0x46b8a
05 0451fd98 76e0fa29 03d03fe8 76e0fa10 0451fe04 SPDBSecInput+0x46c14
06 0451fda8 77767a7e 03d03fe8 7c81cefc 00000000 KERNEL32!BaseThreadInitThunk+0x19 (FPO: [Non-Fpo])
07 0451fe04 77767a4e ffffffff 77788a03 00000000 ntdll_77700000!__RtlUserThreadStart+0x2f (FPO: [SEH])
08 0451fe14 00000000 00f46bb0 03d03fe8 00000000 ntdll_77700000!_RtlUserThreadStart+0x1b (FPO: [Non-Fpo])
```

图 16-3　触发无效句柄异常

从图 16-3 显示的执行经过来看，刚才那个忙碌的线程正在操作句柄，准确地说，是关闭句柄。

观察参数，是 cdabef00，看上去不像是有效的句柄。简单来说，句柄是内核向用户空间发放的一个凭证，用作内核对象的“替身”。当应用程序提供有效的句柄时，内核根据这个句柄找到对应的内核对象。当应用程序提供无效的句柄时，内核找不到对应的内核对象。在 Windows XP 之前，内核对于这种行为的处置方法是返回错误。但随着软件安全形势的变化，考虑到黑客可能利用无效句柄实施所谓的句柄攻击，所以内核对这种行为的处理方式也变得严厉，从简单的返回错误码到抛出异常。

如此看来，这个 SPDBSecInput.exe 进程内有一个忙碌的线程，这个线程每隔 500ms 唤醒一次，执行了一圈操作后，还操作了一个无效的句柄。

重要的是，这样的操作似乎是没有尽头的，如同“梅子黄时雨”一样。更重要的是，我用银行卡支付只是几秒钟的时间。更准确地说，在最近这几天里，我根本没有使用过银行卡支付，所以有必要如此大肆消耗 CPU 吗？

不知道各位同行如何看待这个问题，或许有人会说：“不就费点 CPU 时间么？又怎么了？”其实不然，这样的浪费不仅仅会引发风扇的噪声，而且会加重系统的负担，让系统硬件持续在较高的温度下工作，可能会缩短计算机系统的寿命。几个月前，我的一台 ThinkPad 突然无法开机了，询问和我差不多相同时间买这款笔记本的老朋友，得到的回答是他的早就修过了一回，而且又坏了。对于这样的硬件故障，可以解释为硬件质量的下降，但其实也与软件的质量有着密切关系。

还有一点值得说明的是，这个软件来自国内知名度很高的银行，用户量很大。这些用户中有很多是不太懂计算机的，他们安装了软件后，如果遇到这样的问题，也找不到原因，不知道卸载什么，只好容忍自己的计算机越来越慢。所以，糟糕的软件浪费的不仅仅是 CPU，还有用户的时间。

初稿写于 2022-06-05，2024-12-16 略作修改于 863 国家软件园

第 17 章
谁动了我的硬盘

最近比较忙，有几个方面的事情需要做，不得不以多任务模式工作，在几台计算机之间穿梭。但就在我焦急忙碌的时候，我的笔记本时不时会消极怠工，跟不上节奏。怠工的方式有多种，可能是打开程序很慢，可能是切换输入法不灵活，有时复制粘贴也会卡顿……观察 CPU 使用率，没有什么异常。根据经验，估计是磁盘 I/O 方面的问题，但是一直没有腾出时间深入分析。

1. 收集数据

今天有些空闲，于是想清查一番，来一次“严打”。从哪里下手呢？本着“不冤枉一个好人，也不漏掉一个坏人”的思想，先收集证据吧。调出 WPR（Windows Performance Recorder，Windows 性能记录器），选择“Disk I/O（磁盘 I/O）、File I/O（文件 I/O）、Registry（注册表 I/O）和 Networking I/O（网络 I/O）”（见图 17-1），通过 Windows 系统的 ETW 机制从内核采集第一手资料。I/O 专项整治开始。

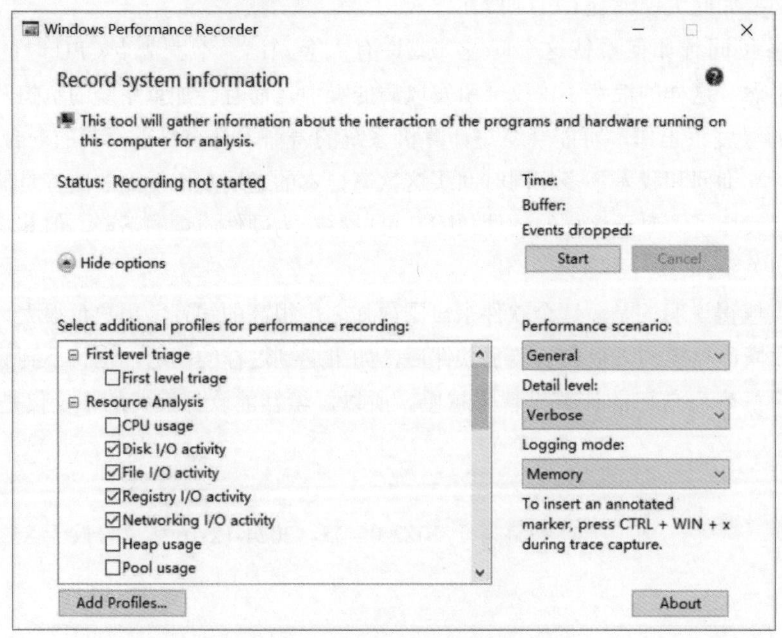

图 17-1　Windows 性能记录器

在 WPR 做记录的同时，我故意触发一些最近感觉缓慢的操作，持续了大约 3 分钟后，在 WPR 的界面上单击停止，保存事件，然后使用 WPA（Windows Performance Analyzer）打开分析。

2. 谁家孩子玩硬盘

展开左侧的 File I/O 子树，选择“Activity by Process, Thread, Type”分析，按访问文件的字节数（Size）排名，立刻有惊人结果呈现，如图 17-2 所示。

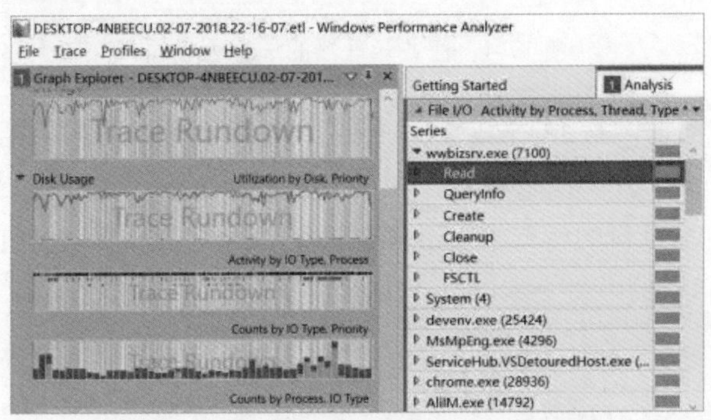

图 17-2　在 WPA 中观察文件 I/O 行为

各位读者睁大眼睛看图 17-2 中的信息，排名第一的进程名为 wwbizsrv.exe。在采样的几分钟时间里，它的文件 I/O 数据量大于 3 GB，稳居第一名，相当于其后所有进程的总和。观察文件属性，文件说明里写着“旺旺亮灯服务模块”（见图 17-3）。亮灯服务，好生动和时尚的名字。

属性	值
说明	
文件说明	旺旺亮灯服务模块
类型	应用程序
文件版本	1.0.0.16
产品名称	wwbizsrv 应用程序
产品版本	1.0.0.16
版权	Copyright(c) Alibaba Group. All rights reserved.
大小	1.82 MB
修改日期	2017/7/27 13:51
语言	中文(简体，中国)
原始文件名	wwbizsrv.exe

图 17-3　观察主程序文件的详细属性

观察版权描述，看到 Alibaba Group 这个名字，大家可能都熟悉，又是阿里的软件。几年前曾领教过他家的支付宝客户端，疯狂触发 Page Fault，每秒数千次。这次不再是支付宝客户端了，而是旺旺。

WPA 截图中显示的数据量是刚才采样期间的，只有几分钟的长度，调出任务管理器，选择 I/O 有关的计数器（见图 17-4），看一看开机以来的累计情况。

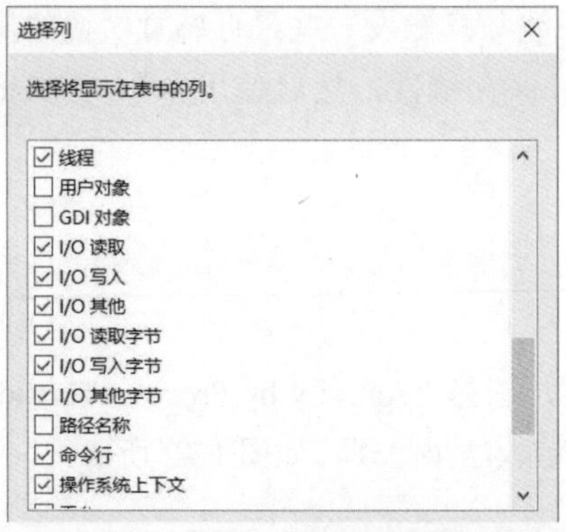

图 17-4　任务管理器的选择列界面

结果很快呈现在面前，按 I/O 读取字节排名，旺旺又是“稳居头把交椅”，总字节数大约 1.6TB（见图 17-5）。1.6TB 什么概念，我的计算机上的两块硬盘加起来的总容量也不到 1.1TB，而整个中文维基百科的所有文本语料也只有大约 1GB，所以 1.6TB 相当于把所有硬盘空间读一遍，把维基百科的中文文本语料读 1600 多遍。

任务管理器

文件(F)　选项(O)　查看(V)

进程　性能　应用历史记录　启动　用户　详细信息　服务

名称	PID	CPU 时间	工作集(内存)	峰值工作集...	I/O 写入	I/O 读取	I/O 其他	I/O 读取字节	I/O 写入字节
wwbizsrv.exe	7100	0:14:15	5,568 K	11,796 K	70	2,118,854	5,275,016	1,689,590,172,278	10,576
DDVDataCollector.exe	13144	0:04:52	12,664 K	29,860 K	53,354	53,352,170	79,018	218,538,119,570	123,292,032
MsMpEng.exe	4296	4:24:17	141,720 K	602,020 K	827,672	2,533,061	68,328,356	60,068,757,633	5,191,797,333
netsession_win.exe	12652	0:24:31	23,936 K	59,488 K	4,842,467	5,077,784	5,466,432	33,365,668,876	5,779,086,593
devenv.exe	11488	0:13:07	253,948 K	526,176 K	187,156	2,054,558	720,369	8,419,244,067	688,315,451
svchost.exe	1680	0:14:21	10,252 K	21,052 K	73,932	340,495	517,513	5,812,438,144	1,486,610,520
svchost.exe	3988	0:05:01	23,992 K	60,176 K	25,725	1,068,819	1,318,100	4,615,550,384	106,922,197
WmiPrvSE.exe	908	2:07:11	52,168 K	533,504 K	4,656,236	9,274,060	11,922,931	3,853,796,573	57,239,428

图 17-5　在任务管理器里观察累计读取字节数

在系统服务列表里，也可以找到这个程序，描述里堂而皇之地写着“为阿里旺旺客户端提供基础保障服务，一旦停止该服务，有可能影响您的阿里旺旺使用”（见图 17-6）。看来虽然图标低调，但其实身份不一般，高居系统服务之位，已经进了系统的管理层。但这个更要求你行为检点，节约系统资源，以身作则，不然，以低特权身份运行在浏览器里的插件们会怎么想？各种广告件又怎么想呢？“论起资源消耗，我还愧不如阿里家的旺旺呢！”

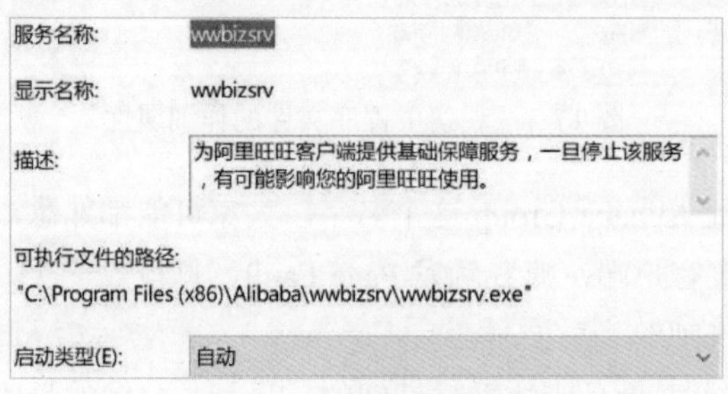

图 17-6　观察服务详情

3. 旺旺，你在读什么

从 WPA 显示的数据来看，旺旺进程在大约 3 分钟的时间里，做了 8801 次文件操作，其中 3634 次都是读操作。于是，我很想知道，“旺旺，你在读什么？”

在 WPA 里面选择更多列，选中“文件路径（File Path）”。于是，旺旺访问的文件列表就显示出来了（见图 17-7）。

Lin...	Process	Event Type	Event	Size (B) Sum	File Path
3562				1,048,576	C:\Program Files (x86)\AliWangWang\9.12.02C\ContactUI.dll
3563				1,048,576	C:\Program Files (x86)\AliWangWang\9.12.02C\ContactUI.dll
3564				1,048,576	C:\Program Files (x86)\AliWangWang\9.12.02C\ContactUI.dll
3565				1,048,576	C:\Program Files (x86)\AliWangWang\9.12.02C\ContactUI.dll
3566				1,048,576	C:\Program Files (x86)\AliWangWang\9.12.02C\AppModel.dll
3567				1,048,576	C:\Program Files (x86)\AliWangWang\9.12.02C\AppModel.dll
3568				1,048,576	C:\Program Files (x86)\AliWangWang\9.12.02C\imsdkmodel.dll
3569				1,048,576	C:\Program Files (x86)\AliWangWang\9.12.02C\imsdkmodel.dll
3570				1,048,576	C:\Program Files (x86)\AliWangWang\9.12.02C\imsdkmodel.dll
3571				1,048,576	C:\Program Files (x86)\AliWangWang\9.12.02C\imsdkmodel.dll
3572				1,048,576	C:\Program Files (x86)\AliWangWang\9.12.02C\imsdkmodel.dll
3573				1,048,576	C:\Program Files (x86)\AliWangWang\9.12.02C\imsdkmodel.dll
3574				1,048,576	C:\Program Files (x86)\AliWangWang\9.12.02C\imsdkmodel.dll
3575				1,048,576	C:\Program Files (x86)\AliWangWang\9.12.02C\imsdkmodel.dll
3576				1,048,576	C:\Program Files (x86)\AliWangWang\9.12.02C\imsdkmodel.dll
3577				1,048,576	C:\Program Files (x86)\AliWangWang\9.12.02C\imsdkbiz.dll
3578				1,048,576	C:\Program Files (x86)\AliWangWang\9.12.02C\imsdkbiz.dll
3579				1,048,576	C:\Program Files (x86)\AliWangWang\9.12.02C\imsdkbiz.dll
3580				1,048,576	C:\Program Files (x86)\AliWangWang\9.12.02C\imsdkbiz.dll

图 17-7 旺旺访问的文件列表

都访问了哪些文件呢？一共 3000 多次，上面截图只是其中的一部分。让我有点惊讶的是，访问的文件类型大多都是 DLL。DLL 是动态链接库，它既不是图片，也不是文档，DLL 里面主要是程序，即资源和编译后的代码。

浏览这个列表，让我更吃惊的是，旺旺读文件的方式很豪放，每一次读操作，不是读几个字节，也不是读几十个字节，也不是读几百个字节……而是一次读大约 1 百万字节。1 百万字节什么概念？我的《软件调试》那本书总共才 100 多万字。旺旺一次大约读那么半本书（中文为双字节编码）。

另一个规律是，旺旺读的差不多都是自己的文件，它没有读系统的，也没有读我的书稿。

旺旺读得最多的一个文件名为 aef.dll，在资源管理器中找到这个文件后，首先让我印象很深的是这个文件的大小——超过 40 MB，其次是这个文件的说明和版权描述都为空白，如图 17-8 所示。

除了 DLL 文件，旺旺读得较多的另一个文件名为 aef.pak，名字里也包含 aef，一定和刚才的 aef.dll 有关系，大小约为 8MB，也不算小，如图 17-9 所示。

PAK 是什么呢？应该是源于英文的 package，即打包的意思，很多游戏程序常常把零零碎碎的各种小文件打包成 PAK。旺旺或许也使用这个技术来打包零碎的文件。直接浏览文件内容，前面一小部分是二进制的，后面是来自 Chromium 的脚本。Chromium 是著名的浏览器项目，旺旺的界面看起来就像是 Web 风格的。

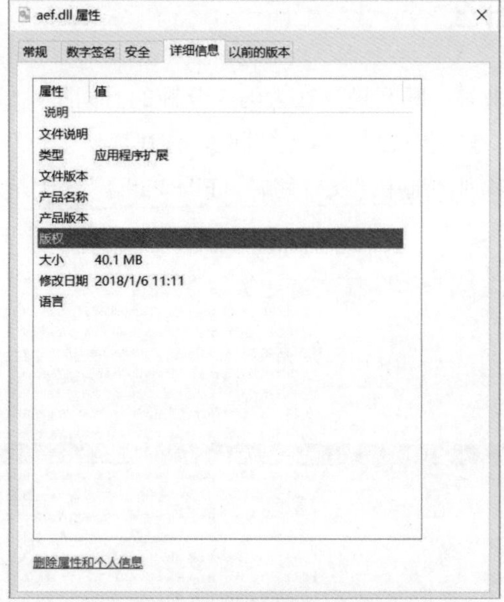

图 17-8　旺旺读得最多的 DLL 文件

```
Lister - [C:\Program Files (x86)\AliWangWang\9.12.02C\aef.pak]
File  Edit  Options  Help                                    0 %
// Copyright (c) 2012 The Chr
// Use of this source code is governed by a BSD-style license that can be
// found in the LICENSE file.

// Copyright (c) 2012 The Chromium Authors. All rights reserved.
// Use of this source code is governed by a BSD-style license that can be
// found in the LICENSE file.

/** @typedef {Document|DocumentFragment|Element} */
var ProcessingRoot;

/**
 * @fileoverview This is a simple template engine inspired by JsTemplates
 * optimized for i18n.
 *
 * It currently supports three handlers:
```

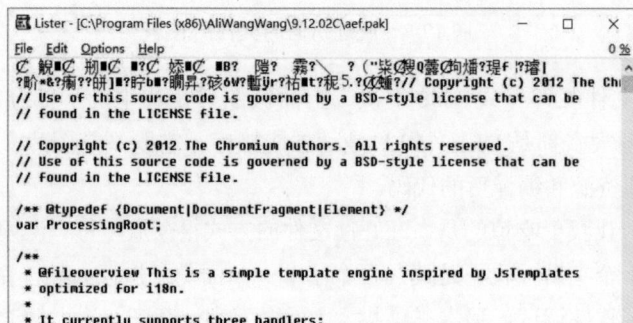

图 17-9　旺旺经常读的 PAK 文件

再后面有很多 JavaScript 代码，如图 17-10 所示。

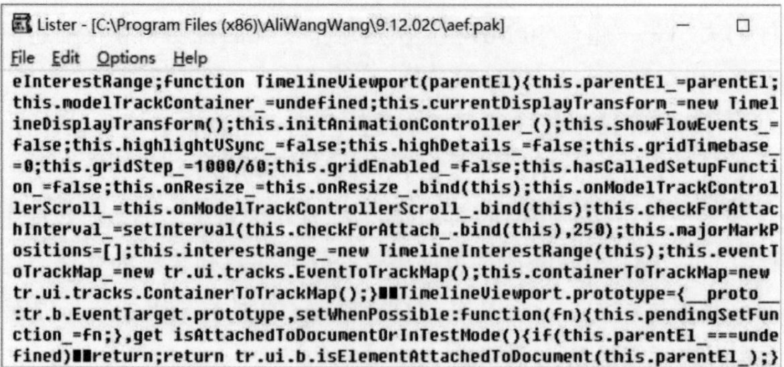

图 17-10　PAK 文件中的 JavaScript 代码

看来旺旺读的文件主要都是代码，有的是编译过的 DLL 代码，有的是脚本代码。如此说来，旺旺像是在孤芳自赏，闲下来，便打开自己家的程序文件，阅读里面的代码。可能是在欣赏代码里的优雅和智慧，也可能是在使用最新的人工智能技术自动寻找瑕疵。也可能……

4. 上调试器

根据我 20 多年的软件开发经验，看了旺旺所读的文件后，我已经大约猜出了旺旺的心思。可能是怕自己的代码被人篡改，所以总在检查。也可能是为了提高性能，做预读，让本来在磁盘上的文件进入到文件系统的缓存（内存）中。

空猜无凭，接下来上调试器找数据。唤出 WinDBG，附加到旺旺服务，失败，Access Denied。哦，忘了它是系统服务，重新以管理员身份运行 WinDBG，赋予它高特权，再次附加，成功。

使用 ~* 命令列出所有线程，一共 8 个，不算多。使用 ~*e .echo ***; ? @$tid;.ttime 命令列出每个线程的执行时间，寻找用时最久的线程。

```
0:008> ~*e .echo ***; ? @$tid;.ttime
***
Evaluate expression: 13676 = 0000356c
Created: Tue Jan 30 14:43:47.119 2018 (UTC + 8:00)
Kernel:  0 days 0:00:00.015
User:    0 days 0:00:00.062
***
Evaluate expression: 22780 = 000058fc
Created: Tue Jan 30 14:43:47.440 2018 (UTC + 8:00)
Kernel:  0 days 0:00:00.203
User:    0 days 0:00:00.046
***
Evaluate expression: 23472 = 00005bb0
Created: Tue Jan 30 14:43:47.782 2018 (UTC + 8:00)
Kernel:  0 days 0:14:18.125
User:    0 days 0:00:14.437
***
（节约篇幅，删除多行）
```

从列表可知，05bb0 线程花的 CPU 时间最长。切换到这个线程。执行 k 命令，观察它的执行经过（见图 17-11）。

```
0:002> kv
ChildEBP RetAddr  Args to Child
020bf940 76af9bd9 00000048 00000000 020bf988 ntdll!NtWaitForSingleObject+0xc (FPO: [3,0,0])
020bf9b4 76af9b32 00000048 001b7740 00000000 KERNELBASE!WaitForSingleObjectEx+0x99 (FPO: [SEH])
020bf9c8 0136e2ea 00000048 001b7740 ea56f0d6 KERNELBASE!WaitForSingleObject+0x12 (FPO: [Non-Fpo])
WARNING: Stack unwind information not available. Following frames may be wrong.
020bf9f8 0136e32b 020bfa38 01419175 00efef44 wwbizsrv!curl_formfree+0x20dc9
020bfa00 01419175 00efef44 ea56f316 0141919b wwbizsrv!curl_formfree+0x20e0a
020bfa38 014191ff 0141919b 020bfa58 75a88744 wwbizsrv!OPENSSL_Applink+0x94515
020bfa44 75a88744 01dbb8b0 75a88720 6acd4095 wwbizsrv!OPENSSL_Applink+0x9459f
020bfa58 7711582d 01dbb8b0 192b0def 00000000 KERNEL32!BaseThreadInitThunk+0x24 (FPO: [Non-Fpo])
020bfaa0 771157fd ffffffff 77136384 00000000 ntdll!__RtlUserThreadStart+0x2f (FPO: [SEH])
020bfab0 00000000 0141919b 01dbb8b0 00000000 ntdll!_RtlUserThreadStart+0x1b (FPO: [Non-Fpo])
```

图 17-11　用时最长的线程

有人说，人生有 3 个基本问题，从哪里来，到哪里去，现在在干什么。软件何尝不是如此呢？但人生的 3 个基本问题比较难回答。而软件的 3 个问题执行一条 k 命令的结果便是答案。

从图 17-11 来看，这个线程来自 wwbizsrv 模块，也就是旺旺服务的主程序，因为没有符号文件，我们只能看到几个非常粗略的参照物。CPU 在 wwbizsrv 模块中执行了几个函数后，开始调用系统的 WaitForSingleObject 函数，等待信号，进入内核。概括说来，这个线程来自旺旺服务的主模块，目前在等待信号，处于休息状态，它要往哪里去呢？答案是“去读硬盘啊”！

我推测，它现在是休息一会，休息好了，继续玩硬盘。或者说，写这段代码的同行也知道，一直玩硬盘不行，要等一会，玩一下，等一会，玩一下。

等多久呢？查看 WaitForSingleObject 函数的参数就知道了，第二个参数是 001b7740 。十六进制的，不好理解，转换一下：

```
0:002> ? 001b7740
Evaluate expression: 1800000 = 001b7740
```

单位是毫秒，换算成分钟是 30，哦，看来是要等待 30 分钟。如此看来，我刚才采样 3 分钟能捕捉到这个事件，非常幸运！

轻敲键盘，在读文件之要塞处埋个断点——bp ntdll!NtReadFile，并给任务管理器做个截图，留作后面比较，然后先做做其他事情，如图 17-12 所示。

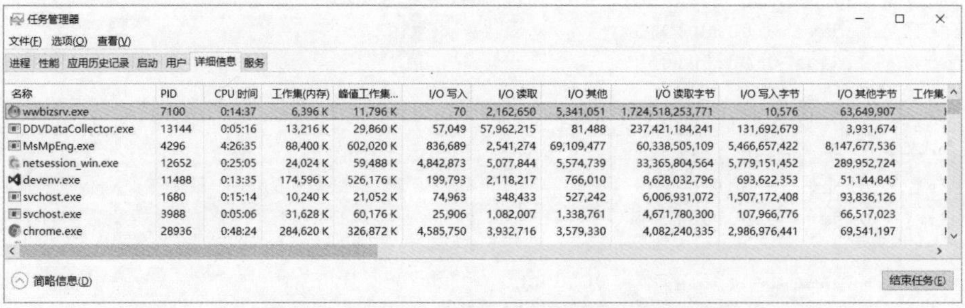

任务管理器

文件(F) 选项(O) 查看(V)

进程 性能 应用历史记录 启动 用户 详细信息 服务

名称	PID	CPU 时间	工作集(内存)	峰值工作集...	I/O 写入	I/O 读取	I/O 其他	I/O 读取字节	I/O 写入字节	I/O 其他字节	工作集.
wwbizsrv.exe	7100	0:14:37	6,396 K	11,796 K	70	2,162,650	5,341,051	1,724,518,253,771	10,576	63,649,907	
DDVDataCollector.exe	13144	0:05:16	13,216 K	29,860 K	57,049	57,962,215	81,488	237,421,184,241	131,692,679	3,931,674	
MsMpEng.exe	4296	4:26:35	88,400 K	602,020 K	836,689	2,541,274	69,109,477	60,338,505,109	5,466,657,422	8,147,677,536	
netsession_win.exe	12652	0:25:05	24,024 K	59,488 K	4,842,873	5,077,844	5,574,739	33,365,804,564	5,779,151,452	289,952,724	
devenv.exe	11488	0:13:35	174,596 K	526,176 K	199,793	2,118,217	766,010	8,628,032,796	693,622,353	51,144,845	
svchost.exe	1680	0:15:14	10,240 K	21,052 K	74,963	348,433	527,242	6,006,931,072	1,507,172,408	93,836,126	
svchost.exe	3988	0:05:06	31,628 K	60,176 K	25,906	1,082,007	1,338,761	4,671,780,300	107,966,776	66,517,023	
chrome.exe	28936	0:48:24	284,620 K	326,872 K	4,585,750	3,932,716	3,579,330	4,082,240,335	2,986,976,441	69,541,197	

简略信息(D) 结束任务(E)

图 17-12 用作比较基础的任务管理器截图

5. 疾风骤雨

半小时很快过去，断点命中，果然是刚才的线程。

```
0:002> kcn
 #
00 ntdll!NtReadFile
01 KERNELBASE!ReadFile
02 wwbizsrv!curl_formfree
03 wwbizsrv!curl_formfree
(节约篇幅，删除多行)
09 KERNEL32!BaseThreadInitThunk
0a ntdll!__RtlUserThreadStart
```

```
0b ntdll!_RtlUserThreadStart
```

再对打开文件的系统调用设置断点，命中后观察文件名，果然是在读旺旺的 DLL。

```
0:002> dU 01db22e8
01db22e8  "c:\program files (x86)\aliwangwa"
01db2328  "ng\9.12.02c\appmodel.dll"
```

调整前面的两个断点，让其自动打印和自动恢复执行，因为预计要读很多个文件。对于读很多次，如果每次手动观察，那太累了。自动断点设置好后，恢复旺旺执行，果然输出不断（见图 17-13）。

哗哗地输出了几十秒后，终于安静下来了，一波暴风雨过去了。图 17-13 只是疯狂输出的一小部分。可以看到，其中靠下面的就是我们前面提到的 aef.dll。

疯狂过后，我浏览自动输出，可以看到旺旺似乎是把旺旺客户端的所有文件都读了一遍，观察旺旺目录的大小，为 221MB（见图 17-14）。

```
029ddd68  "c:\program files (x86)\aliwangwa"
029ddda8  "ng\9.12.02c\imsdkbiz.dll"
**********wangwang is reading disk-----
**********wangwang is reading disk-----
**********wangwang is reading disk-----
**********wangwang is reading disk-----
**********wangwang is reading disk-----
**********wangwang is reading disk-----
**********wangwang is reading disk-----
wangwang is opening file:
029ef1f8  "c:\program files (x86)\aliwangwa"
029ef238  "ng\9.12.02c\AppBiz.dll"
**********wangwang is reading disk-----
**********wangwang is reading disk-----
wangwang is opening file:
029eec58  "c:\program files (x86)\aliwangwa"
029eec98  "ng\9.12.02c\aef.dll"
**********wangwang is reading disk-----
**********wangwang is reading disk-----
**********wangwang is reading disk-----
**********wangwang is reading disk-----
**********wangwang is reading disk-----
**********wangwang is reading disk-----
**********wangwang is reading disk-----
```

图 17-13　通过断点命令输出的读文件信息

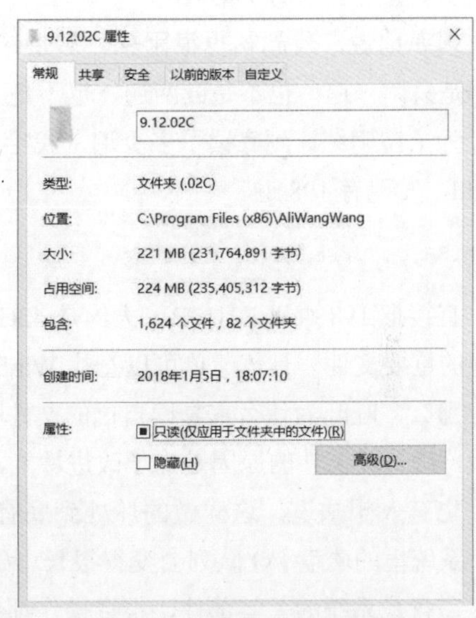

图 17-14　旺旺程序目录的大小

再观察任务管理器（见图 17-15），I/O 读取字节指标已经由几分钟前的 1724518253771，上升到 1742116289711。

任务管理器

文件(F)　选项(O)　查看(V)

进程　性能　应用历史记录　启动　用户　详细信息　服务

名称	PID	CPU	CPU 时间	页面错误	I/O 写入	I/O 读取	I/O 其他	I/O 读取字节	I/O 写入字节	I/O 其他字节
wwbizsrv.exe	7100	00	0:14:48	89,931,539	70	2,184,716	5,369,548	1,742,116,289,711	10,576	63,883,567
DDVDataCollector.exe	13144	00	0:05:16	199,156	57,077	57,962,217	81,604	237,421,196,577	131,758,575	3,936,846
MsMpEng.exe	4296	00	4:28:35	48,533,479	846,818	2,623,475	69,517,953	68,599,241,505	5,487,475,882	8,203,386,250
netsession_win.exe	12652	00	0:25:13	400,028	4,842,879	5,077,864	5,605,587	33,365,864,826	5,779,156,465	290,965,764
devenv.exe	11488	00	0:13:44	1,170,149	204,630	2,173,772	794,312	8,835,770,659	695,653,893	51,573,183
svchost.exe	1680	00	0:15:15	5,206,713	75,253	350,982	530,099	6,028,187,904	1,513,868,984	94,447,990
svchost.exe	3988	00	0:05:07	5,716,343	25,927	1,084,646	1,342,817	4,683,036,030	108,145,906	66,610,256

图 17-15　再次观察任务管理器中的数据

把疯狂前后的两个数字相减。

```
0:008> ?? 1742116289711-1724518253771
int64 0n17598035940
0:008> ? 0n17598035940
Evaluate expression: 17598035940 = 00000004`18ecb7e4
```

差值大约是 16.38GB。

```
0:008> ?? 17598035940/(1024*1024*1024.0)
double 16.389448139816523
```

6. “读你 198 遍，我不厌倦”

聪明的读者看到这里可能有个疑惑，整个目录的大小为 221MB，那么读一遍怎么在任务管理器里会上升 16GB 呢？

坦率地说，我起初也很困惑。后来仔细阅读 WinDBG 的输出信息，突然明白了，原来旺旺不是只读一遍，也不是读两遍，也不是 10 遍、20 遍，而是难以计数的遍数。

为了精确统计到底读了多少遍，我特意把输出结果复制到 VC 编辑器中，然后查找和替换 aef.dll，发现有 198 遍。

```
198 occurrence(s) have been replaced.
```

直接把 198 乘以 221MB，大约是 42GB，那么旺旺可能每一遍不是读整个目录，而是读目录中的重要文件。具体清单可以查找 WinDBG 的输出，暂不追究。

那么，旺旺为什么重复读自己的文件呢？本文初稿发表后，负责旺旺开发的同行很快就联系我，确认读文件的原因是为了改进性能，而且这个逻辑源自开源的 Chromium 项目。

也有人想知道，这样做的坏处到底有多大呢？简单回答，当这样的疯狂读磁盘动作开始后，系统里的磁盘 I/O 队列会变得很长。磁盘队列长，意味着读磁盘要排长队。

磁盘是系统的关键部件，很多操作都依赖磁盘。受影响的不仅仅是文件读写，还有系统里的 Page Fault 处理。因此，长的磁盘队列会让磁盘成为系统的瓶颈，影响整个系统的性能。顶层的表现就是系统缓慢，反应不灵活，甚至出现明显的卡顿。

马云曾说过，阿里早期发展时遇到的最大问题是“信任”问题，买家不相信卖家，不敢付钱，卖家不相信买家，不敢发货……最后的解决方法是通过数据建立信任，什么是数据，网页上的每一句描述，旺旺聊天里的每一次对话，都是数据，都是凭证，都是信任的基础。从这个角度上看，我们能更好地理解阿里为什么不复用现成的 QQ，而是自己花力气开发一个旺旺。从这个角度来看，旺旺对于阿里的成功乃至于整个中国互联网的蓬勃发展是有巨大贡献的，可谓功勋卓著。

但是也有名人说过，信任很脆弱，是很容易破碎的。今天，广大的用户因为信任阿里，所以大家都毫不犹豫地安装了旺旺。但是看到旺旺如此疯狂地访问硬盘，无谓地消耗系统资源，

我真的很生气，其他用户可能也很生气。惹恼了的用户可能会把这个淘气的“孩子”赶出系统。刚刚，我已经把排名在旺旺后的DELL程序和Akamai程序删除掉了，并把旺旺服务设置为禁用状态，只允许其在规定时间运行，并希望阿里的同行能早日修正这个问题。

初稿写于2018-02-08，2024-12-17略作修改于863国家软件园

第 18 章
在调试里看NV驱动栈溢出导致的连环死锁

最近我的计算机出了一个怪毛病，偶尔会发生应用程序卡死。卡死的程序可能是 VirtualBox，可能是资源管理器，也可能是其他软件。可能是一个程序卡死，也可能是几个程序卡死，整个系统不能动弹，只好触发蓝屏，或者长按 4 秒电源键，关机重启。

1. 三次挂死

现在回想起来，第一次发生这个问题时，是在写一篇文章，正在收尾完工的时候，整个系统突然不能反应，屏幕全黑，但是我没有放弃，插了个 USB 键盘上去，过了一会，键盘居然有反应了，数字键锁定灯（NumLock）可以亮或者暗，于是我按下【Ctrl + ScrollLock】组合键，触发蓝屏，虽然屏幕已经死了，没有显示，但是根据多年的经验，我感觉到了蓝屏是成功的，仿佛看到了那缕蓝光冲破黑暗，闪现出来……重启之后，真的发现有 dump 保存下来，说明我的感觉是对的。

第二次发生这个问题是在北京讲课时，讲着讲着我一时兴起，想做个即兴的演示给大家看，没想到在搜索要启动的程序时整个系统卡死，突然的事故让我有点措手不及，赶紧解释了一下，然后趁课间休息的时间重启系统。

第三次发生在今天，一方面考虑到周五要做的公开课，另一方面考虑到已经忍了两次，第三次不能忍了，是可忍孰不可忍？

这一次挂死的是 WinDBG，我唤起它是要做内核调试的，目标机冻结，熟悉的 int 3 出现（见图 18-1），一切顺利，但是 WinDBG 的命令行始终处于 BUSY 状态。

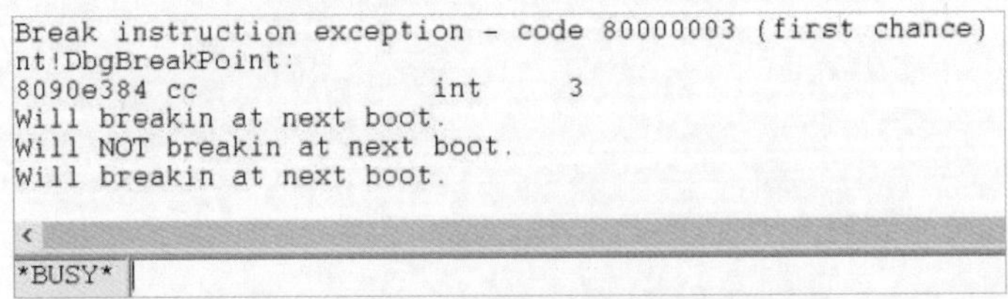

Break instruction exception - code 80000003 (first chance)
nt!DbgBreakPoint:
8090e384 cc   int   3
Will breakin at next boot.
Will NOT breakin at next boot.
Will breakin at next boot.
BUSY

图 18-1　WinDBG 的命令行持续 BUSY

通常这样的等待是因为 WinDBG 在寻找符号，我利用这个间隙去倒茶。但这一次，倒好茶以后还是 BUSY，我意识到是问题出现了。

2. 偷摸发信被卡牢

再启动一个 WinDBG，附加到已经挂死的 WinDBG 上，执行 ~* k 命令进行观察，先是看到调试引擎线程卡在一个关键区上。

```
   1  Id: e24.2fb8 Suspend: 1 Teb: 00000063`3def0000 Unfrozen
 # Child-SP  RetAddr   Call Site
00 00000063`3e2ff278 00007fff`3f43be9b ntdll!NtWaitForAlertByThreadId+0x14
01 00000063`3e2ff280 00007fff`3f43bd01 ntdll!RtlpWaitOnAddressWithTimeout+0x43
02 00000063`3e2ff2b0 00007fff`3f414571 ntdll!RtlpWaitOnCriticalSection+0x1a1
03 00000063`3e2ff360 00007fff`3f414490 ntdll!RtlpEnterCriticalSectionContended+0xd1
(节约篇幅，删除多行)
0e 00000063`3e2ffb10 00007fff`3eb52774 windbg+0x1c0c4
0f 00000063`3e2ffba0 00007fff`3f470d51 KERNEL32!BaseThreadInitThunk+0x14
10 00000063`3e2ffbd0 00000000`00000000 ntdll!RtlUserThreadStart+0x21
```

观察这个关键区。

```
0:010> !locks
CritSec sqmapi!WPP_REGISTRATION_GUIDS+2298 at 00007fff28bc97d0
WaiterWokenNo
LockCount  1
RecursionCount 1
OwningThread   3520
EntryCount 0
ContentionCount1
*** Locked
Scanned 31 critical sections
```

看来这个关键区是被 3520 线程捷足先登了，切到这个线程，继续观察。

```
   2  Id: e24.3520 Suspend: 1 Teb: 00000063`3def2000 Unfrozen
 # Child-SP  RetAddr   Call Site
00 00000063`3e37e538 00007fff`3cf32bf2 ntdll!NtAlpcSendWaitReceivePort+0x14
01 00000063`3e37e540 00007fff`3cfc9b61 RPCRT4!LRPC_BASE_CCALL::DoSendReceive+0x112
02 00000063`3e37e5f0 00007fff`3cfc85bd RPCRT4!NdrpClientCall3+0xa61
(节约篇幅，删除多行)
07 00000063`3e37f360 00007fff`038498e7 sqmapi!SqmStartUpload+0x1e0
08 00000063`3e37f3c0 00007fff`03849a5b dbgeng!Ordinal327+0x24147
09 00000063`3e37f830 00007fff`3eb52774 dbgeng!Ordinal327+0x242bb
0a 00000063`3e37f860 00007fff`3f470d51 KERNEL32!BaseThreadInitThunk+0x14
0b 00000063`3e37f890 00000000`00000000 ntdll!RtlUserThreadStart+0x21
```

从第 7 行来看，sqmapi!SqmStartUpload 是著名的遥感机制（Telemetry），试图往家里发数据（参见《格蠹汇编》中的“在调试器里看 Windows 7 发信回家”部分）。

从 IsNetworkAlive 来看，是在发信之前判断是否有网络。但这个看似简单的问题其实并不容易，于是利用 RPC 发起远程调用。

我们暂不评论偷摸发信是否合理，还是继续追踪为什么判断是否联网这点小事就能把骁勇的 WinDBG 卡死？

3. 寻找 RPC 的服务端

又是 RPC，仍然使用上次的方法（参见第 15 章），使用本地内核调试找到 3520 线程，可以看到它真的在等待 RPC 回应。

```
    THREAD ffffcb008241c080  Cid 0e24.3520  Teb: 000000633def2000 Win32Thread:
0000000000000000 WAIT: (WrLpcReply) UserMode Non-Alertable
    ffffcb008241c6c8  Semaphore Limit 0x1
    Waiting for reply to ALPC Message ffff8a8281d7b650 : queued at port ffffcb007146c6e0 :
owned by process ffffcb00713c2640
    Not impersonating
    DeviceMap ffff8a8283d9b630
    Owning Processffffcb0082fa2640   Image: windbg.exe
    Attached Process  N/AImage: N/A
    Wait Start TickCount  3574818Ticks: 89602 (0:00:23:20.031)
    Context Switch Count  7  IdealProcessor: 1
```

观察服务进程。

```
lkd> !process ffffcb00713c2640 0
PROCESS ffffcb00713c2640
SessionId: 0  Cid: 07c8Peb: 93377db000  ParentCid: 033c
DirBase: 11145b000  ObjectTable: ffff8a827e09d340  HandleCount: 199.
Image: svchost.exe
```

原来是 svchost，根据进程 ID（7c8，即 1992）到服务列表里查找（见图 18-2），找到的是“系统事件通知服务”（System Event Notification Service），简称 SENS。

图 18-2　根据进程 ID 查找服务名称

搜索 MSDN，可以找到 SENS 服务的详细文档（见图 18-3）。

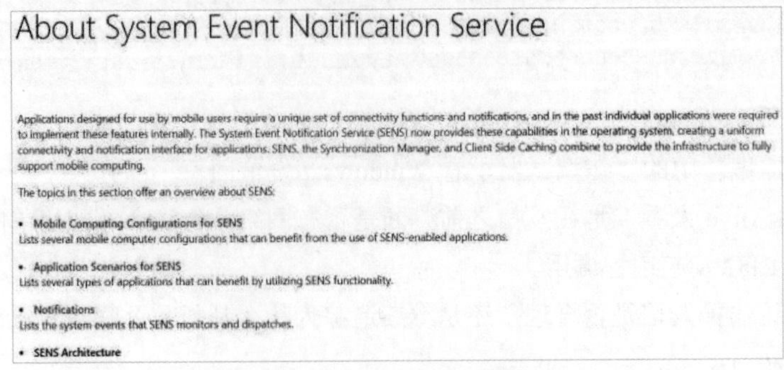

About System Event Notification Service

Applications designed for use by mobile users require a unique set of connectivity functions and notifications, and in the past individual applications were required to implement these features internally. The System Event Notification Service (SENS) now provides these capabilities in the operating system, creating a uniform connectivity and notification interface for applications. SENS, the Synchronization Manager, and Client Side Caching combine to provide the infrastructure to fully support mobile computing.

The topics in this section offer an overview about SENS:

- **Mobile Computing Configurations for SENS**
  Lists several mobile computer configurations that can benefit from the use of SENS-enabled applications.
- **Application Scenarios for SENS**
  Lists several types of applications that can benefit by utilizing SENS functionality.
- **Notifications**
  Lists the system events that SENS monitors and dispatches.
- **SENS Architecture**

图 18-3　SENS 服务的详细文档

4. 探索 SENS 服务

继续在调试器里观察 SENS 服务进程，通过 !alpc -m 消息找到 WinDBG 所调用 RPC 的服务线程。结果让人吃惊，和微信的例子（第 15 章）有点类似，这个服务线程又发起 RPC 了，在等待回复，又是连环的 RPC。

```
    THREAD ffffcb0081b95040  Cid 07c8.1dc0  Teb: 000000933765c000 Win32Thread: 0000000000000000 WAIT: (WrLpcReply) UserMode Non-Alertable
    ffffcb0081b95688  Semaphore Limit 0x1
    Waiting for reply to ALPC Message ffff8a827dcca040 : queued at port ffffcb007f2d0890 : owned by process ffffcb007e967080
    Not impersonating
    DeviceMap ffff8a826f602090
    Owning Processffffcb00713c2640   Image: svchost.exe
    Attached Process  N/AImage: N/A
    Wait Start TickCount  3658023Ticks: 456617 (0:01:58:54.640)
    Context Switch Count  237IdealProcessor: 2
    UserTime  00:00:00.000
    KernelTime00:00:00.000
    Win32 Start Address ntdll!TppWorkerThread (0x00007fff3f4412c0)
    Stack Init ffff9e01ddd7fc10 Current ffff9e01ddd7f3c0
    Base ffff9e01ddd80000 Limit ffff9e01ddd79000 Call 0000000000000000
    Priority 8 BasePriority 8 PriorityDecrement 0 IoPriority 2 PagePriority 5
    Kernel stack not resident.
```

它为什么要发起 RPC 呢？我又启动一个 WinDBG，附加到 SENS 进程，观察服务线程的用户态栈回溯（见图 18-4）。

```
0:001> kn
 # Child-SP          RetAddr           Call Site
00 00000093`3b37da18 00007fff`3cf32bf2 ntdll!NtAlpcSendWaitReceivePort+0x14
01 00000093`3b37da20 00007fff`3cfc9b61 RPCRT4!LRPC_BASE_CCALL::DoSendReceive+0x112
02 00000093`3b37dad0 00007fff`3cfc85bd RPCRT4!NdrpClientCall3+0xa61
03 00000093`3b37df10 00007fff`3363014d RPCRT4!NdrClientCall3+0xed
04 00000093`3b37e2a0 00007fff`3362f7c6 rasman!RemoteSubmitRequestLocal+0x81
05 00000093`3b37e310 00007fff`336332c3 rasman!PutLocalRequestInQueue+0x16e
06 00000093`3b37e340 00007fff`336290c7 rasman!SubmitLocalRequest+0x2bf7
07 00000093`3b37e470 00007fff`3365c961 rasman!RasConnectionEnum+0x67
08 00000093`3b37e4a0 00007fff`360097d2 RasApi32!RasEnumConnectionsW+0x141
09 00000093`3b37e540 00007fff`36008f5e sens!EvaluateWanConnectivity+0x152
0a 00000093`3b37e5e0 00007fff`3cf688d3 sens!RPC_IsNetworkAlive+0x13e
0b 00000093`3b37e650 00007fff`3cfcc93e RPCRT4!Invoke+0x73
0c 00000093`3b37e6b0 00007fff`3cf536ac RPCRT4!Ndr64StubWorker+0xbde
0d 00000093`3b37ed80 00007fff`3cf43bb4 RPCRT4!NdrServerCallAll+0x3c
0e 00000093`3b37edd0 00007fff`3cf42cbd RPCRT4!DispatchToStubInCNoAvrf+0x24
0f 00000093`3b37ee20 00007fff`3cf4354b RPCRT4!RPC_INTERFACE::DispatchToStubWorker+0x1bd
10 00000093`3b37eef0 00007fff`3cf31256 RPCRT4!RPC_INTERFACE::DispatchToStub+0xcb
11 00000093`3b37ef50 00007fff`3cf31d35 RPCRT4!LRPC_SCALL::DispatchRequest+0x316
12 00000093`3b37f030 00007fff`3cf3521e RPCRT4!LRPC_SCALL::HandleRequest+0x8d5
13 00000093`3b37f140 00007fff`3cf36ad8 RPCRT4!LRPC_ADDRESS::HandleRequest+0x2ee
14 00000093`3b37f1e0 00007fff`3cf381e8 RPCRT4!LRPC_ADDRESS::ProcessIO+0x8d8
15 00000093`3b37f320 00007fff`3f442cc3 RPCRT4!LrpcIoComplete+0xd8
16 00000093`3b37f3c0 00007fff`3f4416b6 ntdll!TppAlpcpExecuteCallback+0x273
17 00000093`3b37f470 00007fff`3eb52774 ntdll!TppWorkerThread+0x3f6
18 00000093`3b37f780 00007fff`3f470d51 KERNEL32!BaseThreadInitThunk+0x14
19 00000093`3b37f7b0 00000000`00000000 ntdll!RtlUserThreadStart+0x21
```

图 18-4　服务线程的用户空间调用栈

从 #0a 来看，上面这个线程真的是在处理 WinDBG 发起的“网络是否可用”的请求，执行的函数是 sens!RPC_IsNetworkAlive。但看起来这个问题它也不能做主，要继续调用 RasApi32!RasEnumConnectionsW。这个函数是有文档的，如下：

```
DWORD RasEnumConnections(
  _Inout_ LPRASCONN lprasconn,
  _Inout_ LPDWORD   lpcb,
  _Out_   LPDWORD   lpcConnections
);
```

不过我们不想读，因为从栈上来看，它内部又发起了 RPC，与我们在内核态看到的结论是一致的。

5. RAS 服务

从函数名可以看出，SENS 服务调用的是 RAS 服务。有了这个信息，便可以从服务列表里找 RAS 服务，也可以继续用我们的内核调试会话找。无论哪种方法，结论都是，SENS 服务调用的是进程 ID 为 3488 的 svchost 进程。

再开一个 WinDBG（上调试器），以非入侵方式附加到 3488 进程，执行 ~* k 命令进行观察。立刻发现了特殊情况：第 31 号线程的栈帧特别多，显示得很长，而且感觉还没有显示完整。

切换到 31 号线程，k 2000，用了几十秒才显示完毕，一共有 3130（c3a）个栈帧。根据我的经验，这样疯狂的调用很可能把栈用光了。观察寄存器现场：

```
0:031> r
rax=0000000000000001 rbx=00007fff03fb3060 rcx=000000046db83f10
rdx=0000000000000000 rsi=000001fd79f640a0 rdi=000000046db84140
rip=00007fff03fb3103 rsp=000000046db83ee0 rbp=000000046db83fe0
 r8=0000000000000180  r9=000000046db84404 r10=0000000000000004
r11=000000046db840c8 r12=0000000000000001 r13=000001fd78a82c30
r14=0000000000000000 r15=0000000000000000
iopl=0 nv up ei pl zr na po nc
cs=0033  ss=002b  ds=002b  es=002b  fs=0053  gs=002b  efl=00010244
D3D12!NDXGI::CDevice::SubmitCommandCB+0xa3:
00007fff`03fb3103 e8f07b0200  callD3D12!memset (00007fff`03fdacf8)
```

显示栈指针附近的内存：

```
0:031> dd 000000046db83ee0
00000004`6db83ee0  00000000 00000000 00000000 00000000
```

可以显示，说明栈上有可用内存。

但是从内核空间观察这个线程，明明是有异常发生了，调用栈里有 KiRaiseException 等异常函数（参见电子资源包中相应的图）。

这是怎么回事呢？调试经验丰富或者认真读过《软件调试》的读者或许已经想出了原因。用户态的栈是可以自动增长的，一般是先保留 1MB，提交一点点，在提交部分上面放一个保护页，提交过的空间用完了就会碰到保护页，于是再提交。

但是这个过程不是无止境的，在 32 位时，当栈的保护页已经到了保留的最后一个页时，保护页无处可移，此时系统会发出栈溢出异常，通知应用程序，栈要用完了。观察 31 号线程的栈，果然已经没有带 PAGE_GUARD 属性的保护页了（见图 18-5）。

```
4`6db75000      0`000f5000 MEM_PRIVATE MEM_RESERVE                                  Stack     [~30; da0.3040]
4`6db78000      0`00003000 MEM_PRIVATE MEM_COMMIT  PAGE_READWRITE|PAGE_GUARD        Stack     [~30; da0.3040]
4`6db80000      0`00008000 MEM_PRIVATE MEM_COMMIT  PAGE_READWRITE                   Stack     [~30; da0.3040]
4`6db81000      0`00001000 MEM_PRIVATE MEM_RESERVE                                  Stack     [~31; da0.2b64]
4`6dc80000      0`000ff000 MEM_PRIVATE MEM_COMMIT  PAGE_READWRITE                   Stack     [~31; da0.2b64]
4`6dd75000      0`000f5000 MEM_PRIVATE MEM_RESERVE                                  Stack     [~32; da0.e10]
4`6dd78000      0`00003000 MEM_PRIVATE MEM_COMMIT  PAGE_READWRITE|PAGE_GUARD        Stack     [~32; da0.e10]
4`6dd80000      0`00008000 MEM_PRIVATE MEM_COMMIT  PAGE_READWRITE                   Stack     [~32; da0.e10]
```

图 18-5　使用 !address 命令观察栈所属的内存区

看来真的是栈溢出了。

6. 谁用光了栈

那么，是谁用光了栈空间呢？浏览 k 命令的结果（见图 18-6），很容易看出答案，名为 nvwgf2umx_cfg 的模块似乎陷入了死循环，反复调用了数千次。

```
dd 00000004`6db95ba0 00007ffe`ed929ecd nvwgf2umx_cfg!NVAPI_Thunk+0x2e428
de 00000004`6db95e90 00007ffe`edcbc130 nvwgf2umx_cfg!NVAPI_Thunk+0x3934d
df 00000004`6db95ed0 00007ffe`ed91efa8 nvwgf2umx_cfg!NVAPI_Thunk+0x3cb5b0
e0 00000004`6db95f70 00007ffe`ed929ecd nvwgf2umx_cfg!NVAPI_Thunk+0x2e428
e1 00000004`6db96260 00007ffe`edcbc130 nvwgf2umx_cfg!NVAPI_Thunk+0x3934d
e2 00000004`6db962a0 00007ffe`ed91efa8 nvwgf2umx_cfg!NVAPI_Thunk+0x3cb5b0
e3 00000004`6db96340 00007ffe`ed929ecd nvwgf2umx_cfg!NVAPI_Thunk+0x2e428
e4 00000004`6db96630 00007ffe`edcbc130 nvwgf2umx_cfg!NVAPI_Thunk+0x3934d
e5 00000004`6db96670 00007ffe`ed91efa8 nvwgf2umx_cfg!NVAPI_Thunk+0x3cb5b0
e6 00000004`6db96710 00007ffe`ed929ecd nvwgf2umx_cfg!NVAPI_Thunk+0x2e428
e7 00000004`6db96a00 00007ffe`edcbc130 nvwgf2umx_cfg!NVAPI_Thunk+0x3934d
e8 00000004`6db96a40 00007ffe`ed91efa8 nvwgf2umx_cfg!NVAPI_Thunk+0x3cb5b0
e9 00000004`6db96ae0 00007ffe`ed929ecd nvwgf2umx_cfg!NVAPI_Thunk+0x2e428
ea 00000004`6db96dd0 00007ffe`edcbc130 nvwgf2umx_cfg!NVAPI_Thunk+0x3934d
eb 00000004`6db96e10 00007ffe`ed91efa8 nvwgf2umx_cfg!NVAPI_Thunk+0x3cb5b0
ec 00000004`6db96eb0 00007ffe`ed929ecd nvwgf2umx_cfg!NVAPI_Thunk+0x2e428
ed 00000004`6db971a0 00007ffe`edcbc130 nvwgf2umx_cfg!NVAPI_Thunk+0x3934d
ee 00000004`6db971e0 00007ffe`ed91efa8 nvwgf2umx_cfg!NVAPI_Thunk+0x3cb5b0
ef 00000004`6db97280 00007ffe`ed929ecd nvwgf2umx_cfg!NVAPI_Thunk+0x2e428
f0 00000004`6db97570 00007ffe`edcbc130 nvwgf2umx_cfg!NVAPI_Thunk+0x3934d
f1 00000004`6db975b0 00007ffe`ed91efa8 nvwgf2umx_cfg!NVAPI_Thunk+0x3cb5b0
f2 00000004`6db97650 00007ffe`ed929ecd nvwgf2umx_cfg!NVAPI_Thunk+0x2e428
f3 00000004`6db97940 00007ffe`edcbc130 nvwgf2umx_cfg!NVAPI_Thunk+0x3934d
f4 00000004`6db97980 00007ffe`ed91efa8 nvwgf2umx_cfg!NVAPI_Thunk+0x3cb5b0
f5 00000004`6db97a20 00007ffe`ed929ecd nvwgf2umx_cfg!NVAPI_Thunk+0x2e428
f6 00000004`6db97d10 00007ffe`edcbc130 nvwgf2umx_cfg!NVAPI_Thunk+0x3934d
f7 00000004`6db97d50 00007ffe`ed91efa8 nvwgf2umx_cfg!NVAPI_Thunk+0x3cb5b0
f8 00000004`6db97df0 00007ffe`ed929ecd nvwgf2umx_cfg!NVAPI_Thunk+0x2e428
f9 00000004`6db980e0 00007ffe`edcbc130 nvwgf2umx_cfg!NVAPI_Thunk+0x3934d
fa 00000004`6db98120 00007ffe`ed91efa8 nvwgf2umx_cfg!NVAPI_Thunk+0x3cb5b0
fb 00000004`6db981c0 00007ffe`ed929ecd nvwgf2umx_cfg!NVAPI_Thunk+0x2e428
```

图 18-6　31 号线程的调用栈（局部）

这个模块是谁家的呢？从模块中的 nv 可以推测可能是 nvidia，使用 lmvm 命令显示详情，果然是英伟达（见图 18-7）。

```
0:031> lmvm nvwgf2umx_cfg
Browse full module list
start             end                 module name
00007ffe`ed050000 00007ffe`eea8c000   nvwgf2umx_cfg    (export symbols)       C:\WINDOWS
    Loaded symbol image file: C:\WINDOWS\System32\DriverStore\FileRepository\nvdmui.in
    Image path: C:\WINDOWS\System32\DriverStore\FileRepository\nvdmui.inf_amd64_01ba00
    Image name: nvwgf2umx_cfg.dll
    Browse all global symbols  functions  data
    Timestamp:        Sat Sep  2 12:25:45 2017 (59AA32C9)
    CheckSum:         019EF1D1
    ImageSize:        01A3C000
    File version:     22.21.13.8554
    Product version:  22.21.13.8554
    File flags:       8 (Mask 3F) Private
    File OS:          40004 NT Win32
    File type:        3.4 Driver
    File date:        00000000.00000000
    Translations:     0409.04e4
    CompanyName:      NVIDIA Corporation
    ProductName:      NVIDIA D3D10 drivers
    InternalName:     nvwgf2um
    OriginalFilename: nvwgf2um.dll
    ProductVersion:   22.21.13.8554
    FileVersion:      22.21.13.8554
    FileDescription:  NVIDIA D3D10 Driver, Version 385.54
    LegalCopyright:   (C) 2017 NVIDIA Corporation. All rights reserved.
```

图 18-7　nvwgf2umx_cfg 模块的详细信息

查看文件日期，发现还是很新的文件。

7. 辕门失火

那么 RAS 服务内部为什么要调用 NV 的模块呢？浏览 31 号线程的栈帧，看它为何发起长调用（见图 18-8）。

```
c17 00000004`6dc7a000 00007ffe`ed929ecd nvwgf2umx_cfg!NVAPI_Thunk+0x2e428
c18 00000004`6dc7a2f0 00007ffe`edcbc130 nvwgf2umx_cfg!NVAPI_Thunk+0x3934d
c19 00000004`6dc7a330 00007ffe`ed91efa8 nvwgf2umx_cfg!NVAPI_Thunk+0x3cb5b0
c1a 00000004`6dc7a3d0 00007ffe`ed929ecd nvwgf2umx_cfg!NVAPI_Thunk+0x2e428
c1b 00000004`6dc7a6c0 00007ffe`edcbc130 nvwgf2umx_cfg!NVAPI_Thunk+0x3934d
c1c 00000004`6dc7a700 00007ffe`ed0759f3 nvwgf2umx_cfg!NVAPI_Thunk+0x3cb5b0
c1d 00000004`6dc7a7a0 00007ffe`ed06ed0c nvwgf2umx_cfg!OpenAdapter12+0x10813
c1e 00000004`6dc7a920 00007ffe`ed18ff75 nvwgf2umx_cfg!OpenAdapter12+0x9b2c
c1f 00000004`6dc7c550 00007ffe`ed0631cc nvwgf2umx_cfg!OpenAdapter12+0x12ad95
c20 00000004`6dc7c670 00007ffe`ed06339e nvwgf2umx_cfg!NVENCODEAPI_Thunk+0x50c
c21 00000004`6dc7c790 00007fff`03fb5011 nvwgf2umx_cfg!NVENCODEAPI_Thunk+0x6de
c22 00000004`6dc7c830 00007fff`03fc1d81 D3D12!NDXGI::CDevice::CreateDriverInstance+0x161
c23 00000004`6dc7c940 00007fff`03fb5bbc D3D12!CDevice::LLOCompleteLayerConstruction+0x1b1
c24 00000004`6dc7cd90 00007fff`03fb3fc6 D3D12!NDXGI::CDevice::LLOCompleteLayerConstruction+0x9c
c25 00000004`6dc7ce70 00007fff`03fb3b76 D3D12!D3D12CreateLayeredDevice+0x416
c26 00000004`6dc7d100 00007fff`03fbb45f D3D12!D3D12CoreCreateLayeredDevice+0x136
c27 00000004`6dc7d1b0 00007fff`03fb8ace D3D12!D3D12CoreCreateDevice+0xfef
c28 00000004`6dc7d660 00007fff`03fb89f0 D3D12!D3D12CreateDeviceImpl+0xbe
c29 00000004`6dc7d6d0 00007fff`082aada5 D3D12!D3D12CreateDevice+0x90
c2a 00000004`6dc7d770 00007fff`082ab136 wuaueng!Direct3DEvaluator::GetMaxSupportedD3D12FeatureLevel+0xfd
c2b 00000004`6dc7d950 00007fff`08259fc7 wuaueng!Direct3DEvaluator::EvaluateFeatureLevel+0xf2
c2c 00000004`6dc7d9b0 00007fff`0825a6cd wuaueng!CSystemExprEvaluator::EvaluateDirect3D+0xd7
c2d 00000004`6dc7da40 00007fff`082595f3 wuaueng!CSystemExprEvaluator::Evaluate+0x18d
c2e 00000004`6dc7dab0 00007fff`08259171 wuaueng!CBaseEEHandler::Evaluate3+0x193
c2f 00000004`6dc7dba0 00007fff`08252a46 wuaueng!CExprElementTreeNode::Evaluate+0xd1
c30 00000004`6dc7dc20 00007fff`082531b5 wuaueng!CAgentUpdateManager::EvaluateUpdateApplicabilityRules+0x746
c31 00000004`6dc7e570 00007fff`082516e0 wuaueng!CAgentUpdateManager::DetectForUpdate+0x2e5
c32 00000004`6dc7e790 00007fff`08251409 wuaueng!CAgentUpdateManager::EvaluateUpdateSet+0x120
c33 00000004`6dc7e930 00007fff`0827680b wuaueng!CAgentUpdateManager::DetectForUpdates+0x299
c34 00000004`6dc7eae0 00007fff`0827814c wuaueng!CAgentProtocolTalker::SyncServerUpdatesInternal+0xacb
c35 00000004`6dc7f2b0 00007fff`0824c901 wuaueng!CAgentProtocolTalker::SyncServerUpdates+0xe8
c36 00000004`6dc7f350 00007fff`0828b458 wuaueng!CAgentUpdateManager::FindUpdates+0xc25
c37 00000004`6dc7fb00 00007fff`082b3889 wuaueng!CSearchCall::Execute+0x78
c38 00000004`6dc7fb30 00007fff`3eb52774 wuaueng!CClientCallRecorder::ParallelScanProc+0x29
c39 00000004`6dc7fb60 00007fff`3f470d51 KERNEL32!BaseThreadInitThunk+0x14
c3a 00000004`6dc7fb90 00000000`00000000 ntdll!RtlUserThreadStart+0x21
```

图 18-8　31 号线程的早期函数调用

发起模块是 wuaueng，微软给出的大名为 Windows Update Agent，全称为 Windows 更新引擎。

从下面的这些栈帧来看，自动更新管理器（CAgentUpdateManager）是在努力地找活干（FindUpdates），从服务器那边拿到信息后评估在本机的适用性（EvaluateUpdateApplicabilityRules），规则似乎挺复杂的，支持表达式，在评估表达式时，先调用了 D3D 接口（Direct3DEvaluator），然后转到了 NV 的驱动模块。

```
c1d nvwgf2umx_cfg!OpenAdapter12
c1e nvwgf2umx_cfg!OpenAdapter12
c1f nvwgf2umx_cfg!OpenAdapter12
(节约篇幅，删除多行)
c29 D3D12!D3D12CreateDevice
c2a wuaueng!Direct3DEvaluator::GetMaxSupportedD3D12FeatureLevel
c2b wuaueng!Direct3DEvaluator::EvaluateFeatureLevel
c2c wuaueng!CSystemExprEvaluator::EvaluateDirect3D
c2d wuaueng!CSystemExprEvaluator::Evaluate
c2e wuaueng!CBaseEEHandler::Evaluate3
(节约篇幅，删除多行)
c35 wuaueng!CAgentProtocolTalker::SyncServerUpdates
c36 wuaueng!CAgentUpdateManager::FindUpdates
```

看来是自动更新逻辑引发了 NV 模块的疯狂逻辑。两个逻辑显然没有磨合好。自动更新管理器在评估更新表达式时，调用到了 D3D 评估器，后者创建 D3D 设备，调到了 NV 的驱动模块。而对于 NV 的驱动模块来说，可能根本没有预料到会在后台服务里这么调用。

那么，自动更新怎么和 RAS 扯到一起的呢？

简单地说，它们之间本来并没有关系。只是因为它们被安排在了一个服务进程。观察系统的服务列表（见图 18-9），可以看到它们都在进程 3488 中，这有点像两个不相干的年轻人租房子的时候住到了一起。

进程　性能　应用历史记录　启动　用户　详细信息　服务

名称	PID	描述	状态	组
Wcmsvc	2672	Windows Connection Manager	正在运行	LocalServi...
LanmanWo...	2764	Workstation	正在运行	NetworkS...
MpsSvc	2820	Windows Firewall	正在运行	LocalServi...
CoreMessa...	2820	CoreMessaging	正在运行	LocalServi...
BFE	2820	Base Filtering Engine	正在运行	LocalServi...
WdiSystem...	2908	Diagnostic System Host	正在运行	LocalSyst...
SessionEnv	3036	Remote Desktop Configuration	正在运行	netsvcs
WinHttpAu...	3076	WinHTTP Web Proxy Auto-Discovery Service	正在运行	LocalServi...
WdNisSvc	3096	Windows Defender Antivirus Network Inspecti...	正在运行	
Winmgmt	3128	Windows Management Instrumentation	正在运行	netsvcs
Spooler	3192	Print Spooler	正在运行	
iphlpsvc	3232	IP Helper	正在运行	NetSvcs
DeviceAss...	3356	Device Association Service	正在运行	LocalSyst...
DPS	3364	Diagnostic Policy Service	正在运行	LocalServi...
DiagTrack	3372	Connected User Experiences and Telemetry	正在运行	utcsvc
CryptSvc	3380	Cryptographic Services	正在运行	NetworkS...
cplspcon	3440	Intel(R) Content Protection HDCP Service	正在运行	
RasMan	3488	Remote Access Connection Manager	正在运行	netsvcs
wuauserv	3488	Windows Update	正在运行	netsvcs
UsoSvc	3488	Update Orchestrator Service	正在运行	netsvcs

图 18-9　服务列表

这样分析下来，卡死案件的起因是 WinDBG 检查网络是否可用（IsNetworkAvailable），这个 RPC 调用先是到了 SENS 服务，又到了 RAS 服务。在 RAS 处理请求时，刚好遇到与 RAS 服务合租的 WUAU 服务屋里“起火”，WUAU 的表达式评估逻辑调用 NV 的驱动模块，后者把栈用完，导致整个进程被挂起，于是 RAS 和 WUAU 都动不了了，SENS 服务随之被卡住，调用者也卡住了。

这个结论与曾经分析过的微信挂死颇为类似，结论都与第三方驱动相关。上次是 MaxxAudio，这次是大名鼎鼎的 NV 驱动。

初稿写于 2017-12-14，2024-12-17 夜略作修改于 863 国家软件园

第 19 章
0号事件何处来

今年暑假，NDB 调试器的研发团队增加了新力量，有远程的志愿者，还有新来的实习生。我也加入其中，和大家一起开始对 NDB 的新一轮改进。

本地调试 Linux 应用是新增的一个较大功能。为了支持这个功能，我们特意把本来集成在 ndstub 模块中的 Linux 本地调试代码独立成 ndu 模块，以便可以同时为 ndstub（远程连接）、ndb 命令程序（本地命令行接口）和 ndb 图形前端使用。

代码调整之后，从 Windows 连接 ndstub 进行远程调试的功能不工作了。排除一些小问题后，一块大石头挡在面前：收到一个莫名其妙的 0 号事件。

```
Debug event 0 for 0.0
ERROR: failed to find process 0.
Unknown event number 0x00000000
event status 6
meta poll returned 0
```

观察收到的调试事件结构体可以发现，整个结构体的数据都是 0。从事件 ID，到进程 ID、线程 ID 都变成了 0，把调试引擎搞晕了。起初，我以为是填写调试事件的代码有问题，但是跟踪一番后，没有找到根源。接下来，我准备深入跟踪传递调试事件的过程。在目标机上使用 GDB 调试 ndstub，在主机上使用 VS 调试前端脚本。

这时，奇怪的现象发生了。当主机端通过网络调用 poll_dbg_event 服务时，超乎寻常地快速得到了结果，而这个结果就是诡异的 0 号事件，而且 GDB 里的 poll_dbg_event 断点并没有命中。

在跟踪过程中，还有一个奇怪现象，那就是感觉创建子进程的行为不是很顺利。于是我扩大跟踪范围，对创建被调试进程的函数也设置了断点。在跟踪创建子进程的 fork 函数时，我感觉到眼前一亮，“哇，原来如此！”

问题的诱因是字符串转换。Linux 下的宽字符（wchar_t）是 4 字节，Windows 下的宽字符（wchar_t）是 2 字节，ndb 要支持两个系统，同时还要支持普通的单字节 char，所以处理字符串成了一件麻烦的事情。

错误的过程是这样的。来自 Windows 主机的创建进程请求传递的是 2 字节的宽字符，而 ndu 的 CreateProcessW 函数接受的是宽字符串（wchar_t*），其内部又调用 wcstombs 转换为单字符，以便调用 Linux 本地 API。

在 CreateProcessW 的某些版本里，使用自己编写的 utf162ansi 函数，可以把 Windows 的宽字符转为单字符，但是最近代码改动频繁，utf162ansi 被改为 wcstombs，于是转换失败，转出来的字符串是空串，这导致传给 exec 的主程序路径为空。

如果 exec 成功，那么 fork 出来的子进程（pid 14323）便会执行自己的新程序，也就是被调试进程。但是现在 exec 失败了，调用 exec 的代码打印了一句错误信息后，没有做更多处理。

```
exec  failed with err=2
```

这导致新的子进程在父进程里继续奔跑。它跑到了本不该它跑的父进程逻辑，提前回复了创建进程请求。主机端收到创建进程的回复后，继续发出 gettargetinfo 等请求，都被子进程给回复了。

当主机端调用 poll_dbg_event 请求时，目标机上原本的工作线程执行完真正的创建新进程处理工作后，再次回复创建进程请求。这导致主机端的 poll_dbg_event 请求立刻收到回复。但收到的结果并不是对 poll_dbg_event 的回复，而是第二次对创建进程请求的回复。

```
0708114745U#14320:<<<ndpcall getconnectioninfo, in 4, out 16, event 0, 0:0
0708114745U#14320:>>>ndpcall getconnectioninfo[5], in 4, out 16, hr 0x0
0708114745U#14320:<<<ndpcall createprocessw, in 48, out 24, event 0, 0:0
0708114745U#14320:creating process ""
0708114745U#14320:[ndt_createp]
[Detaching after fork from child process 14323]
0708114745E#14320:New Thread 14323 is created
0708114745E#14323:exec  failed with err=2
0708114745U#14323:Process "" is created with pid=0 ret 0
0708114745U#14323:>>>ndpcall createprocessw[11], in 48, out 24, hr 0x0
0708114745U#14323:<<<ndpcall gettargetinfo, in 0, out 1108, event 0, 0:0
0708114745E#14323:failed to open proc file /proc/version_signature for 2
0708114745U#14323:Machine type: aa64
0708114745U#14323:>>>ndpcall gettargetinfo[4], in 0, out 1108, hr 0x0
0708114745U#14323:<<<ndpcall getprocessorid, in 0, out 8, event 0, 0:0
0708114745U#14323:>>>ndpcall getprocessorid[6], in 0, out 8, hr 0x0
0708114929E#14320:waitpid on newly process 14323 got 0x27f signaled pid 14323
0708114929E#14320:set PTRACE_SETOPTIONS 0x48 for pid 14323 ret 0, errno 84
0708114929U#14320:process inited for 14323 ndstub
```

调试的逻辑本来就比较复杂，再加上故障情况，读者可能比较难以理解。画一个手工的时序图来帮助理解（见图 19-1），左侧是目标机上的 14320 号线程，右侧是主机上的请求线程，中间是 fork 出来的 14323 号线程，本来它应该跑被调试的 /bin/ls 程序，但因为 exec 失败，它子承父业，跑起了父线程的逻辑。

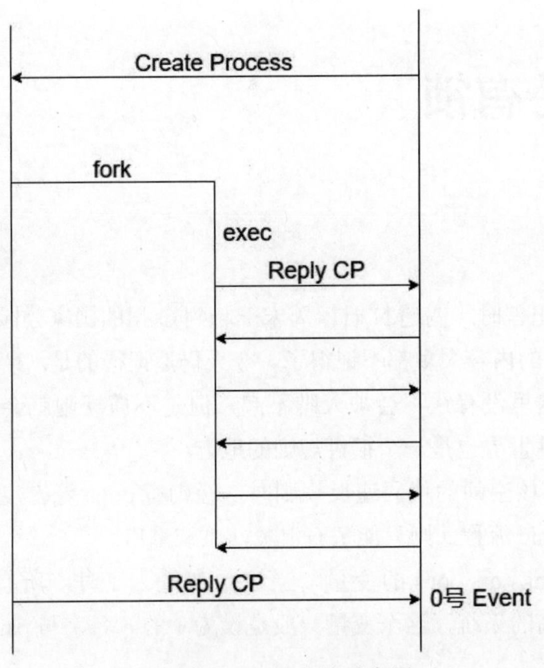

图 19-1　简化的时序图

Linux 的 fork 和 exec 逻辑源自古老的 UNIX，思想朴素，实现灵活，同时也狂野奔放，有时会有意想不到的效果。

初稿写于 2024-07-09，2024-12-17 夜略作修改于 863 国家软件园

第 20 章 有一种错叫持有锁

记得有一次在 M 国出差时，偶遇 N 君，周末一起到 O 州的国家公园爬山。山中漫步时，大家天南海北地闲聊，聊的内容大多都不记得了。今天仍然记得的是，N 君偶发感慨："M 国是很讲规则的地方，在这里没有钱不会被人瞧不起，但是不懂规则就会被人瞧不起……"其实，不仅 M 国如此，软件世界也是一个很讲规则的地方。

以 Linux 为例，当内核空间的代码违反规则时，轻则有 oops 警告，如果严重了，则有系统 Panic。而一旦进入 Panic 流程，则只能玉石俱焚，系统重启。

内核有一个名为 panic_on_oops 的变量，当这个变量为 1 时，所有的 oops 都会升级为 Panic。对于可靠性要求高的系统，这个变量一般是设为 1 的。名字与 panic_on_oops 类似的内核变量还有很多，比如：

- panic_on_stackoverflow。
- panic_on_unrecovered_nmi。
- panic_on_warn。
- panic_on_rcu_stall。
- panic_on_io_nmi。
- panic_on_taint。

这么多 panic_on 变量也从侧面说明了内核的规则很多。在内核代码里搜索 oops，则可以搜到更多的内核规则。

因为 Linux 内核代码里有这么多的 oops 逻辑埋伏着，所以在实践中，遇到 oops 也是常有的事。对于一台 Linux 机器，我很喜欢浏览它的内核消息，在观察内核消息时，经常可以看到各种 oops。最近在开发幽兰代码本的新镜像时，也遇到一串 oops。之所以说是一串 oops，是因为这个 oops 像连续剧一样有很多"集"。每一集主题相同，但是"剧情"有所不同。

比如，下面是第一集：

```
    [    8.089900] 1 lock held by kworker/4:1/54:
    [    8.089902]  #0: ffffff8105c121a0 (&rport->mutex){....}-{3:3}, at: rockchip_chg_
detect_work+0x2c4/0x540
    [    8.089920] CPU: 4 PID: 54 Comm: kworker/4:1 Not tainted 5.10.110 #6
    [    8.089922] Hardware name: Rockchip RK3588 code book YourLand (DT)
    [    8.089926] Workqueue: events rockchip_chg_detect_work
    [    8.089930] Call trace:
    [    8.089933]  dump_backtrace+0x0/0x210
    [    8.089936]  show_stack+0x2c/0x38
```

```
[    8.089940]  dump_stack_lvl+0xd4/0xf8
[    8.089942]  dump_stack+0x14/0x30
[    8.089945]  process_one_work+0x404/0x5a0
[    8.089947]  worker_thread+0x48/0x460
[    8.089950]  kthread+0x128/0x130
[    8.089953]  ret_from_fork+0x10/0x1c
```

就像写文章有套路一样，oops 信息也有相对固定的格式，一般包含如下几个部分：

- 所犯错误，或者说“罪名”。
- 发生地，包括 CPU、当前进程、系统信息等。
- 调用栈。
- 寄存器信息。
- 其他现场信息。

对于本例，内核给出的罪名如下：

```
1 lock held by kworker/4:1/54
```

直接翻译便是“1 个锁被 kworker/4:1/54 所持有”。

在一些地方，持枪是犯法的，但是这里说的是持有锁，持有锁也犯法吗？

根据上面的信息搜索内核代码（见图 20-1），可以找到打印这个信息的地方，即：

```
printk("%d lock%s held by %s/%d:\n", depth,
       depth > 1 ? "s" : "", p->comm, task_pid_nr(p));
```

```
kernel > locking > C lockdep.c > print_kernel_ident(void)
}

static void lockdep_print_held_locks(struct task_struct *p)
{
    int i, depth = READ_ONCE(p->lockdep_depth);

    if (!depth)
        printk("no locks held by %s/%d.\n", p->comm, task_pid_nr(p));
    else
        printk("%d lock%s held by %s/%d:\n", depth,
               depth > 1 ? "s" : "", p->comm, task_pid_nr(p));
    /*
     * It's not reliable to print a task's held locks if it's not sleeping
     * and it's not the current task.
     */
    if (p->state == TASK_RUNNING && p != current)
        return;
    for (i = 0; i < depth; i++) {
        printk(" #%d: ", i);
        print_lock(p->held_locks + i);
    }
}
```

图 20-1　打印锁错误的内核代码

根据这个 printk 的写法，可以知道罪名信息中的 54 是线程 ID，kworker/4:1 是系统线程的线程名（见图 20-1）。

根据调用栈的 process_one_work 可以找到发起这次“兴师问罪”行动的地方。

```
    if (unlikely(in_atomic() || lockdep_depth(current) > 0)) {
        debug_show_held_locks(current);
        dump_stack();
    }
```

其中的 debug_show_held_locks 函数实现在 kernel\locking\lockdep.c 中，这个 .c 有 6000 多行 C 代码，里面有很多函数都是用来纠错的。文件开头的描述也言简意赅地表达了这个目的：Runtime locking correctness validator（运行时锁正确性验证器）。代码的作者是 Linux 内核圈里的名人——因戈·莫而纳（Ingo Molnar）。

值得说明的是，内核的这个“锁监督机制”被视为一种高端服务，一旦内核有污点，那么这个服务可能被取消。比如下面这几句内核消息表示，因为加载了 nvidia 协议的驱动，污染了内核，因此锁调试服务被禁止了。

```
    [    0.923328] nvidia: loading out-of-tree module taints kernel.
    [    0.923330] nvidia: module license 'NVIDIA' taints kernel.
    [    0.923331] Disabling lock debugging due to kernel taint
```

再回到我们的问题，看来是触发了内核锁监督机制。在“罪名”信息的下面一行，打印了这起事故涉及的锁。

```
    #0: ffffff8105c121a0 (&rport->mutex){....}-{3:3}, at: rockchip_chg_detect_
work+0x2c4/0x540
```

上面的信息可以分为以下几个部分：

- 锁的序号，当涉及多个锁时，依次排列。
- 锁对象的地址。
- 锁的名字。
- 执行加锁动作的代码地址。

后三部分信息来自如下代码：

```
printk(KERN_CONT "%px", hlock->instance);
print_lock_name(lock);
printk(KERN_CONT ", at: %pS\n", (void *)hlock->acquire_ip);
```

其中的 print_lock_name 函数也是出自因戈之手。

根据加锁函数的信息，可以找到执行加锁动作的代码（见图 20-2），来自瑞芯微。

在 1392 行果然有加锁动作。虽然这个函数中有解锁调用，但是解锁动作是在 case 语句里的。也就是说可能只加锁，不解锁。函数末尾的注释明确描述了这个特征。

```
        /*
         * Hold the mutex lock during the whole charger
         * detection stage, and release it after detect
         * the charger type.
         */
        schedule_delayed_work(&rport->chg_work, delay);
    }
```

```
drivers > phy > rockchip > C phy-rockchip-inno-usb2.c > rockchip_chg_detect_work(work_struct *)
{
    struct rockchip_usb2phy_port *rport =
        container_of(work, struct rockchip_usb2phy_port, chg_work.work);
    struct rockchip_usb2phy *rphy = dev_get_drvdata(rport->phy->dev.parent);
    struct regmap *base = get_reg_base(rphy);
    const struct usb2phy_reg *phy_sus_reg;
    bool is_dcd, tmout, vout;
    unsigned long delay;
    unsigned int mask;
    int ret;

    dev_dbg(&rport->phy->dev, "chg detection work state = %d\n",
        rphy->chg_state);

    /*
     * The conditions for charger detection:
     * 1. Set the PHY in normal mode to keep the UTMI_CLK on.
     * 2. Set the utmi_opmode in non-driving mode.
     * 3. Set the utmi_xcvrselect to FS speed.
     * 4. Set the utmi_termselect to FS speed.
     * 5. Enable the DP/DM pulldown resistor.
     */
    switch (rphy->chg_state) {
    case USB_CHG_STATE_UNDEFINED:
        mutex_lock(&rport->mutex);
        /* Store the PHY current suspend configuration */
        phy_sus_reg = &rport->port_cfg->phy_sus;
        ret = regmap_read(base, phy_sus_reg->offset,
                  &rphy->phy_sus_cfg);
        if (ret) {
```

图 20-2　执行加锁动作的函数

意思是：在整个充电器检测阶段都持有锁，直到检测到充电器类型才释放。这显然是在与内核的锁政策对抗。上面的函数是以“作业”的形式提交给内核的，由内核的工作线程来执行。工作线程在调用作业函数后，例行检查是否有锁违规，结果被查到了。搜索内核消息，可以看到被查到很多次（见图 20-3）。

```
geduer@localhost:/proc$ dmesg | grep held
[    8.106154] 1 lock held by kworker/4:4/186:
[    8.126120] 1 lock held by kworker/4:4/186:
[    8.180676] 1 lock held by kworker/4:4/186:
[    8.180723] 1 lock held by kworker/4:4/186:
[    8.180823] 1 lock held by kworker/4:4/186:
[    8.181274] 1 lock held by kworker/4:4/186:
[    8.181318] 1 lock held by kworker/4:4/186:
[    8.209448] 1 lock held by kworker/4:4/186:
[    8.239444] 1 lock held by kworker/4:4/186:
[    8.312771] 1 lock held by kworker/4:4/186:
[    8.416118] 1 lock held by kworker/4:4/186:
```

图 20-3　违规很多次

阅读持锁代码所在源文件的其他代码，可以看到它管理的是幽兰代码本的充电设备。源文件名中的 inno 是代表芯片厂商，是 Innosilicon（芯动科技）的简写。

对于这个问题，硬件伙伴认为是内核编译选项导致的，因为他们那里看不到这些 oops。顺着这个线索追查，的确是与内核的编译选项有关。幽兰使用的内核编译选项新增了以下两个：

```
CONFIG_LOCKDEP=y
CONFIG_LOCK_STAT=y
```

其中的 CONFIG_LOCKDEP 就是用来开启上面说的锁调试功能的。如果把这个选项设置为 n，那么内核消息中的 oops 就没有了。

但这样做其实是禁止了锁监督机制，而幽兰的内核并不想关闭这个选项，因为关闭这个选项意味着放弃了内核的一项高端服务，而这个服务对于发现内核代码的设计不足是有益的。

从表面来看，这个服务只是打印一些警告信息，但从深层来说，它代表着对规则的重视和守护。而幽兰的内核是看重规则的，正如本文开头所言，对规则的重视程度代表了一个系统的文明程度和价值取向。当一个行为与规则矛盾时，应该纠正行为，而不是要禁止规则。

搜索包含问题代码的源文件名，发现就在前几天，有一个内核补丁刚好是关于这个文件的（见图 20-4）。

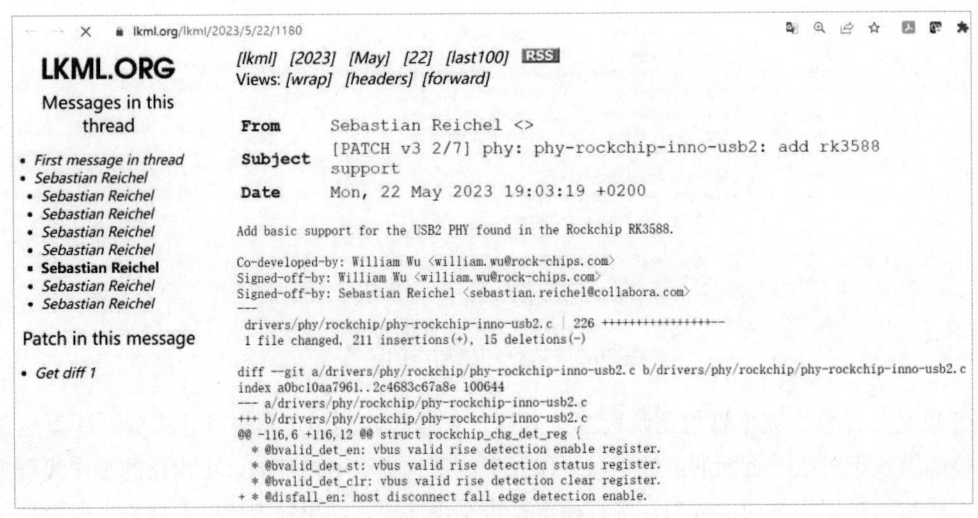

图 20-4　修正问题的内核补丁

顺着这个补丁查看内核代码树的代码，与本地代码相比较，很容易发现，在新的代码中，加锁的那些行已经不见了。如此看来，已经有人发现了这个持锁问题，并且做了修正。根据新代码调整本地代码，编译更新后，oops 不见了。

读到这里，有读者可能会心生疑惑，难道内核代码不可以持有锁吗？当然不是。问题的关键是持有锁的时间长短。总的来说，锁是用来保护共享资源的，对这些资源的占用代表着对公共资源的占用。对于这种占有，时间要尽可能短，不应该拿到了就不释放，长时间占着。好比是办公大楼里的卫生间，大楼里的每个人都有使用卫生间的权利，但是把卫生间当作个人休息室，进去之后在里面刷屏看剧就不对了。为此，Linux 内核设计了监督机制，在某段代码即将“赋闲”时，对其进行检查，如果发现它手里还持有锁，则给予警告：

内核：“你都要失去执行权了，为什么还持锁不放？”

驱动：“我等会儿还用……”

内核：“等会儿还用，就该等会儿再排队获取……”

从珍惜公共资源的角度看，内核的这个检查是有益且必要的。

初稿写于 2023-05-29，2024-12-17 夜略作修改于 863 国家软件园

第 21 章
粘在断点为哪般

这是一个调试调试器（Debug Debugger）的故事。一般来说，调试器是用来调试其他程序的。但是，调试器本身也可能有问题，也需要调试，这种情况的调试有个简单的说法，叫DbGDBg。WinDBG 调试器的 .dbGDBg 命令就是为这个目的而设计的，而且命令名就用了这个缩写。

国庆节前，我对 NanoCode 调试器使用的 OpenOCD 引擎做了一次较大幅度的升级，从本来使用的 0.11 版本升级到最新的 0.12 版本。

升级后，小伙伴们发现并解决了一些简单的问题。临近双节假期时，仍有一个问题没有解决，这个问题的重现步骤如下：

（1）设置断点，执行 g 命令恢复执行。

（2）断点命中。

（3）执行 g 命令恢复目标执行。

（4）目标系统会再次中断到调试器。

（5）调试器自动恢复目标执行。

接下来，目标系统会再次中断到调试器，然后不断重复上面的（4）和（5）两个步骤。

可以说，断点是调试器最重要的功能。这个功能的实现也是很复杂的。根据多年来与调试器打交道的经验，我预感到这个问题的难度不一般。

假期前一天的下午，我亲自上手调查这个问题。调试一番，发现问题发生在著名的“单步走出断点”过程中。在恢复目标执行时，调试器会逐个检查所有断点，如果发现是在走出某个断点，便会开启“单步走出断点”过程。其基本步骤如下：

（1）延迟落实这个断点，为其设置 defer 标志，也就是延缓设置这个断点。

（2）将恢复执行从普通的 go 改为单步一次。

（3）当单步执行一次又中断下来后，调试器会判断刚才的单步是不是在“单步走出断点”，如果是，便自动恢复执行。

如果上述步骤顺利的话，那么用户一般不会察觉到这个单步动作。“单步走出断点”逻辑涉及事件处理、断点管理等多个模块，代码比较复杂。继续加以分析，发现问题出在单步失败，也就是上面的动作 B。得出这个结论后，已经到了下班时间，而且要放假了，于是便收工，准备节后再战。

在回家的路上，我不由得又想起这个问题，为何单步失败呢？起初我怀疑是读取 PC 寄存器的问题。因为跟踪单步过程时，所有操作都是成功的。但是读到的 PC 寄存器值却和单步前

一模一样。也就是单步一次，PC 指针没有动，这是不合理的。

双节假期里，我先拿出一点时间增强了读取寄存器的方法，确保不受寄存器的 cache 机制干扰，读到最新的值。但改变寄存器读法后，粘在断点的问题还是存在。

排除了寄存器原因后，我扩大搜索范围，继续撒网搜索。为了方便比较，我把旧的代码也加回到项目里，让新旧两套代码很方便地切换，对比运行。

这样跟踪一番后，新的线索出现了。对于出问题的情况，单步一次后，从底层收到的中断原因是断点（DSCRV8_ENTRY_BKPT）。

而正常情况时，收到的中断原因是单步（DSCRV8_ENTRY_HALT_STEP）（见图 21-1）。

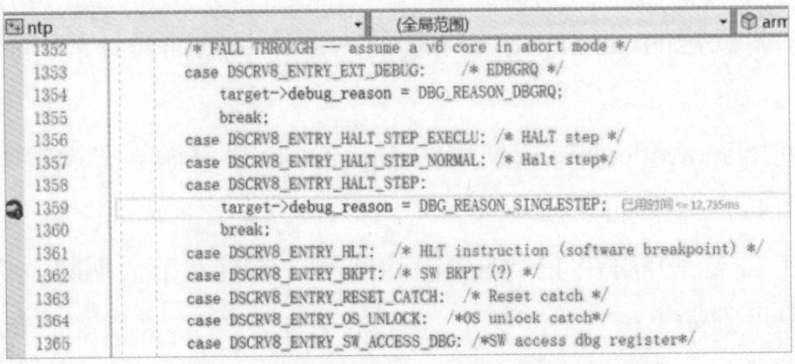

```
ntp                                   (全局范围)                         arm
        /* FALL THROUGH -- assume a v6 core in abort mode */
    case DSCRV8_ENTRY_EXT_DEBUG:    /* EDBGRQ */
        target->debug_reason = DBG_REASON_DBGRQ;
        break;
    case DSCRV8_ENTRY_HALT_STEP_EXECLU: /* HALT step */
    case DSCRV8_ENTRY_HALT_STEP_NORMAL: /* Halt step*/
    case DSCRV8_ENTRY_HALT_STEP:
        target->debug_reason = DBG_REASON_SINGLESTEP;  已用时间 <= 12,735ms
        break;
    case DSCRV8_ENTRY_HLT:  /* HLT instruction (software breakpoint) */
    case DSCRV8_ENTRY_BKPT: /* SW BKPT (?) */
    case DSCRV8_ENTRY_RESET_CATCH:  /* Reset catch */
    case DSCRV8_ENTRY_OS_UNLOCK:  /*OS unlock catch*/
    case DSCRV8_ENTRY_SW_ACCESS_DBG: /*SW access dbg register*/
```

图 21-1　因为单步异常而中断到调试器

接下来的问题是，为什么单步一次，收到的中断原因是断点，而不是期待的单步呢？

难道是新版本 OpenOCD 的代码修改了有关的逻辑。但这个怀疑很快就被排除了，因为在没有断点时，做纯粹的单步没有问题，可以收到“DBG_REASON_SINGLESTEP”。

继续跟踪一番后，我突然想起，是不是中断到调试器时，清除断点动作没有做好。输入 !bp，执行 OpenCCD 的观察断点命令，果然如此。

```
[ndb]!bp
Hardware breakpoint(IVA): addr=0xffffff800828d8d8, len=0x4, num=0
```

看到上面这个信息，我眼前一亮，感觉这下应该是找到真 bug 了。

跟踪删除断点动作，果然如此，断点对象的 group_id 字段为 cdcdcdcd（见图 21-2），显然是没有初始化。而这个字段刚好代表的是要删除的断点组。删除断点时会根据这个 ID 找到要删除的断点。如果这个 ID 错了，那么就找不到要删除的断点了。

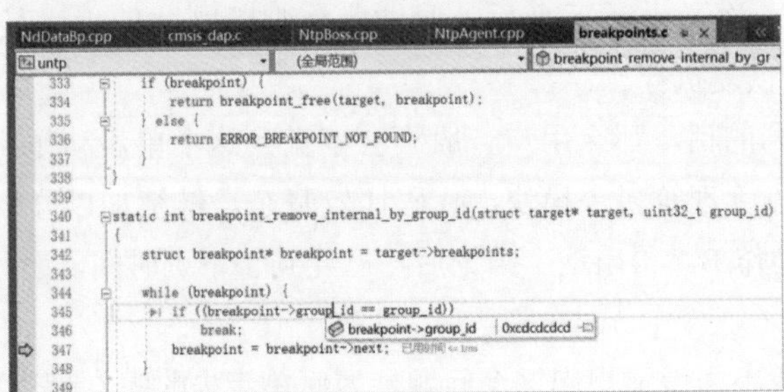

图 21-2　找到线索

比较新旧代码，发现合并代码时，漏掉了一句重要的赋值语句（见图 21-3），导致代表断点组 ID 的 group_id 字段没有赋值。

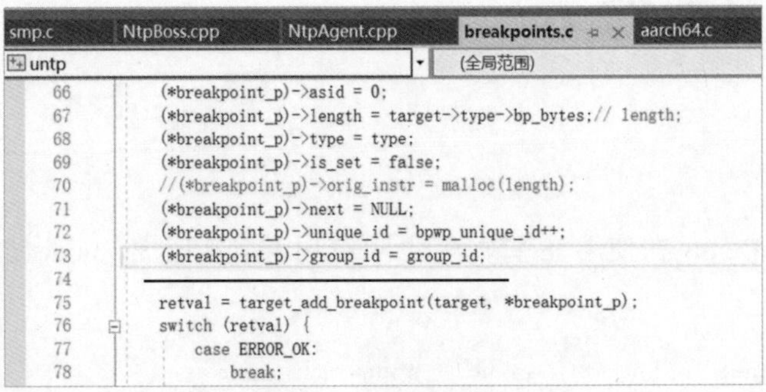

```
smp.c  NtpBoss.cpp  NtpAgent.cpp  breakpoints.c  aarch64.c
untp  (全局范围)
    (*breakpoint_p)->asid = 0;
    (*breakpoint_p)->length = target->type->bp_bytes;// length;
    (*breakpoint_p)->type = type;
    (*breakpoint_p)->is_set = false;
    //(*breakpoint_p)->orig_instr = malloc(length);
    (*breakpoint_p)->next = NULL;
    (*breakpoint_p)->unique_id = bpwp_unique_id++;
    (*breakpoint_p)->group_id = group_id;

    retval = target_add_breakpoint(target, *breakpoint_p);
    switch (retval) {
        case ERROR_OK:
            break;
```

图 21-3　关键的赋值语句

将漏掉的一行代码合并到新代码后，问题不见了。

这个 bug 是在 9 月 30 日解决的，刚好是中秋（9 月 29 日）和国庆（10 月 1 日）两个节日的中间一天。现在是 10 月 6 日的晚上，长达 8 天的双节假期就要结束，特意在假期结束前把这个在假期里解决的 bug 记录和分享出来，希望可以帮助读者们“收拢放心”，切换回工作模式。

初稿写于 2023-10-06，2024-12-18 略作修改于 863 国家软件园

第 22 章
炸弹指令何处来

新来的小伙伴 Denny 在使用 JS 脚本测试 NDB 时遇到拦路虎，node 进程打印出下面这个信息后就崩溃闪退了。

```
geduer@ulan:/gewu/nanocode/nd3/ndi$ node ndunix.js
register 'jtag'
register 'swim'
register 'dapdirect_jtag'
register 'dapdirect_swd'
register 'swd'
0
NdAgent {}
1
11111111111111111
Trace/breakpoint trap (core dumped)
```

崩溃现场的最后一条信息最重要：Trace/breakpoint trap（core dumped），直接翻译便是：追踪或断点陷阱（内存已转储）。我看了这个信息后，也觉得有些奇怪。哪里来的“追踪或断点陷阱”呢？也没有挂调试器啊！

1. 上调试器

为了搞清楚原因，我决定上调试器，在本来的命令行前面加上 GDB --args，让整个过程在调试器下再来一遍。

```
geduer@ulan:/gewu/nanocode/nd3/ndi$ GDB --args node ndunix.js
```

执行 r 命令不久，果然又中断下来。

```
Thread 1 "node" received signal SIGTRAP, Trace/breakpoint trap.
0x0000007fe31c1808 in NdBoss::UiUpdateEngine (this=0x55557884b0) at ../ndi/NdBoss.cpp:1639
1639      return this->m_pUiClient->exit_dispatch((IDebugClient*)this->m_pDbgClient);
```

执行 bt 命令观察执行经过，崩溃发生在主线程，是从脚本调用过来的。

```
(gdb) bt
#0  0x0000007fe31c1808 in NdBoss::UiUpdateEngine (this=0x55557884b0) at ../ndi/NdBoss.cpp:1639
```

```
    #1  0x0000007fe31d1dd8 in NdFront::StartEngineForCommand (this=0x55558779f0) at
../ndi/NdFront.cpp:185
    #2  0x0000007fe31d2008 in NdFront::Execute (this=0x55558779f0, lpszCmd=0x7fffffdf90
"r", ulFlags=0) at ../ndi/NdFront.cpp:279
    #3  0x0000007fe324b1bc in NdAgent::Execute(Napi::CallbackInfo const&) () from /
usr/share/nanocode/ndjs.node
    (节约篇幅，删除多行)
    #9  0x0000007ff61aa0ac in ?? () from /lib/aarch64-linux-gnu/libnode.so.108
    #10 0x0000007fe3360411 in ?? ()
```

执行c命令尝试恢复执行，GDB会再次中断下来。

```
    (gdb) c
    Continuing.
    Thread 1 "node" received signal SIGTRAP, Trace/breakpoint trap.
    0x0000007fe31c1808 in NdBoss::UiUpdateEngine (this=0x55557884b0) at ../ndi/
NdBoss.cpp:1639
    1639                return this->m_pUiClient->exit_dispatch((IDebugClient*)
this->m_pDbgClient);
```

而且无论执行多少次c命令，都会中断在相同的位置，看来是卡牢在这里了。执行disassemble命令观察汇编指令。

```
    (gdb) disassemble
    Dump of assembler code for function _ZN6NdBoss14UiUpdateEngineEv:
       0x0000007fe31c17b8 <+0>:     stp     x29, x30, [sp, #-32]!
       0x0000007fe31c17bc <+4>:     mov     x29, sp
       0x0000007fe31c17c0 <+8>:     str     x0, [sp, #24]
       0x0000007fe31c17c4 <+12>:    ldr     x0, [sp, #24]
       0x0000007fe31c17c8 <+16>:    ldr     x0, [x0, #256]
       0x0000007fe31c17cc <+20>:    cmp     x0, #0x0
       0x0000007fe31c17d0 <+24>:    b.eq    0x7fe31c1808 <_ZN6NdBoss14UiUpdateEngine
Ev+80>  // b.none
       0x0000007fe31c17d4 <+28>:    ldr     x0, [sp, #24]
    (节约篇幅，删除多行)
       0x0000007fe31c1804 <+76>:    b       0x7fe31c180c <_ZN6NdBoss14UiUpdateEngineEv+84>
    => 0x0000007fe31c1808 <+80>:    brk     #0x3e8
       0x0000007fe31c180c <+84>:    ldp     x29, x30, [sp], #32
       0x0000007fe31c1810 <+88>:    ret
    End of assembler dump.
```

箭头符号“=>”代表程序指针指向的位置，这意味着CPU卡在这附近。而仔细看箭头指向的指令：

```
    => 0x0000007fe31c1808 <+80>:    brk     #0x3e8
```

原来是很熟悉的断点指令。特别扎眼的是指令跟着的立即数：0x3e8，对于我来说，一眼就看出来它是1000。

```
    brk 1000
```

这是多么有个性的一条指令啊！1000这样的值绝对不是偶然，一定是有人故意如此设计的。如果是故意，那么是谁放了这么一条具有炸弹性质的指令呢？

考虑到没有调试器时也会以相同的信号崩溃，那么这条指令显然不是调试器插入的。那么是谁干的呢？如果没有人动态篡改指令，那么这条指令就是编译器产生的。使用 l 命令列出对应的源代码。

```
HRESULT NdBoss::UiUpdateEngine()
{
  if (m_pUiClient != NULL)
    return this->m_pUiClient->exit_dispatch((IDebugClient*)this->m_pDbgClient);
}
```

看着这几行代码，我的大脑努力思考着这几行代码的特别之处，是哪个特征触发编译器插入了一条炸弹指令呢？

2. 找到原因

几秒之后，我的大脑灵机一动，想出了原因。增加两行代码，再次编译，问题果然不见了。

```
HRESULT NdBoss::UiUpdateEngine()
{
  if (m_pUiClient != NULL)
    return this->m_pUiClient->exit_dispatch((IDebugClient*)this->m_pDbgClient);
  else
    return E_FAIL;
}
```

看来问题的根源是本来代码不够严谨，函数声明了返回值，但是只有 if 分支有明确的返回值，else 分支没有返回值，促使编译器加入了断点指令，意思是一旦执行到没有明确返回值的 else 分支就中断下来。

3. 举一反三

为了进一步研究这个问题，我写了一小段代码，取名为 gebrk.c。

```
geduer@ulan:~/gelabs/gebrk$ cat gebrk.c
#include <stdio.h>
int fn(int p)
{
        if(p<0)
                return p*p;
}
int main(int argc, const char*argv[])
{
        int a = fn(argc);
        printf("result is %d\n", a);
```

```
        return 0;
}
```

使用 gcc 编译上面的代码，没有任何警告，运行时也没有崩溃，打印出的结果是 1。

```
geduer@ulan:~/gelabs/gebrk$ gcc gebrk.c
geduer@ulan:~/gelabs/gebrk$ ./a.out
result is 1
```

使用 g++ 编译同样的代码，有如下警告：

```
geduer@ulan:~/gelabs/gebrk$ g++ gebrk.c
gebrk.c: In function 'int fn(int)':
gebrk.c:7:1: warning: control reaches end of non-void function [-Wreturn-type]
    7 | }
      | ^
```

g++ 的警告信息让人困惑。如果使用微软的 vc 编译器编译，给出的警告信息更好理解。

```
<source>(7) : warning C4715: 'fn': not all control paths return a value
Compiler returned: 0
```

运行 g++ 编译出的可执行文件，可以重现 Denny 最初遇到的问题。

```
geduer@ulan:~/gelabs/gebrk$ ./a.out
Trace/breakpoint trap (core dumped)
```

使用 GDB 调试，也可以复现前面介绍的问题。

```
(gdb) disassemble fn
Dump of assembler code for function _Z2fni:
   0x0000005555550754 <+0>:     sub     sp, sp, #0x10
   0x0000005555550758 <+4>:     str     w0, [sp, #12]
   0x000000555555075c <+8>:     ldr     w0, [sp, #12]
   0x0000005555550760 <+12>:    cmp     w0, #0x0
   0x0000005555550764 <+16>:    b.ge    0x5555550774 <_Z2fni+32>  // b.tcont
   0x0000005555550768 <+20>:    ldr     w0, [sp, #12]
   0x000000555555076c <+24>:    mul     w0, w0, w0
   0x0000005555550770 <+28>:    b       0x5555550778 <_Z2fni+36>
   0x0000005555550774 <+32>:    brk     #0x3e8
   0x0000005555550778 <+36>:    add     sp, sp, #0x10
   0x000000555555077c <+40>:    ret
End of assembler dump.
```

特别值得一提的是，如果打开优化选项，则不会再有崩溃。

```
geduer@ulan:~/gelabs/gebrk$ g++ -g -O1 gebrk.c
gebrk.c: In function 'int fn(int)':
gebrk.c:7:1: warning: control reaches end of non-void function [-Wreturn-type]
    7 | }
      | ^
geduer@ulan:~/gelabs/gebrk$ ./a.out
result is 1
```

归纳一下，导致崩溃的 BRK 炸弹是 g++ 编译器故意加入的。加入的目的是帮助程序员发现代码中的设计缺欠，是一种辅助调试的措施。而打开优化选项后，这个“炸弹机制”不再生效。

初稿写于 2024-05-21，2024-12-18 略作修改于 863 国家软件园

第 23 章 CPU跑飞为哪般

持续了几年的 NDB 移植工程（从 Windows 到 Linux），终于在 2024 年早春接近尾声，一个个功能开始工作了。

但在昨天，小伙伴杰里（Jerry）在测试内核调试时，又报告了一个很严重的问题，执行 .reboot 命令时，NDB 会自动重启调试会话。

上 GDB 观察，发现有一个段错误，但这个段错误不一般，当前位置不可读，GDB 显示两个问号，执行 bt 命令查看调用栈，也是无效的地址，GDB 连续给出两串问号，然后放弃了。

根据我多年的调试经验，看起来是 CPU 跑飞了。

```
Thread
18 "nanocode" received signal SIGSEGV,
Segmentation fault.
0x0000005593736b78
in ?? ()
(gdb)bt
#0  0x0000005593736b78 in ??? ()
#1  0x626d79735c3a632a in ??? ()
```

今天早上我先忙点其他事情，让杰里从执行路径上的一个已知点开始跟踪，逐步缩小范围。一个小时后，我询问杰里："跟踪到哪里了？"答曰："NdObject。"

我听了大为惊诧，NdObject，这是"全宇宙"的基类，很基础的东西，它怎么会出问题呢？"没搞错吧？"杰里一脸诚恳地说："就是在它的析构函数里飞掉了。"

听到"析构函数"这 4 个字，我半信半疑。走过去看，他继续说，跟踪这个 free 时飞掉的。析构函数 + free，这都是软件世界的事故多发地带，我开始重视了。我走到杰里的计算机前，查看有关的代码。

```
Thread 18 "nanocode" hit Breakpoint 1.3, NdObject::~NdObject (this=0x1c00725420,
    __in_chrg=<optimized out>) at ../ndi/NdObject.cpp:51
51      NdObject::~NdObject()
(gdb) l
46          m_hWndListenList=NULL;
47          m_pbScratchBuffer = NULL;
48          m_ulScratchBufferLength = 0;
49      }
50
51      NdObject::~NdObject()
52      {
53          if (m_pbScratchBuffer != NULL)
```

```
54            free(m_pbScratchBuffer);
55      }
```

上面代码的 46 ～ 48 行是构造函数，52 ～ 55 行是析构函数。杰里当面演示给我看，单步 free，即出现前面的 CPU 飞掉现场。

我坐到杰里的计算机前，仔细观察对象指针，看起来对象指针是完好的，可以顺利显示对象的 m_dwD4DLevel 和 m_lpszD4DID 属性。m_dwD4DLevel 的值为 4，是合理的。m_lpszD4DID 的值为“NDMD”，是 NanoDebugger MoDule 的意思，也是合理的。这两个字段中的 D4D 是 Design for Debug 的意思，是我喜欢用的可调式设计，在 Object 这样的基类中设置 D4D 这样的基础设施，也是我的习惯。

继续观察要释放的指针 m_pbscratchBuffer，它的值就不那么正常了。

```
m_pbScratchBuffer = 0x7f4ddea148 <vtable for Ndobject+16> "td\330M\177"
```

继续看与这个字段对应的长度值：

```
m_ulScratchBufferLength = 4;
```

这就更不正常了。ScratchBuffer 是我喜欢用的另一个设计模式，用作对象的“涂抹板”，为了复用内存，避免频繁释放和分配。

为什么“4”这个值不正常呢？因为给“涂抹板”分配内存时，会在需要的长度上多分 200 字节。4 小于 200，无效，不可能。

关于“涂抹板”的两个属性无效，我首先想到的是内存被踩了。建议杰里以 nodejs 的方式复现问题，准备上 valgrind。

但是在杰里行动时，我想到了下一步可能遇到的一些障碍。我一边想，一边回到自己的座位上，打开代码，仔细看“涂抹板”有关的各种操作。看着看着，一道灵光闪过脑海，有新发现了。

NDB 不算很大的项目，但是也有很多个模块，其中出问题的 NDW 是负责符号解析的，w 代表 DWARF。除了 NDW，还有 NDI，是调试器基础设施（infrastructure）。

NDI 和 NDW 的关系有些微妙，从解析符号的角度，NDW 在底层。从使用基础设施的角度，NDI 在底层。为了避免循环依赖，我们使用了两种方式。对于比较复杂的逻辑，采用动态交换函数接口的方式。对于 NdObject 这样很小的代码，则选择了“冗余”方式，NDW 和 NDI 里都有一份。

虽然都有一份，但是 NDW 里的是简化版本，没有“涂抹板”设施。

```
class NdObject
{
public:
  NdObject();
  virtual ~NdObject();
  HRESULT D4D(unsigned long ulLevel, LPCTSTR szFormat, ...);
  HRESULT Msg(BOOL bPopup, LPCTSTR szFormat, ...);
```

```
protected:
  DWORD m_dwD4DLevel;
  LPCTSTR m_lpszD4DID;
};
```

正是因为有这个差异特征，当我看到 NDW 里的 NdObject 定义后“拍案而起”，找到问题根源了。

再仔细看一下，下面的调用栈，#6 - #1 都是 NDW 的函数，一路执行析构函数，从派生类到基础类，这些都是正常的，但是到了 NdObject 这个祖先类时，调用的竟然是 ../ndi/NdObject.cpp:51 的代码。

```
(gdb) bt
#0  NdObject::~NdObject (this=0x1c00725420, __in_chrg=<optimized out>) at ../ndi/NdObject.cpp:51
#1  0x0000007f4d468a14 in NdwELF::~NdwELF (this=0x1c00725420, __in_chrg=<optimized out>) at NdwElf.cpp:286
#2  0x0000007f4d4988b0 in NdwModule::~NdwModule (this=0x1c00725400, __in_chrg=<optimized out>) at NdwModule.cpp:80
#3  0x0000007f4d48faa4 in NdwLKM::~NdwLKM (this=0x1c00725400, __in_chrg=<optimized out>) at NdwLKM.cpp:23
（节约篇幅，删除多行）
#10 0x0000007f4d67db78 in hu::tu_rm_all (this=this@entry=0x1c01061180) at ../elk/hu.cpp:559
#11 0x0000007f4d6a3148 in meta::Reload
```

涉及动态库的链接规则时，Windows 与 Linux 的做法有非常大的差异。所以当我看到这里时，我觉得找到问题的根源了。问题的关键是 NDI 和 NDW 两个 so 里都有 NdObject 类，特别是都有 NdObject 的析构函数。使用 readelf 可以进行确认。

```
geduer@ulan:/gewu/NanoCode/nd3/bin$ readelf  -s -C libndw.so  --wide | grep ~NdObject
   527: 00000000000bdda8    40 FUNC    GLOBAL DEFAULT   11 NdObject::~NdObject()
  2213: 00000000000bddd0    36 FUNC    GLOBAL DEFAULT   11 NdObject::~NdObject()
  2463: 00000000000bdda8    40 FUNC    GLOBAL DEFAULT   11 NdObject::~NdObject()
  2753: 00000000000bdda8    40 FUNC    GLOBAL DEFAULT   11 NdObject::~NdObject()
  3418: 00000000000bddd0    36 FUNC    GLOBAL DEFAULT   11 NdObject::~NdObject()
  6000: 00000000000bdda8    40 FUNC    GLOBAL DEFAULT   11 NdObject::~NdObject()
```

在 Windows 下，链接器会优先选择自己模块里的析构函数，所以没有问题。但是在 Linux 下，链接器优先选择了其他模块（NDI）里的析构函数，于是出问题了。

复盘一下野指针的来源，在要释放的 NdwLKM 对象里，根本没有 m_pbScratchBuffer 成员，但是一旦进入了错误的析构函数后，它就硬生生地使用它认为的对象布局来套数据了。

根据 C++ 的对象模型，这样套到的多半是对象继承的第二代派生类的成员，也就是 NdwELF 的 vector 对象。

```
class NdwELF: public NdObject
{
public:
```

```
    typedef std::vector<NdwCU*> m_VecCompilationUnit;
typedef std::vector<CDebugARange*> m_VecDebugARange;
```

野指针就是这么套出来的。

概而言之，在 Linux 下，共享库里的代码重名可能导致各种严重问题，应该避免。想到这里，我立刻下手替换，将 NDW 里的 NdObject 全部替换为 NdwObject。替换完成后，让杰里重新构建测试，问题得到解决。

补充说明：文末的修改方法仍有代码重复的弊端，不久之后，我们针对这个问题做了一次重构，将各个模块公共的基础代码提取出来放在一个单独的模块中，取名为 ndo，代表基础对象之意，彻底解决了上述问题。

初稿写于 2024-04-03，2024-12-18 略作修改于 863 国家软件园

第 24 章 在调试器里看QQLive捉迷藏

前些日，因为安装腾讯课堂客户端而安装了腾讯视频，程序目录和主程序名都为QQLive。我很少用计算机看视频，本来是不想安装的，但担心腾讯课堂依赖它，就安装了。安装之后，有时腾讯视频的窗口会跳出来，五颜六色的窗口蹦到前台，一旦发现，我就将其关闭。

近几日发现了一个更大的问题，一个名为QQLiveService的进程频繁触发页面错误，每秒钟600多次，几天下来累计值上亿，在系统里排名第一。因为频繁的页面错误，导致CPU净时间的累计值也很高，超过50分钟（注意，单位是分钟）。今天的CPU差不多是以光速在工作，一个纳秒就可以执行几条指令，所以50分钟意味着CPU在这个进程上跑了很久很久。概而言之，QQLiveService成了系统里的CPU“大户”（见图24-1）。

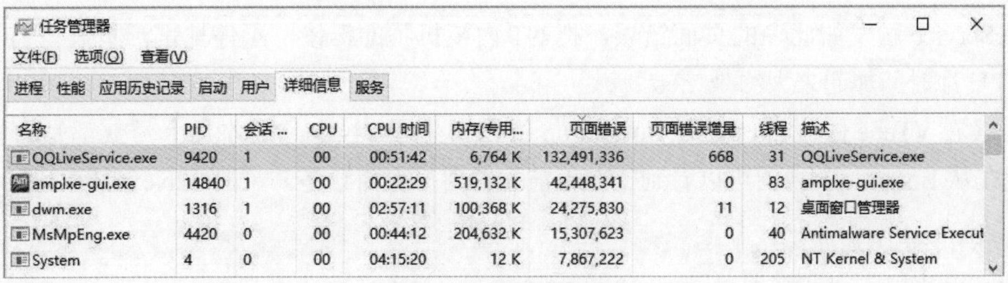

任务管理器

文件(F) 选项(O) 查看(V)

进程 性能 应用历史记录 启动 用户 详细信息 服务

名称	PID	会话 ...	CPU	CPU 时间	内存(专用...	页面错误	页面错误增量	线程	描述
QQLiveService.exe	9420	1	00	00:51:42	6,764 K	132,491,336	668	31	QQLiveService.exe
amplxe-gui.exe	14840	1	00	00:22:29	519,132 K	42,448,341	0	83	amplxe-gui.exe
dwm.exe	1316	1	00	02:57:11	100,368 K	24,275,830	11	12	桌面窗口管理器
MsMpEng.exe	4420	0	00	00:44:12	204,632 K	15,307,623	0	40	Antimalware Service Execut
System	4	0	00	04:15:20	12 K	7,867,222	0	205	NT Kernel & System

图 24-1　从任务管理器里看 CPU“大户”

从图24-1中可以看到QQLiveService进程累计触发1亿3千2百多次缺页异常，排名第一，轻松超过第2～5名的累计总值，就连一向喜欢吃CPU的杀毒软件（MsMpEng）也甘拜下风。

凭借多年的经验，一定是哪里出问题了，不然不应该有如此多的页面错误。熟悉我的朋友看到这，可能会说：赶紧上调试器吧！

是可以上调试器，不过，总是一上来就上调试器有点老生常谈了。今天我们换个工具，上VTune！近一两年认识我的朋友们，特别是金融行业的同行们，更习惯看我上VTune。

启动VTune，选择Local Host > Attach to Process命令，指定QQLiveService的进程ID，让VTune开启强大的软硬件监视机制，全城布控，搜索蛛丝马迹。

让VTune持续收集数据5分钟左右，停止收集，VTune开始加载符号，自动分析，因为要从美国搬运符号文件回来，这个过程有点慢。

用了差不多10分钟，VTune把报告准备好了，先看看概要信息（见图24-2）。

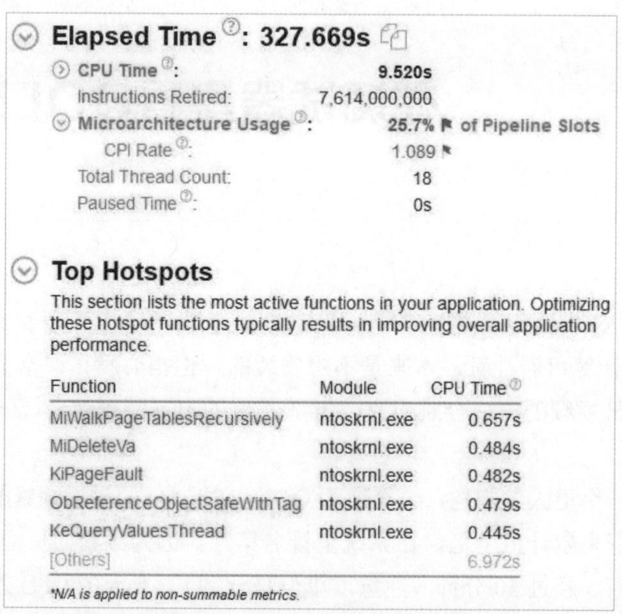

图 24-2　VTune 报告的概要部分

排在前 5 名的热点函数都是微软的，来自 NT 内核。而且前 3 名都与页表有关。看来 QQLiveService 触发如此多的页面错误，把 NT 内核折腾的挺惨，不停地忙活页表。前 3 个函数的 CPU 净时间加起来大约是 1.6s。

继续看 VTune 的报告，打开 Bottom-up 视图（见图 24-3）。刚才几个函数都是内核空间的，现在从 Bottom-up 视图可以看到排在最前面的用户态函数是 Process32NextW。

Analysis Configuration | Collection Log | Summary | Bottom-up | Caller/Callee | Top-down Tree | Platform | kernel32.dll | Uni

Grouping: Function / Call Stack

Function / Call Stack	CPU Time ▼	Instructions Retired	Microarchitecture Usage	Module
MiWalkPageTablesRecursively	656.927ms	1,004,400,000	37.2%	ntoskrnl.exe
MiDeleteVa	484.337ms	887,400,000	48.8%	ntoskrnl.exe
KiPageFault	481.626ms	28,800,000	14.9%	ntoskrnl.exe
ObReferenceObjectSafeWithTag	478.915ms	153,000,000	8.3%	ntoskrnl.exe
KeQueryValuesThread	445.481ms	307,800,000	25.1%	ntoskrnl.exe
ExpGetProcessInformation	371.385ms	318,600,000	26.2%	ntoskrnl.exe
PsQueryStatisticsProcess	296.385ms	54,000,000	12.1%	ntoskrnl.exe
Process32NextW	290.963ms	16,200,000	8.7%	kernel32.dll
[wow64cpu.dll]	266.566ms	19,800,000	5.8%	wow64cpu.dll

图 24-3　VTune 的 Bottom-up 视图

看过我以前文章的同行都知道，Process32NextW 是一个“臭名昭著”的 API，使用它枚举进程，做一次两次可以，如果频繁调用，副作用就会很大。所以一看到它，问题就找到一半了。

既然已经上了 VTune，那就再用 VTune 来帮忙定位一下出问题的线程。观察 VTune 的线程视图（见图 24-4），12028 号线程有很明显的周期性运行规律，测量一下，每秒一个尖峰。

图 24-4　VTune 的线程试图

选择一个尖峰放大（见图 24-5），再测量，大约是 22ms，也够长的。

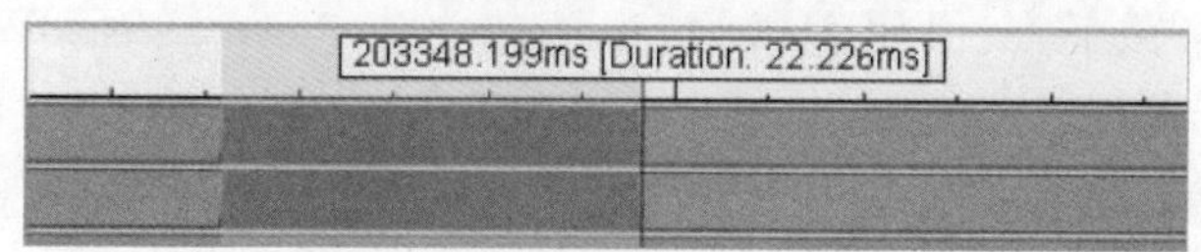

图 24-5　选择一个尖峰放大

如此看来，QQLiveService 进程每 1 秒会执行一轮比较重的操作，耗时 22ms，这期间大约触发 600 多个页面错误（page fault）。到底进程里面在干什么呢？

这时不上调试器不行了。唤出 WinDBG，附加到 QQLiveService，切换到 12028 号线程。观察运行时间。

```
0:000> .ttime
Created: Fri Mar 22 19:07:01.209 2019 (UTC + 8:00)
Kernel:  0 days 0:41:21.781
User:0 days 0:11:01.453
```

内核空间的时间高达 41 分钟，用户空间超过 11 分钟。对 KERNEL32!Process32NextW 设置断点，很快命中。执行 kv 命令观察调用经过（见图 24-6）。

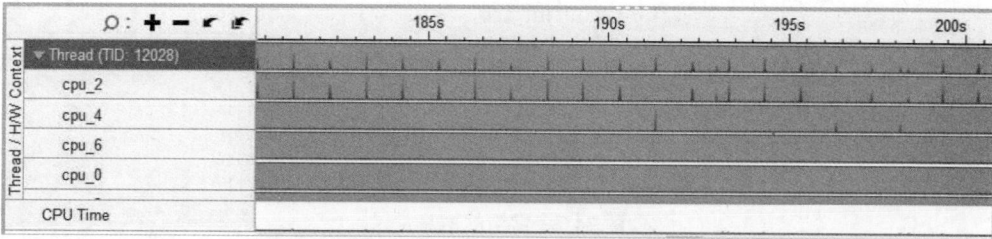

```
0:000> kv
 # ChildEBP RetAddr  Args to Child
WARNING: Stack unwind information not available. Following frames may be wrong.
00 008ff794 00338149 00342fd4 338fa6ad 00000113 QQLiveService+0x87ee
01 008ff82c 0033bf73 00000113 00001388 00000000 QQLiveService+0x8149
02 008ff848 0033c9f5 00020782 00000001 00001388 QQLiveService+0xbf73
03 008ff898 6a9a1896 00000000 00000000 00001388 QQLiveService+0xc9f5
04 008ff8b8 73bcbf1b 00020782 00000113 00001388 atlthunk!AtlThunk_0x02+0x36 (FPO:
05 008ff8e4 73bc83ea 6a9a1860 00020782 00000113 USER32!_InternalCallWinProc+0x2b
06 008ff9cc 73bc7c9e 6a9a1860 00000000 00000113 USER32!UserCallWinProcCheckWow+0x3
07 008ffa48 73bc7a80 95efd05b 008ffa70 00338907 USER32!DispatchMessageWorker+0x20e
08 008ffa54 00338907 008ffaf4 008ffab4 73bcadf0 USER32!DispatchMessageW+0x10 (FPO:
09 008ffa70 00338a48 338fa421 00b895e8 008ffaa4 QQLiveService+0x8907
0a 008ffaa0 0033d698 00000000 0034ca34 00626000 QQLiveService+0x8a48
0b 008ffb68 0033f769 00000002 00000000 00b895f8 QQLiveService+0xd698
0c 008ffbb4 76cf8494 00626000 76cf8470 e2ab3cbe QQLiveService+0xf769
0d 008ffbc8 770141c8 00626000 5841c54c 00000000 KERNEL32!BaseThreadInitThunk+0x24
0e 008ffc10 77014198 ffffffff 7702f325 00000000 ntdll!__RtlUserThreadStart+0x2f (F
0f 008ffc20 00000000 0033f7db 00626000 00000000 ntdll!_RtlUserThreadStart+0x1b (FP
```

图 24-6　最耗时线程的调用栈

图 24-6 中有明显的消息循环痕迹，观察消息参数，著名的 113 号消息，熟悉 Win32 编程的各位读者，这就是著名的 WM_TIMER。

为了消除大家的疑虑，打开 winuser.h，查看常用的消息常量（见图 24-7）。

```
#define WM_INITDIALOG                   0x0110
#define WM_COMMAND                      0x0111
#define WM_SYSCOMMAND                   0x0112
#define WM_TIMER                        0x0113
#define WM_HSCROLL                      0x0114
#define WM_VSCROLL                      0x0115
#define WM_INITMENU                     0x0116
#define WM_INITMENUPOPUP                0x0117
```

图 24-7　常用的消息常量

如此看来，QQLiveService 是在使用古老的 WM_TIMER 消息，触发一个周期性的动作，调用 Process32NextW。

我们不想跟踪微软的代码，执行 gu 命令跳出 Process32NextW。如果比较调用 Process32NextW 前后的页面错误数，可以发现每调用一次，都会新增几次页面错误。

接下来，重点看 QQLiveService（名字有点长，为了节约篇幅，以下简称 QQLS）为什么要调用 Process32NextW 这个 API。QQLS 收到 Process32NextW 返回的进程名后，会构造一个“腾讯字符串”，类名就是 CTXStringW。

接下来会调用 CompareNoCase 做比较，这个是关键。简单来说，Process32NextW 是用来枚举系统里所有进程的。QQLS 每秒钟枚举一次系统里的所有进程，应该是在找某个进程，想看看系统里有谁在，有谁不在。这样寻找，有可能是在找同伴，也有可能是在找对手。

到底是在找谁呢？因为这个问题很重要，所以深入了解这个比较操作就非常重要，因为这个比较操作的一方便是 QQLS 感兴趣的那个进程。

```
    003387cd 53  pushebx
    003387ce 8d8dccfdffffea ecx,[ebp-234h]
    003387d4 ff1580203400calldword ptr [QQLiveService+0x12080 (00342080)] ds:002b:0034
2080={Common!CTXStringW::CompareNoCase (550b9200)}
    003387da 85c0testeax,eax
```

没有源代码，只能看汇编了。不过，因为是我最熟悉的 x86 汇编，所以理解起来并不困难。ECX 用来传 this 指针，前面的压栈操作只有一个，就是参数，执行 du 命令进行观察。

```
    0:000> du ebx
    00342fd4  "QQLive.exe"
```

答案有了，原来 QQLiveService 找的是 QQLive。是的，没有错，QQLiveService 枚举所有进程，找的就是 QQLive。至少在引起如此多页面错误的这个代码块中是这样的。

打开 QQLive 的程序文件夹（见图 24-8），QQLive 和 QQLiveService 都在其中，显然是同门兄弟。

分析到这里，可以知道 QQLiveService 枚举进程找的居然是和自己同在一个文件夹里的 QQLive 程序。

QQLive.exe 是腾讯视频的应用程序（GUI）。从 QQLiveService 的服务描述中看，QQLiveService 的功能是“腾讯视频加速服务”（见图 24-9）。

> Program Files (x86) > Tencent > QQLive

名称	修改日期	类型	大小
QLDX11Renderer.dll	2019-02-27 14:07	应用程序扩展	56 KB
QLHLSEngine.dll	2019-02-27 14:07	应用程序扩展	506 KB
QLImageProc.dll	2019-02-27 14:07	应用程序扩展	58 KB
QLMediaSource.dll	2019-02-27 14:07	应用程序扩展	1,186 KB
QLPDownloader.dll	2019-02-27 14:07	应用程序扩展	325 KB
QLPresenter.dll	2019-02-27 14:07	应用程序扩展	163 KB
QLVideoMergeTool.dll	2019-02-27 14:07	应用程序扩展	532 KB
QQLive.exe	2019-02-27 14:07	应用程序	449 KB
qqlive.ini	2019-03-02 13:54	配置设置	1 KB
QQLive.tpc	2019-01-28 12:58	TPC 文件	2 KB
QQLiveBrowser.exe	2019-02-27 14:07	应用程序	52 KB
QQLiveCommu.dll	2019-02-27 14:07	应用程序扩展	268 KB
QQLiveDisk.ico	2019-01-28 12:54	图标	10 KB

图 24-8　磁盘上的 QQLive.exe

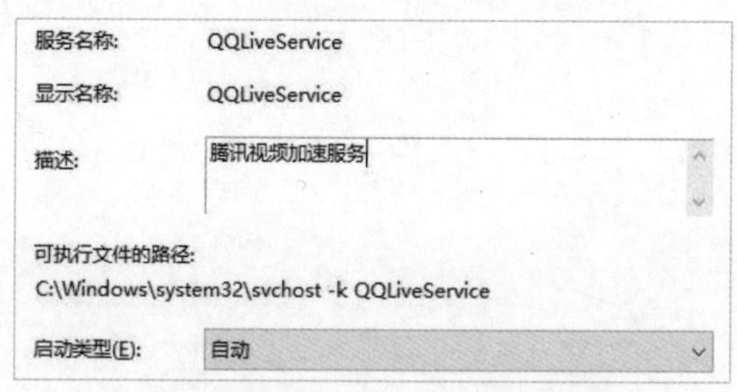

图 24-9　QQLiveService 的服务描述

简单理解，QQLiveService 是为 QQLive 加速、帮忙的。QQLiveService 没有界面，在后台默默帮助 QQLive，但是不知道 QQLive 何时起来，于是便勤奋地每秒枚举一下整个系统，看看 QQLive 是不是起来了。这有点像一个男生，看中了一个女生，又不好意思明说，于是就在暗中默默地搜索她的行踪。这也有点像经典的捉迷藏（据说英文为 Hide and Seek）游戏，QQLive 进程起来时并不告诉想要为自己帮忙的 QQLiveService，而是让它满城去找。

那么，既然都是一家的软件，为什么不能用一个更直接的方式来通信呢？比如用个命名的内核对象，比如发个 ETW 事件，比如写个文件，比如……有太多方法了。

也许设计这个逻辑的同行没有觉得满城搜索有什么不好。或者就是觉得上面列出的方法不够好，“我就用 Process32NextW 又怎么了？”也有人说，做互联网的没有必要学习如此底层的东西。我觉得这句话害了很多人。

最后说明一下，写这篇文章的目的不是为了批评，也不是为了指责，只是指出问题，与同行们分享和交流。

初稿写于 2019-04-06，2024-12-18 略作修改于 863 国家软件园

发微第三

发微不可见，充周不可穷之谓神。[①]

——宋 周敦颐《通书·诚几德第三》

① 断句方法为：发丨微不可见，充丨周不可穷，之谓神。

第 25 章 雕刻在Linux内核中的林纳斯故事

因为 Linux 操作系统的流行，Linux 的最初作者林纳斯（Linus）已经成为地球人都知道的名人。虽然大家可能都听过钱钟书先生的名言："假如你吃个鸡蛋觉得味道不错，又何必认识那个下蛋的母鸡呢？" 但是如果真是遇到一个"特别显赫"的鸡蛋，很多人还是想看看能生出这枚神蛋的母鸡的，或者想听听这只母鸡的故事。

其实，在 Linux 内核的代码里，就隐藏着关于林纳斯大神的一个美妙故事。

启动 Linux 系统，按【Ctrl + Alt + T】组合键，打开一个终端窗口，执行如下命令，唤出 GDB，并打开描述内核空间的 kcore 虚拟文件。

```
$ sudo GDB --core /proc/kcore
```

然后，在 GDB 中执行如下命令加载内核的符号信息：

```
(gdb) file /home/ge/work/linux-3.12.2/vmlinux
```

再切换为 INTEL 风格的反汇编。

```
(gdb) set disassembly-flavor intel
```

接下来，反汇编用于系统重启的 SYSC_reboot 内核函数。

```
(gdb) disassemble  SYSC_reboot
```

结果如图 25-1 所示。

```
(gdb) disassemble  SYSC_reboot
Dump of assembler code for function SYSC_reboot:
   0xc107bc40 <+0>:     push   ebp
   0xc107bc41 <+1>:     mov    ebp,esp
   0xc107bc43 <+3>:     sub    esp,0x118
   0xc107bc49 <+9>:     mov    DWORD PTR [ebp-0x4],edi
   0xc107bc4c <+12>:    mov    edi,edx
   0xc107bc4e <+14>:    mov    edx,DWORD PTR [ebp+0x8]
   0xc107bc51 <+17>:    mov    DWORD PTR [ebp-0xc],ebx
   0xc107bc54 <+20>:    mov    ebx,ecx
   0xc107bc56 <+22>:    mov    DWORD PTR [ebp-0x8],esi
   0xc107bc59 <+25>:    mov    DWORD PTR [ebp-0x114],eax
   0xc107bc5f <+31>:    mov    DWORD PTR [ebp-0x118],edx
   0xc107bc65 <+37>:    mov    eax,gs:0x14
   0xc107bc6b <+43>:    mov    DWORD PTR [ebp-0x10],eax
   0xc107bc6e <+46>:    xor    eax,eax
   0xc107bc70 <+48>:    mov    eax,fs:0xc1ab5fd0
   0xc107bc76 <+54>:    call   0xc1071400 <task_active_pid_ns>
   0xc107bc7b <+59>:    mov    edx,0x16
```

图 25-1　反汇编结果

对于看到汇编就晕的读者不要着急，其实 x86 汇编是非常简单易懂的，特别是这个函数很

好理解，里面充满着故事。

在这个函数里有一串比较指令，有理且有趣。不妨先看这一句：

```
cmp DWORD PTR [ebp-0x114],0xfee1dead
```

Feel Dead 常量很酷。林纳斯是著名的语言大师，常常语出惊人，用非常简短的语言说出人间真善美，说出他人所不敢说。因为这个函数是用来重启的，如果不 feel dead，干嘛要重启呢？

再往下看，会看到这样一条比较指令。

```
cmp edi,0x28121969
```

这个常量也很特别，0x28121969，很像是日期，的确，这就是林纳斯的出生年月日，1969 年 12 月 28 日。

再往下看，还有一个日期。

```
cmp edi,0x5121996
```

1996 年 12 月 5 日，这个日期是什么呢？是林纳斯大女儿的生日。

把时光倒退回 1993 年，那时林纳斯还是 24 岁的棒小伙，应该是大学毕业不久，当时知道 Linux 的人还不多。有一天，林纳斯亲自授课，传授 Linux 的用法。课程结束时，林纳斯留了一个课后测验，要求参加者做好了以邮件形式交卷。结果，有一位上课的美女在交测验结果的同时向林纳斯发出了一个约会的邀请，于是一场培训成就了一段美妙的姻缘，这个女生（Tove）成了林纳斯的太太。值得一提的是，林纳斯太太武功高强，曾经 6 次夺得芬兰国家级别的跆拳道比赛冠军。

1997 年 6 月，第二届亚特兰大 Linux 展示会（Atalanta Linux Showcase，ALS）在美国举行，这是 Linux 发展早期的一个年度盛会。在周五晚上的感谢晚宴上，林纳斯全家出席，在会议的相册中①，可以看到幸福的一家人。

照片中，Tove 深情地看着林纳斯。林纳斯抱着的就是他们的大女儿，名叫帕特丽夏（Patricia Torvalds）。林纳斯把她称作林纳斯 v2.0。在位于母校网站的一个个人主页上（https://www.cs.helsinki.fi/u/torvalds/），林纳斯放了几张帕特丽夏婴儿时的照片，至今仍在，好久没有更新了。从网页上的信箱（torvalds@transmeta.com）来看，当时林纳斯还没有全职做 Linux，还在 Transmeta 公司工作。

2015 年 8 月，opensource.com 特别采访了已经在读大学的帕特丽夏。②

报道提到，帕特丽夏热爱计算机科学，已经在多个 IT 公司实习，技术方面小有成就，大有子承父业的雄心壮志。

帕特丽夏有两个妹妹，她们的生日也可以在上面的汇编代码里找到。

---

① http://linuxshowcase.org。

② 资料来自：https://opensource.com/life/15/8/patricia-torvalds-interview。

```
cmp edi,0x16041998
cmp edi,0x20112000
```

一位是 1998 年，一位是 00 后。

那么，这些神秘的常量是如何使用的呢？这要看一下 reboot API 的函数原型。

```
int reboot(int magic, int magic2, int cmd, void *arg);
```

在这个 API 的文档中（man reboot(2)），可以看到关于上述常量的说明。

```
This system call will fail (with EINVAL) unless magic equals
LINUX_REBOOT_MAGIC1 (that is, 0xfee1dead) and magic2 equals
LINUX_REBOOT_MAGIC2 (that is, 672274793). However, since  2.1.17  also
LINUX_REBOOT_MAGIC2A (that  is,  85072278) and since 2.1.97 also
LINUX_REBOOT_MAGIC2B (that is, 369367448) and since 2.5.71  also
LINUX_REBOOT_MAGIC2C (that  is,  537993216) are permitted as value for magic2.
(The hexadecimal values of these constants are meaningful.)
```

最后一对括号里的话是说这些常量的十六进制是富有含义的，诚然。

上面的英文大致意思是，要想成功调用 reboot API，那么前两个参数必须严格按照如下规则填写：

- 第一个参数必须是 0xfee1dead。
- 在林纳斯的大女儿帕特丽夏出生之前，第二个参数能且只能是 0x28121969，也就是大神的生日。
- 当林纳斯有了大女儿帕特丽夏后，第二个参数也可以是帕特丽夏的生日 0x5121996。这样说有点不精确，精确的说法是从 Linux 内核 2.1.17 版本开始，第二个参数也可以是 0x5121996。查阅 kernel.org 上的内核发布历史，2.1.17 应该发布于 1996 年 12 月 22 日。可以想象，林纳斯在喜得爱女的几天内就修改了内核代码，然后在女儿满月之前把这个代码发布给世界了。
- 当林纳斯有了二女儿后，第二个参数也可以是二女儿的生日。
- 当林纳斯有了小女儿后，第二个参数也可以是小女儿的生日。

在内核代码中，上述规则是在 reboot.c 中强制的，代码如下：

```
/* For safety, we require "magic" arguments. */
if (magic1 != LINUX_REBOOT_MAGIC1 ||
(magic2 != LINUX_REBOOT_MAGIC2 &&
magic2 != LINUX_REBOOT_MAGIC2A &&
magic2 != LINUX_REBOOT_MAGIC2B &&
magic2 != LINUX_REBOOT_MAGIC2C))
return -EINVAL;
```

这个 For safety（安全起见）有点含糊，因为应用程序调用这个系统服务的时候必须使用这一系列常量，它们的定义写在 uapi 目录下的 reboot.h，即：

```
/*
 * Magic values required to use _reboot() system call.
```

```
 */
#define LINUX_REBOOT_MAGIC1 0xfee1dead
#define LINUX_REBOOT_MAGIC2 672274793
#define LINUX_REBOOT_MAGIC2A 85072278
#define LINUX_REBOOT_MAGIC2B 369367448
#define LINUX_REBOOT_MAGIC2C 537993216
```

注意，在这个文件和文档中，代表生日的 4 个常量都是以十进制表达的，应该是为了隐藏一下秘密吧。

```
0:000> .formats 0n85072278
Evaluate expression:
  Hex: 00000000`05121996
```

如此看来，林纳斯不仅把这些常量写在 Linux 内核代码中，而且使它们成为 Linux API 的一部分。这意味着，这将成为永远，只要 Linux 系统还在，那么这些常量就将永远使用，因为 API 意味着用户态和内核态的法定接口。为了保障应用程序的兼容性，不可轻易变化。

无论哪种文化，家庭都有着极其重要的地位。修身齐家治国平天下，欲治其国者，先齐其家。从上面的故事来看，林纳斯大神是一个很爱家的男人，他把家庭成员的生日铭记（雕刻）在了他的伟大作品之中。

那么，林纳斯为什么选择 reboot 系统调用呢？ reboot 代表着新的开始，代表不拘泥于现状，从新出发，从头再来。这是很多人都喜欢的人生哲学。在古老的易经中，第 63 卦是既济，字面意思是渡河成功，代表成就了一个目标。但这并不是终结，最后一卦（第 64 卦）是未济，代表还有新的目标没有达到，需要继续努力。

某种程度上来说，人生应该在实现一个个“既济”的成果之后，不断地向着“未济”的目标进军。这也意味着人生要不断学习，用《荀子》一书开篇的话来说就是“学不可以已（停止）”。

这篇短文是带着对林纳斯的敬意来写的，希望大家能够受到鼓舞，学习林纳斯爱家爱代码的敬业精神。

初稿写于 2018-08-08，2024-12-18 略作修改于 863 国家软件园

第 26 章 GDB埋下的断点指令，你可曾亲见

断点是软件调试的常用功能。凡是做过几年编程的同行，一般都会使用调试器的断点命令，比如 GDB 中的 b 命令就是用来设置断点的。

举例来说，要拦截使用 pthread 函数创建子线程的动作，那么就可以用 b pthread_create 命令来设置断点，然后使用 info b 命令进行观察。

```
(gdb) info b
Num     Type           Disp Enb Address            What
1       breakpoint     keep y   0x000000555555096c in main at iotest.c:8
        breakpoint already hit 2 times
2       breakpoint     keep y   0x0000007ff7e73928 <pthread_create+4>
```

设好断点后，执行 c 命令恢复被调试程序执行。如果 CPU 执行到了 pthread_create 函数，那么就会中断到调试器。

很多人都用过断点，而且不少人还知道断点的工作原理是调试器会插一条指令到要中断的位置。但是很少有人亲眼观察到这样的断点指令。断点指令就像炸弹一样，一碰即爆，我常常把它戏称为炸弹指令。

为什么难得一见呢？因为 GDB 不是在执行 b 命令时就把炸弹指令埋下去，而是在执行 c 命令或 r 命令时才做这个动作。而一旦执行了 c 命令或 r 命令后，GDB 便进入禁言状态，停止接受命令。

```
(gdb) c
Continuing.
```

而当断点命中或者按【Ctrl + C】组合键再进入命令行时，GDB 会把所有埋伏炸弹指令的地方都恢复成本来的样子。因此，当我们执行 b pthread_create 命令后，观察 pthread_create 的位置，看到的是如下指令：

```
(gdb) x /2wx 0x0000007ff7e73928
0x7ff7e73928 <pthread_create+4>:        0x900008e4      0xf9473484
```

反汇编观察，是 adrp 指令，不是断点指令。

```
(gdb) x /2i 0x0000007ff7e73928
   0x7ff7e73928 <pthread_create+4>:     adrp    x4, 0x7ff7f8f000
   0x7ff7e7392c <pthread_create+8>:     ldr     x4, [x4, #3688]
```

那么如何才能观察到 GDB 动态埋伏的断点指令呢？简单的回答是不能使用同一个 GDB，

要使用其他工具。基本的步骤是先记下断点的地址（info b）及被调试程序的进程ID。

```
(gdb) info inferiors
  Num  Description       Connection           Executable
* 1    process 2270      1 (native)           /gewu/nanocode/nd3/dbg/iotest
```

另一种方法是通过Linux系统的虚文件机制来观察被调试程序的内存空间。内存虚文件的路径为：/proc/<pid>/mem。比如，使用下面这条特殊的dd命令可以观察上面设的pthread_create断点。

```
dd bs=1  if=/proc/2270/mem skip=$((0x0000007ff7e73928)) count=8 | hexdump -x
```

其中的2270是进程ID，0x0000007ff7e73928是断点地址。下面是在幽兰代码本[①]上执行的结果。

```
geduer@ulan:~$ dd bs=1  if=/proc/2270/mem skip=$((0x0000007ff7e73928)) count=8 |
hexdump -x
dd: /proc/2270/mem: cannot skip to specified offset
8+0 records in
8+0 records out
8 bytes copied, 0.000435459 s, 18.4 kB/s
0000000    0000    d420    3484    f947
0000008
```

在dd命令的结果中，0000 d420便是ARM64的断点指令。如果你是用x86做试验，那么就应该看到著名的0xCC。

ARM64的A64指令都是4字节，所以上面的0000 d420一般写为d4200000。其中的d420是关键的操作符，低位可以跟一个立即数，用于传递调试服务的编号。

除了使用dd命令，也可以使用NDB调试器来观察GDB埋伏的断点。这时需要使用NDB的-pv选项开启“非入侵”（non-invasize）模式。

```
./ndb -pv 2270
```

附加好以后，只要执行dd命令就可以了。

```
dd 0x0000007ff7e73928
0000007f`f7e73928  d4200000 f9473484 a9107bfd 910403fd
0000007f`f7e73938  a91153f3 90000933 aa0103f4 a9125bf5
0000007f`f7e73948  39626265 f9400086 f9007fe6 d2800006
0000007f`f7e73958  a9008fe2 f90013e0 35002dc5 d1000680
0000007f`f7e73968  b1000c1f 540003e9 910183f3 aa1303e0
0000007f`f7e73978  94000382 2a0003f6 350001a0 52800020
0000007f`f7e73988  b9002fe0 a91363f7 a9146bf9 a91573fb
0000007f`f7e73998  14000019 528002d6 b9402fe0 35002360
```

dd命令结果的第一行第二列便是断点指令：d4200000。

凑巧的是，上面两种方法都是使用dd命令，但是它们的源头差别很大。第一个dd命令一

① 注1：笔者公司开发的笔记本电脑。

般用来操作磁盘，第二个 dd 命令用来观察内存。

写了一天的代码，临下班前写了这篇短文。为什么要写这么基础的东西呢？与其回答这么枯燥的问题，不如分享两句我很喜欢的话给大家：君子戒慎乎其所不睹，恐惧乎其所不闻。君子务本，本立而道生。

初稿写于 2024-09-11，2024-12-18 略作修改于 863 国家软件园

第 27 章 Linux内核第一霸

近日有同行十万火急地找到我，说遇到一个极其古怪的问题，请求救援。我说什么问题，他说是一个诡异的编译错误。我说，发个截图来看。很快他便发过来了。我把截图（因为同行代码敏感，所有本文中的截图和代码均已经换成可以重现相同问题的示例代码）（见图 27-1）放大观看，的确是一个编译错误。

```
gedu@gedu-VirtualBox:~/labs/llaolao$ make
make -C /lib/modules/4.13.0-39-generic/build SUBDIRS=/home/gedu/labs/l
ules
make[1]: Entering directory '/usr/src/linux-headers-4.13.0-39-generic'
  CC [M]  /home/gedu/labs/llaolao/main.o
/home/gedu/labs/llaolao/main.c:37:36: error: function declaration isn'
ype [-Werror=strict-prototypes]
 struct inode * xxx_get_next(struct inode* current);
                                    ^
```

图 27-1　古怪的编译错误

为了便于观察，特意摘录错误提示文字如下：

```
error: function declaration isn't a prototype [-Werror=strict-prototypes]
```

从错误提示信息来看，编译器陈述的错误原因是：“函数声明不是一个原型”。发生错误的代码，的确是一个函数声明，内容如下：

```
struct inode * xxx_get_next(struct inode* current);
```

对于这样的编译错误，一个经典的例子便是：

```
int get_name();
```

如果编译这样的代码，会得到很类似的一个编译错误（见图 27-2）。

```
/home/gedu/labs/llaolao/main.c:39:1: error: function declaration isn't
pe [-Werror=strict-prototypes]
 int get_name();
 ^
```

图 27-2　重现编译错误

对于 get_name() 这样的问题，修改方法很简单，即在括号里加上 void，也就是改为：

```
int get_name(void);
```

加上 void 后问题就解决了。讲到这里需要陈述一下，问题的发生环境是在 Linux 下编译驱动程序（Loadable Kernel Module）时发生的。为什么要加一个 void 呢？因为 Linux 驱动中主要使用的是 C 语言，在 C 语言的语法里，下面两种写法是有巨大差异的：int get_name();int get_name(void); 在 C++ 中，上述两种写法是等价的。但是在 C 语言中，后一种写法代表 0 个参数，前一种写法因为历史原因而有古怪的含义。在旧的 C 语言（C89 之前）里，声明函数原型时，就是不用带参数，调用时可以传递任意多个参数，因为在 C 语言的调用协定里，总是调用者清理参数，直到今天我们传递可变参数时，一般使用的仍是 C 语言调用协定，不过为了严谨，要使用 ... 来代表可变参数。为了防止歧义导致故障，今天的编译器对于 get_name() 这样的写法会给出警告，在编译驱动程序时，标准更高，指定了 -Werror=strict-prototypes，遇到这样的问题便报告编译错误。

但现在的问题是，报告错误的函数是有明确参数的，不是简单地替换为 void 可以解决的。我仔细分析这个编译错误后，首先想到的是函数参数类型是不是有问题，反复确认没有问题后，我意识到了这个问题是有点难度的。编译器是每个程序员离不开的助手，每天与它交往，彼此已经很了解，但是也还是可能有误会。为了避免误会，今天编译器在报告错误时，常常给出很详细的错误陈述，gcc 尤其如此。在这方面，微软的编译器最近几年还做了个“增强”，就是把本来用英文表达的提示信息汉化为中文。这个所谓的“增强”让我非常反感，原本很好理解的英文信息翻译成中文后，有时竟然不知道是在说什么。空说无凭，调出 VS 2019，打开我经常用的 NDB 项目，重新编译一下，中英文夹杂的提示信息立刻涌出来了（见图 27-3）。

```
1>NdFront.cpp
1>D:\Work\nano\nd\ndi\NdFront.cpp(92,63): warning C4267: “参数”: 从“size_t”转换到“ULONG”，可能丢失数据
1>D:\Work\nano\nd\ndi\NdFront.cpp(444,45): warning C4267: “初始化”: 从“size_t”转换到“int”，可能丢失数据
1>D:\Work\nano\nd\ndi\NdFront.cpp(460,76): warning C4244: “参数”: 从“uint64_t”转换到“int”，可能丢失数据
1>D:\Work\nano\nd\ndi\NdFront.cpp(460,62): warning C4244: “参数”: 从“uint64_t”转换到“uint32_t”，可能丢失数据
1>NdObject.cpp
1>D:\Work\nano\nd\ndi\NdConfig.h(102,1): warning C4275: 非 dll 接口 class“NdObject”用作 dll 接口 class“NdConfig”的基
1>D:\Work\nano\nd\ndi\NdObject.h(26): message : 参见“NdObject”的声明
1>D:\Work\nano\nd\ndi\NdConfig.h(101): message : 参见“NdConfig”的声明
1>D:\Work\nano\nd\ndi\NdObject.cpp(56,65): warning C4267: “参数”: 从“size_t”转换到“UINT”，可能丢失数据
```

图 27-3　中英文夹杂的提示信息

查看其中的提示信息，发现有些简单的信息翻译的还可以，但是复杂一点的就有问题了，比如下面这个 C4275：

```
warning C4275: 非 dll 接口 class"NdObject"用作 dll 接口 class
```

“NdConfig”的基提取关键要素便是：“非 dll 接口用作 dll 接口的基”。什么是“基 ”？应该是从英文的 base 强翻译过来的。对于学过 C++ 的人而言，英文 base 都比较好理解，但是翻译为“基”之后，就有点搞笑了，翻译为“基类”或者“基础”会更好一点。不过还是不贴切，因为翻译为“基类”对于基础接口的情况就错了。

排除了几种简单原因后，我决定自己试一下，防止是环境的问题。唤起虚拟机，在经常使用的 llaolao（刘姥姥）驱动（见第 45 章的介绍）中加了几行代码，模拟同行的问题。

```
struct inode * xxx_get_next(struct inode* current);
```

果然能够重现。这让我有点惊愕，不由得把眼睛睁大，细看这一行代码。或许是睁大眼睛

刺激了我的大脑，把沉睡的记忆唤醒过来，仿佛有一道亮光划过我的脑海，思路来了，而且我坚信这就是答案。

把有问题的语句略作修改，从：

```
struct inode * xxx_get_next(struct inode* current);
```

改为：

```
struct inode * xxx_get_next(struct inode* current_node);
```

再编译，问题解决了。

或者改成这样：

```
struct inode * xxx_get_next(struct inode* cur);
```

也是可以的。

改成下面这样呢？

```
struct inode * xxx_get_next(struct inode* cur_node);
```

也是可以的。

其实还有无穷多种改法，我把修改方法告诉同行，他改后也好了。

概而言之，有很多种改法，只要参数的名字不叫“current”即可。看到这里，有读者可能急着要问，难道就是因为名字叫“current”吗？也有读者可能急着要问，为什么不能叫“current”呢？简单回答，是的，错误的根本原因就是因为名字叫“current”。那么为什么不能叫“current”呢？这个说来话长了。

“避讳”制度在中国有着很长时间的历史。很烦琐，很苛刻，简单来说就是有些字不能用，比如皇帝的名字不可以随便用。举例来说，古人本来把嫦娥叫做恒娥，但到了汉文帝时，因为汉文帝叫刘恒，于是人们不得不将恒娥改为嫦娥，之后一直流传下来，直到今天。

在软件世界里，名字冲突也是一个大问题。比如本文讨论的问题，就是因为参数名中的current与Linux内核本身使用的current名字冲突了。说起current在Linux内核里的地位，真可谓既深又广。

- 往深处说，它涉及Linux内核的最核心代码，如线程调度、信号分发、中断和异常处理等。举例来说，浏览一下kernel目录中的signal.c，随处都有current的身影，精确匹配也有144处之多。
- 往广处说，它的影响遍及各种CPU架构、内核的各个执行体，以及驱动程序，在今天的内核代码树中随便搜索一下，其出现次数高达万次。

从Linux内核的历史来看，这个名字也是绝对的元老级别，在1991年发布的0.11版本中，它就堂而皇之地在那里了。而且出现率非常高，在40个文件里出现了389次。要知道0.11的内核总共也只有100个文件。

那么current到底是个什么东西呢？在0.11中，它就是一个全局变量，进一步说，就是个全局指针，即：

```
struct task_struct *current = &(init_task.task);
```

指针的类型是大名鼎鼎的 task_struct。这个结构体直到今天仍然存在，但是大了很多倍。今天的 task_struct 有多大呢？一个屏幕根本显示不完，只能显示冰山一角。

对于手头的 5.0.7 内核代码，这个结构体的行数多达 628 行，从 592 行开始，直到 1220 行。

除了结构体变大 20 多倍之外，current 的性质也有了变化，它不再是一个单纯的全局变量，而是演变成了一个宏。

```
#define current get_current()
```

这个宏定义在头文件中，每一种 CPU 架构都有，定义基本都一样。

为什么变成宏了呢？简单说，因为要支持多个 CPU，每个 CPU 都要有一个 current 指针，所以简单的全局变量已经无法支持了。

既然每个 CPU 都有自己的 current 指针，那么每个 CPU 到哪里找到它呢？这也是复杂问题，历史上，曾经用过简单的方法，从栈上来取，有代码为证。

```
static inline struct task_struct * get_current(void)
{
struct task_struct *current;
__asm__("andl %%esp,%0; ":"=r" (current) : "0" (~8191UL));
return current;
}
```

上面是 2.4 版本内核的 x86 代码，栈的底部有个 thread_info，thread_info 的第一个字段便是 current 指针。

这样直接从栈上获取的安全风险太高了，不得不修改，所以在 4.16 内核中，使用的就是所谓的 per-cpu 机制了。

```
DECLARE_PER_CPU(struct task_struct *, current_task);
static __always_inline struct task_struct *get_current(void)
{
return this_cpu_read_stable(current_task);
}
```

所谓 per-cpu，就是每个 CPU 都有的一个内存区。在 x86 架构中，使用每个 CPU 的 gs 寄存器来定位这个内存区的起点。

这个地方的技术难度比较大，下面来进行演示，把 GDK7 开机，唤出 NDB，中断下来，观察栈回溯，如图 27-4 所示。

从栈回溯来看，这个 CPU 正在执行 idle 线程，说明它闲着没事在这里休息呢。执行 r 命令观察 CPU 的状态（见图 27-5）。

```
Child-SP          RetAddr           Call Site
ffffffff`92e03de8 ffffffff`920a23f5 lk!intel_idle+0x87 [/build/linux-hwe-pGQy9q/linux-hwe-5.3.0/arch/x86/include/asm/curre
ffffffff`92e03e38 ffffffff`920a280e lk!cpuidle_enter_state+0x75 [/build/linux-hwe-pGQy9q/linux-hwe-5.3.0/drivers/cpuidle/c
ffffffff`92e03e60 ffffffff`918d71f3 lk!cpuidle_enter+0x2e [/build/linux-hwe-pGQy9q/linux-hwe-5.3.0/include/linux/compiler.
ffffffff`92e03e70 ffffffff`918d74d6 lk!call_cpuidle+0x23 [/build/linux-hwe-pGQy9q/linux-hwe-5.3.0/kernel/sched/idle.c @ 11
ffffffff`92e03eb8 ffffffff`918d76dd lk!do_idle+0x1f6 [/build/linux-hwe-pGQy9q/linux-hwe-5.3.0/kernel/sched/idle.c @ 205]
ffffffff`92e03ed0 ffffffff`922910ce lk!cpu_startup_entry+0x1d [/build/linux-hwe-pGQy9q/linux-hwe-5.3.0/kernel/sched/idle.c
ffffffff`92e03ee0 ffffffff`93094c95 lk!rest_init+0xae [/build/linux-hwe-pGQy9q/linux-hwe-5.3.0/init/main.c @ 452]
ffffffff`92e03ef0 ffffffff`93095224 lk!arch_call_rest_init+0xe [/build/linux-hwe-pGQy9q/linux-hwe-5.3.0/init/main.c @ 574]
ffffffff`92e03f30 ffffffff`93094460 lk!start_kernel+0x56c [/build/linux-hwe-pGQy9q/linux-hwe-5.3.0/init/main.c @ 787]
ffffffff`92e03f40 ffffffff`930944d6 lk!x86_64_start_reservations+0x24 [/build/linux-hwe-pGQy9q/linux-hwe-5.3.0/arch/x86/ke
ffffffff`92e03f58 ffffffff`918000d4 lk!x86_64_start_kernel+0x74 [/build/linux-hwe-pGQy9q/linux-hwe-5.3.0/arch/x86/kernel/h
ffffffff`92e03f58 00000000`00000000 lk!secondary_startup_64+0xa4 [/build/linux-hwe-pGQy9q/linux-hwe-5.3.0/arch/x86/kernel/
```

图 27-4　使用NDB观察内核的调用栈

```
r
rax=0000000000000060 rbx=0000000000000060 rcx=0000000000000001
rdx=0000000000000000 rsi=ffffffff92f58780 rdi=0000000000000000
rip=ffffffff9229ed37 rsp=ffffffff92e03dc0 rbp=ffffffff92e03dd8
 r8=0000000000000002  r9=000000000002a000 r10=ffffffff92e03d90
r11=00000000000afc8 r12=0000000000000008 r13=0000000000000008
r14=ffffffff92f58a98 r15=ffffffff92f58a80
iopl=0         nv up di pl zr na po nc
cs=0010  ss=0018  ds=0000  es=0000  fs=0000  gs=0000             efl=00010046
lk!intel_idle+0x87:
ffffffff`9229ed37 65488b0425c06b0100 mov    rax,qword ptr gs:[16BC0h] gs:00000000`00016bc0=
```

图 27-5　观察寄存器

微观上看，它正在执行intel_idle函数。再进一步看，它的程序指针指向的这条指令就是很独特的访问per-cpu区的指令。

```
    ffffffff`9229ed37 65488b0425c06b0100 mov    rax,qword ptr gs:[16BC0h]
gs:00000000`00016bc0
```

这条指令的机器码有点长，因为其中还编码了要访问的偏移地址16bc0，也就是per-cpu区的偏移地址。

今天的per-cpu区域一般都有很多个页，挺大一片空间。如何使用这片空间呢？简单说，可以通过特殊的方式在上面定义所谓的per-cpu变量，每个变量有一个偏移地址。而上面这个16bc0偏移地址对应的偏移变量就是本文的主角current。使用.srcpath设置源代码路径。

```
.srcpath F:\bench\linux-5.0.7
```

结合源代码再来看一下（见图27-6）。

可以看到CPU正在执行的位置正是get_current函数，源代码路径为：

```
F:\bench\linux-5.0.7\arch\x86\include\asm\current.h
```

这显然是x86的实现。代码在.h中，先是预声明著名的task_struct结构体，再声明per-cpu变量，接着再定义内联函数，然后再定义“邪恶”的current宏。

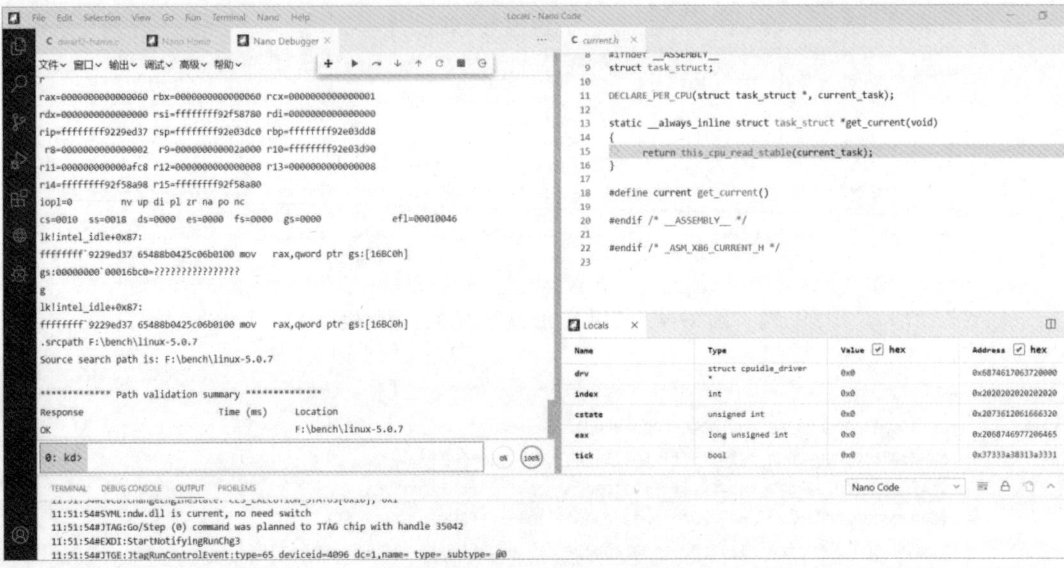

图 27-6 结合源代码分析

per-cpu 变量的基本特征就是对于不同的 CPU，它的值是不一样的。比如，在 0 号 CPU 上执行 dq gs:00000000`00016bc0 命令观察内存。

```
~0s
dq gs:00000000`0016bc0
0000:00000000`00016bc0 ffffffff`92e13780 00000000`00000000
```

可以看到 0 号 CPU 的 current 指针内容为 ffffffff`92e13780。

执行 ~1s 命令切换到 1 号 CPU，执行相同的 dq gs:00000000`00016bc0 观察内存。

```
~1s
dq:00000000~00016bc0
0000:00000000`00016bc0 ffff8a60~29950000 00000000`00000000
```

比较上面两个命令的结果，可以看到读出的内存是不一样的。对于 CPU1，它的 current 指针内容为 ffff8a60`29950000。

执行 k 命令观察 CPU1 的执行经过（见图 27-7）。

```
k
Child-SP          RetAddr           Call Site
ffffa745`000c7e48 ffffffff`920a23f5 lk!intel_idle+0x87 [/build/linux-hwe-pGQy9q/linux-hwe-5.3.0/arch/x86/include/asm/cur
ffffa745`000c7e98 ffffffff`920a280e lk!cpuidle_enter_state+0x75 [/build/linux-hwe-pGQy9q/linux-hwe-5.3.0/drivers/cpuidle
ffffa745`000c7ec0 ffffffff`918d71f3 lk!cpuidle_enter+0x2e [/build/linux-hwe-pGQy9q/linux-hwe-5.3.0/include/linux/compile
ffffa745`000c7ed0 ffffffff`918d74d6 lk!call_cpuidle+0x23 [/build/linux-hwe-pGQy9q/linux-hwe-5.3.0/kernel/sched/idle.c @
ffffa745`000c7f18 ffffffff`918d76dd lk!do_idle+0x1f6 [/build/linux-hwe-pGQy9q/linux-hwe-5.3.0/kernel/sched/idle.c @ 205]
ffffa745`000c7f30 ffffffff`91863ad7 lk!cpu_startup_entry+0x1d [/build/linux-hwe-pGQy9q/linux-hwe-5.3.0/kernel/sched/idle
ffffa745`000c7f58 ffffffff`918000d4 lk!start_secondary+0x167 [/build/linux-hwe-pGQy9q/linux-hwe-5.3.0/arch/x86/kernel/sm
ffffa745`000c7f58 00000000`00000000 lk!secondary_startup_64+0xa4 [/build/linux-hwe-pGQy9q/linux-hwe-5.3.0/arch/x86/kerne
```

图 27-7 1 号 CPU 的调用栈

可以看出它也是在执行 idle 线程，也在休息，不过它执行的是它自己的 idle 线程。从理论上讲，每个 CPU 都有自己的 idle 线程，在内核初始化时，就给每个 CPU 创建好了这个线程。

在一次 Linux 研习班上，有听众提问：C 语言中，宏一般不都是大写么，为什么 current 这个宏是小写呢？

对于这个问题，我特意追查过内核代码的修改记录。简单回答是历史原因，如上文介绍，在 Linux 内核早期，current 是一个全局变量，所以名字小写是合理的。后来在支持多 CPU 时，无法继续使用全局变量，改成了宏定义。当时可能是担心改成大写后，要修改的代码太多，所以就保持了小写。

真实的世界总是不完美的，在矛盾中发展，在不平衡中寻找平衡。有些问题是短时间内不好解决的，无论是理解软件世界，还是理解现实世界，认识到这一点都很重要。

短文已经不短，就此打住，如果大家对 per-cpu 和 task_struct 的讨论没有看通透，那可以暂且放过，只要记住一个简单的结论：以后写 Linux 内核驱动的代码时，千万不能给参数或者变量取名 current，因为那是内核老大在用的名字，姑且称它为内核第一霸，惹不得。

初稿写于 2020-11-29，2024-12-30 日修改于 863 软件园

第 28 章 M核的第一条指令

CPU 是靠执行指令“为生”的，从上电开始，到停电为止，都在执行指令，执行好一条，再执行下一条，执行好下一条，再执行下一条的下一条……既然如此，便有一个经典的问题，CPU 是如何知道第一条指令在哪里的呢？

对于 x86 CPU，答案比较简单，简单说是 hard code 的，也就是约定好的固定地址，即 0xf000:0xfff0。这个地址是所谓的实模式地址，冒号前面是段地址，后面是偏移，段地址左移 4 位加上偏移便得到 20 位的物理地址，即 0xFFFF0。

图 28-1 中的汇编指令是通过 DCI 技术调试 GDK7 时得到的。可以看到第一条指令是一条跳转指令，此时还没有栈，所以不能做函数调用，只能跳转。

```
u f0000+fff0
00000000`000ffff0 ea5be000f03034 jmp 3430:F000E05B
00000000`000ffff7 2f das
00000000`000ffff8 30342f xor byte ptr [edi+ebp],dh
00000000`000ffffb 3136 xor dword ptr [esi],esi
00000000`000ffffd 00fc add ah,bh
00000000`000fffff 005a5a add byte ptr [edx+5Ah],bl
00000000`00100002 5a pop edx
00000000`00100003 5a pop edx
```

图 28-1　GDK7 的起始指令

对于 ARM CPU，这个问题要复杂一些，下面以 ARM 的 M 核 CPU（以下简称 M 核）为例“格一下”。ARMv7m 的架构手册中定义了 M 核的复位行为（见图 28-2），而且给出了伪代码。

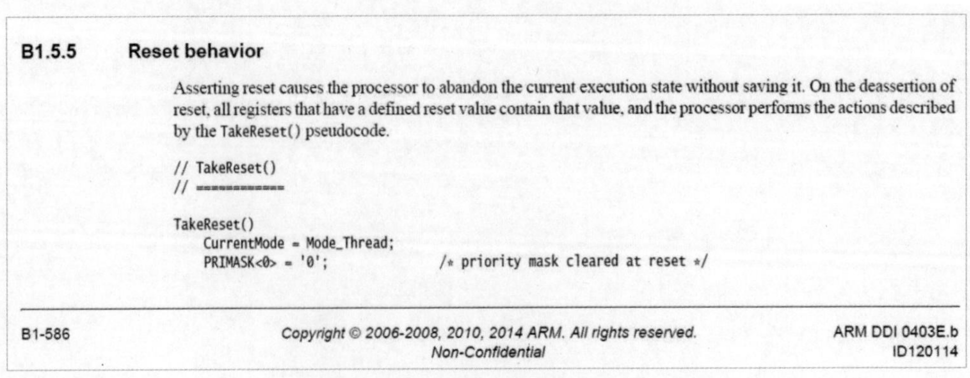

B1.5.5　Reset behavior

Asserting reset causes the processor to abandon the current execution state without saving it. On the deassertion of reset, all registers that have a defined reset value contain that value, and the processor performs the actions described by the TakeReset() pseudocode.

```
// TakeReset()
// ===========

TakeReset()
    CurrentMode = Mode_Thread;
    PRIMASK<0> = '0';                /* priority mask cleared at reset */
```

B1-586　*Copyright © 2006-2008, 2010, 2014 ARM. All rights reserved.* *Non-Confidential*　ARM DDI 0403E.b ID120114

图 28-2　M 核手册定义的复位行为

伪代码的如下几行是关键：

```
bits(32) vectortable = VTOR<31:7>:'0000000';
SP_main = MemA_with_priv[vectortable, 4, AccType_VECTABLE] AND 0xFFFFFFFC<31:0>;
SP_process = ((bits(30) UNKNOWN):'00');
LR = 0xFFFFFFFF<31:0>; /* preset to an illegal exception return value */
tmp = MemA_with_priv[vectortable+4, 4, AccType_VECTABLE];
tbit = tmp<0>;
APSR = bits(32) UNKNOWN; /* flags UNPREDICTABLE from reset */
IPSR<8:0> = Zeros(9); /* Exception Number cleared */
EPSR.T = tbit; /* T bit set from vector */
EPSR.IT<7:0> = Zeros(8); /* IT/ICI bits cleared */
BranchTo(tmp AND 0xFFFFFFFE<31:0>); /* address of reset service routine */
```

根据上面的代码，M 核是从向量表的起始 4 字节获得栈的位置，赋值给 SP_main（即 MSP）（第 2 行），从向量表偏移 4 开始的 4 字节中获取第一条指令的地址（第 5 行）。

那么向量表在何处呢？答案是 VTOR 寄存器。也就是 VTOR 寄存器的值代表向量表的位置。这个寄存器的值在复位时，会被设置为固定的值，即全 0（见图 28-3）。

Table B3-4 Summary of SCB registers

Address	Name	Type	Reset	Description
0xE000ED00	CPUID	RO	IMPLEMENTATION DEFINED	*CPUID Base Register* on page B3-655.
0xE000ED04	ICSR	RW	0x00000000	*Interrupt Control and State Register, ICSR* on page B3-655.
0xE000ED08	VTOR	RW	0x00000000[a]	*Vector Table Offset Register, VTOR* on page B3-657.
0xE000ED0C	AIRCR	RW	-[b]	*Application Interrupt and Reset Control Register, AIRCR* on page B3-658.
0xE000ED10	SCR	RW	0x00000000	*System Control Register, SCR* on page B3-659.
0xE000ED14	CCR	RW	IMPLEMENTATION DEFINED	*Configuration and Control Register, CCR* on page B3-660.
0xE000ED18	SHPR1	RW	0x00000000	*System Handler Priority Register 1, SHPR1* on page B3-662.
0xE000ED1C	SHPR2	RW	0x00000000	*System Handler Priority Register 2, SHPR2* on page B3-662.

B3-652 *Copyright © 2006-2008, 2010, 2014 ARM. All rights reserved.* *Non-Confidential* ARM DDI 0403E.b ID120114

图 28-3 M 核的系统控制块（SCB）寄存器

上面是文档上的说法，“纸上得来终觉浅”，下面再以基于 M 核的 GDK3 开发板为例，通过挥码枪调试器来加深认识（见图 28-4）。

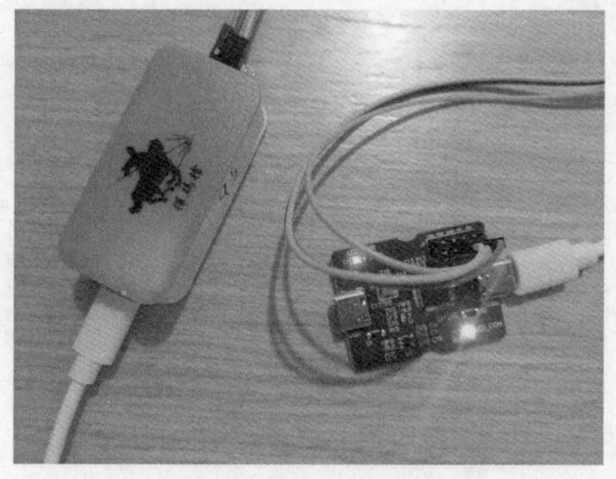

图 28-4 GDK3（右）和挥码枪（左）

把 GDK3 通过挥码枪连到笔记本电脑后，唤出 NanoCode（NDB 调试器），发出 break 命令，将 M 核中断下来。

```
Loading symbols for 08000000          gem3.elf ->   gem3.elf
lk!Delay_Ms+39:8000302 d004      beq     #0x800030e
r
r0=000001f4   r1=00001770   r2=e000e010   r3=00000001   r4=00600030
r5=50000018 r6=22000b40  r7=20004fb8  r8=02080044  r9=104c1200  r10=1100ca42
r11=0004b180r12=08001993  sp=20041040  lr=080001db  pc=08000302 psr=21000000 --C—ARM
lk!Delay_Ms+39:8000302 d004      beq     #0x800030e
```

发出 k 命令，观察栈回溯（见图 28-5）。

```
k
Child-SP RetAddr  Call Site
20041040 080001db lk!Delay_Ms+0x33 [../../debug/debug.c @ 78]
20004fe8 08000255 lk!gd_blink+0x1e [gem3.c @ 62]
20005000 08000abf lk!main+0x44 [gem3.c @ 89]
20005000 01f40c6f lk!Reset_Handler+0x2e [../../startup/startup_GDK3.s @ 68]
```

图 28-5　栈回溯

从栈回溯来看，main 函数的父函数的名称为 Reset_Handler，是复位处理器的意思，看起来与前面的理论是一致的。执行 .frame 3 切到 Reset_Handler，可以看到它的代码，是用汇编语言写的。

```
/****** Reset handler*********/
.section  .text.Reset_Handler
.weak  Reset_Handler
.type  Reset_Handler, %function
Reset_Handler:
/* Copy the data segment initializers from flash to SRAM */
movs  r1, #0
b     LoopCopyDataInit
```

使用 x 命令观察函数 Reset_Handler，可以看到它的内存地址，即 08000a91。

```
x lk!Reset_Handler
08000a91  lk!Reset_Handler
```

使用 dds 命令观察向量表。

```
dds 0
00000000  20005000
00000004  08000a91 lk!Reset_Handler [../../startup/startup_GDK3.s @ 38]
00000008  08000ad5 lk!EXTI2_IRQHandler [../../startup/startup_GDK3.s @ 77]
【省略多行】
```

可以看到，偏移 4 的位置的确就是 08000a91，也就是 Reset_Handler 的地址。

上面通过试验验证了文档中的描述，但是还不能确定是不是 M 核复位后就真的执行 08000a91 处的指令。如果要做这个验证，可以使用 NDB 的重启命令，即 .reboot，把目标系统复位，这个功能是基于 M 核的“复位即进入调试模式”开发的（见图 28-6）。

C1.4.1　Entering debug state on leaving reset state

To force the processor to enter Debug state as soon as it comes out of reset, a debugger sets DHCSR.C_DEBUGEN to 1, to enable halting debug, and sets DEMCR.VC_CORERESET to 1 to enable vector catch on the Reset exception. When the processor comes out of reset it sets DHCSR.C_HALT to 1, and enters Debug state. For more information see *Debug Halting Control and Status Register, DHCSR* on page C1-759 and *Debug Exception and Monitor Control Register, DEMCR* on page C1-765.

图 28-6　M 核手册中关于复位后进入调试模式的说明

发出 .reboot 命令后，NDB 的提示符短暂进入 BUSY 后，又切换到命令状态。

```
meta poll returned 0
Loading symbols for 08000000         gem3.elf ->   gem3.elf
lk!$t:
8000a90 2100     movs    r1, #0
r
 r0=000001f4  r1=00001770  r2=e000e010  r3=00000001  r4=00600030  r5=50000018
 r6=22000b40  r7=20004fb8  r8=02080044  r9=104c1200 r10=1100ca42 r11=0004b180
r12=08001993  sp=20041040  lr=ffffffff  pc=08000a90 psr=01000000 ----- ARM
lk!$t:
8000a90 2100     movs    r1, #0
```

从寄存器上下文来看，M 核真的是在准备执行 8000a90 处的指令。或许有细心的读者发现向量表里的地址和上面实际执行的地址略有差异，前者是 08000a91，后者是 08000a90。这是因为 ARM 的指令都是 2 字节或者 4 字节，所以当把一个地址加载到 PC 寄存器时，地址的最低位用来表示指令的类型，1 代表 2 字节的 Thumb 指令。这个操作在 ARM 手册中称为 BXWritePC() 或者 LoadWritePC()。

```
BXWritePC(bits(32) address)
if CurrentMode == Mode_Handler && address<31:28> == '1111' then
ExceptionReturn(address<27:0>);
else
EPSR.T = address<0>; // if EPSR.T == 0, a UsageFault('Invalid State')
// is taken on the next instruction
BranchTo(address<31:1>:'0');
```

看 8000a90 处的指令，它的机器码只有两个字节，即 0x2100，的确是 Thumb 指令。8000a90 2100　　movs　r1, #0 至此，我们不仅知道了 M 核是如何寻找第一条指令的，也在 GDK3 上验证了这个过程，看到了它复位要执行的第一条指令是什么。

M 核价廉物美，精致小巧，上面的软件也比较简单。一般没有 Windows 或者 Linux 那么重的操作系统。在 M 核上编程可以享受独特的编程体验，摆脱操作系统的束缚，享受一切尽在掌握的自由，回归淳朴，重新思考计算机系统和软件的基本问题，对学习来说是非常好的。

初稿写于 2022-10-04，2024-12-18 夜略作修改于 863 国家软件园

第 29 章
品味CPU的元始状态

每当想到日出，我常常联想到英特尔当年宣传 8086 时的宣传海报，一轮红日冲破黑暗，冉冉升起，红日上方用黑色的字体写着“8086 的时代来了。”（见图 29-1）

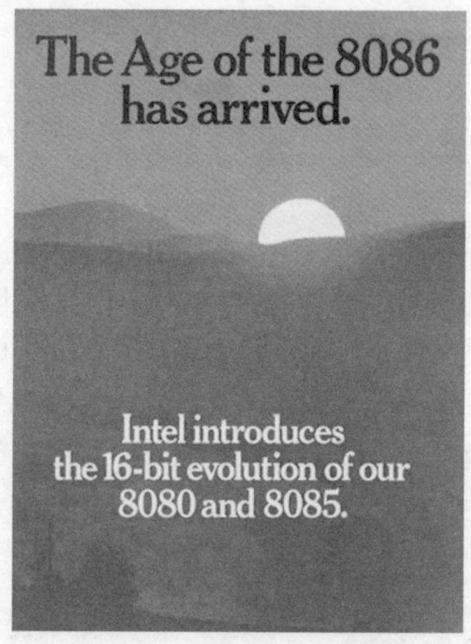

图 29-1　8086 的宣传海报

8086 的推出时间是 1978 年，距今已经 40 多年了。在 40 多年的时间里，x86 不断发展，功能也越来越多。但特别有趣的是，为了更好地实现软件兼容，x86 CPU 一直使用着一种“累加模式”（见图 29-2）。也就是说，在开发新一代 CPU 时，旧的功能并没有被丢弃。举例来说，8086 是单任务的，只有一个地址空间，供一个任务运行。第二代 80286 引入了支持多任务的保护模式，每个任务都有自己的空间。但为了支持老的软件，没有把原来的设施丢掉，而是让新老并存。为了与新引入的保护模式相区别，暂且称原来的为实模式。

而且，为了保持 CPU 行为的一致，当 286 上电时，首先仍是以老的实模式方式工作，这样老的软件便可以顺利运行。如果运行新的软件，那么可以切换到新的模式工作。这种特征一直保存到今天。这意味着，今天的 x86 CPU（以下用 CPU 特指 X86 CPU）在上电后，也是从最旧的实模式开始工作的。于是，经常有同行会问：能不能让 CPU 一上电就停止在初始的状态，让我们看看它的元始状态呢？这样的问题不仅对于学习来说有意义，而且对于从事安全研究的同行也非常有意义，因为对于信息系统安全，初始状态意味着信任的根基（the root of trust）。

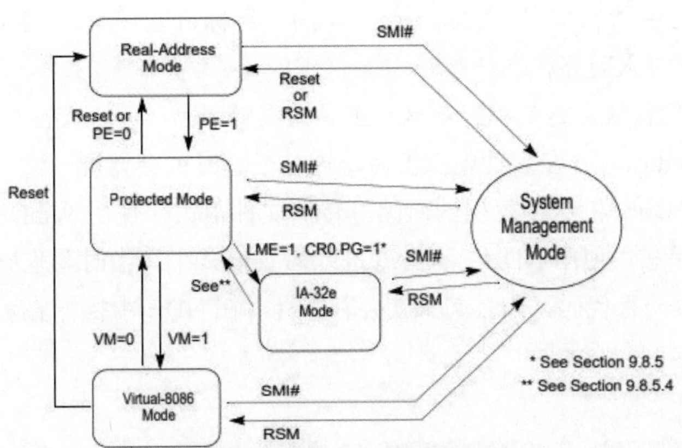

图 29-2 x86 CPU 的工作模式

那么，能不能做到呢？直接的回答是很难，因为今天的CPU速度太快了，几乎是以光速在跑。所以很快便跑过了启动的那个点，进入到其他模式了，真正是风驰电掣一般。

那么真的就没有办法了吗？又不绝对是，如果使用特殊的工具，加上一些其他条件，还是有可能的。下面介绍一种使用GDK7来实现这个目标的方法。

实现上述目标至少要两台机器，GDK7是目标机，另一台机器用我的台式机，称为主机。在主机端，需要安装Nano Code。在目标机和主机之间，使用GDK7的定制USB3电缆连接。

准备工作就绪，按下按钮，给GDK7上电。第一次上电是无法抓到初始状态的，我们准备抓的是重启的下一次。GDK7上电后，主机端如期看到宝贵的DCI设备（见图29-3）。

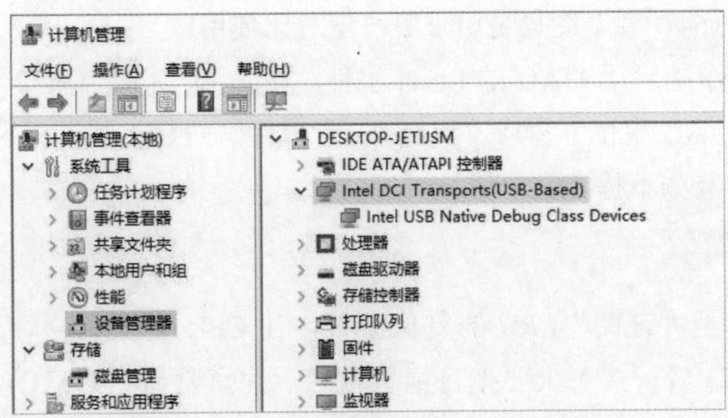

图 29-3 设备管理器里的 DCI 设备

在Nano Code中开启内核调试会话，选择DCI Open模式，下面不要选择任何操作系统，也不要选择影子内存（Memory Shadow）。单击“确定”按钮，让NDB（Nano Debugger的缩写，Nano Code的调试器名称）进入工作状态。

几秒钟后，NDB的浮动工具栏上的蓝色中断按钮亮起，代表NDB已经初始化完毕，可以接受命令。初始化的主要工作是唤起英特尔的DCI进程，这个进程用于解析DCI协议，与GDK7中的目标CPU通信。

接下来，单击“中断”按钮，发起中断。瞬间，目标机戛然而止，NDB 进入命令状态，工具条上的所有按钮进入闪亮状态。

NDB 的工作速度很快，这是我喜欢这个工具的重要原因。前几天在与老东家 INTEL 交流时，有位学员的 Windows 10 在启动虚拟机后每过一个小时就会蓝屏一次。我主动提议把转储文件复制给大家，现场分析这个蓝屏的原因。转储文件很大，使用 WinDBG 打开时，几分钟后还没有进入命令状态。使用 NDB，瞬间就进入命令模式了。当时我也感觉很惊奇。得到的经验是，认真写好每一行代码，积累起来就会有惊喜。在 NDB 中执行 r 命令，观察 CPU 的上下文（见图 29-4）。

```
r
rax=0000000000000060 rbx=0000000000000060 rcx=0000000000000001
rdx=0000000000000000 rsi=ffffffffaa5730c0 rdi=0000000000000000
rip=ffffffffa99c6747 rsp=ffffffffaa403de0 rbp=ffffffffaa403df8
 r8=ffffffffad4ce87e8  r9=0000000000000018 r10=ffffffffaa403db0
r11=0000000000076778 r12=0000000000000008 r13=ffff8d206ec2b700
r14=ffffffffaa5733d8 r15=0000012e75ae29f1
iopl=0         nv up di pl zr na po nc
cs=0010  ss=0018  ds=0000  es=0000  fs=0000  gs=0000             efl=00010046
ffffffff`a99c6747 65488b0425005c0100 mov   rax,qword ptr gs:[15C00h] gs:00000000`00015c00
```

图 29-4　在 DCI 调试会话中观察寄存器

通过寄存器来看，CPU 在 64 位模式，也就是所谓的 AMD64，简称 x64。相对最初的实模式而言，x64 可谓是 x86 CPU 的最高等模式。再来看 GDK7 的显示器，显示的是 Ubuntu 的登录界面，表明 CPU 上的软件也进入到了“高等”状态。

我们今天不讨论 x64，截个图只是用来等一下对比使用。

接下来的关键动作是启用 JTAG 的 Reset 事件。单击 NDB 的“高级”菜单，选择“JTAG 事件”命令，打开“JTAG 事件”窗口，找到 Reset 事件，然后将其设置为 On（见图 29-5）。

NDB 的命令区会有如下提示：

```
Break on event Reset is set to 1 on CPU 4096
```

这个动作的目的是“订阅”CPU 的复位事件，让 CPU 下次复位时，中断下来，接受检查。做好这个准备工作后，接下来要把目标机重启，注意是做个热启动，不是拔电冷启动。热重启的方法有很多，可以手动重启，比如在 GDK7 上选择 Ubuntu 的重启功能。GDK7 重启时，可以在 Nano Code 的输出区看到如下 Device Gone 消息：

```
14:14:18#JTGE:JtagMessageEvent:type=2 dbgportid=DCI: Device Gone (Target Power Lost or Cable Unplugged)
```

当目标机的显示器进入黑暗后，很快就会收到检测到新设备的消息，代表着 CPU 又一次进入工作状态。

```
14:14:19#JTGE:JtagMessageEvent:type=2 dbgportid=DCI: A DCI device has been detected, attempting to establish connection
```

```
    14:14:19#JTGE:JtagMessageEvent:type=2 dbgportid=DCI: Target connection has been
fully established
```

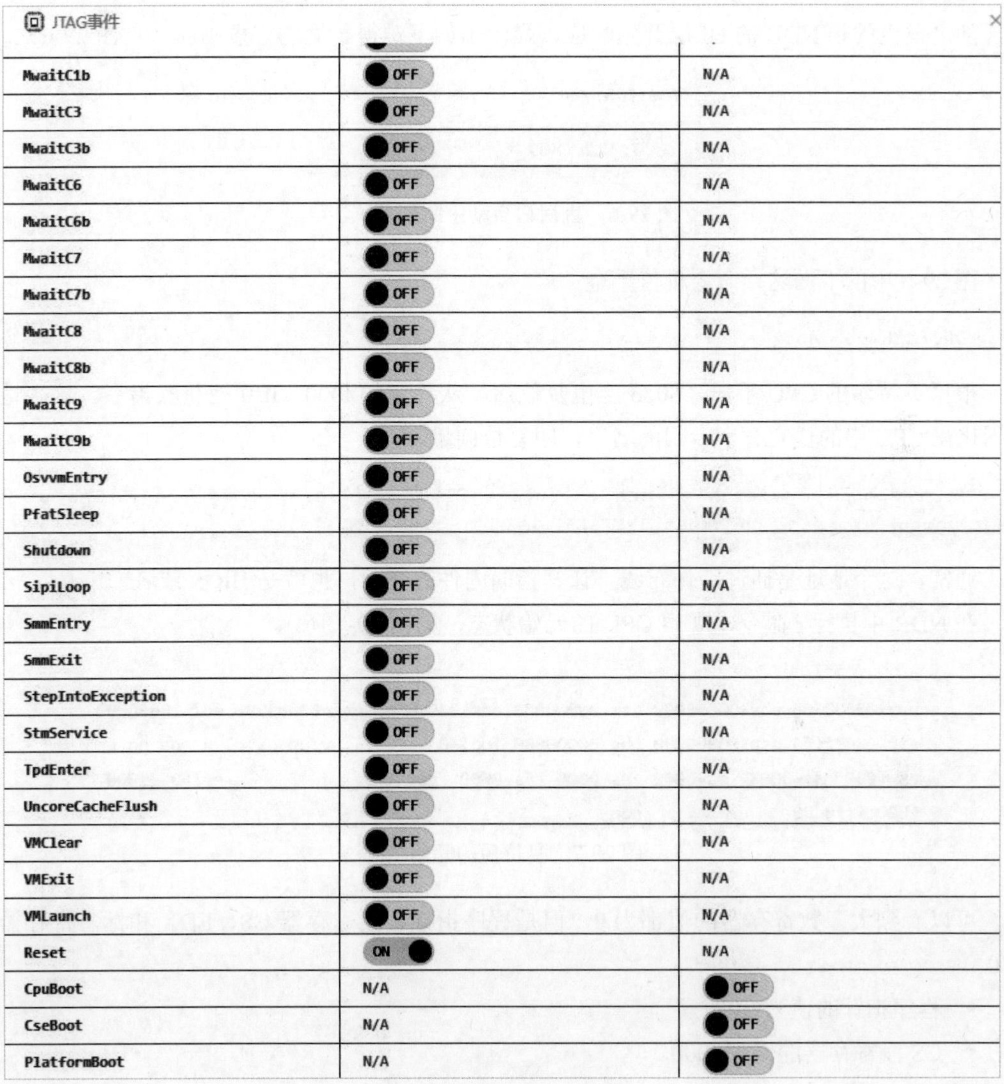

JTAG事件

MwaitC1b	OFF	N/A
MwaitC3	OFF	N/A
MwaitC3b	OFF	N/A
MwaitC6	OFF	N/A
MwaitC6b	OFF	N/A
MwaitC7	OFF	N/A
MwaitC7b	OFF	N/A
MwaitC8	OFF	N/A
MwaitC8b	OFF	N/A
MwaitC9	OFF	N/A
MwaitC9b	OFF	N/A
OsvvmEntry	OFF	N/A
PfatSleep	OFF	N/A
Shutdown	OFF	N/A
SipiLoop	OFF	N/A
SmmEntry	OFF	N/A
SmmExit	OFF	N/A
StepIntoException	OFF	N/A
StmService	OFF	N/A
TpdEnter	OFF	N/A
UncoreCacheFlush	OFF	N/A
VMClear	OFF	N/A
VMExit	OFF	N/A
VMLaunch	OFF	N/A
Reset	ON	N/A
CpuBoot	N/A	OFF
CseBoot	N/A	OFF
PlatformBoot	N/A	OFF

图 29-5　JTAG 事件界面

而且，很快 GDK7 的 4 个 CPU 纷纷向调试器报道。

```
    14:14:29#JTGE:JtagRunControlEvent:type=1 deviceid=4096 dc=1,name= type=Reset
subtype= @fff0
    14:14:29#JTGE:JtagRunControlEvent:type=1 deviceid=4097 dc=1,name=SipiLoop
type=Wait for SIPI loop subtype= @0
    14:14:29#JTGE:JtagRunControlEvent:type=1 deviceid=4098 dc=1,name=SipiLoop
type=Wait for SIPI loop subtype= @0
    14:14:29#JTGE:JtagRunControlEvent:type=1 deviceid=4099 dc=1,name=SipiLoop
type=Wait for SIPI loop subtype= @0
```

最后，NDB 准备激发调试事件，唤醒调试引擎。

```
14:14:29#JTAG:Run change event is fired: hr=1 ip=fff0 exception e8000002 cpu 0
```

随之发生的是 NDB 的 UI 层开始响应，显示出如下难得一见的宝贵画面（见图 29-6）。

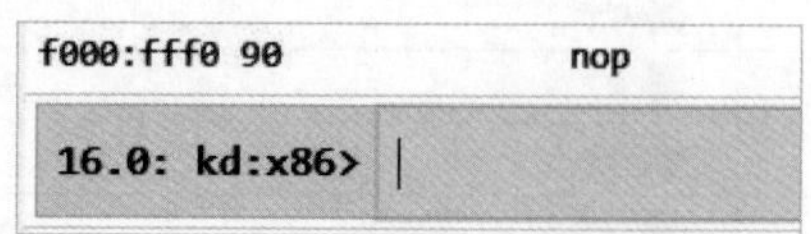

图 29-6　重启后自动中断到调试器

图 29-6 中的下面这行命令价值千金：

```
f000:fff0 90  nop
```

根据英特尔的 CPU 手册，8086 上电复位后，从约定的 f000：fff0 处获取指令。这个地址是固化在 CPU 中的，它有个专门的名字，叫复位向量。

```
    "It responds by fetching and executing BIOS boot-strap code, beginning at the
reset vector (physical address FFFF FFF0H)."
```

通常，这个地址是通过硬件布线，让其指向固件的空间，也就是 BIOS 或者 UEFI。

在 NDB 中执行 r 命令，观察 CPU 的元始状态，如图 29-7 所示。

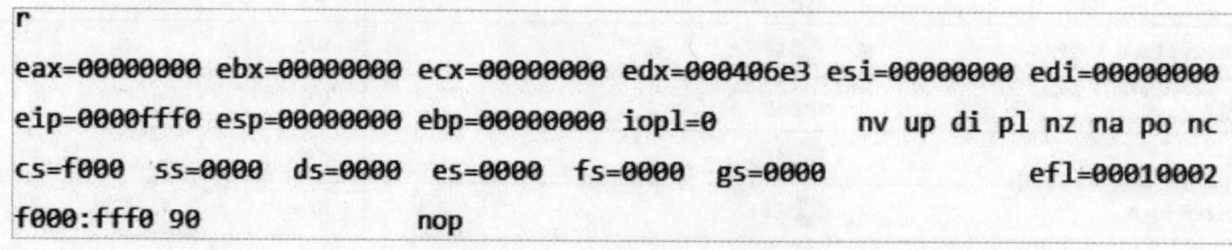

图 29-7　复位后的元始状态

可以看到大多数寄存器的值都为 0，但是程序指针、段寄存器 CS、EDX 和标志寄存器不为 0。

- 程序指针的值为 fff0。
- CS 段寄存器的值为 f000。
- EDX 寄存器的值为 406e3。
- 标志寄存器的值为 10002。

这与英特尔 SDM 手册中的描述（见图 29-8）基本一致。

为何说基本一致，是因为标志寄存器的值在手册中说初始值为 2，有个注释是说最高 10 位可能为随机值。

```
    The 10 most-significant bits of the EFLAGS register are undefined following a
reset. Software should not depend on the states of any of these bits.
```

但我们实际观察到的是 0x10002，也就是 bit 16 为 1。原因待考，在此不论。

Table 9-1. IA-32 and Intel 64 Processor States Following Power-up, Reset, or INIT

Register	Power up	Reset	INIT
EFLAGS[1]	00000002H	00000002H	00000002H
EIP	0000FFF0H	0000FFF0H	0000FFF0H
CR0	60000010H[2]	60000010H[2]	60000010H[2]
CR2, CR3, CR4	00000000H	00000000H	00000000H
CS	Selector = F000H Base = FFFF0000H Limit = FFFFH AR = Present, R/W, Accessed	Selector = F000H Base = FFFF0000H Limit = FFFFH AR = Present, R/W, Accessed	Selector = F000H Base = FFFF0000H Limit = FFFFH AR = Present, R/W, Accessed
SS, DS, ES, FS, GS	Selector = 0000H Base = 00000000H Limit = FFFFH AR = Present, R/W, Accessed	Selector = 0000H Base = 00000000H Limit = FFFFH AR = Present, R/W, Accessed	Selector = 0000H Base = 00000000H Limit = FFFFH AR = Present, R/W, Accessed
EDX	000n06xxH[3]	000n06xxH[3]	000n06xxH[3]
EAX	0[4]	0[4]	0[4]
EBX, ECX, ESI, EDI, EBP, ESP	00000000H	00000000H	00000000H
ST0 through ST7[5]	+0.0	+0.0	FINIT/FNINIT: Unchanged

图 29-8　CPU 手册中描述的复位状态

图 29-6 中的提示符也是难得一见。

```
16.0: kd:x86
```

它的基本含义是 0 号 CPU 运行在 8086 模式下。切换到其他 CPU，可以看到类似状态（见图 29-9）。

```
r
eax=00000000 ebx=00000000 ecx=00000000 edx=000406e3 esi=00000000 edi=00000000
eip=00000000 esp=00000000 ebp=00000000 iopl=0         nv up di pl nz na po nc
cs=f000  ss=0000  ds=0000  es=0000  fs=0000  gs=0000             efl=00010002
f000:0000 ff              ???

16.2: kd:x86>
```

图 29-9　2 号 CPU 的复位状态

再切回 0 号 CPU，执行 u 命令查看反汇编，如图 29-10 所示。

```
u
f000:fff0 90              nop
f000:fff1 90              nop
f000:fff2 e93bfc          jmp     FC30
f000:fff5 0000            add     byte ptr [bx+si],al
f000:fff7 00fc            add     ah,bh
f000:fff9 0000            add     byte ptr [bx+si],al
f000:fffb 0000            add     byte ptr [bx+si],al
f000:fffd 00f4            add     ah,dh
```

图 29-10　起点附近的指令

可以看到两条 nop 指令后面是一个绝对跳转。两条 nop 是空操作，接下来的 jmp 是跳转到一个新的位置开始征程。值得说明的是，复位后的这一点，代表 CPU 刚刚从黑暗中崛起，有大量的工作要做，也有很多东西是未知的，仿佛一个初生儿婴儿，不知道自己的前途到底如何。举例来说，此时是从ROM中获取指令，还不知道RAM有多少，是什么样的速度。因为ROM是不可以写的，可以写的RAM还不知道在哪里，所以此时还没有栈可用。这就意味着，连基本的函数调用指令都不可以用，只能跳转。接下来，可以单步跟踪CPU的启动之旅。打开反汇编窗口，可以看得更清楚（见图29-11）。

```
反汇编.nd
;; start=0xffff0 end=0xf005b
f000:fff0 90          nop
f000:fff1 90          nop
f000:fff2 e93bfc      jmp      FC30
f000:fff5 0000        add      byte ptr [bx+si],al
f000:fff7 00fc        add      ah,bh
f000:fff9 0000        add      byte ptr [bx+si],al
f000:fffb 0000        add      byte ptr [bx+si],al
f000:fffd 00f4        add      ah,dh
f000:ffff ff          ???
f000:0000 ff          ???
f000:0001 ff          ???
f000:0002 ff          ???
f000:0003 ff          ???
f000:0004 ff          ???
f000:0005 ff          ???
f000:0006 ff          ???
f000:0007 ff          ???
f000:0008 ff          ???
f000:0009 ff          ???
f000:000a ff          ???
f000:000b ff          ???
f000:000c ff          ???
f000:000d ff          ???
```

图29-11　反汇编窗口

两次看似没有任何意义的nop，然后一次跳跃，这便是CPU复位后的最初动作。前路漫漫，百废待兴，有很多事要做，也意味着有无限的机遇和未来……

初稿写于2021-01-09，2024-12-18夜略作修改于863国家软件园

第 30 章 从猫蛇之战看内核戏CPU

小时候曾经目睹过猫与蛇战斗，面对昂首发威的毒蛇，小猫不慌不忙，挥舞前爪，沉着冷静，看准时机进攻，胆大心细。在网上搜一下，可以看到很多猫蛇战斗的照片，看来猫蛇之战是很多人都喜欢看的“精彩节目”（见图 30-1）。

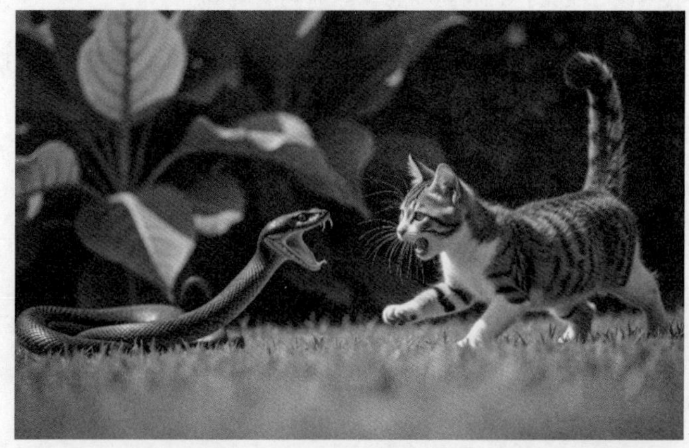

图 30-1　猫蛇大战　（照片由 AI 生成，感谢 jibuzhuming3）

之所以想到猫蛇之战，是因为今天在“格友会讲”群里一位同行问了一个很有深度的问题。简单来说，他的问题是，普通程序访问不能访问的内存时会出现异常，可能崩溃，而调试器访问时不会崩溃，为什么？看了这个问题，我立刻觉得这位同行是比较有水平的，因为刚入门的程序员是问不出这样的问题的。

1. 初步探索

要理解这个问题，必须有些底层的基础。

第一个基础是要有保护模式的概念。以典型的 Linux 系统为例，CPU 运行在所谓的保护模式中，软件访问的内存空间都是虚拟空间，而且这个虚拟空间中的内容是分三六九等的，是分平民区和富人区的，是分道路和深坑的。因此，访问内存时要小心，有些地方可以访问，有些地方一访问就可能爆炸、崩溃甚至“死亡”。现实中，大多数的应用程序和系统崩溃都是因为访问了不该访问的内存区，触发了 CPU 的页错误异常（Page Fault）。

第二个基础是要对调试器有比较深的认识，知道在调试器里可以放心大胆地想访问哪里就访问哪里，不用那么小心。

举例来说，在普通程序里，如果访问空地址，一旦处理不好，就会被系统“杀”了。但是在调试器里，故意访问空指针却没有问题。比如，在 WinDBG 中执行 dd 0 观察非法的地址 0，调试器会给出一串串可爱的问号，代表不可访问，子虚乌有。

```
6: kd> dd 0
00000000`00000000  ???????? ???????? ???????? ????????
00000000`00000010  ???????? ???????? ???????? ????????
00000000`00000020  ???????? ???????? ???????? ????????
00000000`00000030  ???????? ???????? ???????? ????????
00000000`00000040  ???????? ???????? ???????? ????????
00000000`00000050  ???????? ???????? ???????? ????????
00000000`00000060  ???????? ???????? ???????? ????????
00000000`00000070  ???????? ???????? ???????? ????????
```

那么问题来了，为什么普通程序一碰就爆炸，而调试器访问却安然无恙呢？

坦率地说，第一次在脑海中出现这个问题时，也令我困惑了一阵。直到后来发现了内核中的一个神秘机制。这个机制是跨操作系统的，Windows 中有，Linux 也有，而且都是相同的名字，叫 Probe。

有点令人诧异的是，连函数名都很类似，比如 Windows（NT 内核）中的两个函数为：

```
6: kd> x nt!probe*
fffff800`06581d70 nt!ProbeForWrite (void)
fffff800`06518ad0 nt!ProbeForRead (<no parameter info>)
```

而 Linux 内核中的两个函数为：

```
root@gedu-VirtualBox:/home/gedu/labs/linux-source-4.8.0# sudo cat /proc/kallsyms
| grep "\bprobe_ke"
ffffffff811a5f00 W probe_kernel_read
ffffffff811a5fc0 W probe_kernel_write
```

搜一下 Linux 内核中用于支持内核调试的 KDB/KGDB 源代码，可以看到确实有很多地方都调用了上面两个函数（见图 30-2）。

```
root@gedu-VirtualBox:/home/gedu/labs/linux-source-4.8.0/kernel/debug# grep probe * -R
debug_core.c:    err = probe_kernel_read(bpt->saved_instr, (char *)bpt->bpt_addr,
debug_core.c:    err = probe_kernel_write((char *)bpt->bpt_addr,
debug_core.c:    return probe_kernel_write((char *)bpt->bpt_addr,
gdbstub.c:       err = probe_kernel_read(tmp, mem, count);
gdbstub.c:       return probe_kernel_write(mem, tmp_raw, count);
gdbstub.c:       return probe_kernel_write(mem, c, size);
kdb/kdb_main.c: if (!p || probe_kernel_read(&tmp, (char *)p, sizeof(unsigned long)))
kdb/kdb_support.c:       int ret = probe_kernel_read((char *)res, (char *)addr, size);
kdb/kdb_support.c:       int ret = probe_kernel_read((char *)addr, (char *)res, size);
kdb/kdb_support.c:       if (!p || probe_kernel_read(&tmp, (char *)p, sizeof(unsigned long)))
```

图 30-2　搜索 KDB/KGDB 源代码的部分结果

简单来说，内核里封装了两个特殊的函数，提供给包括调试器在内的一些特殊客户使用。接下来的问题是，probe 函数内部是如何做的呢？有关的源代码① 如图 30-3 所示。

① 完整代码可以通过 bootlin 阅读比较：https://elixir.bootlin.com/linux/v4.8/source/mm/maccess.c#L23。

```
#include <linux/mm.h>
#include <linux/uaccess.h>

/**
 * probe_kernel_read(): safely attempt to read from a location
 * @dst: pointer to the buffer that shall take the data
 * @src: address to read from
 * @size: size of the data chunk
 *
 * Safely read from address @src to the buffer at @dst.  If a kernel fault
 * happens, handle that and return -EFAULT.
 *
 * We ensure that the copy_from_user is executed in atomic context so that
 * do_page_fault() doesn't attempt to take mmap_sem.  This makes
 * probe_kernel_read() suitable for use within regions where the caller
 * already holds mmap_sem, or other locks which nest inside mmap_sem.
 */

long __weak probe_kernel_read(void *dst, const void *src, size_t size)
    __attribute__((alias("__probe_kernel_read")));

long __probe_kernel_read(void *dst, const void *src, size_t size)
{
        long ret;
        mm_segment_t old_fs = get_fs();

        set_fs(KERNEL_DS);
        pagefault_disable();
        ret = __copy_from_user_inatomic(dst,
                        (__force const void __user *)src, size);
        pagefault_enable();
        set_fs(old_fs);

        return ret ? -EFAULT : 0;
}
EXPORT_SYMBOL_GPL(probe_kernel_read);
```

图 30-3　执行危险读操作的内核代码

其中的关键是在 __copy 动作前后分别有：

```
pagefault_disable();
pagefault_enable();
```

也就是先禁止了页错误（pagefault），访问好之后再启用。这有点像是在要蛇之前，先把它的毒牙包上。

2. 休息再战

继续讨论计算机世界中的猫蛇之战。上一节说到调试器在访问内存时，会使用特殊的probe 函数来访问，访问之前会禁止页错误。但是很多问题还没有说透，比如：

- 这样禁止了后，访问非法内存时，CPU 硬件真的不报异常了吗？
- 如果要读很长一段内存，那么 probe 函数会访问一次发现不行就停止了，还是像猫蛇之战那样连续作战呢？
- probe 函数发现内存区不能访问时，会返回一个名为 EFAULT 的错误码（-14），那么，probe 函数是怎么知道访问失败的呢？

问题 3 听起来有点别扭，需要这样来体会。如果普通函数访问非法内存，一碰就爆炸了，这个函数立刻失去控制，根本没有机会知道刚才发生了什么。

为了以生动的方式（想想猫蛇之战，何其生动，应该感谢猫“类”啊）回答上面的问题，我想了一个办法。先写一段代码，调用一下 probe 函数，让它充当我们的“试验品”。

```
static void ge_probe(void)
{
 char data[32] = {0};
 long addr = 0x880;
long ret = probe_kernel_read(data, addr, sizeof(data));
 printk("probe %lx got %ld\n", addr, ret);
}
```

封装一个简单的函数，调用 probe_kernel_read，故意指定 0x880 这个无效的线性地址。0x880 肯定无效吗？当然，小于 4KB 的地址都是无效的。

在 proc 虚文件的写回调函数里调用这个函数。

```
else if(strncmp(cmd, "probe", 5) == 0)
{
ge_probe();
}
```

再写一个不使用 probe 的方法，作为对照。

```
else if(strncmp(cmd, "nullp", 5) == 0)
{
*(int*)(long)0x880 = 0x88888888;
}
```

把这段代码放到一个内核模块中，比如我常用的 llaolao 模块（参见第 45 章的介绍）。llaolao 代表“刘姥姥”，取“刘姥姥进内核这个大观园”之意。

尝试触发执行上面的两种方法，直接做非法访问时，系统“大怒”，CPU 发出异常，向操作系统“告状”，操作系统追查“叛逆”，严惩不贷，当前的 bash 进程会被 kill 掉（见图 30-4）。

```
[  358.078651] proc_lll_write called legnth 0x6, 00000000018a8008
[  358.078660] gedu: segfault at 880 ip ffffffffc0384646(proc_lll_write+0xf6/0x1d8 [llaolao]) sp ffff8eb9b9217df0 error 2
[  358.078663] geduprobe: 0002 [#3] SMP
[  358.078666] Modules linked in: llaolao(OE) vboxsf(OE) joydev(E) snd_intel8x0(E) snd_ac97_codec(E) ac97_bus(E) snd_pcm(E) snd_seq_midi(E) snd_seq_midi_event(E) vboxvideo(OE) snd_rawmidi(E) ttm(E) snd_seq(E) drm_kms_helper(E) snd_seq_device(E) snd_timer(E) snd(E) drm(E) soundcore(E) fb_sys_fops(E) input_leds(E) syscopyarea(E) crct10dif_pclmul(E) serio_raw(E) sysfillrect(E) crc32_pclmul(E) sysimgblt(E) ghash_clmulni_intel(E) cryptd(E) vboxguest(OE) i2c_piix4(E) mac_hid(E) parport_pc(E) ppdev(E) lp(E) parport(E) autofs4(E) hid_generic(E) usbhid(E) hid(E) psmouse(E) ahci(E) libahci(E) e1000(E) pata_acpi(E) fjes(E) video(E)
[  358.078713] CPU: 0 PID: 2500 Comm: bash Tainted: G           OE   4.8.0-36-generic #36~16.04.1-Ubuntu
[  358.078715] Hardware name: innotek GmbH VirtualBox/VirtualBox, BIOS VirtualBox 12/01/2006
[  358.078716] task: ffff8eb9ba81ab80 task.stack: ffff8eb9b9214000
[  358.078718] RIP: 0010:[<ffffffffc0384646>]  [<ffffffffc0384646>] proc_lll_write+0xf6/0x1d8 [llaolao]
[  358.078723] RSP: 0018:ffff8eb9b9217df0  EFLAGS: 00010246
[  358.078724] RAX: 0000000000000000 RBX: 0000000000000006 RCX: 0000000000000000
[  358.078726] RDX: 0000000000000006 RSI: ffff8eb9b9217e19 RDI: ffffffffc03853ec
[  358.078727] RBP: ffff8eb9b9217e90 R08: ffff8eb9b9218000 R09: 0000000000000002
[  358.078729] R10: 0000000000000001 R11: 0000000000000252 R12: ffff8eb9b9217e14
[  358.078730] R13: 00000000018a8008 R14: ffff8eb9b567e700 R15: 0000000000000000
[  358.078732] FS:  00007fb5d019d700(0000) GS:ffff8eb9bfc00000(0000) knlGS:0000000000000000
[  358.078734] CS:  0010 DS: 0000 ES: 0000 CR0: 0000000080050033
[  358.078735] CR2: 0000000000000880 CR3: 00000000377c3000 CR4: 00000000000406f0
[  358.078742] Stack:
[  358.078744]  0000000000000040 000000007b96647b ffff8eb9be007f98 ffff8eb9b567e700
[  358.078748]  6c6c756e00000002 0000000000000a70 0000000000000000 0000000000000000
[  358.078752]  0000000000000000 0000000000000000 0000000000000000 0000000000000000
[  358.078756] Call Trace:
[  358.078764]  [<ffffffff988a7172>] proc_reg_write+0x42/0x70
[  358.078768]  [<ffffffff988324d8>] __vfs_write+0x18/0x40
[  358.078771]  [<ffffffff98832c28>] vfs_write+0xb8/0x1b0
[  358.078774]  [<ffffffff98834085>] SyS_write+0x55/0xc0
```

图 30-4　直接访问非法内存会惹恼内核

而执行 probe 方法时，则风平浪静，一切安好。

```
[   460.098102] proc_lll_write called legnth 0x6, 0000000000da0008
[   460.098106] probe 880 got -14
```

为了能观察其中的细节，将使用 KGDB 双机内核调试，用强大的调试器做控制，探微索隐。

对于今天的计算机来说，CPU 在以光速运行，CPU 执行一条指令的时间，光也只能行进几厘米。猫之所以敢与蛇正面交锋，靠的就是反应速度比蛇快很多倍。而人的反应速度要比 CPU 慢不知道多少倍，如果不依靠调试器，怎么看得清楚？

林纳斯喜欢读源代码和加 printk，但那不是我的风格。

说话间，两个虚拟机都运行起来了，一个名为 GE64，是调试目标，另一个名为 GD64，运行调试器，二者通过虚拟串口通信，已经建立了内核调试会话，如图 30-5 所示。

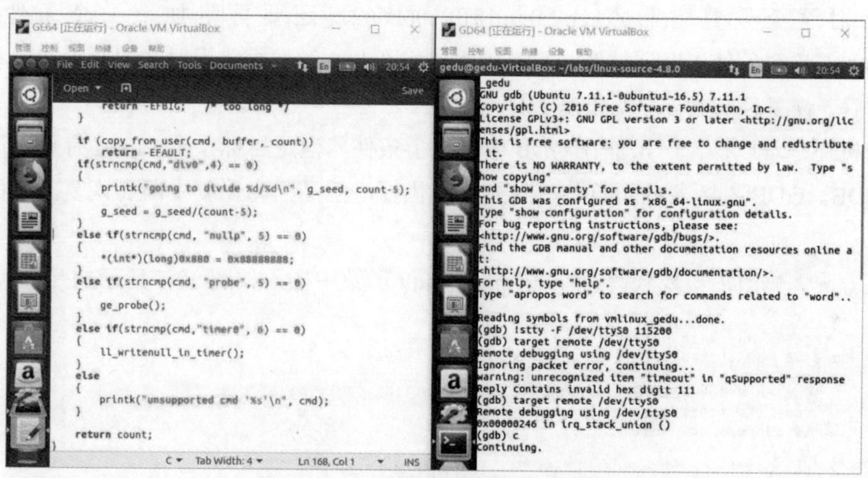

图 30-5　双虚拟机内核调试会话

在目标机器中，编译加载 llaolao 模块，然后执行如下命令让目标机中断到调试器“怀抱”。

```
echo g > /proc/sysrq-trigger
```

目标机应声中断，在调试器中执行如下命令对处理页错误异常的 do_page_fault 函数设置一个断点（见图 30-6）。

```
(gdb) info func do_page_fault
All functions matching regular expression "do_page_fau

File arch/x86/mm/fault.c:
void do_page_fault(struct pt_regs *, unsigned long);
void trace_do_page_fault(struct pt_regs *, unsigned lc
static void __do_page_fault(struct pt_regs *, unsigned
    unsigned long);
(gdb) b do_page_fault
Breakpoint 1 at 0xffffffff8106b650: file arch/x86/mm/f
line 1415.
```

图 30-6　设置断点

这样设置断点后，恢复执行，发现断点会频繁命中，无法继续执行。

为了避免出现这样的问题，要改变断点的设置方法，先对 do_page_fault 函数做反汇编，找到访问 cr2 寄存器的地方。

```
(gdb) disassemble do_page_fault
Dump of assembler code for function do_page_fault:
=> 0xffffffff8106b650 <+0>: push   %rbp
   0xffffffff8106b651 <+1>: mov%rsp,%rbp
   0xffffffff8106b654 <+4>: push   %r13
   0xffffffff8106b656 <+6>: mov%rsi,%r13
   0xffffffff8106b659 <+9>: push   %r12
   0xffffffff8106b65b <+11>: mov%rdi,%r12
   0xffffffff8106b65e <+14>: push   %rbx
   0xffffffff8106b65f <+15>: mov%cr2,%rax
   0xffffffff8106b662 <+18>: nopl   0x0(%rax)
```

然后对这个位置下断点：b *0xffffffff8106b662，还要再附加上一个条件：cond 2 $ax==0x880，这个条件告诉调试器，只有因为访问 0x880 触发页错误时才中断给我们看。这样做好准备后，恢复目标执行，结果怎么样？

目标机还是难以操作，虽然在 GDB 中指定了条件，但是目标系统中一旦有页错误还是会中断到 GDB。GDB 判断条件不符合，立刻恢复执行，但是因为反复中断和恢复，目标机还是太慢了。

怎么办呢？修改内核源代码，在 do_page_fault 函数中插入如图 30-7 所示的几行代码。

```
dotraplinkage void notrace
do_page_fault(struct pt_regs *regs, unsigned long error_code)
{
    unsigned long address = read_cr2(); /* Get the faulting address */
    enum ctx_state prev_state;
    if(address == 0x880)
    {
        printk("gedu: segfault at %lx ip %p(%pF) sp %p error %lx\n",
            address, (void *)regs->ip, (void *)regs->ip, (void *)regs->sp, error_code);
    }
    /*
     * We must have this function tagged with __kprobes, notrace and call
     * read_cr2() before calling anything else. To avoid calling any kind
     * of tracing machinery before we've observed the CR2 value.
     *
     * exception_{enter,exit}() contain all sorts of tracepoints.
     */

    prev_state = exception_enter();
    __do_page_fault(regs, error_code, address);
    exception_exit(prev_state);
}
```

图 30-7　修改内核源代码

这样修改后，等一下就可以把断点设置在条件块内部了，那么就既可以精准命中我们希望的条件，又不需要频繁中断到 GDB 了。

如此修改后，执行 make bzImage 命令以增量方式构建内核，如图 30-8 所示。

有些读者可能又惊诧了，这么麻烦啊？对于 Java 同行来说，重编内核可能是有点吓人。其实没那么可怕，特别是如果熟练的话，其实挺便捷，首先修改代码并编译，然后把编译好的内核复制到 boot 目录，以新换旧，很快就搞定了。

```
  KSYM    .tmp_kallsyms2.o
  LD      vmlinux
  SORTEX  vmlinux
  SYSMAP  System.map
  VOFFSET arch/x86/boot/compressed/../voffset.h
  CC      arch/x86/boot/compressed/misc.o
  OBJCOPY arch/x86/boot/compressed/vmlinux.bin
  RELOCS  arch/x86/boot/compressed/vmlinux.relocs
  GZIP    arch/x86/boot/compressed/vmlinux.bin.gz
  MKPIGGY arch/x86/boot/compressed/piggy.S
  AS      arch/x86/boot/compressed/piggy.o
  DATAREL arch/x86/boot/compressed/vmlinux
  LD      arch/x86/boot/compressed/vmlinux
  ZOFFSET arch/x86/boot/zoffset.h
  AS      arch/x86/boot/header.o
  LD      arch/x86/boot/setup.elf
  OBJCOPY arch/x86/boot/setup.bin
  OBJCOPY arch/x86/boot/vmlinux.bin
  BUILD   arch/x86/boot/bzImage
Setup is 17468 bytes (padded to 17920 bytes).
System is 7107 kB
CRC bc5822a9
Kernel: arch/x86/boot/bzImage is ready  (#3)
gedu@gedu-VirtualBox:~/labs/linux-source-4.8.0$
```

图 30-8　以增量方式构建内核

使用新的内核重启目标系统，中断到 GDB，反汇编 do_page_fault 函数（见图 30-9），寻找新修改的代码地址。

```
(gdb) disassemble do_page_fault
Dump of assembler code for function do_page_fault:
   0xffffffff8106b650 <+0>:     push   rbp
   0xffffffff8106b651 <+1>:     mov    rbp,rsp
   0xffffffff8106b654 <+4>:     push   r13
   0xffffffff8106b656 <+6>:     mov    r13,rsi
   0xffffffff8106b659 <+9>:     push   r12
   0xffffffff8106b65b <+11>:    mov    r12,rdi
   0xffffffff8106b65e <+14>:    push   rbx
   0xffffffff8106b65f <+15>:    mov    rax,cr2
   0xffffffff8106b662 <+18>:    nop    DWORD PTR [rax+0x0]
   0xffffffff8106b666 <+22>:    cmp    rax,0x880
   0xffffffff8106b66c <+28>:    mov    rbx,rax
   0xffffffff8106b66f <+31>:    je     0xffffffff8106b686 <do_page_fault+54>
   0xffffffff8106b671 <+33>:    mov    rdx,rbx
   0xffffffff8106b674 <+36>:    mov    rsi,r13
   0xffffffff8106b677 <+39>:    mov    rdi,r12
   0xffffffff8106b67a <+42>:    call   0xffffffff8106b170 <__do_page_fault>
   0xffffffff8106b67f <+47>:    pop    rbx
   0xffffffff8106b680 <+48>:    pop    r12
   0xffffffff8106b682 <+50>:    pop    r13
   0xffffffff8106b684 <+52>:    pop    rbp
---Type <return> to continue, or q <return> to quit---
   0xffffffff8106b685 <+53>:    ret
   0xffffffff8106b686 <+54>:    mov    rdx,QWORD PTR [r12+0x80]
   0xffffffff8106b68e <+62>:    mov    r8,QWORD PTR [r12+0x98]
```

图 30-9　修改后的内核函数

x86 汇编非常浅显易懂，+22 的位置是与 0x880 比较，+31 的 je 指令是条件跳转，如果相等就跳到 0xffffffff8106b686 <do_page_fault+54>。那么只要对这个 0xffffffff8106b686 地址设断点就可以了。

```
b *0xffffffff8106b686
```

这样埋好断点后，恢复目标执行，目标系统变得活蹦乱跳，灵活自如了，不像刚才那样动弹不得。如此看来，能够重新编译内核真是好，可以在高特权的内核空间里安排自己的兵力。

在目标系统中，加载“刘姥姥”模块，然后执行如下命令触发调用 probe 动作：

```
echo probe > /proc/llaolao
```

断点如期命中，GDB 实在是太强大了。

执行 bt 命令，观察 CPU 的执行过程（见图 30-10）。

```
(gdb) bt
#0  do_page_fault (regs=0xffff88003b86fcf8, error_code=0) at arch/x86/mm/fault.
#1  0xffffffff818978d8 in page_fault () at arch/x86/entry/entry_64.S:935
#2  0xffff88003b86fdf4 in ?? ()
#3  0x0000000000000880 in irq_stack_union ()
#4  0x00007ffffffff000 in ?? ()
#5  0xffff88003a9a8e80 in ?? ()
#6  0xffff88003b86fde0 in ?? ()
#7  0x0000000000000020 in irq_stack_union ()
#8  0x0000000000000212 in irq_stack_union ()
#9  0x0000000000000001 in irq_stack_union ()
#10 0x0000000000000002 in irq_stack_union ()
#11 0x0000000000000001 in irq_stack_union ()
#12 0x0000000000000004 in irq_stack_union ()
#13 0x0000000000000880 in irq_stack_union ()
#14 0xffff88003b86fdf4 in ?? ()
#15 0xffffffffffffffff in ?? ()
#16 0xffffffff8143aa56 in copy_user_generic_string () at arch/x86/lib/copy_user
#17 0x0000000000000010 in irq_stack_union ()
Backtrace stopped: Cannot access memory at address 0xfe00
```

图 30-10　处理页错误的调用栈

图 30-10 非常有价值，因为它抓到了一个非常难以抓到的状态，把风驰电掣般飞奔的 CPU“停”在了一个非常敏感的位置：因为有人违反系统规则，非要访问不可以访问的地址，CPU 硬件发起异常，保存基本的位置信息后投到内核“怀抱”中上诉。

在图 30-10 中，#16 和 #17 栈帧中的第二列数据是 CPU 硬件压入栈的，代表执行非法访问的代码地址，分别 CS 和 RIP。CS 的值是 0x10，是内核代码段的段选择子（Segment Selector），RIP 的值是 0xffffffff8143aa56，指向的是 copy_user_generic_string 函数，它正是在 probe 函数中调用的。

进一步说，报告异常时，CPU 在准备起飞前先压入当时的执行位置，也就是 CS 和 RIP，跳到汇编写的 page_fault 函数（栈帧 #1）后，继续把其他寄存器也压入栈，于是就在栈上形成了一个 pt_regs 数据结构。对于熟悉 NT 内核的朋友来说，这相当于著名的内核陷阱帧（KTRAP_FRAME）。

在图 30-10 中，GDB 把栈上的 pt_regs 数据结构都当作函数返回地址显示出来，看着有点乱，仔细观察，可以看到很多“地址”起始都是 pt_regs 中的寄存器值（参考图 30-11）。

感谢强大的调试技术，它帮助我们把 CPU 停在我们希望仔细观察的地方，让我们可以细细体会，证实了我们的推理。君子戒慎乎其所不睹，恐惧乎其所不闻，亲眼目睹，亲手实践，何其重要也！

继续观察寄存器信息（见图 30-11）。

```
(gdb) info regs
Undefined info command: "regs".  Try "help info".
(gdb) info reg
rax            0x880    2176
rbx            0x880    2176
rcx            0xffffffff81896f17       -2121699561
rdx            0x1c     28
rsi            0x0      0
rdi            0xffff88003683fcf8       -131940480713480
rbp            0xffff88003683fce8       0xffff88003683fce8
rsp            0xffff88003683fcd0       0xffff88003683fcd0
r8             0xffff880036840000       -131940480712704
r9             0x2      2
r10            0x1      1
r11            0x223    547
r12            0xffff88003683fcf8       -131940480713480
r13            0x0      0
r14            0x880    2176
r15            0xffff88003683fdf4       -131940480713228
rip            0xffffffff8106b686       0xffffffff8106b686 <do_page_fault+54>
eflags         0x46     [ PF ZF ]
cs             0x10     16
ss             0x18     24
ds             0x0      0
es             0x0      0
fs             0x0      0
gs             0xb      11
```

图 30-11　寄存器上下文

可以看到，rax 的值正是 0x880，确认这次中断就是我们在 llaolao 驱动中通过 probe 函数访问 0x880 时导致的。

如此看来，问题 1 的答案有了，使用 probe 函数时，CPU 还是会报异常的，CPU 还是会进入到 do_page_fault 这个处理页错误的内核函数，有调试器抓到的现场为证，千真万确。

如此一来，除了前面提到的第二个和第三个问题，还有其他问题了，CPU 在报告页错误时，会回滚状态，把程序指针回退到导致错误的那条指令；而调用 probe 函数时又能顺利返回到调用者，是谁悄悄调整了程序指针呢？

3. 庐山归来

回顾一下，最初的问题是“为什么在调试器里读写空指针不会崩溃？”在本章“初步探索”一节通过读源代码的方法揭示了调试器会使用特殊的 probe 函数：

```
probe_kernel_read
probe_kernel_write
```

在本章“休息再战”一节中通过试验证实，使用 probe 函数时 CPU 也会报异常。接下来将继续介绍 CPU 报了异常之后，内核是如何处理这个事件将其“摆平”的。

因为这个系列讨论的问题有点复杂和曲折，所以我们是遵循“意之曲折者，宜写之以显浅之词”① 的原则来写的。

继续贯彻这个原则，直接回答刚才的问题，“摆平”页错误靠的是 Linux 内核里一种基于

① 在著名的《幽梦影》一书中有很多妙语，其中有不少是关于写作技巧的，比如：“作文之法：意之曲折者，宜写之以显浅之词；理之显浅者，宜运之以曲折之笔。”

表的异常处理机制，这个机制一般被称为“异常表（Exception Table）”，简称 extable。

下面继续结合我们故意访问地址 880 的例子来理解 extable 机制。

在 CPU 查找页表发现线性地址 0x880 无效而发怒后，它通过 IDT 表中的登记地址跳转到 Linux 中处理异常的入口函数，这个入口函数是以汇编语言编写的，名为 page_fault，在 arch/x86/entry/entry_64.S 中。

汇编函数不适合做太多逻辑，只是把寄存器信息保存到栈里后，便调用 C 语言编写的 do_page_fault。

do_page_fault 内部获取 CR2 的值后便调用 __do_page_fault。__do_page_fault 内部的逻辑错综复杂，一个条件判断接着另一个，我们只选择与我们有关的说。

与 try{}catch 等异常捕捉机制类似，extable 机制也是需要编译期就做好准备的。仔细观察 probe 函数所调用的拷贝函数（见图 30-12），可以看到在它的末尾有一些特别之处。

```
ENTRY(copy_user_generic_string)
        ASM_STAC
        cmpl $8,%edx
        jb 2f           /* less than 8 bytes, go to byte copy loop */
        ALIGN_DESTINATION
        movl %edx,%ecx
        shrl $3,%ecx
        andl $7,%edx
1:      rep
        movsq
2:      movl %edx,%ecx
3:      rep
        movsb
        xorl %eax,%eax
        ASM_CLAC
        ret

        .section .fixup,"ax"
11:     leal (%rdx,%rcx,8),%ecx
12:     movl %ecx,%edx          /* ecx is zerorest also */
        jmp copy_user_handle_tail
        .previous

        _ASM_EXTABLE(1b,11b)
        _ASM_EXTABLE(3b,12b)
ENDPROC(copy_user_generic_string)
EXPORT_SYMBOL(copy_user_generic_string)
```

图 30-12　特殊的内存拷贝函数

注意图 30-12 中末尾有两个 _ASM_EXTABLE 宏，它们就是给危险代码增加“安全带”，是保险和处理异常情况的。

这个宏定义在 asm.h 中，如图 30-13 所示。

阅读上面的宏，其作用是在专门描述异常处理器的异常表（__extable）里增加一行，这一行包含如下 3 个信息：

```
from
to
handler
```

```
Lister - [F:\bench\linux-4.16\linux-4.16\arch\x86\include\asm\asm.h]
File  Edit  Options  Help
# define CC_SET(c) "\n\t/* output condition code " #c "*/\n"
# define CC_OUT(c) "=@cc" #c
#else
# define CC_SET(c) "\n\tset" #c " %[_cc_" #c "]\n"
# define CC_OUT(c) [_cc_ ## c] "=qm"
#endif

/* Exception table entry */
#ifdef __ASSEMBLY__
# define _ASM_EXTABLE_HANDLE(from, to, handler)            \
        .pushsection "__ex_table","a" ;                     \
        .balign 4 ;                                         \
        .long (from) - . ;                                  \
        .long (to) - . ;                                    \
        .long (handler) - . ;                               \
        .popsection

# define _ASM_EXTABLE(from, to)                             \
        _ASM_EXTABLE_HANDLE(from, to, ex_handler_default)

# define _ASM_EXTABLE_FAULT(from, to)                       \
        _ASM_EXTABLE_HANDLE(from, to, ex_handler_fault)

# define _ASM_EXTABLE_EX(from, to)                          \
        _ASM_EXTABLE_HANDLE(from, to, ex_handler_ext)

# define _ASM_EXTABLE_REFCOUNT(from, to)                    \
```

图 30-13 用于处理异常的宏

简单来说，前两个都是代码地址，一个是触发异常的，一个是处理异常的，最后一个是函数指针。最后一个是 4.6 版本内核新增的，为了支持更复杂的处理策略。在 _ASM_EXTABLE 宏中，使用的是 ex_handler_default，选择这个处理器的效果是：如果 from 处发生异常，那么就跳转到 to 处执行，不要 panic，也不要发信号，封锁信息，低调处理，像什么都未发生一样。以图 30-12 中的代码为例，_ASM_EXTABLE（1b, 11b）表示如果标号 1 处发生异常，那么执行标号 11 处的修补代码。

异常表的表项的结构体定义在 extable.h 中，即：

```
struct exception_table_entry {
int insn, fixup, handler;
};
```

在 extable.c 文件中，有 ex_handler_default 函数的代码，摘录如下：

```
__visible bool ex_handler_default(
const struct exception_table_entry *fixup,
 struct pt_regs *regs, int trapnr)
{
 regs->ip = ex_fixup_addr(fixup);
 return true;
}
EXPORT_SYMBOL(ex_handler_default);
```

各位读者请特别注意函数体内的第一行代码，左边写的是 regs 结构体中的程序指针（ip），右边 ex_fixup_addr 返回的是修补异常代码的位置，也就是异常宏中的 to 参数。

这种直接修改程序指针的方法是内核处理危机的杀手锏。做好飞针的准备后，__do_page_fault 就直接返回了，do_page_fault 也返回，到了汇编写的 page_fault 函数后，就开始恢复寄存器了，也就是把保存在栈上的 regs 结构体中的寄存器弹出栈，加载到 CPU 中的物理寄存器。

软件保存的寄存器都恢复好以后，执行 iretq 命令（见图 30-14）。

```
   0xffffffff81896f15 <common_interrupt+277>:   jne    0xffffffff81896f19 <common_interrupt+281>
   0xffffffff81896f17 <common_interrupt+279>:   iretq
(gdb)
543             jnz     native_irq_return_ldt
1: x/3i $pc
=> 0xffffffff81896f15 <common_interrupt+277>:   jne    0xffffffff81896f19 <common_interrupt+281>
   0xffffffff81896f17 <common_interrupt+279>:   iretq
   0xffffffff81896f19 <common_interrupt+281>:   push   rax
(gdb)
554             iretq
1: x/3i $pc
=> 0xffffffff81896f17 <common_interrupt+279>:   iretq
   0xffffffff81896f19 <common_interrupt+281>:   push   rax
   0xffffffff81896f1a <common_interrupt+282>:   push   rdi
```

图 30-14　即将做异常返回

执行 iretq 命令时，CPU 从栈上弹出已经被修改了的 IP 寄存器，跳过去执行。于是便开始执行 to 指定的异常处理代码。这个代码在 Linux 内核中，被称为 fixup，意思是“修修补补”。图 30-15 记录了这个特别飞跃的过程。

```
(gdb) x /16gx $rsp
0xffff88003b86fd78:     0xffffffff8189af03      0x0000000000000010
0xffff88003b86fd88:     0x0000000000010212      0xffff88003b86fda8
0xffff88003b86fd98:     0x0000000000000018      0xffff88003b86fde0
0xffff88003b86fda8:     0xffffffffc015b48b      0xffff88003b86fde0
0xffff88003b86fdb8:     0x0000000000000006      0xffff88003b86fe14
0xffff88003b86fdc8:     0x0000000000a26008      0xffff88003d0ec100
0xffff88003b86fdd8:     0x0000000000000000      0xffff88003b86fe90
0xffff88003b86fde8:     0xffffffffc015b695      0x0000000000000000
(gdb) ni
0xffffffff8189af03 in bad_to_user () at arch/x86/lib/copy_user_64.S:134
134     60:     jmp copy_user_handle_tail /* ecx is zerorest also */
1: x/3i $pc
=> 0xffffffff8189af03 <bad_to_user+29>: add     edx,ecx
   0xffffffff8189af05 <bad_to_user+31>: jmp     0xffffffff8143c6c0 <copy_user_handle_tail>
   0xffffffff8189af0a <bad_to_user+36>: lea     ecx,[rdx+rcx*8]
```

图 30-15　特别飞跃现场

图 30-14 中的上半部分是 CPU 执行 iretq 命令前的栈内容，最上面一行便是 IP 和 CS，IP 的值是 0xffffffff8189af03。ni 单步一下后，CPU 执行 iret 命令，从栈上弹出 CS：IP，跳转到 0xffffffff8189af03 处的“修补”代码。

好一个飞跃，这一跃，从随时可能跌入深渊的 do_page_fault 中跳出，告别了敏感的异常处理上下文，化险为夷了。

这一次跳跃，很像猫蛇之战时小猫的紧急后退。小猫伸爪挑逗毒蛇是为了消耗蛇的体力，被激怒的毒蛇举头袭击，很危险，小猫巧妙躲闪，灵活后退，华丽转身。

在源代码中，修补函数是有特别标注的，图 30-12 中带有标号 11 和 12 的部分便是，这点代码编译后会被放在特殊的 .fixup 段中。

执行好修补代码片段后，因为保存在栈上的 copy 函数的返回地址并没有变化，所以当修补代码执行后，线程会返回到 probe 函数中继续执行。并且，从 probe 函数来看，copy 函数的返回值不为 0，代表剩下的字节数，正常 copy 时，copy 函数返回前会将 ax 寄存器置零，代表完成所有复制任务。因此，probe 函数便可以根据 copy 函数的返回值不为 0 而返回 -EFAULT 了，也就是我们在图 30-3 中曾经解释过的代码。

讲到这里，第三个问题的答案也有了。那么第二个问题呢？如果充分理解了上面描述的过程，那么也可以回答了，留给大家思考吧。

初稿写于 2019-02-28，2024-12-19 略作修改于 863 国家软件园

第 31 章 投机之殇——解说史上最大CPU漏洞

2018 年 1 月 3 日，是会被永久载入史册的一天。因为在这一天，动摇现代处理器基本设计的两个巨大安全漏洞进入公众视野，借助现代媒体的高速传播，短短几个小时，几乎每个地球人都知道了。

现代计算机系统经过大约百年的发展，确定了软件世界的基本格局（见图 31-1）。可以用两句话来概括：横向为每个任务建立一个虚拟的地址空间，每个空间中又纵向切分为“用户”和“内核”两大特权阶层。用户阶层在上，界面可见，但是特权较低；内核空间在下，不可见，但是掌握着整个系统的资源和生杀大权。

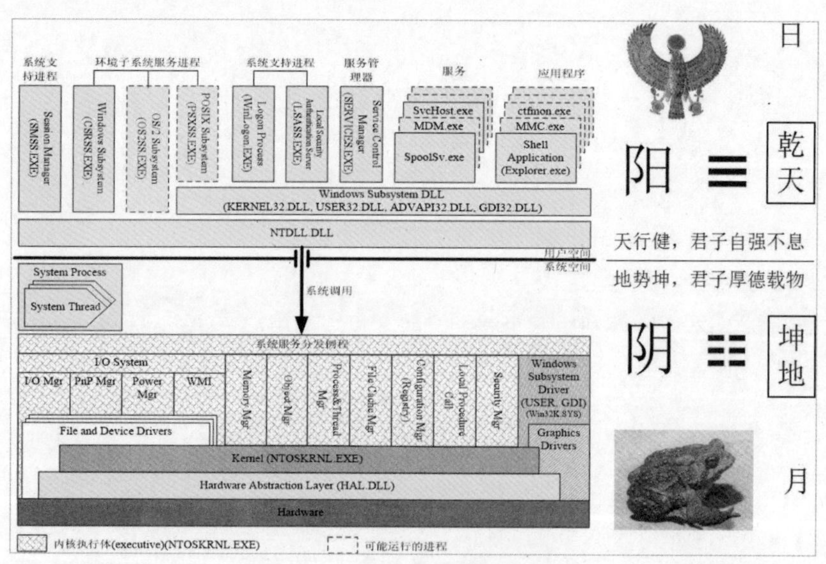

图 31-1　软件世界的基本格局

横向多个虚拟空间是为了支持多任务，让每个任务都有自己独立的活动空间。上下两个阶层是为了把公共的系统基础设施和管理任务独立出来。可以把任务想象成现实社会中的公民，把内核想象成政府。

为了维护上述格局，现代处理器都运行在所谓的保护模式下（不同处理器的名称有所不同，实质相同）。所谓保护模式，就是横向保护每个任务（公民）空间的安全，纵向保护内核（政府）空间的神圣不可侵犯。

这次的两大漏洞一个名为 Meltdown，不妨将其翻译为熔断。其特征是在低特权的用户空

间中可以访问到高特权的内核空间中的信息，有点像老百姓可以看到国家安全局里的数据。这个漏洞直接挑战内核的高特权特征，动摇上文描述的"纵向规则"。第二个漏洞名为 Spectre，其中的 Spec 是 Speculative 的简写，因为这个漏洞与现代处理器的分支预测和投机执行功能密切相关，所以在 Spectre 漏洞的 Logo 中，小人手里拿的树枝即代表分支之意。

图 31-2 所示为在我目前写作所用的笔记本上复现 Spectre 漏洞的场景。

```
gedu@DESKTOP-4NBEECU: /mnt/c/dig/training/pen/demos/spectre
gedu@DESKTOP-4NBEECU:/mnt/c/dig/training/pen/demos/spectre$ ./spectre2
Reading 42 bytes:
Reading at malicious_x = 0xffffffffffdffb08... Unclear: 0x5A=Z score=997 (second best: 0x01 score=760)
Reading at malicious_x = 0xffffffffffdffb09... Unclear: 0x48=H score=995 (second best: 0x01 score=765)
Reading at malicious_x = 0xffffffffffdffb0a... Unclear: 0x45=E score=998 (second best: 0x01 score=800)
Reading at malicious_x = 0xffffffffffdffb0b... Unclear: 0x4E=N score=988 (second best: 0x01 score=738)
Reading at malicious_x = 0xffffffffffdffb0c... Unclear: 0x47=G score=994 (second best: 0x01 score=780)
Reading at malicious_x = 0xffffffffffdffb0d... Unclear: 0x20=  score=998 (second best: 0x01 score=773)
Reading at malicious_x = 0xffffffffffdffb0e... Unclear: 0x58=X score=993 (second best: 0x01 score=794)
Reading at malicious_x = 0xffffffffffdffb0f... Unclear: 0x49=I score=998 (second best: 0x01 score=753)
Reading at malicious_x = 0xffffffffffdffb10... Unclear: 0x4E=N score=982 (second best: 0x01 score=746)
Reading at malicious_x = 0xffffffffffdffb11... Unclear: 0x20=  score=985 (second best: 0x01 score=762)
Reading at malicious_x = 0xffffffffffdffb12... Unclear: 0x43=C score=992 (second best: 0x01 score=768)
Reading at malicious_x = 0xffffffffffdffb13... Unclear: 0x48=H score=995 (second best: 0x01 score=770)
Reading at malicious_x = 0xffffffffffdffb14... Unclear: 0x45=E score=994 (second best: 0x01 score=753)
Reading at malicious_x = 0xffffffffffdffb15... Unclear: 0x4E=N score=983 (second best: 0x01 score=776)
Reading at malicious_x = 0xffffffffffdffb16... Unclear: 0x47=G score=996 (second best: 0x01 score=749)
Reading at malicious_x = 0xffffffffffdffb17... Unclear: 0x20=  score=989 (second best: 0x01 score=777)
Reading at malicious_x = 0xffffffffffdffb18... Unclear: 0x59=Y score=989 (second best: 0x01 score=722)
```

图 31-2　复现 Spectre 漏洞

Spectre 漏洞的影响是可以窃取用户空间中的信息，如用户名、密码等敏感数据。

这几天一直有朋友询问我怎么看待这次的安全漏洞，简单回答，真的很严重，因为这次漏洞的影响广度（几乎所有的现代 CPU）和深度（直接关系系统的基本架构和设计原则）都是前所未有的。

软件世界的一个基本安全原则是用户空间的代码（平民阶层，低特权）不可以访问内核空间（管理阶层，高特权），这几天进入公众视野的 Meltdown 漏洞之所以令人恐慌，就是因为它直接颠覆了这个基本原则。利用这个漏洞，黑客可以从用户空间访问到内核空间中的信息。

下面通过一幅图来解说 Meltdown 漏洞的基本原理。图 31-3 左侧的汇编指令来自用于演示 Meltdown 漏洞的 POC（proof of concept）程序，这个 POC 可以从普通用户程序中读取到内核中的 linux_proc_banner 变量。

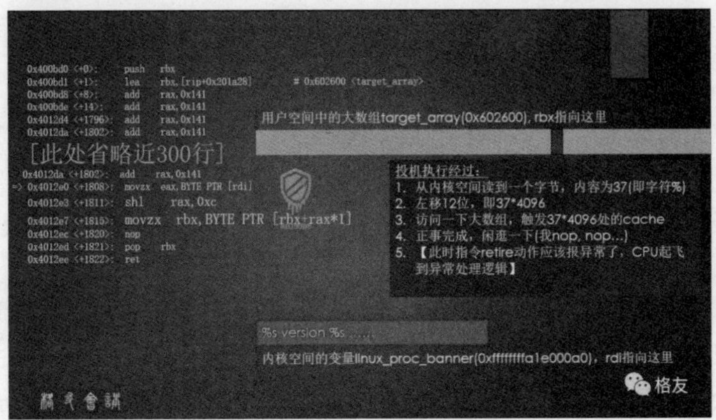

图 31-3　Meltdown 漏洞的基本原理

图 31-3 中左侧的这点汇编来自名为 speculate 的函数，意思为预测或者推测，其目的是欺骗 CPU 的乱序执行机制，利用其设计不足来窃取内核数据。

为了提高执行效率，很多现代处理器都采用所谓的预测执行机制，其核心是在处理器内部同时解码和执行多条指令，也就是不仅仅执行当前确定需要执行的一条指令，而是尝试执行将来可能需要执行的多条指令。将来的事情谁也说不清，所以提前执行的指令未必有用。正因如此，这种执行方式一般被称为投机执行（speculative execution）。“投机”之名不太好听，所以最近很多文章使用了各种其他名称，如预测执行、推测执行等。本书仍使用投机执行。

这个 speculate 函数是攻击 Meltdown 漏洞的关键之关键，下面将详细解说每一条指令，条数不多，请耐心阅读。

第一条指令：0x400bd0。函数入口的常规操作，保存函数内部将要使用的寄存器 RBX（不区分大小写）。

第二条指令：0x400bd1。把全局变量 target_array 的地址放到 RBX 寄存器中，以便后面使用。全局变量 target_array 是包含 256×4096 个字节的大数组，这个长度是精心设计的，256 是因为一个字节（8bit）的取值范围为 0 ～ 255，共 256 个数。4096 是 x86 架构下一个内存页的大小。

第三条指令：0x400bd8。开始的 300 条指令是一样的，都是一条加法指令，这里放 300 条还是 500 条，差别不大，其目的只是让 CPU 内的投机执行机制高兴一下，“我的内心无比强大，我的厂房宽广无边，我偷偷地并行跑，一下子把很多条指令推上流水线，哦耶！”

不过，这一次，陷阱就在前头，图 31-3 中的第 8 条指令（0x4012e0）是关键，摘录如下：

```
=> 0x4012e0 <+1808>:  movzx  eax,BYTE PTR [rdi]
```

这是 x86 架构中非常常见的一条指令，从 RDI 所指向的内存中读取一个字节，放到 EAX 寄存器中。但是不寻常的是，此时 RDI 指向的是高特权的内核地址，黑客挖坑在此。

按照基本纲领，这样的越权访问是公然冒犯内核权威，直接触碰红线。在晶体管中的实现逻辑是这样的：

（1）根据页表项中的标志位（U/S），知道 RDI 对应的内存页是高特权。

（2）根据当前运行模式，知道当前代码是低特权。

（3）低特权代码不可以访问高特权数据，这是违例，要举报，通过异常机制移交给操作系统（最高法院）去定罪和惩戒不法之徒。

现在的问题是，CPU 要在指令老化（retirement）过程中做上述动作。虽然投机执行是乱序和并行的，但是为了保证代码逻辑的正确性，老化过程必须串行。

说时迟，那时快，就在 CPU 的老化过程还没有来得及报告异常时，并行流水线上已经运行完了这条访问内存的指令，把内核空间中的数据读出来了。读出来的值放入的是内部寄存器（老化阶段才会通过别名机制显现到架构层面的外部寄存器），我们这里不妨使用 AX* 来表示。有人问，CPU 到底错在哪里了？简单回答，就错在现在这一步，在投机执行时没有严格

检查特权，允许越权访问发生，埋下祸根。

更糟糕的是，高速的并行流水线可能（速度相关，敏感处）还把下面的指令也执行了。

```
0x4012e3 <+1811>:  shlrax,0xc
0x4012e7 <+1815>:  movzx   rbx,BYTE PTR [rbx+rax*1]
```

其中，shl 是左移位，解码时 rax 会被重名为内部寄存器，也就是我们刚才所说的 AX*，正是从内核空间中读到的内容，对于本例，是 37，即 % 的 ASCII 码，左移 12 位（0xc），相当于乘以 4096，这个计算是为了算出一个数组偏移，为下一条指令做准备。下一条指令就是访问一下我们前面提到过的 target_array 大数组。在调用 speculate 函数偷数据前，已经故意冲洗过 target_array 的 cache，即这个代码：

```
void clflush_target(void)
{
  int i;
  for (i = 0; i < VARIANTS_READ; i++)
    _mm_clflush(&target_array[i * TARGET_SIZE]);
}
```

现在故意访问一下这个大数组中的一个字节，目的是触发 CPU，让其缓存（cache）对应的内容，为后面通过测试 cache 温度而“显影”窃取到的字节做准备。

这条故意触发 cache 的指令是 Meltdown 漏洞攻击的第二个关键，重复如下：

```
0x4012e7 <+1815>:  movzx   rbx,BYTE PTR [rbx+rax*1]
```

它的作用是把窃取到的内容（AX* 中，粗略看，即上面的 RAX），以 cache 温度的形式编码起来。这个做法有一个专门的名称，即 flush+reload。简单来说，就是先冲洗一段内存区的 cache，然后触发 CPU“暗自”访问其中的一部分，再通过检查 cache 温度侦察 CPU 刚刚暗自访问的是哪部分。

有人问，这里为什么不直接把窃取到的字节写到内存变量里呢？因为投机执行的部分在老化阶段如果证明无用就会被抛弃掉。对于本例，按照代码逻辑，老化 movzx eax,BYTE PTR [rdi] 指令时就抛出异常了，后面的所有操作都是会被抛弃的，不会显现出来。而 cache 温度则不然，这正是 CPU 设计的不足之处，也是此漏洞的关键。

之后，CPU 报告页错误，跳转到操作系统的异常处理逻辑，开始处理异常，这也正在“黑客”的预料之中，事先已经注册了一个信号处理器，即下面的代码：

```
void sigsegv(int sig, siginfo_t *siginfo, void *context)
{
  ucontext_t *ucontext = context;
  #ifdef __x86_64__
    ucontext->uc_mcontext.gregs[REG_RIP] = (unsigned long)stopspeculate;
  #else
    ucontext->uc_mcontext.gregs[REG_EIP] = (unsigned long)stopspeculate;
  #endif
  return;
```

```
}
```

上面代码直接修改程序指针寄存器，把执行位置恢复到图 31-3 左侧的倒数第三条指令，即：

```
0x4012ec <+1820>:  nop
```

于是 CPU 又回到 speculate 函数中，继续运行了。

随后，黑客通过检查 cache 温度（访问大数组的速度不同），把前面隐藏的信息显示出来。

```
void check(void)
{
  int i, time, mix_i;
  volatile char *addr;
  for (i = 0; i < VARIANTS_READ; i++) {
    mix_i = ((i * 167) + 13) & 255;
    addr = &target_array[mix_i * TARGET_SIZE];
    time = get_access_time(addr);
    if (time <= cache_hit_threshold)
        hist[mix_i]++;
  }
}
```

套路就是这样的。计算机系统中的 bug 无穷，为什么这个如此吓人呢？因为问题出在 CPU 硬件之中，难以修正。硬件不好改，只好改软件。因为涉及基本的系统机制，软件改起来费劲了，基本的思路是让内核空间使用单独一套页表，这样投机执行时也读不到内核空间中的内容。但是，这样就需要频繁切换页表，TLB 的价值大大受损，性能影响难以预估。

初稿写于 2018-01-06，2024-12-30 略作修改于 863 国家软件园

第 32 章 SMM和如来佛手掌心

什么是如来佛的手掌心呢？大家都明白，用一句儿时逗趣常说的话就是：“你孙猴子再厉害，也逃不出我如来佛的手掌心。”

什么是 SMM 呢？简单说，就是计算机世界里的“如来佛手掌心”。其实本章要写的是 SMM，为什么提“如来佛的手掌心”呢？就是为了帮助大家用“已知”来理解“未知”。

要想说清楚 SMM 可不容易，尤其是我想让懂软件的人理解得很深，不懂软件的人也能大概看明白。

2018 年 6 月，芯片巨头英特尔推出了一款型号很特别的 CPU——8086K，还搞了一个抽奖活动，在全球发放礼盒套装（见图 32-1）。

图 32-1　8086K 礼盒套装

这个活动是为了纪念 40 年前的一个产品，也就是真正的 8086，即图 32-1 中酒瓶子右侧卧倒的那个芯片。

1978 年 6 月 8 日，8086 问世，它的宣传海报上画了一轮冉冉升起的太阳，上面写着“8086 的时代到了”（见图 29-1）。

这张海报设计得太好了，它的预言也太灵验了。8086 的时代真的到了，而且不仅 8086 非常成功，它的后代也一路走红，经过 40 多年的发展，繁衍出了一个强大的生态系统，也被称为 x86 阵营。

既然称为生态系统，那么就不能只有一个角色，一定是有很多个角色，分工合作。经过几十年的磨合，x86 阵营中的角色定义已经非常成熟和稳定，各自的分工和任务也都非常清晰

和明确。在这些角色中，有一半是偏向硬件的，如 ODM 工厂、固件提供商、OEM 等。另一半是偏向软件的，如操作系统（OS）提供商和应用软件开发商。对于前一半，大多是很听话的，因为可以通过很多手段来让它们听话。但是对于后一半，就不那么“听话”了。从计算机系统的工作过程来看，开机后执行的是固件的代码，一般是固件厂商提供的，这个阶段在某种程度上说是在掌控内的。但是过了固件之后，便进了操作系统（OS）。到了操作系统阶段后，OS 成为整个计算机系统的主要掌控者。

很长一段时间内，x86 硬件上面的主要 OS 就是 Windows。Windows 是微软的，虽然 Wintel 联盟关系不错，但毕竟是两家公司，有些事情让对方做总是不方便。举例来说，CPU 的某些设计可能存在不足，需要在某些时候做个“缓解”动作。如果这样的补丁都要找微软来落实的话，一则麻烦，二则也容易泄露敏感信息。

于是，一个问题摆在了英特尔架构师的面前，那就是如何在 OS 阶段仍然可以掌控自己的 CPU，让 CPU 给“娘家做点事”。

在 x86 架构如日中天的 20 世纪 90 年代，英特尔的 CPU 设计团队里集结了很多超级大脑。对于这样的问题，当然轻松搞定。于是在 1993 年推出的 486 SL 中，便有了名为 SMM 的特殊模式。

现代 CPU 一般都有多种工作模式，不同的工作模式具有不同的功能，一般用于执行不同特征和复杂度的代码。以 x86 为例，刚开机时，总是进入实模式，这个模式下的逻辑地址可以简单地翻译为物理地址，不需要页表，所以适合开机早期使用。进入操作系统后，因为要支持多任务，所以要进入保护模式。所谓保护模式，就是要像人类社会一样，“保护”社会里的每个公民（程序 / 任务），万物共生而不相害，大道并行而不相悖。

在引入 SMM 时，x86 CPU 有如下 3 种模式：

- 实模式：开机时是这种模式。
- 保护模式：支持多任务，进了操作系统后，大多数程序使用的都是这种模式。
- 虚拟 8086 模式：用于偶尔执行旧的 8086 程序，目的是兼容旧的软件。

那么新引入的 SMM 模式用来干什么呢？从名字来看，就是用于系统管理。名字的全称就是系统管理模式（System Management Mode）。操作系统不就是做系统管理的吗，为什么又来一个系统管理？

这个情况很像是有人任命你是总经理，但是过两天又来了个总经理。因为这个原因，微软一看到 SMM 这个技术，非常不高兴。“本来不是说好咱们俩合作的么，你搞硬件，我搞 OS 管理硬件和整个系统，现在你又整个‘系统管理’，这不是和我唱对台戏吗？如果一定要搞，到底是我权力大，还是它权力大呢？”

是的，如果一定要有两个经理，那么很关键的问题就是：“到底是我权力大，还是它权力大呢？”很不幸，答案是新来的 SMM 权力更大。

更确切地说，SMM 在系统中拥有比 OS 更高的权力，可以随时打断 OS 的执行，让 CPU 进入 SMM 模式执行 SMM 中的代码。

实模式和保护模式的切换一般都是软件自己发起的，也就是主动的切换和权力交接。而进入 SMM 后则是强制的，也就是不管 CPU 当前在干什么，只要一个神秘的 SMI 触发，CPU 立刻就飞走了，飞进保护模式。

在英特尔的《软件开发者手册》（SDM）中，有一张模式切换图（见图 32-2），它是理解 x86 架构的关键地图。在这幅图中，画出了 x86 CPU 支持的所有工作模式，可以看到，所有模式和 SMM 之间都有连线，这意味着从任何模式都可以切换到 SMM。

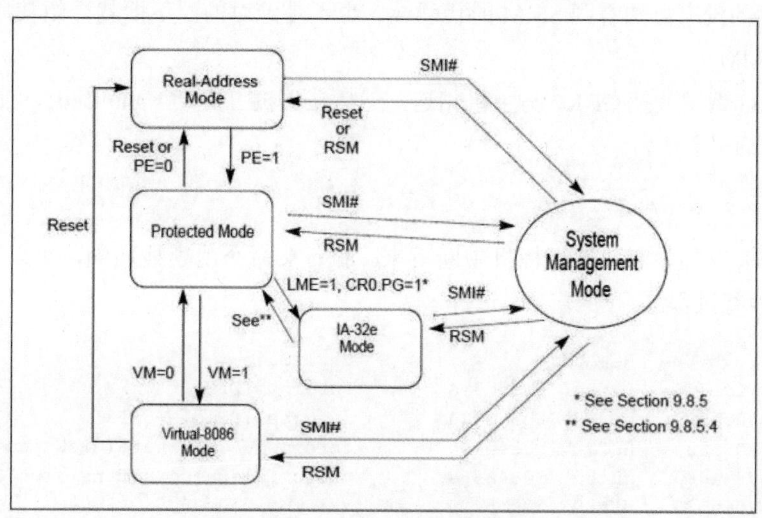

图 32-2　x86 CPU 的工作模式

引入 SMM 对于微软来说明显是引入第三者，而且第三者的权力还更大。事实上，SMM 的引入也确实给 OS 设计带来了一些麻烦。举例来说，OS 在做一些敏感动作时，本来以为是独占硬件的，时间是连续的，但其实 CPU 可能飞走进 SMM 一会，这时刚才的逻辑就被打断了，一则，敏感逻辑可能被窥探；二则如果在“测量时间”的话，测量就不准了。

回望历史，Wintel 联盟后来逐渐破裂，这个 SMM 模式一定是有“贡献”的。当然更让微软不能接受的是英特尔后来大搞 Linux。

尽管微软不喜欢，SMM 还是成了事实，而且直到今天一直在起作用。虽然 SMM 一直存在，而且时不时地在工作，但是它却是不可见的。因为它的特权高，在 OS 中不可以访问 SMM 的地址空间，一旦访问，就会触发异常。另一方面，SMM 中的代码是可以访问 OS 的数据的。

在软件安全领域享有盛名的系统软件专家乔安娜•鲁特科夫斯卡（Joanna Rutkowska）曾研究过 SMM，并在论文中[①]写下了这样一段意味深长的话："System Management Mode (SMM) is the most privileged CPU operation mode on x86/x86_64 architectures. It can be thought of as of

① Rafal Wojtczuk, Joanna Rutkowska: Attacking SMM Memory via Intel® CPU Cache Poisoning.

"Ring -2", as the code executing in SMM has more privileges than even hardware hypervisors (VT), which are colloquially referred to as if operating in "Ring -1"."

用乔安娜的话来说，SMM 是 x86 架构中的最高特权。如果把 OS 内核所处的特权级别称为 0 层的话，那么 SMM 便是在 -2 层（数字越小，代表权限越高）。

因为具有至高无上的特权，SMM 空间中的代码和逻辑也一直披着极其神秘的面纱。除了一些做固件的工程师，很少有人见过它的真容。

那么，真的没有办法看到 SMM 的代码么？也不是绝对的，下面就介绍使用 DCI 调试的方法来探秘 SMM。

使用 USB3 调试线把 GDK7 与主机相连，然后在主机上启动 Nano Code，使用 DCI Open 方式开始内核调试会话。

```
type=usb3,proto=dcid,ipc=open,opt=rsn
```

单击 Break 发起中断，把目标机中断下来。执行 k 命令观察栈回溯，可以看到 NT 内核 IDLE 线程的执行过程。

```
Child-SP            RetAddr             Call Site
ffff807`5709a7f8    ffff807`6b3ad3aa    intelppm!C1Halt+0x2
ffff807`5709a800    ffff807`6b3a1424    intelppm!C1Idle+0x1a
ffff807`5709a830    ffff807`5084ac1c    intelppm!AcpiCStateIdleExecute+0x24
ffff807`5709a860    ffff807`5084a36e    nt!PpmIdleExecuteTransition+0x70c
ffff807`5709ab80    ffff807`509c5e94    nt!PoIdle+0x36e
ffff807`5709ace0    00000000`00000000   nt!KiIdleLoop+0x44
```

执行 r cr0 命令，可以观察代表执行模式的 CR0 寄存器。

```
r cr0
cr0=0000000080050033
```

按位显示如下：

```
10000000 00000101 00000000 00110011
```

其中最低位的 1 代表目前启用了保护模式（PE），最高位的 1 代表了启用页管理（PG）。这表明此时是在保护模式下执行 NT 内核的代码。

那么如何观察 SMM 的代码呢？有如下两个挑战：

- 在普通保护模式下，不可以访问 SMM 空间。
- 进入 SMM 的时间很短，而且时间不固定，所以手工发起 break 是不可行的。

那么有什么办法呢？感谢英特尔 CPU 调试设施的设计者们，在 DCI 模式下，可以启用进出 SMM 的事件，启用了之后，CPU 一旦进入 SMM 便自动中断到调试器。

在 Nano Code 的 View 菜单中选择 JTAG Events 命令，打开专门设计的启用 JTAG 事件窗口，然后把 SmmEntry 和 SmmExit 设置为 On（见图 32-3）。

JTAGEvents

MwaitC7	OFF	N/A
MwaitC7b	OFF	N/A
MwaitC8	OFF	N/A
MwaitC8b	OFF	N/A
MwaitC9	OFF	N/A
MwaitC9b	OFF	N/A
OsvvmEntry	OFF	N/A
PfatSleep	OFF	N/A
Shutdown	OFF	N/A
SipiLoop	OFF	N/A
SmmEntry	ON	N/A
SmmExit	ON	N/A
StepIntoException	OFF	N/A
StmService	OFF	N/A
TpdEnter	OFF	N/A
UncoreCacheFlush	OFF	N/A
VMClear	OFF	N/A
VMExit	OFF	N/A
VMLaunch	OFF	N/A
Reset	OFF	N/A
CpuBoot	N/A	OFF
CseBoot	N/A	OFF
PlatformBoot	N/A	OFF

图 32-3　启用 SMM 进出事件

执行 g 命令让目标机继续执行。本来想喝口茶“等 CPU 君入瓮”，可实际上 1 秒，SmmEntry 事件就发生了。

```
14:24:22#JTGE:JtagRunControlEvent:type=1 deviceid=4096 dc=1,name=SmmEntry
type=SMM entry subtype= @8000
```

其中的 4096 是 0 号 CPU 的设备号。

Nano Code 的提示符变为如图 32-4 所示的特殊形式。

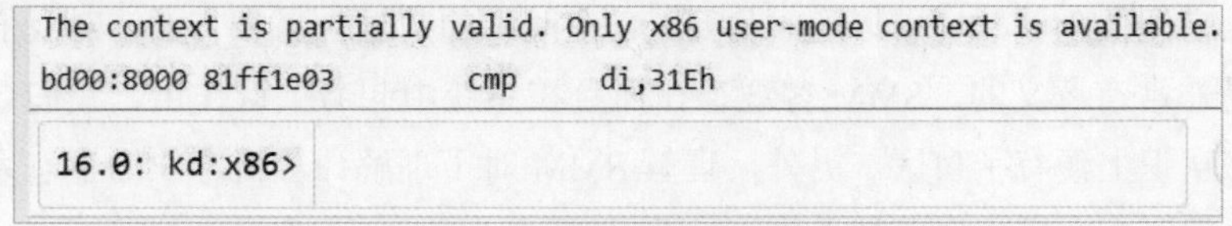

图 32-4　提示符的特殊形式

其中的 16 代表经典的 16 位实模式，0 代表 0 号 CPU。

执行 r cr0 命令，观察 cr0 的内容。

```
r cr0
cr0=6e6f6974
```

可以看到最低位 PE 和最高位 PG 都为 0，这意味着保护模式和分页都没有启用。这正是 SMM 模式的特征。

通过选择 View > Disassembly 命令，打开反汇编窗口，可以看到神秘的 SMM 代码（见图 32-5）。

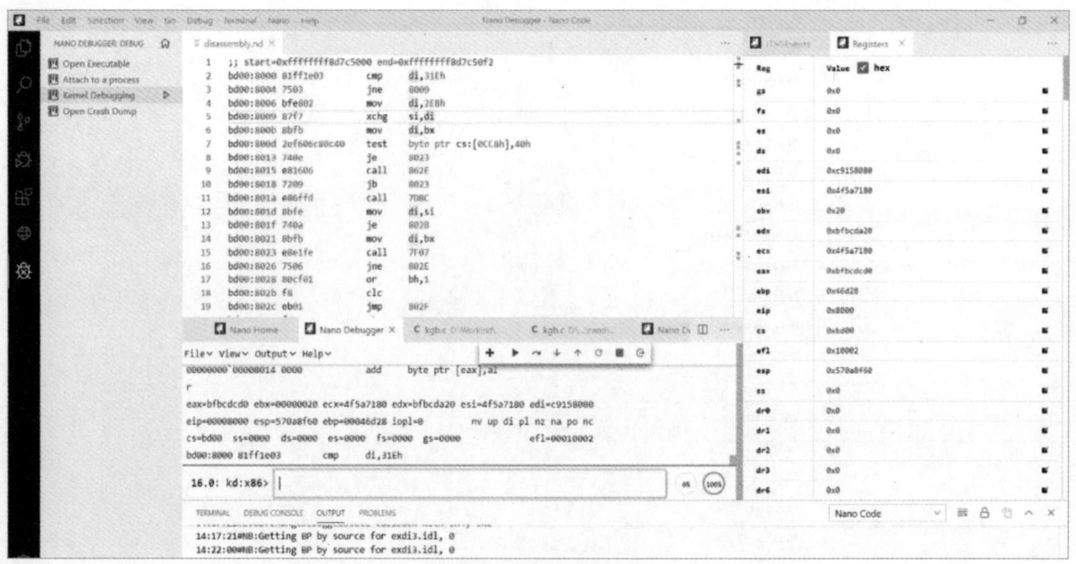

图 32-5　SMM 中的代码

接下来可以单步跟踪执行 SMM 的代码，看看 CPU 回“娘家”是为了什么事情。如果单步跟踪结束，输入 g 命令恢复执行，那么当 CPU 退出 SMM 模式时也会因为 SmmExit 事件而中断。

```
Break on event SmmExit is set to 0 on CPU 4096
```

这时可以看到 CPU 又回到了 OS 的领地。

理解 SMM 有何意义呢？首先从安全角度具有重要意义，因为 SMM 的权限高，一旦被黑客占领，那么它便像幽灵一样可以随时偷窥 OS 空间中的数据。另一方面，对我们深刻认识计算机系统也是非常有意义的。SMM 客观存在而且在系统中起着关键作用，我们如果对其毫不知情，那么在认识上便有了盲区。另外，理解 SMM 对于理解计算机产业的生态系统也是有价值的，伙伴之间既有合作，也有制衡。

初稿写于 2020-08-08，2024-12-19 略作修改于 863 国家软件园

第 33 章 观察神秘的RQ

鲁迅笔下有个妇孺皆知的人物，叫阿 Q，用英文表达，或许可以写作 A Q（AQ）。

在 Linux 内核中，有个名字很短的结构体，名为 rq，发音和阿 Q 很类似。rq 结构体的名字只有两个字符，使用时，实例名也常常叫相同的名字。比如下面两个内核函数的参数都是 struct rq *rq，如图 33-1 所示。

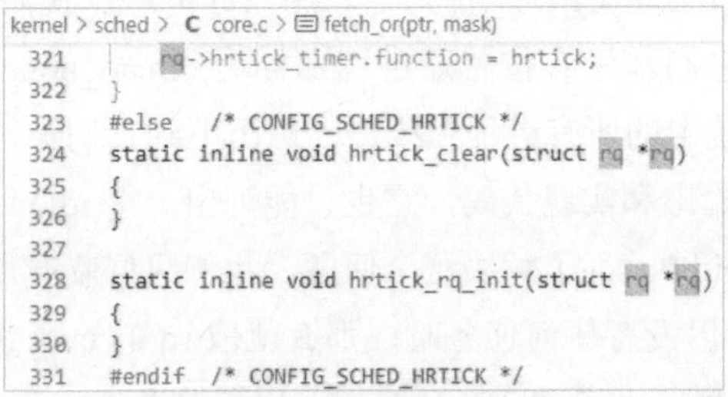

```
kernel > sched > C core.c > fetch_or(ptr, mask)
    rq->hrtick_timer.function = hrtick;
}
#else   /* CONFIG_SCHED_HRTICK */
static inline void hrtick_clear(struct rq *rq)
{
}

static inline void hrtick_rq_init(struct rq *rq)
{
}
#endif  /* CONFIG_SCHED_HRTICK */
```

图 33-1 内核调度器代码中经常使用的 rq 结构体

这应该是 Linux 内核中名称最短的结构体了吧。

我加入 Intel 的初期，部门的大老板是一个中东裔的老头，个子不高，胖胖的，总是面带微笑。他的邮件落款特别有特色，只有一个字符 n。看了这个落款后，我明白了，越是重要的大人物，邮件落款可能越短。落款特别长的常常是销售或者客服。在 Linux 内核中，rq 这个名字也符合这个规律。名字很短，但是位置非常重要。rq 的全称是 Run Queue 或 Ready Queue，翻译为中文是“就绪队列”。

简单来说，Linux 内核为每个 CPU 配备一个 RQ，类似食堂的服务窗口。当有线程要运行时，就来排队。上面讲解的是理论，实际的 RQ 长什么样呢？某一时刻，到底有哪些线程在排队呢？

在 NDB 调试器的规划功能中，很早就列入了一条名为 ready 的扩展命令，用于观察 CPU 的 RQ，但是迟迟没有人手真正实现。这两周，终于把这个功能落地了。

基本的实现思路是获取每个 CPU 的 percpu 变量 lk!runqueues，加上这个 CPU 的 percpu 基地址得到 RQ 对象的地址，然后就可以打印 RQ 的各种属性了。

要列出每个 CPU 的排队线程，会更复杂一些。这次实现，我们参考了 Linux 内核中的 sched-debug 虚文间的写法，两层循环，外层遍历所有进程，内存遍历进程的每个线程。

如果线程的 state 属性为 0，就代表它是 runnable 状态，它的 cpu 字段代表它所排队的 CPU。如果 on_cpu 字段为 1，则表示已经轮到它，它正在这个 CPU 上运行。比如，以 taskset

-c 3 ./gematrix 方式执行大矩阵乘法程序，将 4 个工作线程都绑定在 3 号 CPU 上，此时使用 ndb 命令观察，3 号 CPU 的排队情况便如图 33-2 所示。

```
Ready tasks of CPU 3:

tasks:
on_cpu  state      PID    prio        wait-time   sum-exec     summ-sleep   comm
-----------------------------------------------------------------------------------
0       00000000   1481   120         0           1505361049   0            gematrix
1       00000000   1482   120         0           1511198790   0            gematrix
0       00000000   1483   120         0           1510017264   0            gematrix
0       00000000   1484   120         0           1511461279   0            gematrix
-----------------------------------------------------------------------------------
```

图 33-2　3 号 CPU 的就绪队列

在图 33-2 中，有 4 个线程在 3 号 CPU 上排队，1482 号线程正在执行。

初步功能调通后，发现一个问题。当系统很空闲时，显示的结果只有 0 号 CPU 上有 swapper/0 在运行。1、2、3 三个 CPU 上都为空。深入分析后，我们发现，虽然每个 CPU 都有自己的 IDLE 任务，但是它们却没有按普通进程那样用 thread_node 链表组合在一起。所以上面说的两层循环来遍历系统中的所有进程和线程，遍历不到它们。

我特意查看了 kdb 的输出和实现代码，它也只能列出一个 idle 线程，其他 idle 线程连自己的 pid 都没有，都是复用 pid 0。为了解决这个问题，我们只好临时用了一个缓解方法。当遍历所有线程后，某个 CPU 上仍没有任何任务时，那么就取 rq 的 curr 字段。这个字段指向的就是这个 CPU 上正在执行的线程，也就是 IDLE 线程。用了这个方法后，再执行 !ndx.ready -f 1 命令，就可以看到每个 CPU 都至少有一个线程在 RQ 上了（见图 33-3）。

```
[ndb]!ndx.ready -f 1
!ndx.ready -f 1
Ready tasks of CPU 0:
on_cpu  state      PID    prio  wait-time   sum-exec     summ-sleep   comm
--------------------------------------------------------------------------------
1       00000000   0      120   0           0            0            swapper/0
--------------------------------------------------------------------------------
Ready tasks of CPU 1:
on_cpu  state      PID    prio  wait-time   sum-exec     summ-sleep   comm
--------------------------------------------------------------------------------
0       00000000   1031   120   0           1427102256   0            gematrix
0       00000000   1032   120   0           1430676405   0            gematrix
0       00000000   1033   120   0           1432561913   0            gematrix
1       00000000   1034   120   0           1434854187   0            gematrix
--------------------------------------------------------------------------------
Ready tasks of CPU 2:
on_cpu  state      PID    prio  wait-time   sum-exec     summ-sleep   comm
--------------------------------------------------------------------------------
1       00000000   0      120   0           0            0            swapper/2
--------------------------------------------------------------------------------
Ready tasks of CPU 3:
on_cpu  state      PID    prio  wait-time   sum-exec     summ-sleep   comm
--------------------------------------------------------------------------------
1       00000000   0      120   0           0            0            swapper/3
--------------------------------------------------------------------------------
```

图 33-3　观察所有 CPU 的就绪队列

线程调度是内核的敏感逻辑，涉及系统中最关键的 CPU 资源的分配，一旦出现问题，轻则影响用户体验，重则导致系统死锁或者崩溃。这部分代码的技术复杂度也非常高。为此，林纳斯本人一直亲自维护这部分代码。

俗话说，无限风光在险峰，对于喜爱 Linux 内核的各位高手来说，这部分代码也是非常值得研究和体会的。NDB 的 !ready 命令可以把内核停下来，观察每个 CPU 的 RQ，这样便可以一边看代码，一边看实情，让代码活起来，大大提高学习效率。

初稿写于 2023-09-28，2024-12-19 夜略作修改于 863 国家软件园

第 34 章 自卷如何救，互斥量重入死锁例谈

上周，小伙伴调试 NDB 的 Linux 版本时遇到了“硬骨头”。开始调试后，NanoCode 界面卡住不动了。

今天一早，我亲自上手，把 GDB 附加到 NanoCode 的 extension Host 进程，然后使用 thread apply all bt 命令查看各个线程的状态。

很快，看到了问题，关键的调试引擎线程死锁了。

```
    #0   futex_wait (private=0, expected=2, futex_word=0x7f4c4b4448 <zk+144>) at ../
sysdeps/nptl/futex-internal.h:146
    #1   __GI___lll_lock_wait (futex=futex@entry=0x7f4c4b4448 <zk+144>,
private=private@entry=0) at ./nptl/lowlevellock.c:49
    #2   0x0000007f969569e4 in lll_mutex_lock_optimized (mutex=0x7f4c4b4448 <zk+144>)
at ./nptl/pthread_mutex_lock.c:48
    #3   ___pthread_mutex_lock (mutex=0x7f4c4b4448 <zk+144>) at ./nptl/pthread_mutex_
lock.c:93
    （节约篇幅，删除多行）
    #14  0x0000007f969537d0 in start_thread (arg=0x7f982d9780) at ./nptl/pthread_
create.c:444
    #15  0x0000007f969bf5cc in thread_start () at ../sysdeps/unix/sysv/linux/aarch64/
clone3.S:76
```

扫视调用栈中的各个函数，是卡在著名的 lll（low level lock）函数。切换到这个线程：

```
(gdb) thread 16
[Switching to thread 16 (Thread 0x7f4ba1ea80 (LWP 3891))]
```

再切换到 2 号栈帧，然后打印 mutex 对象。

```
(gdb) p mutex
$1 = (pthread_mutex_t *) 0x7f4c4b4448 <zk+144>
```

因为是指针，所以需要加个星。

```
(gdb) p *mutex
$2 = {__data = {__lock = 2, __count = 0,
__owner = 3891, __nusers = 1, __kind = 0, __spins = 0, __list = {__prev = 0x0,
__next = 0x0}},
__size = "\002\000\000\000\000\000\000\0003\017\000\000\001",
'\000' <repeats 34 times>, __align = 2}
```

看关键的 owner 字段：

```
__owner = 3891
```

线程 ID 是 3891，info threads 显示线程列表，找到 3891 号线程，居然就是 16 号线程，也就是它自己，看来它在等待它自己已经拥有的锁。

为什么会是这个线程自己呢？因为这个线程的父函数里已经获得这个互斥量，然后它的子函数又调用了需要加锁的函数，想再次获得这个互斥量。从 count 字段为 2 也可以看出这个特征。

看到这里，我立刻明白原因了。这部分代码本来是在 Windows 下开发的，使用的是关键区做保护。在 Windows 下，同一个线程是可以多次进同一个关键区的，也就是所谓的可递归（重入）。移植到 Linux 时，使用了 pthread_mutex_t 来替代关键区，但是 Linux 下的 pthread_mutex_t 默认是不可以重入的，即使是同一个线程，也不允许第二次获得同一个互斥量。

如何解决这个问题呢？一种方法是使用 C++ 标准库中的 recursive_mutex。另一种方法是修改 pthread_mutex_t 的类型，让它支持重入。我选择了第二种方法。

进一步说，pthread_mutex_t 支持如下 4 种类型：

- PTHREAD_MUTEX_TIMED_NP，这是默认值，也就是普通锁。
- PTHREAD_MUTEX_RECURSIVE_NP，嵌套锁，允许同一个线程对同一个锁成功获得多次，这个行为与 Windows 类似。
- PTHREAD_MUTEX_ERRORCHECK_NP，检错锁，如果同一个线程请求同一个锁，则返回 EDEADLK，否则与 PTHREAD_MUTEX_TIMED_NP 类型相同，为了保证不出现最简单情况下的死锁。
- PTHREAD_MUTEX_ADAPTIVE_NP，自适应锁。

因为 pthread_mutex_init 函数需要通过一个属性结构体来设置锁的类型，所以新的代码大致如下：

```
pthread_mutexattr_t ma;
pthread_mutexattr_init(&ma);
pthread_mutexattr_settype (&ma, PTHREAD_MUTEX_RECURSIVE);
pthread_mutex_init(&mutex, &ma);
```

这样修改后，问题立刻被解决。

初稿写于 2024-03-25，2024-12-19 夜略作修改于 863 国家软件园

第 35 章
奇怪的未定义引用

昨天下午，我的同事杰里在 Linux 下构建 NDB 的新版本时，遇到一组链接错误，G++ 抱怨有一些未定义的引用。

```
    /usr/local/bin/ld: ../bin/libndi.so: undefined reference to `NtpAgent::ReadTarget(ND_TARGET_SPACE, unsigned long, unsigned int, unsigned char, unsigned char*, unsigned int*)'
    /usr/local/bin/ld: ../bin/libndi.so: undefined reference to `NtpAgent::Request(unsigned int, unsigned char*, unsigned int, unsigned char*, unsigned int, unsigned int*, unsigned int*)'
    /usr/local/bin/ld: ../bin/libndi.so: undefined reference to `NtpAgent::WriteTarget(ND_TARGET_SPACE, unsigned long, unsigned int, unsigned char, unsigned char const*, unsigned int*)'
```

根据 G++ 报告的错误信息，是 libndi 模块里使用了 3 个 C++ 的方法。

```
NtpAgent::ReadTarget
NtpAgent::Request
NtpAgent::WriteTarget
```

但是没能找到实现，但源代码里明明是有这几个方法的。

值得说明的是，NDB 的 Linux 版本已经测试了一个多月，这并不是第一次构建，以前是成功的。另外，NtpAgent 类有很多个方法，其他方法没有问题，唯独这 3 个方法有问题。

当时，我忙着准备晚上的直播，没顾得上细看，只是建议杰里用 readelf -s 工具来排查。

杰里想了很多种方法排查原因，比如核对这几个函数，在这几个函数的源代码里注入错误，确保它们是被编译过的，等等，但都没能找到根源，问题依旧。

今天上班后，我准备亲自看一下这个问题。我找到这 3 个函数的源代码，仔细看它们在头文件里的原型声明，以及在 C++ 源代码里的实现。

```
    virtual HRESULT Request(ULONG ulServiceID, PBYTE pbData2Server, ULONG ulSize2Server, PBYTE pbData2Client, ULONG ulSize2Client, PULONG pulDataReturned = NULL, PULONG pulQuickData = NULL);
    virtual HRESULT ReadTarget(
        ND_TARGET_SPACE Space,
        /* [in] */ uint64_t Address,
        /* [in] */ DWORD dwNbElemToRead,
        /* [in] */ BYTE bAccessWidth,
        /* [size_is][out] */ BYTE* pbReadBuffer,
        /* [out] */ DWORD* pdwNbElementEffectRead);
```

NDB 的代码本来是在 Windows 上开发的，所以上面的函数原型明显带着浓浓的 Windows 风格。最突出的是如下两个特征：

- 特征 1：函数名和参数名都是大小写混合。
- 特征 2：类型名使用完全的大写，如 BYTE、DWORD 等。

近年来，在 Linux 上做了很多开发工作之后，我已经喜欢上了 Linux 下流行的小写风格。因此，对于上面这样的代码，我已经有点不习惯了。

对于上面的特征 1，函数名和参数名大小写混合不算是大的问题，只是风格的问题。但是特征 2 则问题很大，常常是邪恶之源。特征 2 是把基本的类型做重定义，一般称为重定义基础类型。这种做法在今天看来是极其糟糕的做法。因为它常常导致歧义和故障，特别是在涉及跨平台的时候。

因此，我一看到这些大写的重定义类型就立刻想到，可能是这些重定义的类型出问题了。顺着这个思路深挖，我继续思考是哪个类型出问题了。

我首先怀疑的是 ULONG，因为在 Windows 和 Linux 两个平台上，long 的定义是不同的。在 Windows 上，无论是 32 位还是 64 位的系统，long 都是 32 位长（相当于 int32_t）；而在 Linux 上，在 32 位系统下，long 是 32 位，在 64 位系统下，long 是 64 位。

搜索代码，果然发现 openocd 的一个头文件里把 ULONG 定义为了 unsigned long，其实如果按照 Windows 上的约定，应该是 uint32_t。

为了明确到底是哪个类型引发的错误，我决定上工具观察，也就是执行 readelf 命令来观察编译器实际产生的符号。因为编译器会对 C++ 的方法做 mangling，看不清类型名，所以要增加 -C 选项来 demangle，又因为 C++ 的方法包含类名，比较长，后面的部分会被省略，所以要加上 --wide 选项。

```
readelf -s -C libntp.so --wide | grep NtpAgent | grep WriteTarget
```

有了这些选项后，readelf 清楚地显示出了编译器产生的输出函数原型。

```
    geduer@ulan:/gewu/NanoCode/nd3/untp$ readelf -s -C libntp.so --wide | grep
NtpAgent | grep WriteTarget
   490: 000000000003a630   284 FUNC    GLOBAL DEFAULT   11 NtpAgent::WriteTarget(ND_
TARGET_SPACE, unsigned long, unsigned int, wchar_t, wchar_t const*, unsigned int*)
   3271: 000000000003a630   284 FUNC    GLOBAL DEFAULT   11 NtpAgent::WriteTarget(ND_
TARGET_SPACE, unsigned long, unsigned int, wchar_t, wchar_t const*, unsigned int*)
```

果然与链接器所需要的原型不一样。但出乎预料的是，差异没有出在 long 上，而是 BYTE 上，需要的是 char，而导出的是 wchat_t。

```
wchar_t, wchar_t const*
```

看到 wchar_t，我非常惊讶，BYTE 怎么会被定义为 wchat_t 呢？原来前几天，另一个小伙伴在解决 utf16 和 unicode 的问题时，做了临时修改，没有及时恢复，如图 35-1 所示。

elk > C wintype.h > OLECHAR

```
typedef char * LPSTR;
typedef char* PCHAR;
typedef const char * LPCTSTR;
typedef const char* LPCSTR;
typedef const char* PCSTR;
typedef char* PSTR;
typedef uint16_t WORD;
typedef unsigned int DWORD,*DWORD_PTR;
typedef DWORD* PDWORD;
typedef DWORD* LPDWORD;
typedef wchar_t BYTE;    ✕
typedef BYTE  * LPBYTE;
typedef BYTE* PBYTE;
typedef unsigned int          UINT;
typedef unsigned short        Uint2B;
```

图 35-1　错误的类型定义

归纳一下，对于 C++ 的函数，考虑到函数重载和允许同名函数，所以链接器链接时不仅要求类名和函数名严格匹配，还要求参数类型也严格一致。而邪恶的类型重定义容易导致类型不一致，因此特别撰写此文，希望格友们在遇到类似问题时可以快速解决，避免重蹈覆辙。

初稿写于 2023-03-28，2024-12-19 夜略作修改于 863 国家软件园

第 36 章 这个修改居然是二掌门的主意

最近在做一个反向移植工作，把 Linux 6.1 的 OPP 模块移植到 5.10 上。做这个移植首先是为了解决与 GPU 有关的一个问题，同时也是想试验一下局部升级内核的方法。

对于这样的移植任务，主要的工作就是适配各种变化了的接口。有些是数据结构的变化，有些是函数原型的变化。

对于大多数软件工程师来说，都接受模块化的设计思想，让代码以模块为单位聚拢，模块内部的代码尽可能紧凑，模块之间的接口尽量保持稳定。这样既可以使内部不断改进，而又不影响外部。但是这个道理在一些 Linux 内核的开发者那里似乎说不通，他们在做改进时，常常做各种破坏性的修改。修改结构体时，把新加的字段不是加在兼容性更好的末尾，而是加在破坏兼容性的中间位置。对于接口函数，也常常改来改去，有时改名字，有时加减参数，有时不加不减，只是把顺序调换一下。

比如，在这次移植 OPP 时，就因为一个函数的原型修改而引入了一大堆错误。旧的函数原型为：

```
struct opp_table *dev_pm_opp_set_regulators(struct device *dev,
const char * const names[], unsigned int count);
```

新的函数原型为：

```
struct opp_table *dev_pm_opp_set_regulators(struct device *dev,
const char * const names[]);
```

比较新旧两个函数，很容易就能看出是少了一个参数，本来是三个参数，修改之后是两个参数。

从函数名来看，这是一个接口函数，具有很正式的名字，以 dev_pm_opp 开头，代表模块名，整个函数名是“主谓宾”结构，含义清楚，名字的长度也还可以。

新旧函数的前两个参数是一样的，第一个参数是设备对象，第二个参数是字符串数组。对于旧的写法，第三个参数是数组中元素的个数。

在我看来，旧的函数原型很好，每个参数都含义明确，让人一看便知用法。可是就这么一个看似完美的函数，却在新版本中被修改为只有两个参数。

而且去掉的那个参数是在我看来很重要的数组元素个数。大家都知道，数组本身是无法表示元素个数的，因此使用第三个参数明确传递元素个数，是合理的，而且也是必要的。可是，这个元素个数的参数却被去掉了。

我不喜欢新的写法，因此在处理这个变化时，选择了旧的方法，保持三个参数，调用的地方不用改，只是把函数实现的方法，把旧的 count 参数加回来，和新代码对接一下。

到中午时，一起做移植的小伙伴吃饭去了，我多工作了一会儿，把这个问题基本修改好之后才吃中饭。

待我吃好中饭休息了一下回到座位时，小伙伴已经开工一会儿了，我看了一下代码，吃惊地发现，他用了另外一种改法，使用新的两个参数写法，把所有调用的地方都去掉了一个参数。我看了以后，哭笑不得。我改时，他去吃中饭，我没有和他说清楚，所以也不能怪他。而且事情已经发生了，后悔也没有用。但是本着“教育”的目的，我和他说，旧的写法更好一些，明确表达数组个数，更加安全。

其实我还想说更多，因为在我看来，使用新的写法除了去掉参数外，还有其他工作要做，不然可能会出问题的。但是我把后面的话咽了下去，没有说出口。

对于已经说的，我不确定小伙伴是否听进去了。我虽然做过专职的老师，也讲过很多课，这么多年的讲课经验告诉我，思想传递是一个复杂的过程，一个人说的话，另一个人能听进去几分，只有上帝知道。涉及“说教”的更是如此，大多数人的思想都是有“防入侵”功能的，对于别人的说教，第一反应常常就是防卫。况且，现在是工作场景，我虽然年龄大一些，但是彼此也是同事关系。

这个问题就这样暂时过去，开始修改其他问题。其他问题都比较好改，于是新的内核在一个小时后就编译出来了，下一步是刷机验证。刷机后，果然如我预料，出问题了，内核崩溃（panic），如图 36-1 所示。

```
[   11.563998] x13: ffffff81059fc286 x12: 0000000000000038
[   11.564468] x11: ffffffc01330baa0 x10: ffffffc01330baa0
[   11.564939] x9 : 00000000ffffffd8 x8 : ffffffc01330ba70
[   11.565410] x7 : 0000000000000000 x6 : ffffffffffffffff
[   11.565881] x5 : 0000000000000000 x4 : 0000000000000000
[   11.566351] x3 : ffff0a00ffffff04 x2 : ca9c5d1676783f00
[   11.566821] x1 : ffffffc01330bb38 x0 : ffffffc01330baf8
[   11.567292] Call trace:
[   11.567514]  string_nocheck+0x10/0x80
[   11.567848]  string+0x58/0x68
[   11.568115]  vsnprintf+0x5d0/0x728
[   11.568424]  snprintf+0x60/0x80
[   11.568715]  regulator_dev_lookup+0x9c/0x268
[   11.569095]  _regulator_get+0x44/0x2e8
[   11.569428]  regulator_get_optional+0x2c/0x38
[   11.569821]  dev_pm_opp_set_config+0x4f8/0x650
[   11.570222]  devm_pm_opp_set_config+0x28/0x80
[   11.570615]  dev_pm_opp_set_regulators.constprop.16+0x48/0x68
[   11.570971] rk-pcie fe150000.pcie: PCIe Linking ... LTSSM is 0x0
[   11.571131]  rockchip_cpufreq_driver_init+0x390/0x534
[   11.571138]  do_one_initcall+0xbc/0x338
[   11.572450]  kernel_init_freeable+0x328/0x390
[   11.572840]  kernel_init+0x18/0x120
[   11.573152]  ret_from_fork+0x10/0x1c
[   11.573474]
[   11.573474] PC: 0xffffffc010854f00:
[   11.573919] 4d00  f94017a0 17ffffb8 2a0103e3 39400004 93405c62 6b01005f 2a02208
2 b9000002
[   11.574660] 4d20  54000041 d65f03c0 a9bd7bfd b0012704 911a7084 910003fd f9000bf
3 aa0003f3
[   11.575399] 4d40  39400480 34000180 320927e0 6b00007f 1a80a063 12bff000 6b00007
f 1a80d063
[   11.576138] 4d60  33185c62 b9000262 f9400bf3 a8c37bfd d65f03c0 52800022 b9002fa
1 39000482
```

图 36-1　内核崩溃

看调用栈，就是上面提到的函数 dev_pm_opp_set_regulators。顺着调用栈往上看子函数，上面几层都和字符串有关。因为这个函数的第二个参数就是一个字符串数组。Panic 开头的“判决”信息是访问了无效的虚拟地址，地址的取值为 02ed7eddcd273200：

```
    [     7.868736] Unable to handle kernel paging request at virtual address
02ed7eddcd273200
    [    7.869534] Mem abort info:
    [    7.869864]   ESR = 0x96000004
    [    7.870184]   EC = 0x25: DABT (current EL), IL = 32 bits
    [    7.870712]   SET = 0, FnV = 0
    [    7.871028]   EA = 0, S1PTW = 0
```

根据我的经验，这是越界了，因为新的函数原型去掉了元素个数参数，所以循环遍历数组时越界了，把内存里的普通数据 02ed7eddcd273200 当作指针了。

读到这里，可能有人憋不住了，新的写法怎么表达数组元素个数呢？答案是以一个空的元素表示结尾。在新代码的注释里，说明了这一点。

```
     * @regulator_names: Array of pointers to the names of the regulator, NULL
terminated.
```

在新代码的内部实现里，有个循环来统计数组的元素个数，即：

```
    static int _opp_set_regulators(struct opp_table *opp_table, struct device *dev,
                   const char * const names[])
    {
        const char * const *temp = names;
        struct regulator *reg;
        int count = 0, ret, i;
        /* Count number of regulators */
        while (*temp++)
            count++;
```

这意味着，使用新的函数后，所有调用的地方都必须保证数组的末尾有个 NULL 元素。

如果旧的写法是这样：

```
    static const char * const omap3_reg_names[] = {"cpu0", "vbb"};
```

那么新的代码必须改成下面这样：

```
    static const char * const omap3_reg_names[] = {"cpu0", "vbb", NULL};
```

对于上面这样的常量数组，代码改起来比较容易。对于本来就是动态数组的情况，如果它本来没有以 NULL 结束，又没有预留位置，那么改起来就要麻烦一些。比如对于图 36-2 中的情况，如果本来的 supply_names 数组不是以 NULL 结尾的，那么就需要复制到一个新数组中，再加上一个 NULL 结束。

从代码安全的角度看，新的写法很不好，依靠数组的一个 NULL 元素来表达数组结束，这意味着凭借数据区里的一个特殊值来结束循环。

```
drivers > gpu > drm > panfrost > C panfrost_devfreq.c
int panfrost_devfreq_init(struct panfrost_device *pfdev)
{
    int ret;
    struct dev_pm_opp *opp;
    unsigned long cur_freq;
    struct device *dev = &pfdev->pdev->dev;
    struct devfreq *devfreq;
    struct opp_table *opp_table;
    struct thermal_cooling_device *cooling;
    struct panfrost_devfreq *pfdevfreq = &pfdev->pfdevfreq;

    opp_table = dev_pm_opp_set_regulators(dev, pfdev->comp->supply_names,
                                          pfdev->comp->num_supplies);
```

图 36-2　supply_names 数组不是以 NULL 结尾的

大家都知道，内存里的数据部分是比较容易被攻击的，或者说数据区的 NULL 标志是容易被黑客通过内存溢出等手段篡改的。而这个标志一旦被篡改，那么便有可能出大问题了，可能无限循环或访问意外数据等。

相对而言，使用固定一个参数“显式”表达数组长度更安全。如果参数是立即数，那么它一般是被编码到代码空间的，代码空间是只读的，具有更好的安全性。

其实，很多安全问题就是因为隐式信息传递而产生的。对于这个既折腾人、又降低安全性的修改是谁做的呢？

下班到家，吃过晚饭，我想查个究竟。打开 github 上的 Linux 代码仓库，找到包含上面函数的源文件 core.c，然后单击 Blame 按钮。我很喜欢这个 Blame 功能（见图 36-3），它就是用来监督代码质量的，让大家可以追查坏代码的源头。

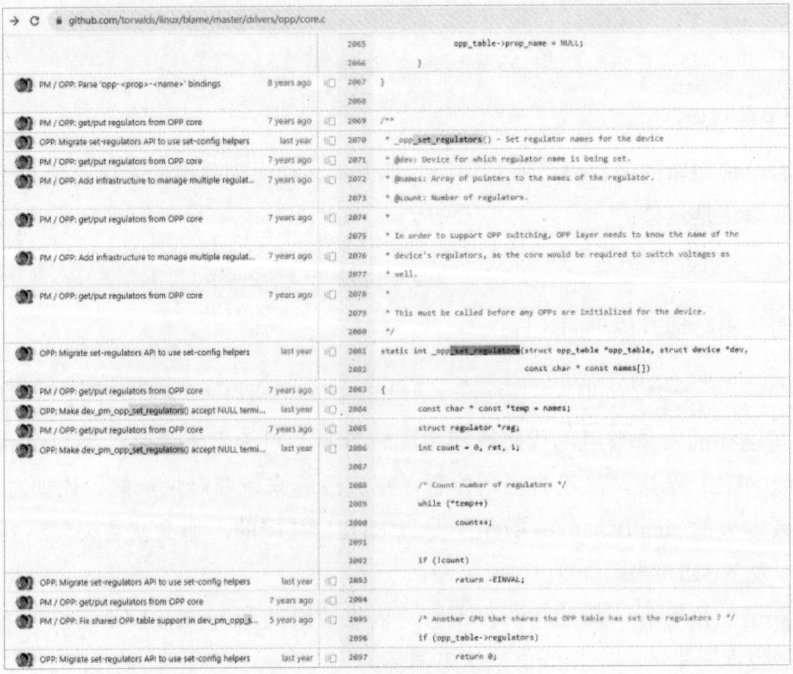

github.com/torvalds/linux/blame/master/drivers/opp/core.c

		`opp_table->prop_name = NULL;`
		`}`
PM / OPP: Parse 'opp-<prop>-<name>' bindings	8 years ago	`}`
PM / OPP: get/put regulators from OPP core	7 years ago	`/**`
OPP: Migrate set-regulators API to use set-config helpers	last year	`* _opp_set_regulators() - Set regulator names for the device`
PM / OPP: get/put regulators from OPP core	7 years ago	`* @dev: Device for which regulator name is being set.`
PM / OPP: Add infrastructure to manage multiple regulat...	7 years ago	`* @names: Array of pointers to the names of the regulator.`
		`* @count: Number of regulators.`
PM / OPP: get/put regulators from OPP core	7 years ago	`*`
		`* In order to support OPP switching, OPP layer needs to know the name of the`
PM / OPP: Add infrastructure to manage multiple regulat...	7 years ago	`* device's regulators, as the core would be required to switch voltages as`
		`* well.`
PM / OPP: get/put regulators from OPP core	7 years ago	`*`
		`* This must be called before any OPPs are initialized for the device.`
		`*/`
OPP: Migrate set-regulators API to use set-config helpers	last year	`static int _opp_set_regulators(struct opp_table *opp_table, struct device *dev,`
		`const char * const names[])`
PM / OPP: get/put regulators from OPP core	7 years ago	`{`
OPP: Make dev_pm_opp_set_regulators() accept NULL termi...	last year	`const char * const *temp = names;`
PM / OPP: get/put regulators from OPP core	7 years ago	`struct regulator *reg;`
OPP: Make dev_pm_opp_set_regulators() accept NULL termi...	last year	`int count = 0, ret, i;`
		`/* Count number of regulators */`
		`while (*temp++)`
		`count++;`
		`if (!count)`
OPP: Migrate set-regulators API to use set-config helpers	last year	`return -EINVAL;`
PM / OPP: get/put regulators from OPP core	7 years ago	
PM / OPP: Fix shared OPP table support in dev_pm_opp_s...	5 years ago	`/* Another CPU that shares the OPP table has set the regulators ? */`
		`if (opp_table->regulators)`
OPP: Migrate set-regulators API to use set-config helpers	last year	`return 0;`

图 36-3　查找代码修改源头

找到被去掉的参数的内部函数，在左侧边栏查看修改人和修改记录。修改比较多，查看最近的一次修改，不是要找的。因为在它修改前，count 参数就已经被去掉了，顺着时间往前找，有点不好找。正在这时，我看到左侧修改记录里有一句话：

```
OPP: Make dev_pm_opp_set_regulators() accept NULL terminated list
```

从标题看就是它，看来为了这事，还有一个专门的整改和补丁。详细的记录如下：

https://github.com/torvalds/linux/commit/87686cc845c3be7dea777f1dbf2de0767007cda8

OPP: Make dev_pm_opp_set_regulators() accept NULL terminated list

Make dev_pm_opp_set_regulators() accept a NULL terminated list of names
instead of making the callers keep the two parameters in sync, which
creates an opportunity for bugs to get in.

Suggested-by: Greg Kroah-Hartman <gregkh@linuxfoundation.org>

Reviewed-by: Steven Price <steven.price@arm.com> # panfrost

Reviewed-by: Chanwoo Choi <cw00.choi@samsung.com>

- Signed-off-by: Viresh Kumar <viresh.kumar@linaro.org>
- master v6.4-rc4
- v6.0-rc1

viresh committed on Jul 8, 2022

图 36-4 显示了修改的部分细节，2239 行附近就是修改参数个数。

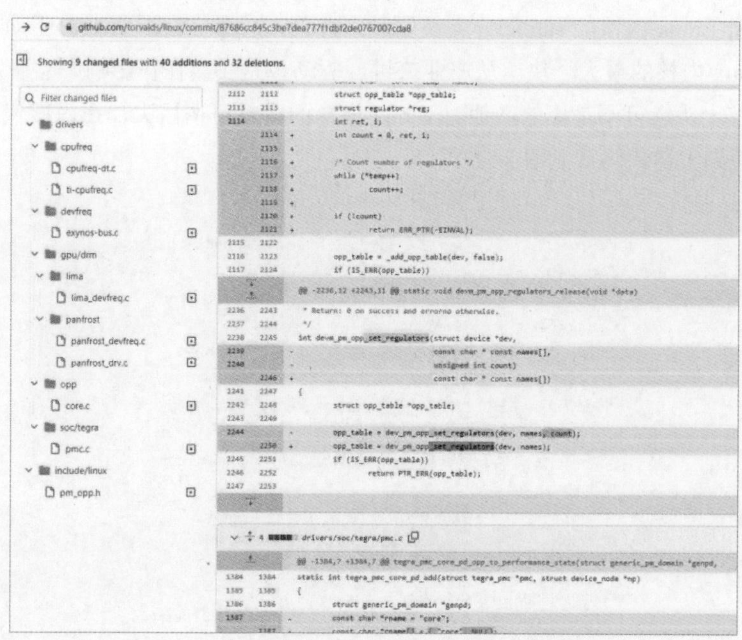

图 36-4　修改细节[①]

① 网页截图因为缩放可能不够清晰，建议读者使用浏览器直接打卡网页阅读细节。

这个修改的提交时间是 2022 年 7 月 8 日，提交人是 vireshk，来自印度（Bangalore, India）。虽然提交人来自印度，但是大家不要立刻就认为是印度同行做的。因为修改记录里明白地写着：

```
Suggested-by: Greg Kroah-Hartman
```

意思是有人建议这样做的。谁建议的？ 看到这个建议人的名字，我好惊诧，这可不是一般人，他是 Linux 基金会的少数几个院士之一（见图 36-5）。抛开那些挂名的院士之外，Linux 基金会的真正院士主要有两位，一位是内核创始人林纳斯，另一位就是这个葛雷格·克罗哈曼（Greg Kroah-Hartman），简称 GregKH。

图 36-5　Linux 基金会的院士（来自 Linux 基金会官网）

葛雷格负责 Linux 内核的 stable 分支及驱动（drivers）部分。不要小看驱动，从代码量来看，驱动是 Linux 内核的最大一块。从产业来讲，驱动也是实实在在影响产品研发进度的。

葛雷格的院士头衔可不是虚的，他对 Linux 内核的贡献可谓巨大，在内核代码树里搜索他的名字，可以搜到大量代码（见图 36-6）。

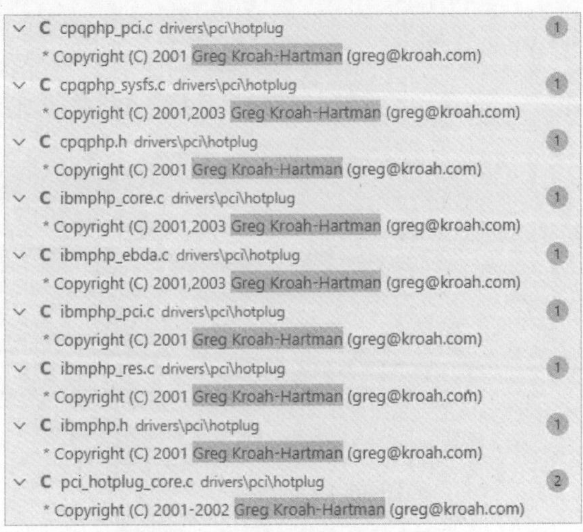

图 36-6　内核代码里的葛雷格签名

他也是很多模块的维护者，把握着这些模块的技术方向，守卫着这些模块的质量。特别值得一提的是，2018 年，林纳斯休假期间，正是这位葛雷格临时接替林纳斯的角色，担任内核的总舵手。因此，把他称为 Linux 内核的“二号掌门人”一点也不为过。

在上面提到的修改说明中，特别提到修改原因是：让 dev_pm_opp_set_regulators() 函数接受 NULL 结束的名字列表，以避免让调用者传递两个需要保持同步的参数（instead of making the callers keep the two parameters in sync），那样会让 bug 有机会进来（which creates an opportunity for bugs to get in.）。

其实，两个参数相互验证是有助于提高安全性的。如果说为了防止调用者多传个参数引入 bug，修改之后，调用者可能忘了以 NULL 结束，这样引入的就不是一个小 bug，而是一个安全漏洞。

对于葛雷格这样一位手刃代码无数的大师提出上面这样一个修改建议，真是值得思考。是职位高了，技术生疏了？是智者千虑，偶有一失？还是反复思考，故意为之？

或许是后者，因为对于如何写代码这件事，大家的观点确实常常有很大分歧。不知各位读者如何看待这个问题？我心中隐约有个预感，说不定哪一天，那个 count 参数又会被加回来了，那时很多代码又要跟着修改一遍。

初稿写于 2023-05-30，2024-12-20 略作修改于 863 国家软件园

第 37 章 是谁惹恼命令行

这个夏天，我的大多数时间都用在 NDB 上，和小伙伴们一起写代码，测试，调试。今天，一位小伙伴在测试新版本的 NDB 命令行程序（程序名为 ndb，小写）时发现了一个古怪现象，在执行好 .dump 命令后，命令行界面便接连不断地打印信息。

```
Are you sure to quit? Press again if you want to break into GDB
Are you sure to quit? Press again if you want to break into GDB
Are you sure to quit? Press again if you want to break into GDB
……
```

对于这样的问题，最好的方法当然是用调试器。我建议小伙伴用调试器的同时，自己也忍不住启动调试器，想一探究竟。

使用 GDB --args ./ndb ndbgee，然后在 ndb 的命令行中执行 .dump a1.dmp 命令复现问题。此时按两次【Ctrl + C】组合键，中断到 GDB 的命令行。执行 bt 命令观察调用栈。

```
(gdb) bt
#0  linenoiseNoTTY () at linenoise.c:1161
#1  0x0000005555554d60 in linenoise (prompt=0x7fffffe920 "/ndb/0:000> ",
buf=0x7fffffe958 "", sz=2048)
    at linenoise.c:1194
#2  0x0000005555556c04 in nb_prompt_input (prompt=0x7fffffe920 "/ndb/0:000> ",
line=0x7fffffe958 "", sz=2048,
    async=false) at NdBetty.cpp:59
#3  0x00000055555567a8 in main (argc=2, argv=0x7ffffff2e8) at NdMini.cpp:480
```

从 #3 栈帧中的 main 函数看，这个线程是 ndb 的主线程，main 函数调用 nb_prompt_input 显示命令行提示符，并且接收用户输入。

先进行分析的小伙伴发现 nb_prompt_input 返回异常，于是我也把注意力集中在这个函数上，单步跟踪它的执行经过。

```
(gdb) n
1162            if (line == NULL) {
(gdb)
1167        int c = fgetc(stdin);
(gdb)
1168        if (c == EOF || c == '\n') {
(gdb) p c
$2 = -1
(gdb) n
1169            if (c == EOF && len == 0) {
```

```
(gdb)
1170                    free(line);
(gdb) n
1171                    return NULL;
(gdb)
1181    }
(gdb)
```

很快，我注意到 fgetc 的返回值为 -1，这很不正常。-1 一般代表失败，这个独特的返回值激发出一道亮光划过我的脑海，一个推测冒出来：是不是标准输入文件被谁关了？

先执行 info infer 命令找到 ndb 的进程 id，然后再观察它的文件句柄列表。

```
(gdb) !ls -l /proc/38005/fd
total 0
lrwx------ 1 geduer geduer 64 Aug  1 11:26 1 -> /dev/pts/2
lrwx------ 1 geduer geduer 64 Aug  1 11:26 2 -> /dev/pts/2
lrwx------ 1 geduer geduer 64 Aug  1 11:26 3 -> 'socket:[162735]'
l-wx------ 1 geduer geduer 64 Aug  1 11:26 4 -> /gewu/nanocode/nd3/dbg/a2.dmp
```

果然，少了代表标准输入的 0 号文件。不妨拿个普通进程的情况作为对比。

```
ls -l /proc/self/fd
total 0
lrwx------ 1 root root 64 Aug  1 22:05 0 -> /dev/pts/1
lrwx------ 1 root root 64 Aug  1 22:05 1 -> /dev/pts/1
lrwx------ 1 root root 64 Aug  1 22:05 2 -> /dev/pts/1
lr-x------ 1 root root 64 Aug  1 22:05 3 -> /proc/288914/fd
```

接下来的问题是找到是谁关了 0 号文件。这也不难，在 GDB 中对 close 函数设置断点，然后按【r】键让 ndb 再运行一次。很快，答案皆晓。

```
(gdb) bt
#0  0x0000007ff7c504b4 in close () from /lib/aarch64-linux-gnu/libc.so.6
#1  0x0000007ff78dfbb4 in nd_map_file::Close (this=0x7ff0009c50) at ../elk/nd_map_
file.cpp:498
#2  0x0000007ff78ded50 in nd_map_file::~nd_map_file (this=0x7ff0009c50, __in_
chrg=<optimized out>)
    at ../elk/nd_map_file.cpp:21
(节约篇幅，删除多行)
#7  0x0000007ff796688c in gnu_core64::~gnu_core64 (this=0x7ff0009320, __in_
chrg=<optimized out>)
    at ../elk/gnu_core64.h:4
#8  0x0000007ff78b9320 in write_core_dump
```

从上面 #8 号栈帧中的 write_core_dump 来看，这个线程是负责产生转储文件的，从 #7 号栈帧的～gnu_core64 来看，是在执行析构函数。看到这里，我明白了，原来是负责做 dump 的伙计们在析构 gnu_core64 对象时，错关文件了。

执行 frame 1 命令切到 1 号栈帧，l（命令 list）一下，显示源代码。

```
#ifdef _WIN32
```

```
  if (m_File != NULL && m_File != INVALID_HANDLE_VALUE) {
    CloseHandle(m_File);
#else
  if (m_File != -1 ) {
    close(m_File);
#endif
```

旧的代码是针对 Windows 写的，在 Windows 上，无效文件句柄一般是 -1，所以这里的判断忘了排除 0 了。如果 m_File 成员是 0，那么就会把代表标准输入的 0 号文件关掉。

```
#ifdef _WIN32
  if (m_File != NULL && m_File != INVALID_HANDLE_VALUE) {
    CloseHandle(m_File);
#else
  if (m_File != -1 && m_File != 0) {
    close(m_File);
#endif
```

在判断条件中增加 m_File != 0，重新构建测试，让命令行不断打印信息的问题便不见了。

初稿写于 2024-08-01，2024-12-20 略作修改于 MU9726 航班上

器具第四

昔有佳人公孙氏，一舞剑器动四方。

观者如山色沮丧①，天地为之久低昂。

㸌②如羿射九日落，矫如群帝骖③龙翔。

来如雷霆收震怒，罢如江海凝清光。

——唐·杜甫《观公孙大娘弟子舞剑器行》

工欲善其事，必先利其器。

——《论语·卫灵公》

---

① 震惊状。

② 读 huò，闪烁状。

③ 读 cān，指驾车的马，此处活用为动词，意为“驾驭”。

第 38 章

三线撸豹，神乎其技——ARM硬件调试器的神功

多年前曾拟了个书名，叫“管中窥豹”，打算以芯片管脚为视角，介绍芯片原理，特别是与软件密切相关的一些特征。名字中的豹当然就是指芯片。但是始终没有能真正下笔开写。最近几个月里，我一直在开发 ARM 架构的硬件调试器。说是硬件调试器，其实大多数开发工作还是在软件上，除了小盒子中的固件外，还有大量的主机端软件要写。

随着开发过程的不断深入，我对 ARM 平台的调试技术也越挖越深。本来萦绕在脑海中的一个个问号逐一被拉直，变成一个个惊叹号。有时禁不住发出一声赞叹：“哇，原来是这么实现的！”前几天有担任芯片公司 CTO 的交大校友来格蠹交流，他多次提到“调试这块的技术难度还是很高的”。

诚然，要让风驰电掣的 CPU 停下来比让它运行起来更难。如同把飞机降落在跑道上难于把它飞起来。

使用了几个月的 ARM 硬件调试器后，给我最大的一个感受是“稳定”。虽然 ARM 主推的 SWD 通信方式只有三根很普通的线：时钟、数据、地，但是它工作得非常稳定。能用低廉的硬件把硬件调试实现得如此稳定，其中一个主要原因可以用 4 个字来概括：精心设计，无论是 400 多页的调试接口协议（ADI），还是在芯片中实现协议的 CoreSight 技术，以及散布在整个 ARM 架构中的调试支持，都细致严谨，让人可以感受到汗水的投入，闪烁着智慧的光芒。

对 ARM 硬件调试技术的另一个感受是“强大”，功能极其丰富。能做的除了常用的调试功能（比如读写寄存器、内存，设置断点和单步）外，还有很多让人惊叹的功能，比如执行 CPU 指令。

举例来说，ARM 的系统寄存器众多，有些是随着架构演进而逐渐增加的，比如 ARMv7 为了满足操作系统保存 PERCPU 数据区位置的需要，新增了 TPIDR 这样的“伪段”寄存器（TPIDR_EL1），之所以说“伪段”是因为 x86 上是用段寄存器来实现这个功能的。TPIDR 这样的系统寄存器是不在常规的寄存器上下文中的。开源的 OpenOCD 项目中，也没有访问系统寄存器的现成接口。于是我便寻找方法，希望可以在调试时读写这样的寄存器。经过一番调查，我发现很多调试操作都是通过执行指令来做的。换句话说，就是在调试模式下让 CPU 执行指令。现代 CPU 的最基本原理也是最强大之处就是执行指令。可是在调试模式下，CPU 已经进入了特殊的被调试模式，通俗地说就是已经被“停”了下来，此时让它再去执行指令是有点违背逻辑的。尽管这个问题想起来就很麻烦，可是 ARM 做到了。

我非常喜欢 ARM 这种动态执行指令的方法，立刻模仿着写了一个新函数，专门用来读系

统寄存器，代码如下：

```
// access sysreg by name, extended by NDB on 2022-6-28
int armv8_get_sysreg(struct target* target, uint32_t reg_encode, uint64_t* val)
{
  int retval = 0;
  struct armv8_common* armv8 = target_to_armv8(target);
  uint32_t instr = ARMV8_MRS_LINUX(reg_encode, 0); // SYSTEM_SCTLR_EL3
  retval = armv8->dpm.instr_read_data_r0_64(&armv8->dpm, instr, val);
  return retval;
}
```

上面代码中的instr变量用来放要执行的指令，ARMV8_MRS_LINUX宏用来根据寄存器的编码信息产生著名的MRS指令，ARM的A64指令都是4个字节，刚好用一个整数表达，比如0xd53bd040便是一个机器码。

宏的第二个参数0代表把系统寄存器读到普通寄存器x0。准备好了机器码后，只要把这个机器码交给dpm对象，调用封装好的instr_read_data_r0_64方法，dpm会通过调试通路把指令送到目标SoC中执行，真是太方便了。

那么什么是DPM呢？这是问题的关键，它的全称是Debug Programmers' Model，有人把它翻译为“调试编程器模型”，我更喜欢翻译为“调试程序员模型”，因为这个模型是给做调试的程序员设计的，调试程序员太喜欢这个模型了。对于这个关键的模型，ARM的公开文档中只提到了一次，而且是在ARMv7的某个版本中有，在比较新的ARMv8文档中已经没有了。删除的原因很好理解，今天的ARM已经不是跟在x86后面的“小弟弟”了，在很多方面，它已经走在前头，比如这个DPM模型就非常先进。

接下来的关键逻辑是dpmv8_exec_opcode，也就是让停下来的CPU执行指定的操作（指令）。起初这个操作是失败的，于是我认真核对机器码，这刚好可以用NDB调试器来帮忙。使用NDB调试Linux内核时，每次停下来刚好会显示Linux内核的几条指令，里面恰好有读tpidr的指令（见图38-1）。参考这条指令，发现手动产生机器码的代码多作了一次移位。

```
Symbol search path is: srv*c:\symbols* http://msdl.microsoft.com/download/symbols;TGT*c:\symbols*
Linux Kernel Version 8226 SMP (4 procs) free ARMv8 64-bit
Kernel base = 0xffffffee`80000000 kernel module list = 0xfffd0000`00100008
System uptime: 0 days 0:00:07(7960457044 ns)
ffffff80080a7f7c d65f03c0 ret
ffffff80080a7f80 d53bd042 mrs   x2, tpidr_el0
ffffff80080a7f84 d53bd063 mrs   x3, tpidrro_el0
ffffff80080a7f88 d538d024 mrs   x4, contextidr_el1
ffffff80080a7f8c d5301385 mrs   x5, osdlr_el1
ffffff80080a7f90 d5381046 mrs   x6, cpacr_el1
ffffff80080a7f94 d5382047 mrs   x7, tcr_el1
ffffff80080a7f98 d538c008 mrs   x8, vbar_el1
ffffff80080a7f9c d5300249 mrs   x9, mdscr_el1
ffffff80080a7fa0 d530118a mrs   x10, oslsr_el1
rdmsr tpidr_el1
msr[18d080] = 00000040`f5446000
```

图38-1　使用NDB调试Linux内核

改掉这个 bug 后，神奇的 dpm 操作就成功了。不管这个操作如何难，效果就像操作系统中执行这条指令一样，得到的 tpidr 寄存器值和驱动里读到的一样。

在包含 dpm 术语的 ARMv7 手册中，第三部分（Part C）比较详细地介绍了 DPM 的工作原理（见图 38-2），很值得细细品味。这一部分的标题为“调试架构”。

Part C
Debug Architecture

图 38-2　ARMv7 手册的调试架构部分

看到这里，大家应该明白本章题目的含义了。“三线”代表 ARM 硬件调试器常用的三根线。“撸豹”模仿“撸猫”之语。ARM 能用三根线把芯片硬件调试实现得如此精湛，举重若轻，把凶猛的 CPU 控制得服服帖帖，“撸豹”如同“撸猫”一样，真是让人赞叹，神乎其技！

初稿写于 2022-06-28，2024-12-20 略作修改于 MU9726 航班上

第 39 章 看见我们所看不见的

集成电路是人类制造出来的一个微观世界，其中以中央处理器（CPU）为代表的计算机芯片是人类制造的最复杂的机器，在指甲盖面积大的晶片上搭建出数亿个晶体管，每个晶体管的大小只有十几纳米甚至几纳米，比一般的病毒还小。

今天的高铁和飞机都是由晶体管控制的，某一个小小的晶体管“发疯”，就可能导致灾难。当然，说晶体管“发疯”只是一个比喻。意思是它可能出意外，不按照我们的期望工作。导致它不工作的原因可能是设计缺欠，可能是上层软件乱指挥，也可能有“敌人”遥控。

随着工艺的不断进步，芯片上的晶体管数量越来越多，如何保证那么多的晶体管都正常有序地工作呢？这当然是非常复杂的一个问题。

单个晶体管的大小比病毒还小，直接用肉眼是根本看不见它的状态的。为了解决这个问题，在 1985 年，多家半导体厂商联合成立了一个工作小组，名为“联合测试工作小组（Joint Test Action Group）”，简称 JTAG。JTAG 小组的工作目标是制定一个标准的方法，让人类可以“看见（测试）”看不见的芯片内部细节。JTAG 小组的工作成果后来成为了工业标准，即 JTAG 标准，按照这个标准设计的工具一般称为 JTAG 工具。

在我的《软件调试》一书中，专门有一章介绍了 JTAG（见图 39-1）。

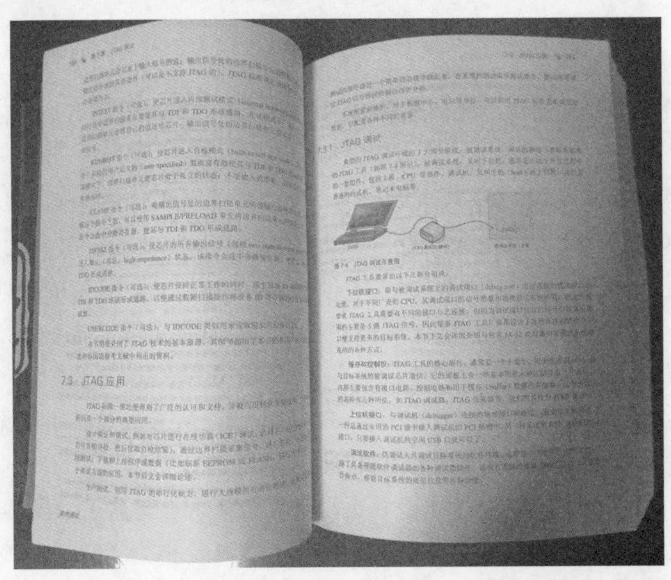

图 39-1 《软件调试》第一版中关于 JTAG 的介绍

JTAG 技术对于英特尔这样的芯片巨头来说当然是至关重要的。因此，英特尔不仅实现了基本的 JTAG 标准，而且做了很多扩展，并取了一些新的名字，如 ITP 和 XDP。

使用 ITP 和 XDP 调试时，需要一个蓝色的小盒子，把目标机和主机联系起来，就像上面书中的插图那样。慢慢地这个小盒子便有了 ITP 或者 XDP 这样的名字，但是大家更喜欢简单称它为“小蓝盒”。

可不要小看这个小蓝盒（见图 39-2），它的身价不菲。我在英特尔工作时，曾经为所在小组买过一个。因为公司太大，所以虽然是英特尔公司自己的产品，部门之间也是要付钱的，我记得很清楚，内部价格是 500 美元，很多年没有变过的价格。

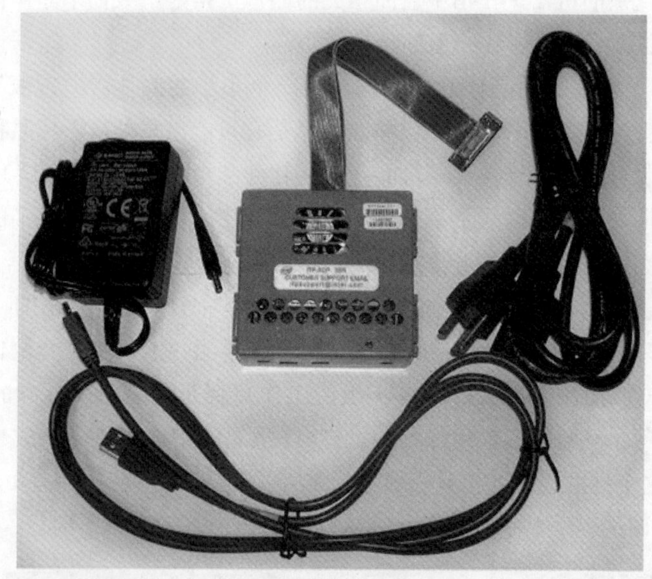

图 39-2　小蓝盒

除了价格昂贵，小蓝盒的身价还体现在它的神秘性上，当时公司有严格的纪律，不允许擅自把它带到公司外面。

大约是 2010 年，英特尔大力进攻平板市场，推广新的 SOC 芯片，ODM 在 Power on 新平台时遇到诸多技术难题。我接到任务，经领导批准携带小蓝盒前往中国台北。有一天在 ODM 的会议室里调试时，一位 ODM 的工程师看到了我在使用小蓝盒，他惊讶地叫出声来：“哇，你在用 ICE 啊！”ICE 是 JTAG 的别名，熟悉底层的人也常常用 ICE 来称呼 JTAG 调试器，后来的著名软件调试器 SoftICE 之名正是源于此。

那位同行一定是在书中或者文档中知道了 JTAG，但是从未见过，所以见了大为惊奇，并且呼叫伙伴们来看。他对 JTAG 的敬重，让我对他刮目相看。

2016 年年底，我离开了英特尔，于是我也没有机会使用小蓝盒了。虽然在 2016 年前后，英特尔放宽了小蓝盒的限制，把它公然放在官网上销售（价格为 3000 美元），但是因为市场上的普通主板都没有可以连接 ITP 的 XDP 插口，所以还是不能用，因此也就没有考虑购买单独的小蓝盒。不过当我第一次看到小蓝盒被挂到外部网站上公开对外亮相时，我大为惊讶，感觉到时代变化，英特尔也在变化。

去年，一位同行向我询问硬件调试有关的问题，提到 DCI。这再次激起我使用 JTAG 的兴趣。什么是 DCI 呢？其实我没离开英特尔时就知道这个技术，不过当时还属于未发布的重要技术，非常敏感，即使对公司内部的同事也不可以轻易说。

DCI 的字面意思是直接连接接口（Direct Connect Interface）。很多英特尔的技术高手都承认不善于取名字，DCI 是个代表。

简单来说，DCI 解决的问题是让需要特殊接口（称为 XDP）的 JTAG 调试使用 USB 3.0 接口就行了。XDP 接口在主板上，需要打开机箱才能连上，USB 接口在机箱表面，不需要开机箱就能连上了，所以就取了个名字叫“直接连接接口”。这个名字体现出了新方法的优点，但是并没有体现出 JTAG 的用途，也缺少一些技术味道，还容易与其他名字冲突，搜一下 DCI，会有好多不相关的东西冒出来，因为直接能连上的接口太多了，每个家用电器上都有好几个。

所以，DCI 就是“直接能连上的（JTAG）接口”，名字通俗得很。

在写《软件调试》第二版时，我加入了关于 DCI 的介绍，但是只有寥寥几行，因为当时我也没有实际使用过 DCI，“君子戒慎乎其所不睹，恐惧乎其所不闻”，对于没有亲自使用过的技术，我只好简略提到，一带而过。

DCI 虽然名字“土”，但这个很土的名字确实道出了它的最大优点，那就是不需要开机箱就“能”做 JTAG 调试，这一点确实是一大进步。其实，在 DCI 之前，对于市面上销售的大多数普通计算机，即使开机箱也是没用的，因为主板上根本没有 XDP 接口，原因是 XDP 接口比较贵，虽然很多主板设计时包含它的电路并留有位置，但是只在早期的样板阶段焊这个接头，做产品时就不焊了。

进一步说，DCI 的意义不仅是不用开机箱，而且省去了主板上那个价格有点贵的 XDP 接口，也是一大进步。

那么，这么好的 DCI 为什么没有很多人使用呢？因为虽然大多数机器都有 USB 3.0 接口，可以找根线把目标机和上位机“直接连接”起来，但是二者还是不能进行 DCI 对话，因为 DCI 功能默认是关闭的。

长话短说，出于某些考虑，产品阶段的 DCI 功能通常是关闭的。这有点像 NT 内核，虽然都支持内核调试，但是默认是不开启的。与 NT 内核可以通过简单的命令启用内核调试不同，DCI 的启用并不简单。

如何启用 DCI 呢？简单说是和 CPU 对话，把这个关闭的功能打开。

对于具有数十亿晶体管的 x86 CPU 来说，里面有很多不为外人所知的重重机关和暗道。关于这些机制，细节非常敏感，很多在英特尔工作多年的工程师也可能一点都没听说过。

虽然我离开英特尔了，有些东西也不能说。既有离职协议约束，也有对经典 x86 架构的热爱！x86 架构始于 1978 年，我出生的那个 70 年代。始于 70 年代的 x86，一路走来，40 多年了。这 40 多个春秋，正是信息时代和互联网从出现到横霸天下的 40 年。所以你说 x86 对

我们重要不？每个现代人都应该感谢 x86，没有 x86，你的人生里可能就没有 PC、互联网这样的词汇。

回到正题，对于 x86 这样的复杂芯片，里面的很多功能是需要动态开关的。动态开关 x86 某个功能单元的技术有多种，级别不同，有的是只能在工厂里完成的，有的是可以在客户手里完成的；有的是一次性的，有的是可以多次的；有的是开机一次性，有的是永久一次性。

默认关掉 DCI 的原因是什么呢？在我看来，可能有两个：一是防止黑客进攻无辜的系统；二是防止竞争对手抄袭 x86 的先进技术。

那么在产品期，是否可以开启 DCI 呢？因为英特尔也是希望有人用 DCI 的，主要有如下两类：

- 一类是 x86 平台上的硬件开发者，包括联想等 PC 厂商和众多的 ODM。他们可以用 DCI 来解决开发、生产和产品期的技术难题，遇到问题可以用 DCI 来自己解决。
- 另一类是能够丰富 x86 生态的软件开发者。今天，x86 平台最大的竞争优势就是软件生态，基于 x86 开发的应用软件遍布世界各地，难以完全统计，让 x86 位居流行架构的第一把交椅。离开了软件，芯片本身就是一个废物。很多做国产芯片的同行对这一点还认识不深。但英特尔把这个价值观已经反映在了它的公司文化和组织架构里。

为了让 x86 生态中的软件开发者可以使用 DCI，英特尔也支持过一些第三方供应商，比如德国的罗德巴赫是有 DCI 方案的，既有配套的硬件，也有配套的软件，但是价格都很贵。

为了能开通 DCI，必须修改 UEFI（BIOS）固件。因为 UEFI 一旦把 DCI 禁止，那么就必须重启才能再做修改，操作系统如果做修改，会触发硬件异常。

在 x86 的生态中，系统固件的代码不是完全开源的。真正用在实际产品中的固件代码通常来自“独立固件开发商”（Independent Firmware Vendor，IFV），如 AMI、Insyde 等。因此，为了能修改固件，我特意找了深圳的硬件合作伙伴，向他们批量采购一批基于 Skylake 的工控机，然后与他们的固件工程师一起修改固件代码，把原本简单关闭 DCI 的做法修改为可以通过界面配置。

经过很多个日夜的努力，在前不久，我终于成功开启了神秘的 DCI，成功时，很是兴奋，特意拍了张照片，作为记录。

“到达没有到达过的领地，看见原本无法看见的风景。”这是我们内心里一个永恒的梦想，也是推动社会发展和科技进步的一个原动力。DCI 是一个强大的技术，它可以帮助我们看见原本看不见的世界，但是我们也必须使用好的技术做好的事（Do the right thing in right way）。

初稿写于 2020-04-17，2024-12-21 略作修改于大理

第 40 章
一颗电阻的旅行

最近一直在开发 ARM 系统的 JTAG 调试器，这是一个不小的工程，有很多事要做。更准确的说，这个工作从去年 4 月份就开始了，当时是探索道路，做可行性验证，可谓是第一轮努力。春节前开始的是第三轮努力，在做产品化的工作，涉及要开发一个小的电路板，上面包含一个 ARM M 系列的微处理器，任务是实现 ARM 公司的 SWD 协议，访问目标系统。我们把这个小的嵌入式系统取名为 Nano Target Probe，简称 NTP，中文名为“挥码枪”，指挥 01010 这样的二进制数据流。

最近一两年一直有个芯片缺货的问题，几乎整个 IT 行业都受到影响。前些天和 INTEL 的老同事聊天，就连以生产芯片为主业的 INTEL 都受到影响，因为 INTEL 也需要其他公司的芯片。于是乎，本来十几元的 STM32 已经涨到从百元到几百元不等。但涨价也没有办法，该上的项目还是要上。长话短说，选定了一块开发板之后，我们开始为 M 核的“挥码枪”准备软件。ARM 的处理器分为 A、R、M 三大系列，A 系列最强大，可以运行 Linux 或者 Android 这样的操作系统；M 系列最弱，不支持虚拟内存，主频常常不到 100MHz，内存和外存一般也比较小。我们为挥码枪选择的 M 核，最大频率为 72MHz。

为 M 核开发的固件代码编译和刷到“挥码枪”后，下一步是要调试了，委托硬件公司设计的板子还没有回来，为了赶时间，我们先在开发板上搭一些电路。有些电路容易搭，只要用杜邦线连上就可以了，但是下面这个电路就不好做了（见图 40-1）。

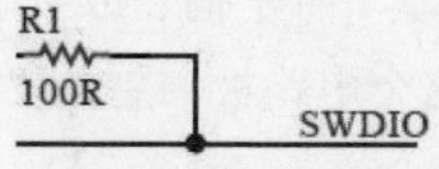

图 40-1　输入和输出信号合二为一

简单地说，这个电路是把一个输入和一个输出合并为一个既可以做输入又可以做输出的信号，也就是 SWD 的 3 个信号中的 SWDIO。

SWD 是 Serial Wire Debug 的缩写，意思是通过串行通信来实现调试。经典的 JTAG 接口有 TDI、TDO、TMS 等 9 个信号，SWD 把它缩小为 3 个，数据输入和输出合用一个信号，这是 ARM 公司的杰作。

我在英特尔工作了十几年，当时不太理解 ARM。创业后慢慢认识了 ARM。如果有人问我，英特尔平台和 ARM 平台最大的区别是什么？简单说，二者的哲学不同，定位不同。就拿调试接口这件事来说，标准的 JTAG 接口是 9 个信号，而英特尔的 ITP 接口是 25 个信号，后

来进一步扩展的 XDP 是 60 针的特制接头。

而 ARM 呢，觉得 JTAG 标准的 9 针信号已经太多，要做少，少到 3 根，一个必不可少的地（ground）、一个时钟，一个输入和输出。其实定义为 4 个就比工业标准节约了一半，而且 I/O 分开，但是 ARM 硬是把它定义为 3 个，一根线既做输入又做输出，或者说一会做输入，一会做输出，频繁地改变方向。

上面的一个小小电路，里面蕴含的东西挺多的。有人问，既然右边的 SoC 是拿这一个信号既做输入又做输出，那么左边的 M 核为什么要用两个信号呢？因为 M 核慢，SoC 的主频一般都是 1G 以上，而 M 核只有几十 M。对于上 G 主频的 A 核 SoC 来说，一个信号既做输入又做输出，频繁切换没有问题，它速度快。但对于 M 核来说，如果用一个信号既做输入，又作输出，频繁更换模式，那么就很慢。所以这个三叉形状的电路是精心设计的，也是 ARM 公司的杰作。

有人说，多几个信号，少几个信号重要吗？对于定位于高端市场的英特尔平台来说，确实不那么重要，而对于定位于低端市场的 ARM 平台来说这就是重要的，这便是两个公司和两大平台的差别。

为了节约成本，降低价格，ARM 平台可谓想尽了办法。每个地方都要找优化的机会，几十年下来，不断积累，不断优化。

但是节约成本也是有代价的，有时会导致一些不方便，比如上面这个三叉电路是把两个信号混合为一个。但为了把左侧芯片的两个信号直接相连导致短路，所以加了个电阻，即电路图中的 R1，阻值为 100 欧姆。

对于硬件工程师来说，这个电路太简单了，找个电阻搭一下就行了。但对于软件团队来说，这就不容易了，不能直接用杜邦线简单搞定了。

怎么办呢？正在为难的时候，我突然想起前几天在家里整理旧物时，看到一个小电路板（见图 40-2），是女儿上信息课时的小作品，几年前做的，电池的电已经用完，已经没什么用了。但当时我没有把这个小电路板扔掉，而是把它放到了背包里，第二天上班时带到了办公室。于是很快我就在办公室里找到了这个电路板。更重要的是，看看上面的元器件，刚好有一个 100 欧姆的电阻，也就是 R3。

图 40-2　整理旧物时发现的电路板

真巧，正缺少一个100欧姆的电阻时，刚好找到了一个100欧姆的电阻。而且这个电阻是老式的，个头比较大，适合手工焊接，不像新式的贴片电阻那么小。

接下来便是老程序员给年轻程序员展示硬件手艺的时候。找出电烙铁（见图40-3），加热，然后把焊点融化，把100欧姆的电阻从废旧电路板上取下来。

下一步是找一段铜线，然后焊接出前面讨论的三叉电路。前后用了不到5分钟，三叉电路就搞定了，如图40-4所示。

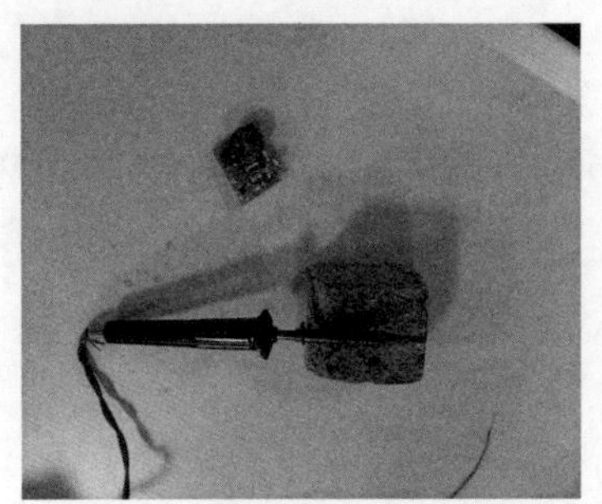

图40-3　程序员用的电烙铁

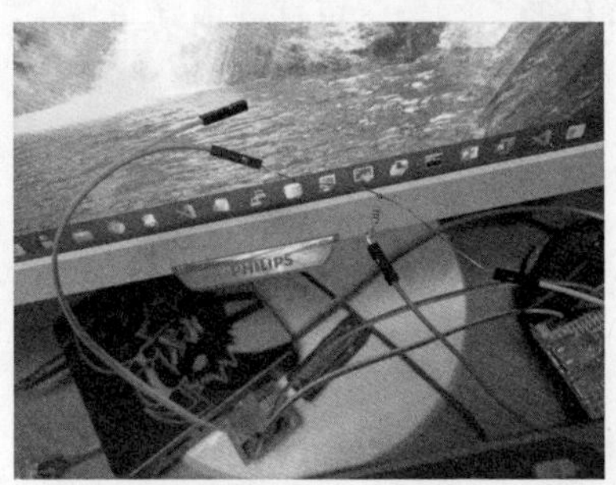

图40-4　三叉电路

实现了这个三叉电路后，本来停滞的测试任务又可以继续了，而且进展得很快，在春节前就打通了“主机-挥码枪-调试目标”三者间的通信，实现了中断和恢复运行。

春节前一边忙着这个“挥码枪”，一边忙着发布GDK8的武城版本，还是没有做彻底。一个较大问题是USB协议，挥码枪与上位机之间是USB接口，但是主机上识别USB设备不稳定，很多时候识别不出来。不稳定是不可以接受的，于是春节后一上班，我就调试挥码枪的USB识别逻辑。

努力了一周后，USB的问题解决了，一个主要原因是电源管理。前面说了ARM平台的一大特色，价格低，便宜，而且省电。

为了省电，很多电路都是可以动态开关的，包括USBD（USB的设备端）。春节前不稳定的原因是有时USBD被下电（Power off）或者挂起（Suspend）了，为了省电。有时碰巧能工作，是因为没有休眠前就让它开始工作了。找到了根源之后，可以稳定识别了，百发百中。

但是很快又发现另一个问题，那就是主机端发给挥码枪的命令，没有回复，仿佛石沉入大海。

在昨天将近下班的时候，终于找到了原因，不是挥码枪的问题，而是主机端的问题，主机端的代码也是新的，在枚举主机上的很多个USB设备时，搞错了，把另一个烧录器设备当成挥码枪了，所以NDB发出的所有命令都发给烧录器了，根本没有发给挥码枪。昨晚找到问题就赶紧收工下班了。今天是周六，我又到办公室加班，想把昨天找到的问题改掉。本以为很快就搞定的，但是改掉了之后又有新问题，主机端使用的libusb库无法打开挥码枪设备，报告No Entity Found。于是又是一番追踪，libusb的代码也是写得风格独特，有很多个超大函数，一个函数动辄几百行。但是也没有办法，别人免费开源出来的，已经很好了。

打不开的原因是 libusb 没有找到合适的后端。挥码枪是一个 USB 复合设备，一个硬件上有几个 USB 设备，但操作系统给它安装了 WinUSB 驱动，不是一般复合设备使用的 usbccgp.sys，这个变化就把 libusb 搞晕了。在匹配后端的操作函数时，libusb 没有给匹配上合适的 winusb 函数。

看着动辄几百行的大函数，我不太想修改它。于是先升级了一下 libusb，从 1.0.21 升级到 1.0.25，但是问题依旧。在夜幕降临的时候，我想出了一个解决方案，还是修改挥码枪上的固件，这样修改，烧录，再试，成功了。

初稿写于 2022-02-12，2024-12-21 修改于大理

第 41 章 ARM PTM、ETM和以物为师

今早，一位同行通过微信群发问："幽兰的 CPU 支持 ARM PTM 吗，就是那个类似于 intel pt 的功能。"

我当时正在忙，便做了一个简单回复："用的 RK3588，自己查一下？"对方回复行吧，再加上一个捂脸的表情。这个捂脸表情内涵丰富，多少带着点不满意。

简单地说，PTM 是一个很深层的特征，是芯片内部的一个小众功能，是大多数人没听过的功能。即使是专业的软件工程师或者硬件工程师，多半也是不知道的。再退一步，这个技术源自 ARM，但即使是问 ARM 的工程师，他们中的多数人也可能摇头。再再退一步，这个技术应该出自某几个 ARM 的架构师及工程师，即使是问他们，他们也可能会摇头，因为虽然他们亲自参加过这个技术的研发，但他们也未必清楚这个技术到底用在了哪一款笔记本，或者哪一款芯片上了。

1. ROM 表里的报告

那么这个问题应该问谁呢？最快的方法是问"硬件"自己。比如，使用挥码枪连接上幽兰后，开启 NDB 调试，输入 !dap info，便得到一份详细且精确的报告。

```
[ndb]!dap info
               AP ID register 0x24770002
               Type is MEM-AP APB2 or APB3
MEM-AP BASE 0x80000003
               Valid ROM table present
               Component base address 0x80000000
               Peripheral ID 0x0000080000
               Designer is 0x000, <invalid>
               Part is 0x000, Unrecognized
               Component class is 0x1, ROM table
               MEMTYPE system memory not present: dedicated debug bus
       ROMTABLE[0x0] = 0x01000003
               Component base address 0x81000000
               Peripheral ID 0x04007bb4e3
               Designer is 0x23b, ARM Ltd
               Part is 0x4e3, Unrecognized
               Component class is 0x9, CoreSight component
               Type is 0x00, Miscellaneous, other
```

```
            Dev Arch is 0x47700af7, ARM Ltd "CoreSight ROM architecture" rev.0
            Type is ROM table
【为节约篇幅，此处省略 355 行，挥码枪的 wiki 网页上有电子版本：https://www.nanocode.cn/wiki/docs/gedu_ntp_wiki/ntp_cmds】
        [L01] ROMTABLE[0x144] = 0x00000002
            Component not present
        [L01] ROMTABLE[0x148] = 0x00000000
        [L01]   End of ROM table
        ROMTABLE[0x4] = 0x00000000
            End of ROM table
```

上述报告来自 RK3588 芯片的 ROM 表。ROM 是只读内存（Read Only Memory）的意思。ROM 表是一种俗称，实质上就是指固化在芯片内部的技术参数。这些参数与芯片的设计绑定，一旦芯片测试完成，这些参数就固定了。换句话说，对于上面同行的问题，这个 ROM 表就是最好的老师，它比芯片设计者更权威。因为芯片设计是海量工程，某个设计者也未必清楚表里的所有细节。ROM 表里的信息比较长，包含多方面的信息。对于同行的问题，密切相关的有 4 个表项，它们的信息大致相同，摘录其中之一如下：

```
        [L01] ROMTABLE[0xa0] = 0x0003e003
            Component base address 0x8103e000
            Peripheral ID 0x04004bbd0b
            Designer is 0x23b, ARM Ltd
            Part is 0xd0b, Cortex-A76 Debug (Debug Unit)
            Component class is 0x9, CoreSight component
            Type is 0x13, Trace Source, Processor
            Dev Arch is 0x47724a13, ARM Ltd "Embedded Trace Macrocell (ETM)
architecture" rev.2
```

这个表项描述的是核景（CoreSight）技术的 ETM 部件，与同行问的 PTM 是“同门兄弟”。根据 ARM 的官方资料（见图 41-1），PTM 和 ETM 都是 ARM 的处理器追踪技术（Processor Trace）。不同的处理器可能有不同的选择：PTM 或者 ETM。

WHITE PAPER ARM

Trace Sources

CoreSight technology provides a standard infrastructure for the transmission and capture of trace data (presented as arbitrary streams of bytes). This allows for optimum sharing of common resources. Various trace sources are available:

Processor Trace Units

Processor debug is implemented by Embedded Trace Macrocells (ETM trace unit) or Program Trace Macrocells (PTM trace unit) depending on the target processor. Each ETM trace unit or PTM trace unit is specific to the processor it is designed for.
The feature set varies depending on the use cases anticipated for the different processors, but all CoreSight ETM and PTM trace units which use an AMBA Trace Bus (ATB) output can be combined in a system. Trace units might support the following:

- Processor execution trace in varying degrees of detail
- Resource logic, often useful as an extension to processor performance monitoring resources
- Filtering logic to reduce the amount of non-interesting data which is captured

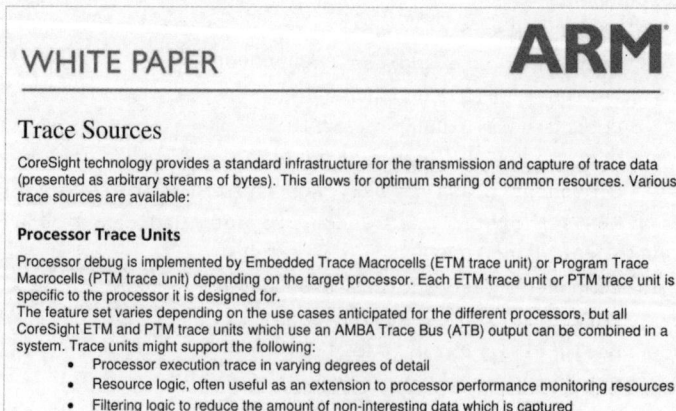

图 41-1　介绍 ETM 和 PTM 的 ARM 白皮书

在同一篇白皮书里，ARM 同行把 PTM 和 ETM 做了归纳，如图 41-2 所示。

WHITE PAPER

Processor Trace Architectures

The ETM and PTM trace units are trace sources that monitor ARM processors. Each ETM trace unit and PTM trace unit is associated with certain processor lines, and each ETM and PTM implementation conforms to certain ETM and PTM architectures. The architecture consists of a generic programmers model and a trace protocol.

ETMv1, ETMv2

The earliest ETM architectures, representing internal processor pipeline status in a cycle by cycle basis. No longer in common use.

ETMv3

Major revision to earlier protocols, implementing a byte-based packet protocol and the first ETM protocol to support CoreSight. Supports instruction by instruction execution and data transfer trace, depending on the processor.

PFTv1

Derived from ETMv3, providing only trace of branch execution and exceptions. Supported by Cortex-A9, Cortex-A12 and Cortex-A15

ETMv4

A major revision of the earlier protocols, supporting advanced processor architectures. Includes the instruction execution trace style of PFTv1, and optionally ETMv3 style data trace capabilities. Supported by Cortex-R7, Cortex-A53 and Cortex-A57.

图 41-2　ARM 白皮书中对追踪技术的归纳

但可惜的是，在上面这个归纳里，把 PTM 换了个名字，叫 PFTv1，其实 PFT 是 Program Flow Trace 的简称，是一种协议，PTM（Program Trace Macrocell）是这个协议的一种实现。在图 41-2 的 ETMv4 描述中，ARM 同行指出，ETM 包含了 PFTv1，意思是也实现了 PFT 协议，如此看来，ETMv4 是包含 PTM 功能的一个超集。概而言之，PTM 和 ETM 都是 ARM 的处理器追踪技术，它们的作用都是从微观意义的 CPU 那里获取执行状态信息（指令和数据），然后送给追踪端口或者追踪用的内存缓冲区（见图 41-3）。

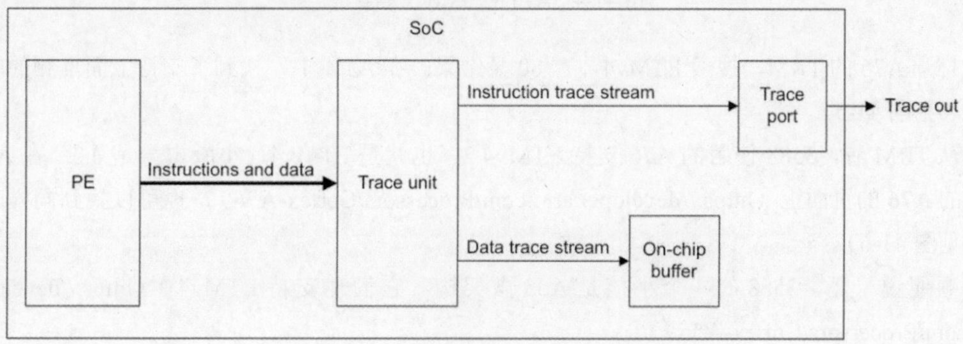

图 41-3　追踪单元的逻辑框图

那么 ETM 和 PTM 是什么关系呢？简单来说，ETM 技术比较新，PTM 技术比较老。以 CoreSight PTM-A9 Technical Reference Manual 为例，技术文档里记录的版本都是在 2008 年至 2011 年之间，如表 41-1 所示。

表 41-1 CoreSight PTM-A9 Technical Reference Manual 版本记录

Revision History		
Revision A	11 April 2008	First release for r0p0
Revision B	31 December 2008	First release for r1p0
Revision C	08 July 2011	Update for r1p0

接下来的问题是，RK3588 用的是哪种 ETM 呢？在图 41-2 中介绍 ETMv4 时，提到包含 ETMv4 的微架构有 Cortex-R7、Cortex-A53 和 Cortex-A57，没有提到 3588 使用的 A55 和 A76。但是上面这个文档是 2013 年发表的，当时还没有 A76。

还有个蹊跷的细节，在使用 !dap info 观察到的 ROM 表信息中，ETM 的版本号里包含 rev.2，没有写 ETMv4：

```
ARM Ltd "Embedded Trace Macrocell (ETM) architecture" rev.2
```

这该如何解释呢？我想，既然 2013 年的文档就已经提到 ETMv4 了，那么 2020 年设计的 3588 使用的就应该是 ETMv4，但这是推测，需要证据。对于 ARM 芯片的每一种微架构，ARM 一般都有一个 TRM 文档（见图 41-4）。

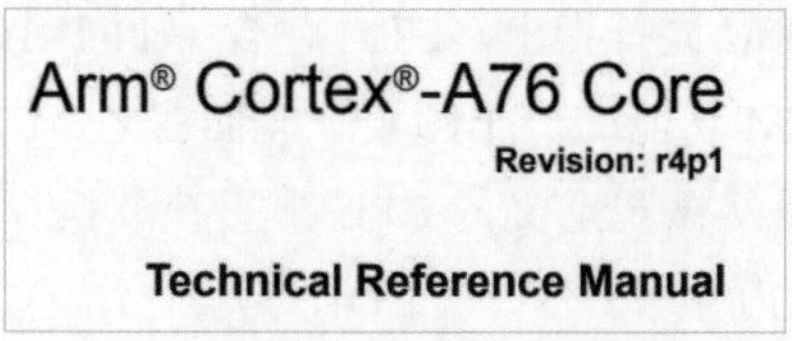

Arm® Cortex®-A76 Core

Revision: r4p1

Technical Reference Manual

图 41-4　A76 的 TRM 文档封面

打开 A76 的 TRM，搜索 ETMv4，有 80 条结果。在 A1.4 中，找到了支持上面推测的有力证据（见图 41-5）。

从 TRM 看，3588 使用的 A76 支持 ETMv4.2，也就是 ETMv4，小版本号是 0.2。在 ARM 官方的 A76 的页面上（https://developer.arm.com/Processors/Cortex-A76），也可以找到同样的信息（见图 41-6）。

顺便说一下，3588 的 4 个小核是 A55 微架构，它们也支持 ETMv4.2（https://developer.arm.com/Processors/Cortex-A55）。

A1.4 Supported standards and specifications

The Cortex-A76 core implements the Armv8-A architecture and some architecture extensions. It also supports interconnect, interrupt, timer, debug, and trace architectures.

Table A1-2 Compliance with standards and specifications

Architecture specification or standard	Version	Notes
Arm architecture	Armv8-A	• AArch32 Execution state at Exception level EL0 only. AArch64 Execution state at all Exception levels (EL0-EL3). • A64, A32, and T32 instruction sets.
Arm architecture extensions	• Armv8.1-A extensions • Armv8.2-A extensions • Cryptographic Extension • *Reliability, Availability, and Serviceability* (RAS) extension • Armv8.3-A extensions • Armv8.4-A dot product instructions • Armv8.5-A extensions	• The Cortex-A76 core implements the `LDAPR` instructions that are introduced in the Armv8.3-A extensions. • The Cortex-A76 core implements the `SDOT` and `UDOT` instructions that are introduced in the Armv8.4-A extensions. • The Cortex-A76 core implements the PSTATE *Speculative Store Bypass Safe* (SSBS) bit that is introduced in the Armv8.5-A extension.
Generic Interrupt Controller	GICv4	-
Generic Timer	Armv8-A	64-bit external system counter with timers within each core.
Performance Monitoring Unit	PMUv3	-
Debug	Armv8-A	With support for the debug features that are added by the Armv8.2-A extensions.
CoreSight	CoreSightv3	-
Embedded Trace Macrocell	ETMv4.2	Instruction trace only.

图 41-5　A76 TRM 中明确指出支持 ETMv4

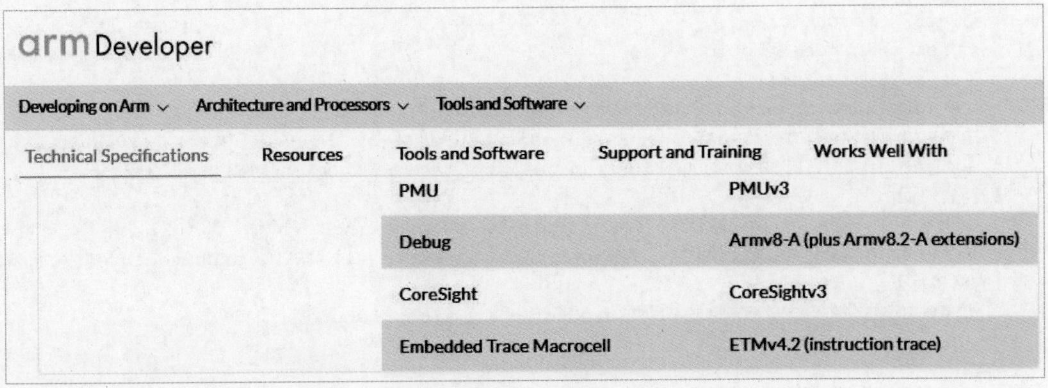

arm Developer

Developing on Arm ⌄　Architecture and Processors ⌄　Tools and Software ⌄

Technical Specifications　Resources　Tools and Software　Support and Training　Works Well With

PMU	PMUv3
Debug	Armv8-A (plus Armv8.2-A extensions)
CoreSight	CoreSightv3
Embedded Trace Macrocell	ETMv4.2 (instruction trace)

图 41-6　官网上关于 A76 支持 ETMv4 的信息

2. 结论和改进

看来，3588 的大小核都支持 ETMv4。

!dap info 打印的是小版本号，而且在描述中没有明确写 ETMv4。这应该算是调试器代码的一个不足。想到这里，我在调试器里运行 ndb，开始我常做的 DTD 工作：Debug The Debugger。先找到 !dap info 命令的实现（见图 41-7）。

```
        { 0x041, 0x1db, "XMC4500 ROM",                 "
        { 0x041, 0x1df, "XMC4700/4800 ROM",            "
        { 0x041, 0x1ed, "XMC1000 ROM",                 "
        { 0x065, 0x000, "SHARC+/Blackfin+",            "", },
        { 0x070, 0x440, "Qualcomm QDSS Component v1", "(Qualcomm Designed CoreSight Com
        { 0x0bf, 0x100, "Brahma-B53 Debug",            "(Debug Unit)", },
        { 0x0bf, 0x9d3, "Brahma-B53 PMU",              "(Performance Monitor Unit)", },
        { 0x0bf, 0x4a1, "Brahma-B53 ROM",              "(ROM Table)", },
        { 0x0bf, 0x721, "Brahma-B53 ROM",              "(ROM Table)", },
        { 0x1eb, 0x181, "Tegra 186 ROM",               "(ROM Table)", },
        { 0x1eb, 0x202, "Denver ETM",                  "(Denver Embedded Trace)", },
        { 0x1eb, 0x211, "Tegra 210 ROM",               "(ROM Table)", },
        { 0x1eb, 0x302, "Denver Debug",                "(Debug Unit)", },
        { 0x1eb, 0x402, "Denver PMU",                  "(Performance Monitor Unit)", },
};

static const struct dap_part_nums *pidr_to_part_num(unsigned int designer_id, unsign
{
        static const struct dap_part_nums unknown = {
                .type = "Unrecognized",
                .full = "",
        };

        for (unsigned int i = 0; i < ARRAY_SIZE(dap_part_nums); i++)
                if (dap_part_nums[i].designer_id == designer_id && dap_part_nums[i].part_num
                        return &dap_part_nums[i];

        return &unknown;
}

static int dap_devtype_display(struct command_invocation *cmd, uint32_t devtype)
{
        const char *major = "Reserved", *subtype = "Reserved";
```

图 41-7　把部件 ID 翻译为名字的代码

再找到描述 ETM 的字符串。

```
static const struct {
  uint32_t arch_id;
  const char *description;
} class0x9_devarch[] = {
  /* keep same unsorted order as in ARM IHI0029E */
  { ARCH_ID(ARM_ID, 0x0A00), "RAS architecture" },
  { ARCH_ID(ARM_ID, 0x1A01), "Instrumentation Trace Macrocell (ITM) architecture" },
【省略多行】
  { ARCH_ID(ARM_ID, 0x0A10), "PC sample-based profiling" },
  { ARCH_ID(ARM_ID, 0x4A13), "Embedded Trace Macrocell (ETM) architecture" },
【省略多行】
  { ARCH_ID(ARM_ID, 0x0AF7), "CoreSight ROM architecture" },
};
```

ARM 的核景技术博大精深，气势恢宏，杂而不乱，每个部件都有唯一 ID 来标识。对于 3588 的 ETM 部件，调试器读到的 ID 为：0x47724a13。在 A76 TRM 的描述中，有这个寄存器的格式描述，如图 41-8 所示。

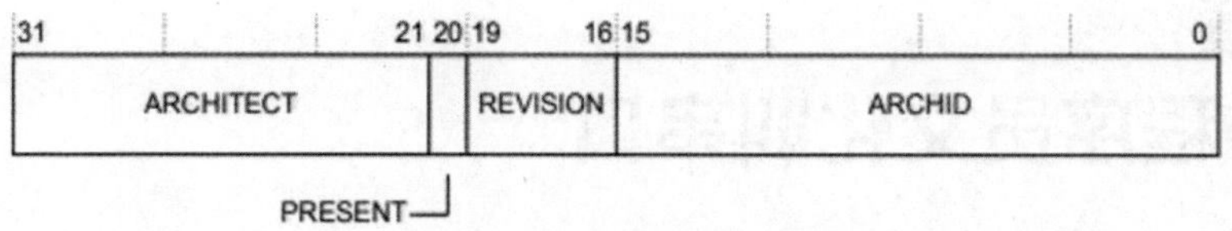

图 41-8　设备架构寄存器

根据图 41-8，0x47724a13 中的 2（bit16-19）是小版本号，也就是 rev.2 的出处。低 16 位的 0x4A13 刚好和 TRM 中的描述一致。更重要的是，在 TRM 中，对 0x4A13 的解释是 ETMv4 component。这说明 0x4A13 这个 ID 代表的就是 ETMv4。看来当前代码中的描述不够精确。于是，我调整代码，将 0x4A13 对应的描述从：

```
{ ARCH_ID(ARM_ID, 0x4A13), "Embedded Trace Macrocell (ETM) architecture" },
```

修改为：

```
{ ARCH_ID(ARM_ID, 0x4A13), "Embedded Trace Macrocell architecture version 4 (ETMv4)" },
```

行尾加了一条注释：// refined according to A76 TRM pg 542 。再次编译执行，!dap info 显示出了更加精确的结果。

在今天这个信息大爆炸的时代里，很多技术的复杂度都急剧膨胀，要把这些技术细节都放进人类大脑，那是不可能的。所以，ARM 这种把芯片参数记录在 ROM 表里的做法是非常科学的。有了 ROM 表机制后，当我们想要查找这个信息时，只要读一下这张表。前提是我们需要有这样一个硬件实物，这是我旅行时也总带着幽兰代码本的原因，我把这种方法称为“以物为师”。

初稿写于 2024-06-26，2024-12-21 略作修改于大理

第 42 章

有一种程序员文化叫串口

在个人计算机（PC）的黄金时代里，串口是 PC 的标配，梯形的白色金属外缘，包围着 9 根金黄色的插针（见图 42-1）。

图 42-1　串口

串口的英文名为 Serial Port，简称 COM。在 Windows 中，COM 这个关键字是保留给它用的，一个系统里可以有很多串口，从 1 开始编排，COM1、COM2……

当时串口主要有两大用途，一是连接鼠标这样的小带宽设备，二是做定制化的跨设备通信，比如两台计算机之间通过串口传递文件，内核调试，以及打印调试消息等。

很长一段时间内，鼠标都是以串口方式连接到 PC 的。当时的鼠标一般有个滚球，用久了，球上会粘一些灰尘之类的，影响滚动，这时便要把球拿出来，清理一下。早期的一些调制解调器（俗称“猫”，Modem）也是用串口的，用它上网。到了笔记本时代，讲究轻薄，接口越来越少，被认为不常用的串口便被“省略”了。

有一段时间，笔记本电脑有一种名为 PCMCIA 的接口，我在使用这种笔记本时，买了一个 PCMCIA 转串口的卡，有了这个卡后，笔记本上就有串口了。

PCMCIA 的接口比较大，占用的空间太大。于是在有 PCIe 后，便有了 Express Card 形式的串口卡（见图 42-2）。

图 42-2　Express Card 形式的串口卡

图 42-2 中的这个 Express Card 形式的串口卡是在旧物箱里找到的。看到它，如同见到老朋友，有一段时间里，我经常使用它做内核调试，调试 Windows NT 内核。

近些年来，随着笔记本电脑的轻薄之风盛行和价格不断降低，很少有笔记本保留 Express Card 接口了。如果要用串口，就要用 USB 转串口。但是与上面的方案相比，这种方法是有局限的，比如不支持内核调试。因为内核调试引擎没有通用的 USB 驱动，所以这样转出来的串口可以用在主机端，是不可以用在被调试的目标机那一端的。

今年上半年开发幽兰代码本时，有很多底层的开发任务需要串口帮忙，比如看固件和 uboot 的输出、看早期的内核消息等。还好，幽兰的主板上保留了一个串口插口，通过这个插口（见图 42-3），可以把宝贵的串口消息打印出来。

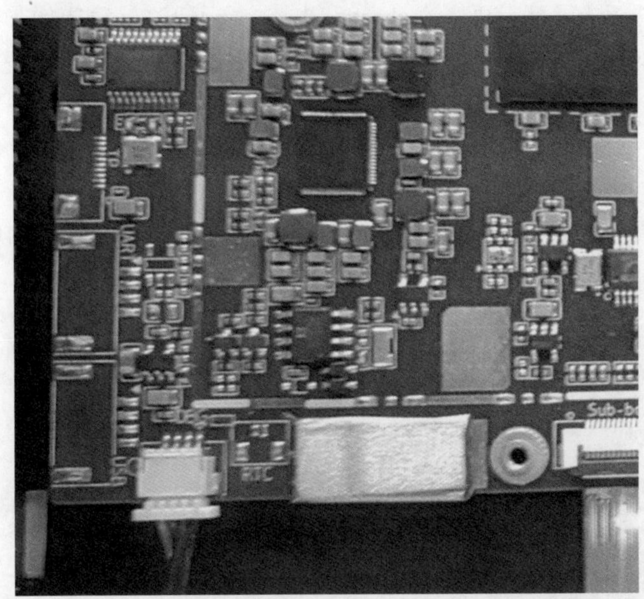

图 42-3　幽兰主板上的串口插头

在开发幽兰的过程中，这些宝贵的串口消息帮助我们解决了很多棘手的问题。幽兰发布后，很多兰友也想要用串口。看到这样的需求，我很能理解，但是内部的串口用起来不方便，需要打开后盖。

今年 5 月，我到深圳和幽兰的硬件工程师聊天，说到串口的问题，我询问是否可以把串口接到幽兰的 SD 口。因为幽兰有 SD 口，现在复用做内核调试。硬件工程师听了以后，说是有困难，因为 SD 口是在扩展板上的，内置串口是在大板上的，两个板之间通过一个软线（就是图 42-3 右下方的排线）连接，软线的信号已经都定义好了，改动起来比较困难。

讨论到这里，似乎陷入了僵局。这时不知谁提出，是不是现有的 SD 信号可以复用做串口呢？

为了节约管脚，今天的 SoC 普遍使用管脚复用方法，每个管脚都有很多种用途，通过寄存器配置其真正用法。听了这个思路后，硬件工程师立刻去查管脚定义，几分钟后回来了，而

且带回来的是好消息："现在 SD 信号里就有串口。"有了这个信息后，我便计划着在幽兰上通过 SD 口来导出串口。

7 月 15 日，我一大早坐高铁到合肥，创业之初，经常到合肥，但最近几年许久不去了。再去合肥，颇有点故地重游的味道。因此，上了高铁后，我的兴致很高。借着这个好兴致，我拿出幽兰代码本，打开 3588 的数据手册，寻找寄存器定义。

确认了寄存器定义后，我又联系一个做硬件的老朋友，他曾经帮我画过 SD 卡的接头，也就是挥码枪现在使用的 SD 接口小卡。我们一边聊天叙旧，一边讨论我的 SD 接口升级方案。他同时画电路板，并且在嘉立创上下单。我下高铁时，软件设计和硬件下单都完成了。

接下来周一一上班，我便安排一位同事做软件原型，修改刘姥姥驱动（参见第 45 章），配置寄存器，做原型开发，然后再修改 uboot 和内核。当天下午，同事就在 llaolao 驱动中试验串口成功，也就是使用 SD 口的 D0、D1 脚作为串口的首发信号，这样配置出的串口是 2 号串口，简称 UART2，与主板上接的一样。

7 月 27 日，我把好消息发布到兰舍群里："可以通过 SD 口输出串口信息了，不用开后盖就可以。"很多兰友点赞。

7 月 21 日，新的 SD 转接卡到达格蠹，非常小巧。我故意选择红色印刷电路板，醒目，好找。信号部分使用了沉金工艺，金光闪闪（见图 42-4）。

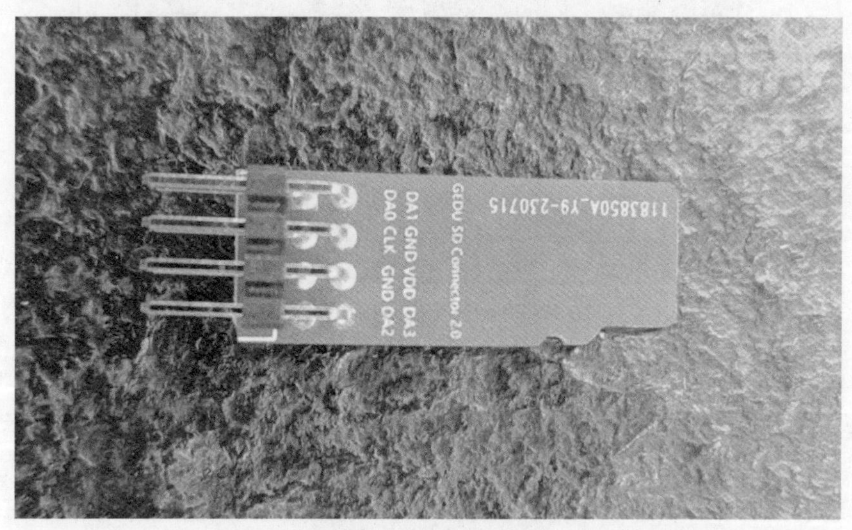

图 42-4　SD 转接头

昨天白天，我到办公室加班，拍摄介绍幽兰的小视频，准备晚上的"学活 Linux"讲座。准备好讲义后，我在办公室里做直播，直播结束后，我才离开办公室。夏日炎热，又因为是周末的晚上，园区里非常安静。

忙碌一天，昨晚到家后睡觉比较早。今早六点多时，我从甜美的梦乡醒来。打开手机，看到兰舍群里好多消息。其中的大多数消息都来自兰友博渊（见图 42-5）。

图 42-5　兰友群里的博渊夜战记录

我爬楼翻看博渊发的信息，意识到，昨晚他做了一次漫长的“串口之旅”，先是遇到连接问题，无法看到消息，后来取得成功。连接成功后，他不断收获惊喜，当我进入梦乡时，他还在奋战。

我翻看他发送的截图，又重复了一次他的串口之旅。经过博渊允许，下面分享一下他的精彩成果。

图 42-6 所示为博渊的工作台，左边是幽兰代码本，右侧插着 SD 转街头，转接头连着挥码枪和 USB 转串口。

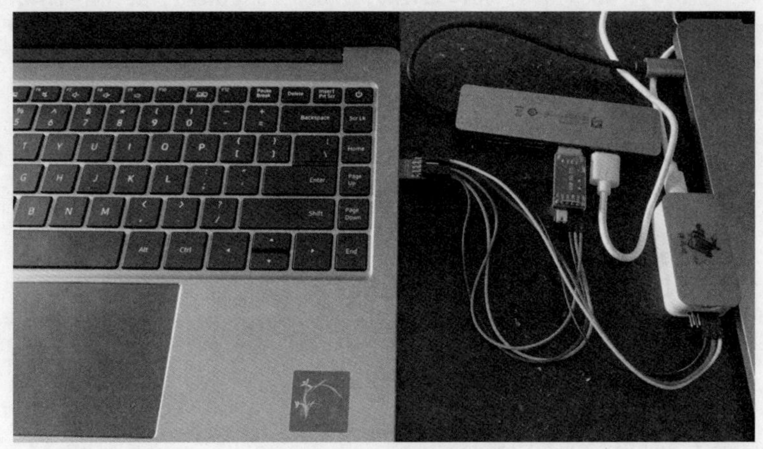

图 42-6　博渊的工作台

连好线，打开接收串口的终端软件，开机，第一行输出：“power key pressed（电源键被按了）”。在串口窗输入 x5（后来改为更方便的按【11】键），系统停在了 U-boot 的命令行（见图 42-7）。

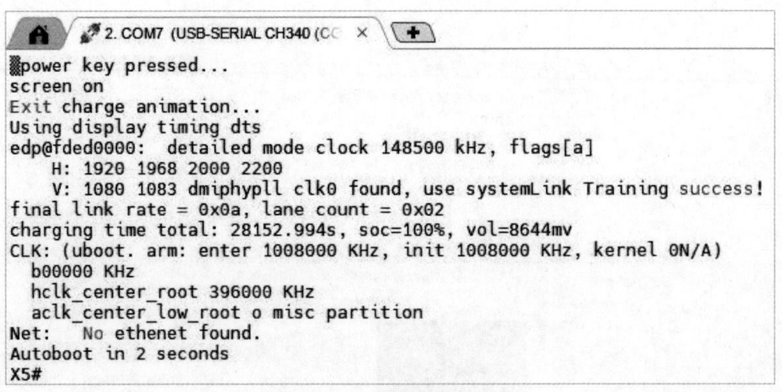

```
2. COM7 (USB-SERIAL CH340 (CC
power key pressed...
screen on
Exit charge animation...
Using display timing dts
edp@fded0000:  detailed mode clock 148500 kHz, flags[a]
    H: 1920 1968 2000 2200
    V: 1080 1083 dmiphypll clk0 found, use systemLink Training success!
final link rate = 0x0a, lane count = 0x02
charging time total: 28152.994s, soc=100%, vol=8644mv
CLK: (uboot. arm: enter 1008000 KHz, init 1008000 KHz, kernel 0N/A)
  b00000 KHz
  hclk_center_root 396000 KHz
  aclk_center_low_root o misc partition
Net:   No ethenet found.
Autoboot in 2 seconds
X5#
```

图 42-7　u-boot 命令行

博渊进入了神奇的 U-boot 命令行。u-boot 是一个轻量级的启动加载器（boot loader），没有 UEFI 那样的复杂界面和命令外壳，但是也有命令行。

因为 u-boot 只在开机早期工作，所以很多人只是知道 u-boot 存在，但是没有看到过 u-boot 的打印，更没进入过 u-boot 的命令行。

在 u-boot 命令行，博渊徜徉许久，尝试 u-boot 的各种命令，观察 i2c 总线（见图 42-8），中断列表（见图 42-9）。

```
X5# i2c bus
Bus 2:   i2c@feaa0000  (active 2)
   63: cw201x@63, offset len 1, flags 0
   6b: sc8886@6b, ofcharge
Enter U-Boot charging mode
Auto screen off
screens off
[    28624]: soc=100%, vol=8642mv, c=0ma, online=1, screen_on=0
[    28654]: soc=100%, vol=8642mv, c=0ma, online=1, screen_on=0
```

图 42-8　观察 i2c 总线

```
X5# dump_irqs
 IRQ    En    Handler       Driver        Name            Trig
--------------------------------------------------------------
 309    1     0xedd77528    IRQ            gpio0            0
 310    0     0xedd77528    IRQ            gpio1            0
 311    0     0xedd77528    IRQ            gpio2            0
 312    0     0xedd77528    IRQ            gpio3            0
 313    0     0xedd77528    IRQ            gpio4            0
 462    1     0xedd780f8    rk806-pmic     rk806master@0    0
 616    1     0xedd6f9ac    rk8xx_pwrkey   |-- pwrkey       0
```

图 42-9　中断列表

还有很独特的充电操作（见图 42-10）。

```
Enter U-Boot charging mode
Auto screen off
screens off
[    28624]: soc=100%, vol=8642mv, c=0ma, online=1, screen_on=0
[    28654]: soc=100%, vol=8642mv, c=0ma, online=1, screen_on=0
[    28684]: soc=100%, vol=8644mv, c=0ma, online=1, screen_on=0
[    28714]: soc=100%, vol=8640mv, c=0ma, online=1, screen_on=0
[    28744]: soc=100%, vol=8644mv, c=0ma, online=1, screen_on=0
power key pressed...
screen on
Exit charge animation...
Using display timing dts
edp@fded0000:  detailed mode clock 14820x1080p0, type: eDP1 for VP2
rockchip_vop2_init:No hdmiphypll Link Training success!
final link rate = 0x0a, lane count = 0x02
charging time total: 176.644s, soc=100%, vol=8644mv
X5# coninfo
List of available devices:
serial   00000003 IO stdin
nulldev  00000003 IO
vidconsole 000
```

图 42-10　观察电池充电情况

他结合源代码（见图 42-11），看上面的信息输出。

drivers > power > C charge_animation.c > check_key_press(udevice *)

```
static int check_key_press(struct udevice *dev)
{
    struct charge_animation_pdata *pdata = dev_get_platdata(dev);
    struct charge_animation_priv *priv = dev_get_priv(dev);
    u32 state, rtc_state = 0;

#ifdef CONFIG_DM_RTC
    if (priv->rtc)
        rtc_state = rtc_alarm_trigger(priv->rtc);
#endif
    if (rtc_state) {
        printf("rtc alarm trigger...\n");
        return KEY_PRESS_LONG_DOWN;
    }

    state = key_read(KEY_POWER);
    if (state < 0)
        printf("read power key failed: %d\n", state);
    else if (state == KEY_PRESS_DOWN)
        printf("power key pressed...\n");
    else if (state == KEY_PRESS_LONG_DOWN)
        printf("power key long pressed...\n");

    /* Fixup key state for following cases */
    if (pdata->auto_wakeup_interval) {
        if (pdata->auto_wakeup_screen_invert) {
            if (priv->auto_wakeup_key_state == KEY_PRESS_DOWN) {
                /* Value is updated in timer interrupt */
                priv->auto_wakeup_key_state = KEY_PRESS_NONE;
                state = KEY_PRESS_DOWN;
            }
        }
    }
    if (!pdata->auto_wakeup_screen_invert &&
        pdata->auto_off_screen_interval) {
        if (priv->auto_screen_off_timeout &&
            get_timer(priv->auto_screen_off_timeout) >
            pdata->auto_off_screen_interval * 1000) {    /* 1000ms */
            state = KEY_PRESS_DOWN;
            printf("Auto screen off\n");
        }
    }

    return state;
}
```

图 42-11　结合串口消息看源代码

这是我一直提倡的读活代码。在 u-boot 的命令行逛了十几分钟后，博渊发出 boot 命令，启动 Linux 内核。内核启动完成后，他还使用串口登录幽兰（见图 42-12）。

```
Ubuntu 23.04 ulan ttyFIQ0

ulan login: geduer
Password:
YOURLAND

Welcome to Ubuntu 23.04 (GNU/Linux 5.10.110-yanzi aarch64)

 * Documentation:  https://help.ubuntu.com
 * Management:     https://landscape.canonical.com
 * Support:        https://ubuntu.com/advantage

 * GeDu:           https://www.nanocode.cn/#/home
 * WiKi:           https://www.nanocode.cn/wiki/docs/youlan
 * Nano Code:      https://www.nanocode.cn/#/download
 * Support:        yinkui.zhang@nanocode.cn

0 updates can be applied immediately.

Last login: Sat Aug 12 22:03:52 CST 2023 from 192.168.16.105 on pts/1
geduer@ulan:~$ ls
Desktop    Downloads          Music     Public     Videos  symbols
Documents  HelloYourLand.py   Pictures  Templates  gelabs
geduer@ulan:~$ ll
total 96
drwxr-x--- 17 geduer geduer 4096 Aug 12 22:03 ./
drwxr-xr-x  3 geduer geduer 4096 Jun 14 15:26 ../
-rw-------  1 geduer geduer  100 Aug 12 22:03 .Xauthority
-r--r--r--  1 geduer geduer    9 Aug  2 16:39 .YourLandRootFsVersion
-rw-------  1 geduer geduer  803 Aug 12 22:53 .bash_history
-rw-r--r--  1 geduer geduer 3770 Jun 14 15:29 .bashrc
drwx------ 11 geduer geduer 4096 Aug 12 20:37 .cache/
drwxr-xr-x 12 geduer geduer 4096 Aug 12 19:08 .config/
drwx------  3 geduer geduer 4096 Aug 12 19:07 .dbus/
drwx------  4 geduer geduer 4096 Aug 12 19:07 .local/
drwx------  2 geduer geduer 4096 Aug 12 19:07 .presage/
-rw-r--r--  1 geduer geduer  807 Jan  7  2023 .profile
-rw-r--r--  1 geduer geduer    0 Aug 12 19:07 .sudo_as_admin_successful
-rw-rw-r--  1 geduer geduer  132 Aug  7 11:53 .xinputrc
drwxr-xr-x  2 geduer geduer 4096 Aug 12 19:07 Desktop/
drwxr-xr-x  2 geduer geduer 4096 Aug 12 19:07 Documents/
drwxr-xr-x  2 geduer geduer 4096 Aug 12 19:07 Downloads/
-rwxr-xr-x  1 geduer geduer  475 Jun 19 14:07 HelloYourLand.py*
drwxr-xr-x  2 geduer geduer 4096 Aug 12 19:07 Music/
drwxr-xr-x  2 geduer geduer 4096 Aug 12 19:07 Pictures/
drwxr-xr-x  2 geduer geduer 4096 Aug 12 19:07 Public/
drwxr-xr-x  2 geduer geduer 4096 Aug 12 19:07 Templates/
drwxr-xr-x  3 geduer geduer 4096 Aug  2 13:43 Videos/
drwxr-xr-x 18 geduer geduer 4096 Aug  2 13:46 gelabs/
drwxrwxr-x  2 geduer geduer 4096 Aug  2 15:54 symbols/
geduer@ulan:~$ pwd
/home/geduer
```

图 42-12　使用串口登录幽兰

用串口成功登录幽兰后，他在笔记中写下：来自 SD 口的串口登录。这句读起来有点拗口的话，让我凝视许久。串口登录是种说起来有点古老的登录方式，很多做过底层开发，特别是嵌入式开发的人可能都用过。

但是通过 SD 口的串口登录，博渊可能是第一人。为何这样说呢？首先，SD 口形式的串口非常少见。或许，格蠹的 SD 转接头是最早的一个。格蠹的小伙伴比博渊更早使用 SD 转接头，但是并没有使用串口登录功能。所以，如果格蠹的 SD 转接头是第一个这样的产品，那么博渊就是第一个使用这个转接头执行串口登录操作的。

在通信技术高度发达的今天，串口对于硬件工程师来说太简单了。但对于软件工程师来说，它仍然是硬件，需要接线，需要动手操作，有时还可能接错。记得我在开发 GDK3 时，和国内某芯片公司的支持工程师通话，请求他们的技术援助，那位工程师在电话那端说：“就个串口，还接不对么？”我当时洗耳恭听，觉得他说的话很对。对于软件工程师来说，也要勤于动手。

更为重要的是，通过串口，既可以定位难以定位的 bug，解决疑难问题，又可以像博渊那样阅读难得一见的固件信息，欣赏软件世界里的独特风景。

初稿写于 2023-08-13，2024-12-21 略作修改于大理

第 43 章 新串口通道打通纪实

第 42 章讲解过，在计算机系统中，串口是“古老”的通信方式。和它同时代的“并口”通信方式已经消失了。但它仍然顽强地存活着，主要原因是在开发和调试底层软件时还经常用到串口。正因为有这样的需求，幽兰代码本是支持串口的，而且有两种方式：第一种是主板上接头，需要打开后盖；第二种方式是通过 SD 卡接口，不需要打开后盖，非常方便，得到很多兰友的好评。

比幽兰更早的 GDK8 也支持串口，但是要打开后盖，不够方便。因此，这几天在准备 GDK8 的新版本镜像时，我根据 GDK8 用户的意见提出一个需求，把幽兰的 SD 串口做法应用到 GDK8 上。

格蠹的小伙伴丹尼接到这个需求，这两天在着手实现。丹尼是格蠹的老程序员了，拥有比较丰富的底层开发经验。为了方便写代码和试验，他轻车熟路地选择用“刘姥姥”驱动（参见第 45 章）做原型。

GDK8 使用的是 RK3328 SoC。与幽兰使用的 RK3588 SoC 相似，3328 的串口信号也是与 SD 卡信号复用的，而且复用的都是 2 号串口，即 UART2。不同的是，3328 的 UART2 有两种连接模式，分别称为 UART2m0 和 UART2m1。图 43-1 所示的这张表来自 RK3328 TRM 的第 17 章接口描述一节。

UART2m0 Interface			
uart2m0_sin	I	IO_SDMMC0d1_UART2DBGrxm0_GPIO1A1vccio3	GRF_GPIO1A_IOMUX[3:2]=2'b10
uart2m0_sout	O	IO_SDMMC0d0_UART2DBGtxm0_GPIO1A0vccio3	GRF_GPIO1A_IOMUX[1:0]=2'b10
UART2m1 Interface			
uart2m1_sin	I	IO_UART2DBGrxm1_POWERstate1_GPIO2A1vccio5	GRF_GPIO2A_IOMUX[3:2]=2'b01
uart2m1_sout	O	IO_UART2DBGtxm1_POWERstate0_GPIO2A0vccio5	GRF_GPIO2A_IOMUX[1:0]=2'b01

The I/O interface of UART2 can be chosen by setting GRF_CON_IOMUX[0]bit, if this bit is set to 1, UART2 uses the UART2m1 I/O interface.

图 43-1 RK3328 TRM 中的管脚复用说明

对于图 43-1 中的 m 缩写，手册中没有给出任何解释，让软件工程师很困惑。

虽然 m 的含义不是很明确，但因为 m0 接口是与 SD 信号复用的，所以应该按 m0 方式来设置寄存器。丹尼这样修改刘姥姥驱动，把改寄存器的想法转化为代码。

临近午饭时，丹尼报告第一个坏消息：寄存器不能写。考虑到这个任务有难度和重要性，我走过去和他一起看寄存器的描述（见图 43-2）。

GRF_COM_IOMUX
Address: Operational Base + offset (0x0050)
GRF common iomux control

Copyright ©2017 FuZhou Rockchip Electronics Co., Ltd.

RK3328 TRM-Part1

Bit	Attr	Reset Value	Description
31:16	WO	0x0000	write_enable Bit0~15 write enable "When bit16=1, bit0 can be written by software. When bit16=0, bit 0 cannot be written by software; When bit 17=1, bit 1 can be written by software. When bit 17=0, bit 1 cannot be written by software; …… When bit 31=1, bit 15 can be written by software. When bit 31=0, bit 15 cannot be written by software;
15:13	RO	0x0	reserved

图 43-2　寄存器定义

首先，RK（瑞芯微）的文档中有时也有明显的错误，比如图 43-2 中的 GRF_COM_MUX 应该是 GRF_CON_MUX，CON 是 Control 的缩写，MUX 是复用的缩写。RK 的很多寄存器都是一个套路：高 16 位是掩码，低 16 位负责具体功能，高位为 1 时，低位的值才有效。但这个规则在图 43-2 中解释得很啰嗦。丹尼可能是被解释中的“when bit16=0, bit 0 cannot be written by software”迷惑了，也可能是被冗长的文档搞晕了。

午饭后，我看丹尼的代码，发现一个明显的问题。我们要选择 m0 模式，按照图 43-1 中表格下面的描述，需要把 GRF_CON_MUX[0] 写为 0。写寄存器时应该写 0x10000。但可能是被文档中的真真假假搞晕，丹尼的代码里把本来想写的 0x30000 写成了 30000，十六进制变成十进制了，如图 43-3 所示。

```
2. yl6    3. yl3    4. yl3

int ge_arm_switch_jtag(int turn_on)
{
    uint32_t value;
    void* base = ioremap_nocache(GDK8_SYSCON_GRF_BASE, GDK8_SYSCON_GRF_SIZE);
    if (base == NULL) {
        printk(KERN_ERR "failed to map GRF memory at %x\n", GDK8_SYSCON_GRF_BASE);
        return -1;
    }

    value = readl(base + 0x50);
    printk("current value of grf_con_iomux = %x\n", value);
    //value |= GRF_HIWORD_UPDATE(0, 1, 0);
    //value |= GRF_HIWORD_UPDATE(0, 1, 1);
    value = 30000;
    printk("value is set to = %x\n", value);
    writel(value, base + 0x50);
    value = readl(base + 0x50);
    printk("current value of grf_com_iomux = %x\n", value);

    value = readl(base + RK3328_GRF_SOC_CON4);
    printk("current value of SOC_CON4 = %x\n", value);
    value = GRF_HIWORD_UPDATE((turn_on == 0 ? 0 : 1), 1, 12);
    printk("value is set to = %x\n", value);
    writel(value, base + RK3328_GRF_SOC_CON4);
    value = readl(base + RK3328_GRF_SOC_CON4);
    printk("current value of SOC_CON4 = %x\n", value);
    //
```

图 43-3　设计寄存器的代码

纠正了这个 bug 后，寄存器写成功了。GRF_CON_IOMUX[0] 位成功被设置为 0。

```
current value of grf_con_iomux = 1
value is set to =30000
current value of grf_com_iomux = 0
current value of SOC_CON4= 10aa
value is set to = 10001000
current value of SOC_CON4= 10aa
current value of GPIO1A_IOMUX=15aa
value is set to = ff00aa
current value of GPIO1A IOMUX=15aa
current value of CLKGATE_CON7 = 0
value is set to =40000
current value of CLKGATE_CON7=0
```

这个比特位的设置之前为 1，说明是工作在 m1 模式。但寄存器写成功的喜悦还没持续几分钟，丹尼报告了第二个坏消息：接了 SD 串口转接头后，主机端还是收不到串口数据。我说是不是 GDK8 里写的设备文件名不对，丹尼说他写了一个脚本，把 dev 下的所有串口设备都试过了（见图 43-4）。

```
tty3 print: hello gdk8\n      tty5 print: hello gdk8\n
tty30 print: hello gdk8\n     tty50 print: hello gdk8\n
tty31 print: hello gdk8\n     tty51 print: hello gdk8\n
tty32 print: hello gdk8\n     tty52 print: hello gdk8\n
tty33 print: hello gdk8\n     tty53 print: hello gdk8\n
tty34 print: hello gdk8\n     tty54 print: hello gdk8\n
tty35 print: hello gdk8\n     tty55 print: hello gdk8\n
tty36 print: hello gdk8\n     tty56 print: hello gdk8\n
tty37 print: hello gdk8\n     tty57 print: hello gdk8\n
tty38 print: hello gdk8\n     tty58 print: hello gdk8\n
tty39 print: hello gdk8\n     tty59 print: hello gdk8\n
tty4 print: hello gdk8\n      tty6 print: hello gdk8\n
tty40 print: hello gdk8\n     tty60 print: hello gdk8\n
tty41 print: hello gdk8\n     tty61 print: hello gdk8\n
tty42 print: hello gdk8\n     tty62 print: hello gdk8\n
tty43 print: hello gdk8\n     tty63 print: hello gdk8\n
tty44 print: hello gdk8\n     tty7 print: hello gdk8\n
tty45 print: hello gdk8\n     tty8 print: hello gdk8\n
tty46 print: hello gdk8\n     tty9 print: hello gdk8\n
tty47 print: hello gdk8\n     ttyFIQ0 print: hello gdk8\n
tty48 print: hello gdk8\n     ttyS0 print: hello gdk8\n
tty49 print: hello gdk8\n     ^C
```

图 43-4　在 GDK8 中写串口设备文件

对于通信问题来说，收不到数据是最让人头疼的。刚好今天早上，我顺手把调试 Wi-Fi 驱动的几张截图发到了 WOA 技术群，引来多位同行发表感想，普遍觉得涉及通信的问题有很多坑。看到丹尼前进受挫，我决定放下手头的其他事情，进来助力。

一方面，先汇总手头的各种信息，做些归纳和总结，夯牢基础。查看 RK3328 硬件设计手册，3328 的最初开发板 EVB 也是使用 UART2m1 方式来做调试口。根据硬件工程师的回复，GDK8 是沿用了 EVB 的设计。GDK8 主板背面的 TX、RX、GND 三个信号便是 UART2m1 实物（见图 43-5）。

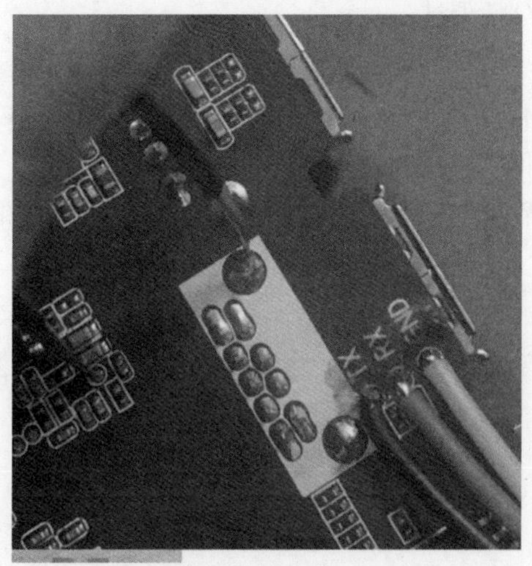

图 43-5　GDK8 主板上的串口飞线

其实，这个设计也延续到幽兰使用的 RK3588 上，也是使用 UART2 作为默认的调试口。

另一方面，我联系做硬件的 Intel 老同事，请他帮忙解释 SPEC 中 m 缩写的含义。术业有专攻，硬件工程师果然不一样，明确给出了 m 缩写的含义，就是 mode 之意。清楚了 m 缩写的含义后，我彻底明白了文档的意思，脑海中浮现出一张比较清晰的硬件路线图。

有了这个路线图之后，我更加坚定了信念，认为这个方向是可以走通的。为了避免单一试验的局限性，我决定增大投入，安排小伙伴杰里也投入战斗，搭建环境，编译新代码。

但还没有等到杰里把新环境搭建好，丹尼发出好消息：

```
ttyFIQ0 print: hello GDK8!
```

上面这条信息是从 GDK8 上通过 SD 转接头发送到主机端的，也就是说，是以新规划的 m0 路线传递的。这条消息代表新的串口通道打通了。

我询问丹尼哪里做了改动，原来只是改了波特率。因为以前使用 m1 方式调试时，dts 里配置的波特率是 115200，所以下午试验时误以为还是这个值，但其实根据 UART_DLL 和 UART_DLH 寄存器的值计算，应该是 1.5M。

```
dlh=1，uart_clk_sel=2'b10-24mhz，波特率 =24m/(1*16)=1.5
```

经过一天的努力，期待许久的串口新通道终于打通了。回顾整个过程，其实主要的改动就是配置寄存器。

一件事情做成功了之后，再回头看就觉得没那么复杂，但是在没有做成之前，则充满了困惑。对于这个问题，有很多可能失败和放弃。虽然失败也是一种选项，可它是无法和成功相比的。

GDK8 是 2021 年发布的，在硬件高速发展的今天，有些人可能觉得它有些老了，但其实，对于很多用户来说，GDK8 具有很多不可多得的优点，比如：

- 非常稳定地支持 JTAG 调试。
- 超低功耗，开机半个月才用不到一度电，所以有些用户从不关机。
- 积累了大量文档、代码及开发经验，比如今天这样的踩坑实践。
- 小巧玲珑，节约空间。

今天，它又多了一个优点，可以非常方便地通过 SD 插槽连接串口。手里有 GDK8 的小伙伴可以亲自体验一下！

初稿写于 2024-05-14，2024-12-21 略作修改于大理

第 44 章 美哉，符号服务器

调试符号是沟通二进制世界和上层语义的桥梁。调试时，如果没有调试符号，那么就好像在大海里航行时没有任何灯塔，只能在二进制的世界里艰难行进……相反，如果有合适的调试符号，那么效率便大大提升。

对于自己编译的模块，调试符号的问题一般都好解决。难的是系统模块，比如操作系统的模块或者第三方模块。这时就要想办法下载别人构建时产生的符号文件，一般称为分离的符号文件（separate symbol file）。

要下载分离的符号文件，曾经有几种做法，比如：

- 手动下载符号文件压缩包，这种做法的一个明显缺点是可能版本不匹配。
- 使用安装命令从仓库下载，Ubuntu 支持这种做法，步骤比较麻烦，要安装密钥之类的东西，不够灵活，有时找不到想要的符号。

概而言之，上述方法都不够好。最好的方法是什么呢？简单说是微软曾用的方法，也就是 REST（HTTP）形式的符号服务器，以 URL 方式根据 Build ID 和文件名下载，客户端可以根据需要自由下载想要的文件。走了一些弯路后，在 Linux 上终于也选择了这种方法，取了个名字叫 DebugInfod。名字不是很好，但是实现出来的效果还是很不错的。

比如在幽兰代码本上，已经默认启用了 DebugInfod 支持，每次调试时，GDB 会询问是否启用这个功能，只要输入 y，GDB 就会根据需要下载了。

```
This GDB supports auto-downloading debuginfo from the following URLs:
  <https://debuginfod.ubuntu.com>
Enable debuginfod for this session? (y or [n])
```

符号服务器不仅支持符号文件，也支持下载可执行文件和源代码文件。支持可执行文件是为了分析 core 转储。

比如，图 44-1 是在幽兰上使用 GDB 调试 top 命令时，自动下载符号和源代码后的场景。源代码部分是故意滚动到选项表部分的，这是 top 中写得很漂亮的一段代码。第一次看到这个代码时，我深受感动，特别考证了一下作者的经历，可以感受到他是一个非常有趣的同行。

有了符号服务器的支持后，Linux 下的产品期调试体验大大提升，我早就想分享一下这个体验，但一直没有下笔。今天刚好一个老朋友又问起这个问题，于是赶紧动手。同事都下班了，我仍在奋笔疾书。

从 Linux 下解决调试符号文件问题的过程来看，也证明了事物发展的一个基本规律：不方便的和不合理的终将被更方便的和更合理的所代替。

```
(gdb)
7609            { "scale-task-mem",    required_argument, NULL, 'e' },
7610            { "threads-show",      no_argument,       NULL, 'H' },
7611            { "help",              no_argument,       NULL, 'h' },
7612            { "idle-toggle",       no_argument,       NULL, 'i' },
7613            { "iterations",        required_argument, NULL, 'n' },
7614            { "list-fields",       no_argument,       NULL, 'O' },
7615            { "sort-override",     required_argument, NULL, 'o' },
7616            { "pid",               required_argument, NULL, 'p' },
7617            { "accum-time-toggle", no_argument,       NULL, 'S' },
7618            { "secure-mode",       no_argument,       NULL, 's' },
(gdb)
7619            { "filter-any-user",   required_argument, NULL, 'U' },
7620            { "filter-only-euser", required_argument, NULL, 'u' },
7621            { "version",           no_argument,       NULL, 'V' },
7622            { "width",             optional_argument, NULL, 'w' },
7623            { "single-cpu-toggle", no_argument,       NULL, '1' },
7624            { NULL, 0, NULL, 0 }
7625        };
7626        float tmp_delay = FLT_MAX;
7627        int ch;
7628
(gdb) bt
#0  pselect64_syscall (sigmask=0x555558ce10 <Sigwinch_set>, timeout=<optimized out>, exceptfds=0x0, writefds=0x0,
    readfds=0x7fffffed80, nfds=1) at ../sysdeps/unix/sysv/linux/pselect.c:34
#1  __pselect (nfds=nfds@entry=1, readfds=readfds@entry=0x7fffffed80, writefds=writefds@entry=0x0,
    exceptfds=exceptfds@entry=0x0, timeout=<optimized out>, timeout@entry=0x7fffffed70,
    sigmask=sigmask@entry=0x555558ce10 <Sigwinch_set>) at ../sysdeps/unix/sysv/linux/pselect.c:56
#2  0x00000055555546c8 in ioa (ts=<optimized out>) at src/top/top.c:1110
#3  main (argc=<optimized out>, argv=<optimized out>) at src/top/top.c:7370
```

图 44-1　通过符号服务器自动下载 top 程序的源代码

使用旧的方式下载调试符号和调试 ls

为了减小发布版本的大小，Ubuntu 的系统模块都是剥离了符号的，比如使用 readelf --debug-dump /bin/ls 命令观察，它没有任何 DWARF 格式的符号。

```
gebox@gebox-VirtualBox:~$ readelf --debug-dump /bin/ls
Contents of the .gnu_debuglink section:
  Separate debug info file: 15ad836be3339dec0e2e6a3c637e08e48aacbd.debug
  CRC value: 0x371907fb
```

上面的 build-id 是用来定位与剥离出去的符号文件匹配使用的。因此，要想调试 ls 这样的系统程序，常用的方法就是从 Ubuntu 的符号服务器来安装符号。以下是针对 Ubuntu 20.04 的典型操作步骤。

（1）增加符号仓库的位置信息，建议使用如下命令自动产生一个新的配置文件：

```
    echo "deb http://ddebs.ubuntu.com $(lsb_release -cs) main restricted universe
multiverse
    deb http://ddebs.ubuntu.com $(lsb_release -cs)-updates main restricted universe
multiverse
    deb http://ddebs.ubuntu.com $(lsb_release -cs)-proposed main restricted universe
multiverse" |
    sudo tee -a /etc/apt/sources.list.d/ddebs.list
```

（2）执行如下命令安装 PGP 公钥，这一步是必要的，没有这一步，下一步会失败。

```
sudo apt install ubuntu-dbgsym-keyring
```

（3）更新仓库信息。

```
sudo apt update
```

成功完成以上三步操作后，就可以安装符号文件了，比如要安装包含 ls 的符号 coreutils 包，那么只要执行：

```
sudo apt install coreutils-dbgsym
```

安装好的符号在 /usr/lib/debug/.build-id/ 目录下。执行 GDB ls 命令尝试调试，GDB 会显示如下加载符号的信息：

```
Reading symbols from ls...
Reading symbols from /usr/lib/debug/.build-id/2f/15ad836be3339dec0e2e6a3c637e08e4
8aacbd.debug...
```

第二行显示的 /usr/lib/debug/.build-id/2f/15ad836be3339dec0e2e6a3c637e08e48aacbd.debug 便是 ls 的符号文件，现在再执行 readelf --debug-dump /usr/lib/debug/.build-id/2f/15ad836be3339dec0e2e6a3c637e08e48aacbd.debug 命令，会看到里面的 DWARF 符号。

此时就可以使用函数名设置断点了。比如：

```
(gdb) b readdir
Breakpoint 2 at 0x7ffff7e7c470: file ../sysdeps/posix/readdir.c, line 39.
```

如果还希望安装源代码，实现源代码调试，那么需要再做如下三步操作：

（1）修改 sources.list，将原本注释掉的 deb-src 放出来，也就是将 # deb-src 替换为 deb-src. 可以使用 sudo gedit /etc/apt/sources/list 命令。

（2）更新仓库信息。

```
sudo apt update
```

（3）安装源代码，比如：

```
apt source coreutils
```

安装好源代码后，就可以使用 dir 命令来指定源代码了，比如：

```
(GDB) dir coreutils-8.30/src/
Source directories searched: /home/gebox/coreutils-8.30/src:$cdir:$cwd
```

再执行 l 命令便可以列源代码了（见图 44-2）。

可以看到源代码签名中有大名鼎鼎的理查德 • 斯托曼。

以上步骤与几年前写的步骤只是略有变化，今日在给一家老客户上 Linux 调试课程时，有学员问起 Ubuntu 20.04 上的具体步骤，于是整理了一下，顺便分享给格友们。过程很简单，大家不妨有空时体验一下，顺便品味一下斯托曼先生所写的代码。

```
10          but WITHOUT ANY WARRANTY; without even the implied warranty of
(gdb)
11          MERCHANTABILITY or FITNESS FOR A PARTICULAR PURPOSE.  See the
12          GNU General Public License for more details.
13
14          You should have received a copy of the GNU General Public License
15          along with this program.  If not, see <https://www.gnu.org/licenses/>.  */
16
17       /* If ls_mode is LS_MULTI_COL,
18          the multi-column format is the default regardless
19          of the type of output device.
20          This is for the 'dir' program.
(gdb)
21
22          If ls_mode is LS_LONG_FORMAT,
23          the long format is the default regardless of the
24          type of output device.
25          This is for the 'vdir' program.
26
27          If ls_mode is LS_LS,
28          the output format depends on whether the output
29          device is a terminal.
30          This is for the 'ls' program.  */
(gdb)
31
32       /* Written by Richard Stallman and David MacKenzie.  */
33
34       /* Color support by Peter Anvin <Peter.Anvin@linux.org> and Dennis
35          Flaherty <dennisf@denix.elk.miles.com> based on original patches by
36          Greg Lee <lee@uhunix.uhcc.hawaii.edu>.  */
37
38       #include <config.h>
39       #include <sys/types.h>
```

图 44-2　使用旧的方式以源代码方式调试 ls

初稿写于 2023-09-27，2024-12-21 略作修改于大理

第 45 章 有一个驱动叫刘姥姥

刘姥姥是曹雪芹在《红楼梦》中塑造的一个著名角色。在《红楼梦》的众多角色中，刘姥姥是个配角，是一个乡下老太太。虽不是主要人物，曹公却不吝笔墨，大书特书，多次出场，尤其是两进荣国府，写得栩栩如生。而其中最精彩的、妇孺皆知的，莫过于刘姥姥进大观园。在端庄文雅的小姐和贵夫人当中，她讲话粗俗，却幽默实在，成为大家的"开心果"。

因为来自劳苦大众，言谈举止都"很接地气"，所以即使那些没认真读过《红楼梦》的人，也都知道刘姥姥这个角色。

2016 年夏季，在准备 Linux 内核课程的时候，我想设计一个小例子，让学习者可以很快上手开发一个内核模块，再通过内核模块来认识 Linux 内核世界。顺着这个思路，设计的课程大纲中，第一讲是"从 Linus 说起"，第二讲便是"初始内核模块"（见图 45-1）。

图 45-1 "Linux 内核开发与调试"课程的大纲

在设计第二讲"初始内核模块"的讲义时，我打算写一个小的内核模块，在给这个内核模块取名字时，刚开始想把这个驱动称为 helloworld，后来又想到 hikernel，但都还不够生动。苦想之际，"刘姥姥" 3 个字跃入脑海，让我感觉眼前一亮。于是便有了"刘姥姥"驱动（llaolao）的第一个版本，如图 45-2 所示。

```
main.c  Makefile
/*
 Example of a minimal character device driver
*/
#include <linux/module.h>

static int __init llaolao_init(void)
{
    int n = 0x1937;
    printk(KERN_INFO "Hi, I am llaolao at address 0x%p stack 0x%p.\n",
        llaolao_init, &n);

    return 0;
}

static void __exit llaolao_exit(void)
{
    printk("Exiting from 0x%p... Bye, GEDU friends\n", llaolao_exit);
}

module_init(llaolao_init);
module_exit(llaolao_exit);

MODULE_AUTHOR("GEDU lab");
MODULE_DESCRIPTION("LKM example - llaolao");
MODULE_LICENSE("GPL");
```

图 45-2　最初版本的“刘姥姥”驱动

从此，这个驱动便走入了我的软件世界。每次讲 Linux 时，一般都会讲到这个驱动，提到刘姥姥，每次准备新的实验环境时，都会记得把这个驱动复制过去。

另外，在我学习和探索 Linux 内核的某个功能时，我总喜欢写点代码试试，于是便在“刘姥姥”驱动中增加功能。

“刘姥姥”驱动有一个命令机制，用户可以通过 /proc/llaolao 这个虚文件接受用户输入的命令。比如输入 hot 命令，就可以显示系统的温度（见图 45-3）。

```
[  499.248016] NGB module head is updated 000000008e1192a7 on self 00000000905a0786 val 0, data 000000000e4c3e6c
[  538.931816] proc_lll_write called legnth 0x4, 00000000de9e808e
[  538.931870] auto status of channel 0 is 0xc
[  538.931880] tsadc_temp[0] = 34000 0x126
[  538.931898] auto status of channel 1 is 0xc
[  538.931907] tsadc_temp[1] = 33000 0x125
```

图 45-3　通过“刘姥姥”驱动显示 CPU 的温度

图 45-3 中的 34000 和 33000 分别代表 34 摄氏度和 33 摄氏度。

日积月累，今天，“刘姥姥”驱动已经支持很多个命令，下面是格蠹小伙伴总结的列表。

（1）触发除 0 操作。

```
echo div0 | sudo tee -a /proc/llaolao
```

输入 dmesg 可以看到进行了除 0 操作（见图 45-4）。

```
[  812.980328] proc_lll_write called legnth 0x5, 000000002a01be2a
[  812.980885] going to divide 0/0
```

图 45-4　进行了除 0 操作

（2）测试空指针。

```
echo nullp | sudo tee -a /proc/llaolao
```

输入 dmesg 可以看到进行了 nullp 操作，并且触发了著名的内核 Oops。

（3）在定时器函数里触发空指针。

```
echo timer0 | sudo tee -a /proc/llaolao
```

（4）观察 PERCPU 变量。

```
echo percpu | sudo tee -a /proc/llaolao
```

输入 dmesg 可以看到进行 percpu 操作后的结果，结果如图 45-5 所示。

```
[ 1376.266283] proc_lll_write called legnth 0x7, 0000000085a40bb3
[ 1376.266815] percpu var at ffffff82f58c8498, ffffff82f5aaa498, ffffff82f5c8c498 ffffff82f5e6e498
[ 1376.267603] percpu current at ffffff43e3d98b00, ffffff43e3f7ab00, ffffff43e415cb00 ffffff43e433eb00
```

图 45-5　进行 percpu 操作后的结果

（5）观察 ARM 的系统寄存器。

```
echo sysreg | sudo tee -a /proc/llaolao
```

输入 dmesg 可以看到常用的系统寄存器的值。

（6）开关 JTAG。

```
echo ulan | sudo tee -a /proc/llaolao
```

输入 dmesg 可以看到读写寄存器的过程。

（7）访问 SoC 内部集成的内存空间（IRAM）。

```
echo iram | sudo tee -a /proc/llaolao
```

2021 年，格蠹科技推出了基于 ARMv8 SOC 的开发套件 GDK8。于是，“刘姥姥”驱动便被移植到了 GDK8 上。移植时，增加了一些针对 GDK8 硬件的功能，比如观察系统寄存器、读芯片温度等。今年，格蠹科技研发了基于 RK3588 的代码本，于是，“刘姥姥”驱动又被移植到了幽兰代码本。移植时，再次进行改进，增加了对 RK3588 芯片的支持。

今年夏季，有多名大学生到格蠹实习，其中一位对“刘姥姥”驱动进行改进，让它可以动态识别硬件，以自适应的方式处理硬件差异。代码完成后，写了一篇很不错的文章《升级刘姥姥驱动有感》。

可能是因为刘姥姥这个名字比较接地气，每个人看了这个名字后，都记住了它。所以，有新任务时，很自然地就想到它。似乎，“刘姥姥”驱动已经走进了大家的思维空间。

在格蠹，我和小伙伴们都喜欢拿“刘姥姥”驱动做 PoC（概念验证）。比如今天早上，我在规划新的串口功能时，又是把“刘姥姥”驱动放在开发计划里。因为大家都熟悉这个驱动，所以，我和小伙伴交流这个做法时，大家一看就懂，脑海里立刻就有了一幅“图”。

格蠹的实习生们大多也知道“刘姥姥”驱动，而且很快就能使用这个驱动做新的事情，“为我所用”。

GDK8 和幽兰的用户们，也有很多人喜欢“刘姥姥”驱动，拿它学习，探索内核。

为了让更多人受益于这个驱动，前几天，我又安排小伙伴在幽兰的 wiki 中写了一篇文章，介绍“刘姥姥”驱动的基本用法，包括编译、加载和使用。

我喜欢朱熹，爱他的格物之法，但偶尔也读一点王阳明，理解一下“阳明心学”的奥秘。虽然不直接说格物，但是阳明心学的一个重要原则便是“事上磨练”。简单来说，事上磨练就是要到真实的世界里，经历真实的事情。

很多人学了很多年的 Linux，但是没写过一行内核代码，这导致很多理解始终停留在概念层面，没有接到地气。

“刘姥姥”驱动则不然，通过它，用户可以亲手写代码，把自己的代码放入到内核世界，像刘姥姥进大观园那样真正走进 Linux 的内核世界。实际走进去看和在外面观这两种境界是迥然不同的。

【亲自动手】

1. 找一个 Linux 环境，比如幽兰代码本、GDK7 或者 Linux 虚拟机。
2. 打开一个终端窗口，执行如下命令下载“刘姥姥”驱动的源代码：

```
git clone https://github.com/gedulab/llaolao.git
```

3. 切换到 llaolao 目录，执行 make 命令构建驱动。
4. 执行 sudo insmod llaolao2.ko 命令加载驱动。
5. 执行本章正文提到的各种命令与“刘姥姥”驱动交互。

初稿写于 2023-07-28，2024-12-21 略作修改于大理

第 46 章 GDB调试GDB一例

高效的调试离不开调试符号。下载调试符号的最好方式是从符号服务器按需下载。近几年引入的 debuginfod 机制和微软的符号服务器很类似。

为了给 NDB 增加 debuginfod 支持，去年暑假，我曾安排两位实习生去做这件事。一位做了一些调查，写了点试验代码；另一位推进得远一些，在 ndw 模块中实现了初步的代码，但是没有完成。

今年暑假，继续安排一位实习生完成 debuginfod 的支持。走了几次弯路后，终于碰到了核心问题，拼接出来的 URL 不对，服务器返回“404”。为了扫清这个障碍，我使用 GDB 调试 GDB，很快找到了正确的 URL 格式。以下是 GDB 命令。

```
GDB --args GDB /bin/ls
```

先对 write 设置一个断点。

```
b write
```

命中后，再对 curl_easy_setopt 设置断点。

```
Thread 1 "GDB" hit Breakpoint 1.1, __GI___libc_write (fd=1, buf=buf@entry=0x55564916d0, nbytes=nbytes@entry=74)
    at ../sysdeps/unix/sysv/linux/write.c:25
warning: 25     ../sysdeps/unix/sysv/linux/write.c: No such file or directory
(gdb) b curl_easy_setopt
Breakpoint 2 at 0x7ff698daac
```

断点命中后，输入 bt 命令观察，可以看到正是 libdebuginfod 在调用。

```
Thread 1 "GDB" hit Breakpoint 2, 0x0000007ff698daac in curl_easy_setopt () from /lib/aarch64-linux-gnu/libcurl-gnutls.so.4
(gdb) bt
#0  0x0000007ff698daac in curl_easy_setopt () from /lib/aarch64-linux-gnu/libcurl-gnutls.so.4
#1  0x0000007ff71242cc in ?? () from /lib/aarch64-linux-gnu/libdebuginfod.so.1
#2  0x00000055557d71dc in ?? ()
#3  0x00000055557ed15c in ?? ()
（节约篇幅，删除多行）
#13 0x00000055556604cc in ?? ()
#14 0x0000007ff6c184c4 in __libc_start_call_main (main=main@entry=0x5555660480, argc=argc@entry=2,
```

```
    argv=argv@entry=0x7ffffff368) at ../sysdeps/nptl/libc_start_call_main.h:58
#15  0x0000007ff6c18598 in __libc_start_main_impl (main=0x5555660480, argc=2,
argv=0x7ffffff368, init=<optimized out>,
     fini=<optimized out>, rtld_fini=<optimized out>, stack_end=<optimized out>) at
../csu/libc-start.c:360
#16 0x000000555566d530 in ?? ()
```

curl_easy_setopt 有 3 个参数。

```
curl_easy_setopt(handle, CURLOPT_URL, myurl);
curl_easy_setopt(handle, CURLOPT_TIMEOUT, 1000000);
```

因为不想等待 GDB 下载符号，所以直接观察寄存器看参数。

```
(gdb) info registers
x0             0x55564d1490        366520112272
x1             0x2712              10002
x2             0x55564d0354        366520107860
x3             0x0                 0
x4             0x45                69
（节约篇幅，删除多行）
x13            0x2a                42
x14            0x3a06df4           60845556
x15            0x8                 8
x16            0x7ff7140240        549606130240
x17            0x7ff698daa0        549598059168
x18            0x33                51
x19            0x55564d0350        366520107856
```

前三个参数为：

```
(gdb) info registers
x0             0x55564d1490        366520112272
x1             0x2712              10002
x2             0x55564d0354        366520107860
```

观察第三个参数：

```
(gdb) p (char*)$x2
$1 = 0x55564d0354 "https://debuginfod.ubuntu.com/buildid/18937e81921b5ccd6be14802
088d079b9481bfd9/debuginfo"
```

上面便是与 debuginfod 通信的 url，可以认为是 rest 形式的接口，其基本格式为：

```
https://debuginfod.ubuntu.com/buildid/<build-id>/debuginfo
```

其中的 build-id 就是 elf 文件中 .note 节中的构建 ID，可以通过 readelf -n 命令获取。

```
geduer@GDK8:~/gelabs/llaolao$ readelf -n /bin/ls
Displaying notes found in: .note.gnu.build-id
  Owner                 Data size        Description
```

```
    GNU                  0x00000014       NT_GNU_BUILD_ID (unique build ID bitstring)
      Build ID: fec30f5745c2582aaf143e7079d3bb46ca7a010f
  Downloading separate debug info for /usr/bin/ls
  Reading symbols from /home/geduer/.cache/debuginfod_client/fec30f5745c2582aaf143e
7079d3bb46ca7a010f/debuginfo...
```

多年前写作《软件调试》时，我经常使用 WinDBG 来调试 WinDBG，近年偶尔用 GDB 调试 GDB。时过境迁，很多东西变了，但是基本的思想没有变，威力依旧。

初稿写于 2024-07-03，2024-12-21 略作修改于大理

第 47 章 编译器，你在说啥

编译器是软件生产的首要工具，是陪伴程序员每日工作的亲密伙伴。如同每个人都有个性一样，编译器也是有个性的。如果说人的个性主要是通过说话和做事来体现的话，那么编译器的个性主要就是通过它的报错信息体现的。了解这个伙伴的秉性，快速理解它所说的话，可以大大提高工作效率。今天就讲一个“如何理解编译器说话”的故事。

写好一段代码后，交给编译器编译时最理想的情况是编译器什么都没有说。五一假期做《与芯谈》直播时，我在直播现场写了一段小程序，目的是希望达到最高的 IPC（Instruction Per Cycle），我当着大家的“面”从头写起，写了一个主函数，写了一个子函数，写好后使用 GCC 的命令行进行编译，一次编译通过，编译器啥也没说，是有点意外的。

没有错误，编译器一言不发的情况一般只适用于代码量很小的情况。当代码量很大时，特别是代码逻辑比较复杂，又涉及跨平台时，那么编译器就要“说话”了。

这几天，我带着小伙伴杰里在把 Nano Code 的底层模块从 Windows 移植到 Linux。每个模块第一次编译时，都有数千个编译错误，加上难以统计的编译警告。当把数量降到 1000 以内后，是一个小的里程碑；当把错误数降到 100 以内，就感觉胜利在望了。

Nano Code 的底层模块有十几个，大多数已经完成，只剩 ntp 等少数模块。昨天继续移植 ntp 时，发现一个古怪的编译错误，引起了我的“格物”兴趣，探究一番后，觉得很值得分享出来。

在编译器输出的众多信息中，我们要讨论的错误信息如下：

```
1>In file included from ../openocd/ndlink/ndlink.c:39:
1>../openocd/src/target/arm_adi_v5.h: In function 'int dap_dp_poll_register(adiv5_dap*, unsigned int, uint32_t, uint32_t, int)':
1>../openocd/src/target/arm_adi_v5.h:552:71: error: expression cannot be used as a function
1>  552 |   LOG_DEBUG("DAP: poll %x, mask 0x%08x, value 0x%08x", reg, mask, value);
1>      |                                                                       ^
1>../openocd/src/target/arm_adi_v5.h:565:40: error: expression cannot be used as a function
1>  565 |   LOG_DEBUG("DAP: poll %x timeout", reg);
```

从上面的说话方式来看，经验丰富的格友应该可以断定，这是 GCC 报的错。

根据我的经验，GCC 与微软的 VC 相比，两个“人”的说话风格有如下两大区别：

- VC 会给每个错误和警告都赋予一个唯一的 ID，如 error C2064:xxx，而 GCC 没有这样的唯一编号。

- 对于头文件中的问题，GCC 会比较详细地报告这个头文件是如何被包含进来的，标准的语体为：

```
In file included from <文件名x>: 行号y:
```

比如下面的语句：

```
In file included from ../openocd/ndlink/ndlink.c:39
```

这个套话的意思是这团错误是关于一个头文件的，它是被文件 x 的第 y 行包含进来的。接下来是重点，即错误信息的核心陈述。

```
error: expression cannot be used as a function
```

试着翻译如下：

```
错误：表达式不可以被用作函数。
```

接下来，GCC 给出了出错的代码，即下面这行：

```
10 |  LOG_DEBUG("entering main %d", argc);
```

交代一下背景，ntp 模块的大多数代码都来自著名的开源项目 OpenOCD，上面这行代码也是如此。查看相关代码，在 helper/log.h 中可以看到一个用于打印调试信息的宏。

```
#define LOG_DEBUG(expr, ...) \
  do { \
    if (debug_level >= LOG_LVL_DEBUG) {\
      log_printf_lf(LOG_LVL_DEBUG, \
        __FILE__, __LINE__, __func__, \
        expr); }\
  } while (0)
```

因为要支持可变参数，所以这个宏的写法有点复杂，使用 VC 和 GCC 编译时，写法还不一样。所以我起初以为可能是可变参数的问题，但是很快意识到，不是这么回事。

因为，如果我把宏的名字改为 LOG_DEBUG2，调用的地方也改为 LOG_DEBUG2，那么上面的编译错误就没有了。

从解决问题的角度讲，我可以做一个全局替换，把 LOG_DEBUG 都替换为 LOG_DEBUG2。但是我不愿意这么做，一是要替换的文件比较多，本地替换了后，下次更新开源代码时还需要再替换；二是想找一下问题的根源。

闭目思考，我想到可能在某个我没发现的地方，还有一个 LOG_DEBUG 定义，但是我使用多个搜索工具，搜遍整个项目的所有文件（包括脚本和数据文件），都没有找到。

后来回想，这时有一个常识影响了我的思考，即编译器在编译的预处理阶段时就会做宏展开。LOG_DEBUG 是一个宏，所以很早就会被展开。

在思考和找寻中，到下班时间了。回家吃过晚饭后，我又想起这个问题，打开计算机，换了一个思路，编写一个小程序，看是否能重现这个问题，如果在小程序中重现，那么就比大项目里好解决很多。

于是我针对本来的问题，写了一个小程序，一个是 log.h，包含 LOG_DEBUG 宏；另外一个是 testlog.cpp，只有一个 main 函数，在 main 函数里使用这个宏，核心代码如下：

```
int main(int argc, char* argv[])
{
  LOG_DEBUG("entering main %d", argc);
  return 0;
}
```

第一次编译时，不能重现问题。在思考如何重现问题时，我灵机一动，想到了问题的根源，我在 main 函数上面加了一句：

```
#define LOG_DEBUG 7
```

再次编译，问题重现了。

```
gebox@gebox-VirtualBox:~/nametrap$ gcc testlog.cpp
testlog.cpp: In function 'int main(int, char**)':
testlog.cpp:10:36: error: expression cannot be used as a function
   10 |  LOG_DEBUG("entering main %d", argc);
      |                                    ^
```

使用简单代码重现问题后，所有疑惑都水落石出了。

首先，如果把 LOG_DEBUG 宏展开为 7，那么出错的语句就变成：

```
7("entering main %d", argc);
```

而 7 显然不是有效的函数名，所以编译器说“表达式不能被用作函数”，表达的还是比较准确的。

第二个问题是：在本来的项目中，哪里有类似 #define LOG_DEBUG 7 这样的语句呢？答案是系统的头文件：syslog.h。搜索 syslog.h，观察文件内容，果然有一系列常量定义。

```
#define  LOG_EMERG    0  /* system is unusable */
#define  LOG_ALERT    1  /* action must be taken immediately */
#define  LOG_CRIT     2  /* critical conditions */
#define  LOG_ERR      3  /* error conditions */
#define  LOG_WARNING  4  /* warning conditions */
#define  LOG_NOTICE   5  /* normal but significant condition */
#define  LOG_INFO     6  /* informational */
#define  LOG_DEBUG    7  /* debug-level messages */
```

这些常量中的 LOG_DEBUG 刚好与 OpenOCD 中的 LOG_DEBUG 宏重名了。

我把小程序中的 #define LOG_DEBUG 7 注释掉，加上 #include <syslog.h>，问题依然可以重现，证明了上述推理。搜索我的 ntp 项目，里面果然也包含了 syslog.h。

说到这里，问题清楚了，根源是由于 log.h 中的 LOG_DEBUG 宏与 syslog.h 中的 LOG_

DEBUG 宏同名，冲突了。

GCC 使用了 syslog.h 中的定义，把宏展开为数值 7，所以报告“表达式不可以被用作函数”。

搜索 OpenOCD 的最新代码，虽然在名为 jim-syslog.c 的代码中包含了 syslog.h，但是它在头文件中没有包含 log.h，所以没有出现我们讨论的问题。

```
    gebox@gebox-VirtualBox:~/openocd$ grep syslog.h * -R

    jimtcl/jim-syslog.c:#include <syslog.h>
    jimtcl/jim_tcl.txt:  use numeric values of those from your system syslog.h file,
    jimtcl/Tcl_shipped.html:  use numeric values of those from your system syslog.h
file,
```

对于这样的宏重复定义，VC 会有下面这样的 C4005 警告。

```
    1>D:\Work\nano\nd\openocd\ndlink\ntp.h(23,1): warning C4005: "LOG_DEBUG": 宏重定义
    1>D:\work\nano\nd\openocd\src\helper\log.h(139): message : 参见 "LOG_DEBUG" 的前一个
定义
    1>flash_core.c
    1>D:\Work\nano\nd\openocd\ndlink\ntp.h(23,1): warning C4005: "LOG_DEBUG": 宏重定义
    1>D:\work\nano\nd\openocd\src\helper\log.h(139): message : 参见 "LOG_DEBUG" 的前一个
定义
```

而且，在警告信息中明确指出了前一次的定义位置，这样做显然好很多。

在 GCC 的文档中可以看到：当宏的定义有含义变化时，GCC 也会报警告，但是实际上并没有。即使我加了 -Wall 之后，也没有看到这个警告。

```
    gebox@gebox-VirtualBox:~/nametrap$ gcc -Wall testlog.cpp
    testlog.cpp: In function 'int main(int,char**)':
    testlog.cpp:10:36: error: expression cannot be used as a function
    10  |      LOG_DEBUG("entering main %d", argc);
```

我用的 GCC 版本为：

```
    gcc --version
    gcc (Ubuntu 9.4.0-1ubuntu1~20.04.1) 9.4.0
    Copyright (C) 2019 Free Software Foundation, Inc.
```

顺便说一下，如果在 Windows 上模拟同样的问题，使用 VC 编译，它报的编译错误也很有趣，特别是翻译为中文之后。

```
    1>D:\Work\nano\nd\openocd\src\flash\nor\flash_core.c(118,11): error C2064: 项不会计
算为接受 354 个参数的函数
    1>D:\Work\nano\nd\openocd\src\flash\nor\flash_core.c(167,11): error C2064: 项不会计
算为接受 354 个参数的函数
    1>D:\Work\nano\nd\openocd\src\flash\nor\flash_core.c(603,13): error C2064: 项不会计
算为接受 354 个参数的函数
```

摘出错误信息，即：

```
error C2064: 项不会计算为接受 354 个参数的函数
```

根据错误编号 C2064 查找文档，可以看到英文原句是：term does not evaluate to a function taking N arguments。官方的解释如下：

```
    A call is made to a function through an expression. The expression does not
evaluate to a pointer to a function that takes the specified number of arguments.
    In this example, the code attempts to call non-functions as functions. The
following sample generates C2064:
```

还有一段很好的示例代码如下：

```
// C2064.cpp
int i, j;
char* p;
void func() {
   j = i();     // C2064, i is not a function
   p();         // C2064, p doesn't point to a function
}
```

对于 VC 报错（见图 47-1）中的数字 354 也很有趣，不知道 VC 是怎么计算的函数参数，又是如何算出来一个 354？

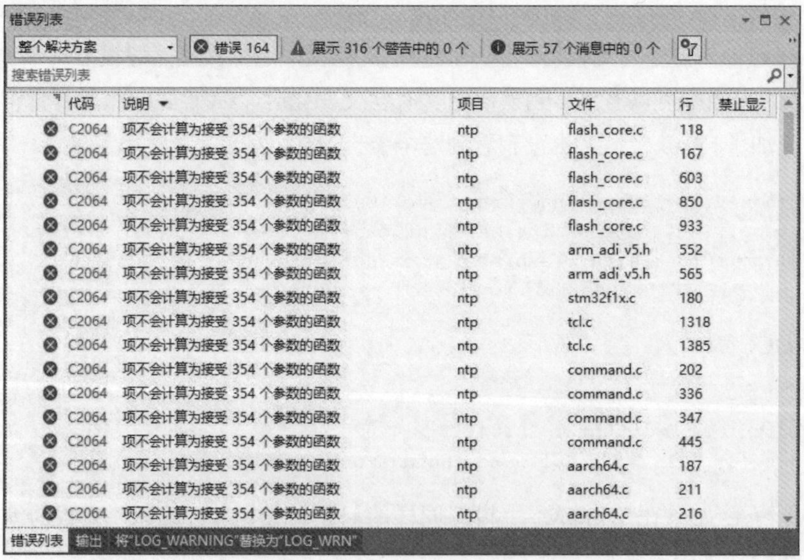

错误列表

整个解决方案 | 错误 164 | 展示 316 个警告中的 0 个 | 展示 57 个消息中的 0 个

搜索错误列表

代码	说明	项目	文件	行	禁止显
C2064	项不会计算为接受 354 个参数的函数	ntp	flash_core.c	118	
C2064	项不会计算为接受 354 个参数的函数	ntp	flash_core.c	167	
C2064	项不会计算为接受 354 个参数的函数	ntp	flash_core.c	603	
C2064	项不会计算为接受 354 个参数的函数	ntp	flash_core.c	850	
C2064	项不会计算为接受 354 个参数的函数	ntp	flash_core.c	933	
C2064	项不会计算为接受 354 个参数的函数	ntp	arm_adi_v5.h	552	
C2064	项不会计算为接受 354 个参数的函数	ntp	arm_adi_v5.h	565	
C2064	项不会计算为接受 354 个参数的函数	ntp	stm32f1x.c	180	
C2064	项不会计算为接受 354 个参数的函数	ntp	tcl.c	1318	
C2064	项不会计算为接受 354 个参数的函数	ntp	tcl.c	1385	
C2064	项不会计算为接受 354 个参数的函数	ntp	command.c	202	
C2064	项不会计算为接受 354 个参数的函数	ntp	command.c	336	
C2064	项不会计算为接受 354 个参数的函数	ntp	command.c	347	
C2064	项不会计算为接受 354 个参数的函数	ntp	command.c	445	
C2064	项不会计算为接受 354 个参数的函数	ntp	aarch64.c	187	
C2064	项不会计算为接受 354 个参数的函数	ntp	aarch64.c	211	
C2064	项不会计算为接受 354 个参数的函数	ntp	aarch64.c	216	

错误列表 输出 将"LOG_WARNING"替换为"LOG_WRN"

图 47-1　VC 报告的错误信息很有趣

今天，软件世界里最基本的一个问题便是代码量巨大。在浩如烟海的代码海洋里，人脑的计算能力常常显得不足。对编译器的设计者而言，编译器的报错信息要有足够的通用性。为了实现这个通用性，那么就必须做抽象，有时抽象了一次可能还不够，必须做多次抽象。

报错信息难读的另一个原因也可能是写编译器代码的程序员抽象了一次之后，又被技术编

辑再抽象一次。用道家的话来说，可谓“玄而又玄”。这样反复抽象之后，通用性好了，但是读起来就不像人话了，晦涩难懂。

这时，我们应该尽可能地对它做具象，也就是顺着“抽象”的相反方向思考，通过实际代码和各种小试验，让问题回归到具体的场景中。因为人从小就是听着各种故事长大的，人脑更适合场景化的感性思考。不过这是我的一家之言，大家姑且听之。

初稿写于2023-05-10，2024-12-21夜略作修改于大理，窗外狂风大作

第 48 章
地址歧义和GCC的不可能逻辑

近段时间，NDB 的 x 命令在显示函数地址时，可能给出两个不同的地址，比如：

```
x llaolao!proc_lll_read
ffffff80`0181d3ac  llaolao!proc_lll_read (file*, char*, size_t, loff_t*)
ffffff80`0181dcb8  llaolao!proc_lll_read
```

上述两行信息来自两个信息源，一个是 DWARF 格式的符号，另一个是 ELF 符号。NDB 内部有不同的函数分别处理 DWARF 符号和 ELF 符号，它们给出的结果不一致了。

今日有些闲暇，我决定亲手抓一抓这个 bug。

1. 两条执行路径

先跟踪 DWARF 的代码，它是根据 DW_TAG_subprogram 块中的 low_pc 属性来作为偏移地址的。DW_AT_low_pc 的值为 0x3ac，再加上 llaolao 模块的基地址 ffffff80`0181d000，便得到结果 ffffff80`0181d3ac。

```
 <1><c4a4>: Abbrev Number: 85 (DW_TAG_subprogram)
    <c4a5>   DW_AT_name        : (indirect string, offset: 0x3849a): proc_lll_read
    <c4a9>   DW_AT_decl_file   : 1
    <c4a9>   DW_AT_decl_line   : 110
    <c4aa>   DW_AT_decl_column : 16
    <c4ab>   DW_AT_prototyped  : 1
    <c4ab>   DW_AT_type        : <0x296>
    <c4af>   DW_AT_low_pc      : 0x3ac
    <c4b7>   DW_AT_high_pc     : 0x110
```

再跟踪 ELF 符号的解析代码，它查找 ELF 符号，得到的偏移地址居然也是 0x3ac。使用 readelf –s 命令进行观察，地址信息也确实是 3ac。

```
geduer@GDK8:~/gelabs/llaolao$ readelf -s llaolao.ko | grep lll_read
   766: 00000000000003ac   272 FUNC    LOCAL  DEFAULT  357 proc_lll_read
```

但是 ELF 解析代码没有简单地加模块基地址，而是根据 ELF 符号所在的节，查找节的基地址，然后加上节的基地址 0xffffff800181d90c，得到 ffffff80`0181dcb8。

如此看来，两种解析方法得到的函数地址偏移是一致的，只是因为加上了不同的基地址，才得出了不同的结果。

2. "不可能"的段名

跟踪 ELF 符号的输出过程，发现 x 命令查找的函数是在一个名为 .text.unlikely 的段里。

```
-      sh   {m_name=0x0000004a m_type=0x00000001 m_flags=0x0000000000000006 ...}
tagElf_SectionHeader &
    m_name  0x0000004a  unsigned int
    m_type  0x00000001  unsigned int
    m_flags  0x0000000000000006  unsigned __int64
    m_addr  0xffffff800181d90c  unsigned __int64
    m_offset  0x0000000000001a0c  unsigned __int64
    m_size  0x0000000000000c3c  unsigned __int64
    m_link  0x00000000  unsigned int
    m_info  0x00000000  unsigned int
    m_addralign  0x0000000000000004  unsigned __int64
    m_entsize  0x00000000  long
    +     m_szName  0x000001d616aac8da ".text.unlikely"  unsigned char *
    m_shndx  0x00000165  int
```

使用 cat 命令在目标机上观察这个段的属性，它确实存在，基地址也确实是 0xffffff800181d90c。

```
geduer@GDK8:/sys/module/llaolao/sections$ sudo cat .text.unlikely
0xffffff800181d90c
```

如此看来，ELF 路径的代码是对的，DWARF 路径的代码处理得不够细致，有 bug。

3. 为何在"不可能"的节

那么 .text.unlikely 节是什么意思呢？回答这个问题之前，不得不说 Linux 的内核驱动模块（KO 时）包含非常多的节，数量多的有点惊人。即便是"刘姥姥"这么一个小驱动，产生的节数居然达 1112 个，真是多的到了需要整改的地步。

```
geduer@GDK8:~/gelabs/llaolao$ readelf -S llaolao.ko | tail
       00000000000073b0  0000000000000018           1111   1173     8
  [1111] .strtab           STRTAB           0000000000000000  00156c80
       0000000000004ac6  0000000000000000           0     0     1
  [1112] .shstrtab         STRTAB           0000000000000000  001cc890
       000000000000023a  0000000000000000           0     0     1
Key to Flags:
  W (write), A (alloc), X (execute), M (merge), S (strings), I (info),
  L (link order), O (extra OS processing required), G (group), T (TLS),
  C (compressed), x (unknown), o (OS specific), E (exclude),
  D (mbind), p (processor specific)
```

其中就包含 .text.unlikely 节。

```
geduer@GDK8:~/gelabs/llaolao$ readelf -S llaolao.ko | grep unlikely
  [357] .text.unlikely    PROGBITS         0000000000000000  00001a0c
```

加载到内存中后，有些节被合并掉了，有些节被忽略了。对于“刘姥姥”驱动，还有如下这么多个节：

```
    geduer@GDK8:/sys/module/llaolao/sections$ ls -a
    .                       .data                         .init.text          .rodata.str
.text.ftrace_trampoline
    ..                      .eh_frame                     .note.Linux         .rodata.
str1.8  .text.unlikely
    .altinstr_replacement   .exit.text                    .note.gnu.build-id  .strtab
__bug_table
    .altinstructions        .gnu.linkonce.this_module     .plt                .symtab
__jump_table
    .bss                    .init.plt                     .rodata             .text
__param
```

为什么需要这么多个节呢？有些是必要的，比如普通的代码放在 .text 节里，这是最好理解的。init 函数因为初始化之后就不需要了，所以有必要放在单独的 .init.text 里。 那么为什么要把 proc_lll_read 放在 .text.unlikely 节里呢？

4. 按可能性优化

简单来说，这个问题与优化机制有关。为了节约内存资源，GCC 的链接程序（ld）有一个优化功能：把常用的代码和不常用的代码分开，常用的普通代码放在 .text 段里，不常用的放在 .text.unlikely 里。如果开启了 -ffunction-sections 选项，那么不常用的函数可以每个函数占一个节，节的名称为 .text.unlikely.<funcname>。[①]

可能是因为 proc_lll_read 只是 proc 文件的回调函数，没有在普通代码里被调用过，所以 GCC 在编译时认为它是不常用的，链接时把它放在了 .text.unlikely 段里。

网上可以搜索到一些有关的讨论，摘录一例。

```
    Trying to compile mozilla-central with Gcc 8.1.1 on Linux produces this error at
multiple places:
    {standard input}: Assembler messages:
    {standard input}:169100: Error: can't resolve `.text.unlikely' {.text.unlikely
section} - `.LVL676' {.text section}
    {standard input}:170794: Error: can't resolve `.text.unlikely' {.text.unlikely
section} - `.LVL1171' {.text section}
    {standard input}:170806: Error: can't resolve `.text.unlikely' {.text.unlikely
section} - `.LVL1171' {.text section}
    gmake[4]: *** [mozilla/config/rules.mk:1050: Library.o] Error 1
```

① 本段信息主要根据 Jeff Law 在 binutils 讨论组里的发言：https://binutils.sourceware.narkive.com/aqxec3Kl/fix-for-unlikely-text-section-grouping-in-conjunction-with-gcc-s-ffunction-sections。

5. 解决

弄清楚原因后，解决起来并不复杂，因为 NDB 已经有动态获取基地址的能力，并封装为函数：

```
GetLiveAddress(pElfSym);
```

此外，还有一个更方便的封装。

```
void NdwLKM::PublishSymAddr(DW_SYM_TAG* tag, ULONG64& addr)
```

如此修改后，bug 不见了，两种路径得到相同的地址，输出符号前的自动过滤机制抑制第二个输出（因为地址相同），就只剩一个输出了。

初稿写于 2024-07-01，2024-12-22 略作修改于大理

第 49 章 当GDB遇到STL

STL 是标准模板库（Standard Template Library）的简称，是 C++ 的三大件（语言、标准库和算法）之一。

亚历克斯 • 斯特帕诺夫（Alex Stepanov）是 STL 的核心设计者，被称为 STL 之父。他于 1950 年出生在莫斯科，后来到美国发展，曾经在 Adobe、A9.com 等公司工作。在 Adobe 工作时，他和保罗 • 麦克琼斯是同事和好朋友，他们曾合作出版了 *Elements of Programming* 一书。我在写作《软件简史》时，结识了保罗，多次同他进行邮件来往和视频交流。在保罗为《软件简史》的序言里，特别提到，他曾和亚历克斯一起邀请 Fortran 之父约翰 • 巴克斯到 Adobe 做主旨演讲。

STL 的第一大特色就是模板。模板增加了 STL 库的通用性，也让 STL 具有了如下两个特色：

- 源代码难读，难理解。
- 不好调试。

对于 STL 不好调试，又可以分解为如下两点：

- 模板展开后的类型名和函数名往往很长，冗长晦涩，令人生畏。
- 观察 STL 对象时，经常看到一些难以理解的设计细节，看不到用户关心的属性。

针对这样的问题，我特别在 GDB 系列讲座的序言里，用一个案例分享了用 GDB 调试 STL 时的挑战和化解方法。

我先尝试在 x86 虚拟机里打开 core 文件（见图 49-1）。

```
gedu@gedu-VirtualBox:~/gecore/gestl$ gdb --core stl_segfault.dmp
GNU gdb (Ubuntu 7.11.1-0ubuntu1~16.5) 7.11.1
Copyright (C) 2016 Free Software Foundation, Inc.
License GPLv3+: GNU GPL version 3 or later <http://gnu.org/licenses/gpl.html>
This is free software: you are free to change and redistribute it.
There is NO WARRANTY, to the extent permitted by law.  Type "show copying"
and "show warranty" for details.
This GDB was configured as "x86_64-linux-gnu".
Type "show configuration" for configuration details.
For bug reporting instructions, please see:
<http://www.gnu.org/software/gdb/bugs/>.
Find the GDB manual and other documentation resources online at:
<http://www.gnu.org/software/gdb/documentation/>.
For help, type "help".
Type "apropos word" to search for commands related to "word".

warning: Couldn't find general-purpose registers in core file.

warning: Unexpected size of section `.reg2' in core file.
Failed to read a valid object file image from memory.
Core was generated by `/home/geduer/gelabs/gestl/gestlwar -p 100'.

warning: Couldn't find general-purpose registers in core file.

warning: Unexpected size of section `.reg2' in core file.
#0  <unavailable> in ?? ()
(gdb) bt
#0  <unavailable> in ?? ()
Backtrace stopped: not enough registers or memory available to unwind further
```

图 49-1　使用 GDB 打开 core 文件

GDB 给出了 4 个警告，两对问号，连寄存器这样的基本信息都没有。

使用 readelf 命令进行观察，原因是 core 文件是在 arm64 系统上产生的（见图 49-2）。

```
gebox@gebox-VirtualBox:~/gecore/gestl$ readelf -h stl_segfault.dmp
ELF Header:
  Magic:   7f 45 4c 46 02 01 01 00 00 00 00 00 00 00 00 00
  Class:                             ELF64
  Data:                              2's complement, little endian
  Version:                           1 (current)
  OS/ABI:                            UNIX - System V
  ABI Version:                       0
  Type:                              CORE (Core file)
  Machine:                           AArch64
  Version:                           0x1
  Entry point address:               0x0
  Start of program headers:          64 (bytes into file)
  Start of section headers:          240667176 (bytes into file)
  Flags:                             0x0
  Size of this header:               64 (bytes)
  Size of program headers:           56 (bytes)
  Number of program headers:         40
```

图 49-2　使用 readelf 命令观察 core 文件属性

于是改用 GDB-multiarch 来打开 core，情况大为好转，不仅可以看到崩溃点，还可以看到比较完美的调用栈（见图 49-3）。

```
Core was generated by `/home/geduer/gelabs/gestl/gestlwar -p 100'.
Program terminated with signal SIGSEGV, Segmentation fault.
#0  0x0000005555552530 in dog_t::dog_t (this=0x7ff0029000) at gestlwar.cpp:12
12      class dog_t
[Current thread is 1 (LWP 2576)]
(gdb) bt
#0  0x0000005555552530 in dog_t::dog_t (this=0x7ff0029000) at gestlwar.cpp:12
#1  0x0000005555554504 in std::__new_allocator<dog_t>::construct<dog_t, dog_t> (this=0x7fffffed58, __p=0x7ff0029000)
    at /usr/include/c++/12/bits/new_allocator.h:175
#2  0x0000005555553738 in std::allocator_traits<std::allocator<dog_t> >::construct<dog_t, dog_t> (__a=..., __p=0x7ff0029000)
    at /usr/include/c++/12/bits/alloc_traits.h:516
#3  0x00000055555552e1c in std::vector<dog_t, std::allocator<dog_t> >::emplace_back<dog_t> (this=0x7fffffed58) at /usr/include/c++/12/bits/vector.tcc:117
#4  0x00000055555524c8 in std::vector<dog_t, std::allocator<dog_t> >::push_back (this=0x7fffffed58, __x=...) at /usr/include/c++/12/bits/stl_vector.h:1294
#5  0x0000005555551b88 in ge_work (ptr_vdogs=0x7fffffed58, no=0) at gestlwar.cpp:59
#6  0x00000055555578d6 in std::__invoke_impl<void, void (*)(void*, int), void*, int> (__f=@0x555557e2c8: 0x5555551ad4 <ge_work(void*, int)>)
    at /usr/include/c++/12/bits/invoke.h:61
#7  0x0000005555557810 in std::__invoke<void (*)(void*, int), void*, int> (__fn=@0x555557e2c8: 0x5555551ad4 <ge_work(void*, int)>)
    at /usr/include/c++/12/bits/invoke.h:96
#8  0x000000555555773c in std::thread::_Invoker<std::tuple<void (*)(void*, int), void*, int> >::_M_invoke<0ul, 1ul, 2ul> (this=0x555557e2b8)
    at /usr/include/c++/12/bits/std_thread.h:279
#9  0x00000055555576e0 in std::thread::_Invoker<std::tuple<void (*)(void*, int), void*, int> >::operator() (this=0x555557e2b8)
    at /usr/include/c++/12/bits/std_thread.h:286
#10 0x00000055555570c0 in std::thread::_State_impl<std::thread::_Invoker<std::tuple<void (*)(void*, int), void*, int> > >::_M_run (this=0x555557e2b0)
    at /usr/include/c++/12/bits/std_thread.h:231
```

图 49-3　使用 GDB-multiarch 打开 core 文件

从图 49-3 上面的第三行信息来看，崩溃发生在 dog_t 类的构造函数中，但构造函数异常简单，看起来不应该有错误。

```
dog_t(int age, const char* name)
{
        age_ = age;
        name_ = name;
}
```

从反汇编来看，是访问对象指针时出错了（见图 49-4）。

对象指针是从哪里来的呢？来自父函数。

顺着调用栈一级级看父函数，这时就感觉到前面说的问题了，很长的类名，很长的参数名。只有栈帧 5 简短，ge_work，看起来是一个纯粹的 C 函数。使用 frame 命令切换到这个栈帧，再使用 l 命令，可以看到它的源代码。

```
void ge_work(void* ptr_vdogs, int no)
{
    int i = 0;
    vector<dog_t>* vdogs = (vector<dog_t>*)ptr_vdogs;
    cout << "thread "<< no << " starts working" << endl;
    do {
            vdogs->push_back(dog_t(no*(i++), "little dog"));
    } while(1);
}
```

```
(gdb) p $pc
$1 = (void (*)(void)) 0x5555552538 <dog_t::dog_t(dog_t&&)+28>
(gdb) disassemble
Dump of assembler code for function dog_t::dog_t(dog_t&&):
   0x000000555555251c <+0>:     stp     x29, x30, [sp, #-32]!
   0x0000005555552520 <+4>:     mov     x29, sp
   0x0000005555552524 <+8>:     str     x0, [sp, #24]
   0x0000005555552528 <+12>:    str     x1, [sp, #16]
   0x000000555555252c <+16>:    ldr     x0, [sp, #16]
   0x0000005555552530 <+20>:    ldr     w1, [x0]
   0x0000005555552534 <+24>:    ldr     x0, [sp, #24]
=> 0x0000005555552538 <+28>:    str     w1, [x0]
   0x000000555555253c <+32>:    ldr     x0, [sp, #24]
   0x0000005555552540 <+36>:    add     x2, x0, #0x8
   0x0000005555552544 <+40>:    ldr     x0, [sp, #16]
   0x0000005555552548 <+44>:    add     x0, x0, #0x8
   0x000000555555254c <+48>:    mov     x1, x0
   0x0000005555552550 <+52>:    mov     x0, x2
   0x0000005555552554 <+56>:    bl      0x5555551460 <_ZNSt7__cxx1112basic_stringIcSt11char_traitsIcESaIcEEC1EOS4_@plt>
   0x0000005555552558 <+60>:    nop
   0x000000555555255c <+64>:    ldp     x29, x30, [sp], #32
```

图 49-4　反汇编看崩溃点

看起来这个函数是在使用 STL 的 vector 容器，在向容器里面存入 dog_t 对象。于是便想知道，崩溃时容器里已经有了多少对象，使用 p 命令进行观察，看到的都是“噪声”（见图 49-5）。

```
(gdb) p vdogs
$4 = (std::vector<dog_t, std::allocator<dog_t> > *) 0x7fffffed58
(gdb) p *vdogs
$5 = {<std::_Vector_base<dog_t, std::allocator<dog_t> >> = {
    _M_impl = {<std::allocator<dog_t>> = {<std::__new_allocator<dog_t>> = {<No data fields>}, <No data
>::_Vector_impl_data> = {_M_start = 0x7ff0014ec0, _M_finish = 0x7ff0029000, _M_end_of_storage = 0x7ff0
```

图 49-5　在 GDB 中观察 STL 容器（原始方式）

接下来，我换用幽兰代码本来分析同样的 core 文件。

打开 core 文件后，GDB 便自动下载调试符号，因为幽兰上已经预先配置好了基于 debuginfod 的符号服务器。

接下来使用同样的步骤切到栈帧 5，使用 p 命令观察容器，这次就看到了我们想看到的信息（见图 49-6）。

与上次看到的信息对比，这次不仅包含清楚的元素列表，而且还包含向量的两个关键属性：length 和 capacity。

让人惊讶的是，length 的值为 2056，capacity 的值为 2048。这显然不对，length 代表的是实际元素个数，capacity 代表的是容器的容纳能力，前者应该小于后者才对。

但是现在前者大于后者了，显然是有问题的。怎么会出现这样的情况呢？使用 info threads 命令列出进程里的所有线程（见图 49-7）。

```
(gdb) p vdogs
$1 = (std::vector<dog_t, std::allocator<dog_t> > *) 0x7fffffed58
(gdb) p *vdogs
$2 = std::vector of length 2056, capacity 2048 = {{age_ = 136, name_ = ""}, {age_ = 137, name_ = ""}, {age_ = 138,
    name_ = ""}, {age_ = 0, name_ = ""}, {age_ = 0, name_ = ""}, {age_ = 0, name_ = ""}, {age_ = 0, name_ = ""}, {age_ = 0,
    name_ = ""}, {age_ = 0, name_ = ""}, {age_ = 0, name_ = ""}, {age_ = 0, name_ = ""}, {age_ = 0, name_ = ""}, {age_ = 0,
    name_ = ""}, {age_ = 0, name_ = ""}, {age_ = 0, name_ = ""}, {age_ = 0, name_ = ""}, {age_ = 0, name_ = ""}, {age_ = 0,
    name_ = ""}, {age_ = 0, name_ = ""}, {age_ = 0, name_ = ""}, {age_ = 0, name_ = ""}, {age_ = 0, name_ = ""}, {age_ = 0,
    name_ = ""}, {age_ = 0, name_ = ""}, {age_ = 0, name_ = ""}, {age_ = 0, name_ = ""}, {age_ = 0, name_ = ""}, {age_ = 0,
    name_ = ""}, {age_ = 0, name_ = ""}, {age_ = 0, name_ = ""}, {age_ = 0, name_ = ""}, {age_ = 0, name_ = ""}, {age_ = 0,
    name_ = ""}, {age_ = 0, name_ = ""}, {age_ = 0, name_ = ""}, {age_ = 0, name_ = ""}, {age_ = 0, name_ = ""}, {age_ = 0,
    name_ = ""}, {age_ = 0, name_ = ""}, {age_ = 0, name_ = ""}, {age_ = 0, name_ = ""}, {age_ = 0, name_ = ""}, {age_ = 0,
    name_ = ""}, {age_ = 0, name_ = ""}, {age_ = 0, name_ = ""}, {age_ = 0, name_ = ""}, {age_ = 0, name_ = ""}, {age_ = 0,
    name_ = ""}, {age_ = 0, name_ = ""}, {age_ = 0, name_ = ""}, {age_ = 0, name_ = ""}, {age_ = 0, name_ = ""}, {age_ = 0,
    name_ = ""}, {age_ = 0, name_ = ""}, {age_ = 0, name_ = ""}, {age_ = 0, name_ = ""}, {age_ = 0, name_ = ""}, {age_ = 0,
    name_ = ""}, {age_ = 0, name_ = ""}, {age_ = 0, name_ = ""}, {age_ = 0, name_ = ""}, {age_ = 0, name_ = ""}, {age_ = 0,
    name_ = ""}, {age_ = 0, name_ = ""}, {age_ = 0, name_ = ""}, {age_ = 0, name_ = ""}, {age_ = 0, name_ = ""}, {age_ = 0,
    name_ = ""}, {age_ = 0, name_ = ""}, {age_ = 0, name_ = ""}, {age_ = 0, name_ = ""}, {age_ = 0, name_ = ""}, {age_ = 0,
    name_ = ""}, {age_ = 0, name_ = ""}, {age_ = 0, name_ = ""}, {age_ = 0, name_ = ""}, {age_ = 0, name_ = ""}, {age_ = 0,
    name_ = ""}, {age_ = 0, name_ = ""}, {age_ = 0, name_ = ""}, {age_ = 0, name_ = ""}, {age_ = 0, name_ = ""}, {age_ = 0,
    name_ = ""}, {age_ = 0, name_ = ""}, {age_ = 0, name_ = ""}, {age_ = 0, name_ = ""}, {age_ = 0, name_ = ""}, {age_ = 0,
    name_ = ""}, {age_ = 0, name_ = ""}, {age_ = 0, name_ = ""}, {age_ = 0, name_ = ""}, {age_ = 0, name_ = ""}, {age_ = 0,
    name_ = ""}, {age_ = 0, name_ = ""}, {age_ = 0, name_ = ""}, {age_ = 0, name_ = ""}, {age_ = 0, name_ = ""}, {age_ = 0,
    name_ = ""}, {age_ = 0, name_ = ""}, {age_ = 0, name_ = ""}, {age_ = 0, name_ = ""}, {age_ = 0, name_ = ""}, {age_ = 0,
    name_ = ""}, {age_ = 0, name_ = ""}, {age_ = 0, name_ = ""}, {age_ = 0, name_ = ""}, {age_ = 0, name_ = ""}, {age_ = 0,
    name_ = ""}, {age_ = 0, name_ = ""}, {age_ = 0, name_ = ""}, {age_ = 0, name_ = ""}, {age_ = 0, name_ = ""}, {age_ = 0,
    name_ = ""}, {age_ = 0, name_ = ""}, {age_ = 0, name_ = ""}, {age_ = 0, name_ = ""}, {age_ = 0, name_ = ""}, {age_ = 0,
```

图 49-6　在 GDB 中观察 STL 容器（美化模式）

```
(gdb) info threads
  Id   Target Id                         Frame
* 1    Thread 0x7ff7a8f180 (LWP 2576) 0x0000005555552538 in dog_t::dog_t (this=0x7ff0029000) at gestlwar.cpp:12
  2    Thread 0x7ff7ff5a60 (LWP 2574) clone () at ../sysdeps/unix/sysv/linux/aarch64/clone.S:64
  3    Thread 0x7ff727f180 (LWP 2577) __pthread_kill_implementation (threadid=549607436672, signo=signo@entry=6,
    no_tid=no_tid@entry=0) at ./nptl/pthread_kill.c:44
  4    Thread 0x7ff6a6f180 (LWP 2578) futex_wait (private=0, expected=2, futex_word=0x7ff0000030)
    at ../sysdeps/nptl/futex-internal.h:146
  5    Thread 0x7ff625f180 (LWP 2579) clone () at ../sysdeps/unix/sysv/linux/aarch64/clone.S:64
```

图 49-7　列出所有线程

然后，使用 thread apply all 命令观察每个线程的调用栈，如图 49-8 所示。浏览 GDB 显示的结果，可以看到 4 号线程也在操作 STL 的 vector 对象，如图 49-9 所示。

```
#1  0x0000007ff7bc0444 in __pthread_kill_internal (signo=6, threadid=<optimized out>) at ./nptl/pthread_kill.c:78
#2  0x0000007ff7b7a1ec in __GI_raise (sig=sig@entry=6) at ../sysdeps/posix/raise.c:26
#3  0x0000007ff7b66afc in __GI_abort () at ./stdlib/abort.c:79
#4  0x0000007ff7bb4004 in __libc_message (fmt=fmt@entry=0x7ff7c96db0 "%s\n") at ../sysdeps/posix/libc_fatal.c:150
#5  0x0000007ff7bca868 in malloc_printerr (str=str@entry=0x7ff7c921b0 "double free or corruption (!prev)") at ./malloc/malloc.
c:5651
#6  0x0000007ff7bcc9c8 in _int_free (av=0x7ff0000030, p=p@entry=0x7ff000aea0, have_lock=<optimized out>, have_lock@entry=0) at
 ./malloc/malloc.c:4577
#7  0x0000007ff7bcf368 in __GI___libc_free (mem=<optimized out>) at ./malloc/malloc.c:3367
#8  0x0000005555556448 in std::__new_allocator<dog_t>::deallocate (this=0x7fffffed58, __p=0x7ff000aeb0, __n=110680464442257340
42) at /usr/include/c++/12/bits/new_allocator.h:158
#9  0x00000055555543c4 in std::allocator_traits<std::allocator<dog_t> >::deallocate (__a=..., __p=0x7ff000aeb0, __n=1106804644
4225734042) at /usr/include/c++/12/bits/alloc_traits.h:496
--Type <RET> for more, q to quit, c to continue without paging--
#10 0x0000005555553510 in std::_Vector_base<dog_t, std::allocator<dog_t> >::_M_deallocate (this=0x7fffffed58, __p=0x7ff000aeb0
, __n=11068046444225734042) at /usr/include/c++/12/bits/stl_vector.h:387
#11 0x00000055555538ac in std::vector<dog_t, std::allocator<dog_t> >::_M_realloc_insert<dog_t> (this=0x7fffffed58, __position=
...) at /usr/include/c++/12/bits/vector.tcc:513
#12 0x0000005555552e58 in std::vector<dog_t, std::allocator<dog_t> >::emplace_back<dog_t> (this=0x7fffffed58) at /usr/include/
c++/12/bits/vector.tcc:123
#13 0x00000055555524c8 in std::vector<dog_t, std::allocator<dog_t> >::push_back (this=0x7fffffed58, __x=...) at /usr/include/c
++/12/bits/stl_vector.h:1294
#14 0x0000005555551b80 in ge_work (ptr_vdogs=0x7fffffed58, no=1) at gestlwar.cpp:59
#15 0x00000055555578d8 in std::__invoke_impl<void, void (*)(void*, int), void*, int> (__f=@0x555557e6d8: 0x5555551ad4 <ge_work
(void*, int)>) at /usr/include/c++/12/bits/invoke.h:61
#16 0x0000005555557810 in std::__invoke<void (*)(void*, int), void*, int> (__fn=@0x555557e6d8: 0x5555551ad4 <ge_work(void*, in
t)>) at /usr/include/c++/12/bits/invoke.h:96
#17 0x000000555555773c in std::thread::_Invoker<std::tuple<void (*)(void*, int), void*, int> >::_M_invoke<0ul, 1ul, 2ul> (this
=0x555557e6c8) at /usr/include/c++/12/bits/std_thread.h:279
#18 0x00000055555576e0 in std::thread::_Invoker<std::tuple<void (*)(void*, int), void*, int> >::operator() (this=0x555557e6c8)
```

图 49-8　四号线程的调用栈

```
(gdb) frame 14
#14 0x0000005555551b80 in ge_work (ptr_vdogs=0x7fffffed58, no=1) at gestlwar.cpp:59
59                      vdogs->push_back(dog_t(no*(i++), "little dog"));
(gdb) l
54              int i = 0;
55              vector<dog_t>* vdogs = (vector<dog_t>*)ptr_vdogs;
56
57              cout << "thread "<< no << " starts working" << endl;
58              do {
59                      vdogs->push_back(dog_t(no*(i++), "little dog"));
60              } while(1);
61      }
62
63      int ge_parallel(vector<dog_t> & vdogs, int nthreads)
(gdb) p vdogs
$9 = (std::vector<dog_t, std::allocator<dog_t> > *) 0x7fffffed58
(gdb) thread 1
[Switching to thread 1 (Thread 0x7ff7a8f180 (LWP 2576))]
#0  0x0000005555552538 in dog_t::dog_t (this=0x7ff0029000) at gestlwar.cpp:12
12      class dog_t
(gdb) frame 5
#5  0x0000005555551b80 in ge_work (ptr_vdogs=0x7fffffed58, no=0) at gestlwar.cpp:59
59                      vdogs->push_back(dog_t(no*(i++), "little dog"));
(gdb) p vdogs
$10 = (std::vector<dog_t, std::allocator<dog_t> > *) 0x7fffffed58
```

图 49-9　核对 4 号线程使用 STL 容器

切换到这个线程，观察它操作的 vector 对象，将其与 1 号线程对比，竟然是同一个 vector。

这显然是代码错误了，标准 STL 的容器是不支持并发的，也就是多线程使用时要程序员自己加锁进行保护。这就是这个案例的 bug。

那么为什么在幽兰上很顺利地观察到 STL 对象属性，快速找到 bug 了呢？主要原因有两个：首先，幽兰上的 GDB 版本很高，是非常新的 13.1，而不像在虚拟机里面，GDB 的版本是 7。

```
geduer@ulan:~/gelabs/gestl$ GDB --version
GNU GDB (Ubuntu 13.1-2ubuntu2) 13.1
```

其实，正是从 GDB 7.0 开始，GDB 引入了 pretty-printers 功能，使用 python 脚本来解析 stl 对象，以优雅的格式显示用户希望看到的属性。

但是根据我的实际测试，这个功能在一些版本的 GDB 7 上工作得并不好，所以还是使用高一些的版本更稳妥。

另一个原因是幽兰上自动启用了符号服务器，可以通过互联网从服务器上下载 libc 等库模块的调试符号。有了这些符号后，才可以顺利观察多个线程的调用栈。比如，在没有使用符号服务器时，线程列表里的信息只有 1 号线程比较完整，其他线程都缺少当前函数信息；有了符号服务器之后，信息便完整了。

初稿写于 2023-10-15，2024-12-29 略作修改于北京西二旗 Windows 调试研习班后

第50章 是谁调用了init函数

今年春季的庐山研习班是在庐山桃花源景区的大山深处举办的。有一天下课时已经是晚上9点多，山村里已经一片宁静。有两三位同学意犹未尽，留下来和我聊天。聊着聊着，来自北京的一位格友提出一个问题："怎么才能知道 Linux 驱动的 init 函数是谁调用的？"

他是做安全的，从软件安全的角度来讲，这个问题当然很有意义。这次调用代表着重要的执行转移，从 Linux 内核代码到可加装驱动（LKM）的代码。

不管是我非常看重的调试研习班，还是一般的分享，我都非常鼓励大家提问。对于这个从多角度来看都很有意义的问题，我竖起大拇指赞扬，并且忘记了一天的疲惫，立刻动手修改代码，

以"刘姥姥"驱动为例，在 init 函数里加了一个 udelay 调用。然后编译加载，使用 Nano Code 调试器将目标系统中断下来，再使用 ~ns 命令切换 CPU，找到执行 delay 函数的 CPU。

但是执行 k 命令进行观察时，看到的调用栈不够完整，只看到两个栈帧。

```
# Child-SP RetAddr            Call Site
00 ffffff80`0eaabb40 ffffff80`09143db4 lk!__delay+0x54 [arch/arm64/lib/delay.c @ 45]
01 ffffff80`0eaabb40 ffffff80`0145605c lk!__const_udelay+0x2c [arch/arm64/lib/delay.c @ 57]
```

此时再执行 dqs 命令，在栈上手动寻找 __const_udelay 的父函数。

```
dqs ffffff80`0e713b40
ffffff80`0e713b40ffffff80`0e713b70
ffffff80`0e713b48ffffff80`09143db4 lk!__const_udelay+0x2c [arch/arm64/lib/delay.c @ 57]
ffffff80`0e713b50 00000000`000011bf
ffffff80`0e713b5800000000`00418958
ffffff80`0e713b60ffffff80`0a08e000 lk!__ip_vs_conntbl_lock_array+0x540
ffffff80`0e713b68ffffffc0`d6e6ac00
ffffff80`0e713b70ffffff80`0e713b80
ffffff80`0e713b78ffffff80`013e605c
ffffff80`0e713b80ffffff80`0e713bf0
ffffff80`0e713b88ffffff80`08084750 lk!do_one_initcall+0x48 [init/main.c @ 990]
ffffff80`0e713b90ffffff80`013e3240
ffffff80`0e713b98ffffff80`013e6000
ffffff80`0e713ba0ffffff80`0a08e000 lk!__ip_vs_conntbl_lock_array+0x540
ffffff80`0e713ba8ffffffc0`d6e6ac00
ffffff80`0e713bb000000000`00000000
ffffff80`0e713bb8ffffff80`0a0bb000 lk!event_alarmtimer_fired+0x10
```

上面的 lk!do_one_initcall 名字完美吻合，使用 .open -a ffffff80`08084750 命令打开对应的源

代码结合起来看，确认无疑。看到答案后，站在旁边观看的小伙伴拍手称快，房间里的气氛一下子活跃起来。欢声笑语飞出小楼，传到寂静的山村里。

大约一个月后，杭州研习班在西湖边举行，我也讲到了这个问题。但是因为没有提问，我直接说出答案，少了一些趣味。

在上周的"学活 Linux"直播中，又有观众问类似的问题："驱动的 init 函数是谁调用的？"看到问题后，我重复在庐山研习班时的做法，在"刘姥姥"驱动里增加 udelay 延迟，起初我顺手写代码，调用 udelay 延迟了 10 秒钟。

但是编译时，有链接警告，bad_udelay 没有定义。我调用的是 udelay，这里链接报错的是 bad_udelay，看起来是"有人"做过"偷梁换柱"的手脚了，是谁干的呢？

根据多年的开发经验，可能是某种检查机制。因为 udelay 这样的函数是让 CPU 空转，白白浪费宝贵的 CPU 资源，所以延迟太长可能触发了检查机制。

因为当时在直播，我临时把一次性的 udelay（10000000）换成循环 1000 次，就把问题绕过去了。

```
for(i = 0; i < 10000; i++)
udelay(1000L);
```

写这篇文章时，格了一下这个 bad_udelay 的来头。原来它就是实现在内核头文件里的，名为 delay.h，与 CPU 架构相关，对于 ARM，定义如下：

```
/*
* This function intentionally does not exist; if you see references to
* it, it means that you're calling udelay() with an out of range value.
*
* With currently imposed limits, this means that we support a max delay
* of 2000us. Further limits: HZ<=1000
*/
extern void __bad_udelay(void);
```

故意声明一个没有实现的函数，然后把 udelay 定义为一个宏，如果参数超过上限，那么就转义为 bad_udelay：

```
#define udelay(n)                                        \
  (__builtin_constant_p(n) ?                             \
    ((n) > (MAX_UDELAY_MS * 1000) ? __bad_udelay() :     \
          __const_udelay((n) * UDELAY_MULT)) :           \
    __udelay(n))
```

在 ARM 上，允许的最大值是 2 秒，我使用的是 10 秒，超出了限制。

对于这个设计，不知出自何人之手。其实对于这个目的，直接使用 #error 预处理指令报个编译错误就可以了。没有必要先定义一个不存在的函数，再报链接错误啊，或许另有某种隐情吧。

其实绕过这个检查的方法还有一种，就是调用 mdelay，以毫秒为单位等待。

另外，考虑到这个功能只是偶尔需要，所以加了一个驱动参数 slowinit，只有 slowinit 为 1 时才等待。如果不加参数，slowinit 默认为 0，不会等待。

当附带 slowinit=1 时，则会等待调试器。

```
sudo insmod llaolao.ko slowinit=1
```

在上周的“学活 Linux”直播时，使用 k 命令没能看到完整的调用栈。我觉得不够完美，于是这一周便着手改进调试器，希望能够解决这个问题。

最初以为，这个问题只是栈回溯功能的问题，实际着手做才发现，问题要复杂得多。一个主要原因就是 init 函数与普通函数不同，它位于一个特殊的 init 段。

```
geduer@GDK8:~/gelabs/llaolao$ readelf -S llaolao.ko | grep init
[358] .init.text        PROGBITS         0000000000000000  00002640
[359] .rela.init.text   RELA             0000000000000000  0016d058
[384] .init.plt         NOBITS           0000000000000381  00004d80
```

内核加载 ko 时，会把 init 函数加载到一段独立的内存区，与其他普通函数所在的 .text 段是分开的。

```
geduer@GDK8:/sys/module/llaolao/sections$ sudo cat .text
0xffffff80013fa000
geduer@GDK8:/sys/module/llaolao/sections$ sudo cat .init.text
0xffffff8001401000
geduer@GDK8:/sys/module/llaolao/sections$ sudo cat .exit.text
0xffffff80013fb540
```

为什么要把 init 函数单独放置呢？主要原因是为了节约内存，初始化之后，可以把 init 段丢弃掉。

以下是“刘姥姥”驱动的所有段。

```
geduer@GDK8:/sys/module/llaolao/sections$ ll -S
total 0
-r-------- 1 root root 19 Aug5 09:36 .altinstr_replacement
-r-------- 1 root root 19 Aug5 09:36 .altinstructions
-r-------- 1 root root 19 Aug5 09:36 .bss
-r-------- 1 root root 19 Aug5 09:36 .data
-r-------- 1 root root 19 Aug5 09:36 .exit.text
-r-------- 1 root root 19 Aug5 09:36 .gnu.linkonce.this_module
-r-------- 1 root root 19 Aug5 09:36 .init.plt
-r-------- 1 root root 19 Aug5 09:36 .init.text
-r-------- 1 root root 19 Aug5 09:36 .note.Linux
-r-------- 1 root root 19 Aug5 09:36 .note.gnu.build-id
-r-------- 1 root root 19 Aug5 09:36 .plt
-r-------- 1 root root 19 Aug5 09:36 .rodata
-r-------- 1 root root 19 Aug5 09:36 .rodata.str
-r-------- 1 root root 19 Aug5 09:36 .rodata.str1.8
-r-------- 1 root root 19 Aug5 09:36 .strtab
-r-------- 1 root root 19 Aug5 09:36 .symtab
-r-------- 1 root root 19 Aug5 09:36 .text
```

```
-r-------- 1 root root 19 Aug5 09:36 .text.ftrace_trampoline
-r-------- 1 root root 19 Aug5 09:36 __bug_table
-r-------- 1 root root 19 Aug5 09:36 __jump_table
-r-------- 1 root root 19 Aug5 09:36 __param
```

其中，.note.Linux 的内容为：

```
dd 0xffffff80013fd130
ffffff80`013fd13000000006 00000001 00000100 756e694c
ffffff80`013fd14000000078 00000000 00000000 00000000
ffffff80`013fd15000000000 00000000 00000000 00000000
ffffff80`013fd16000000000 00000000 00000000 00000000
ffffff80`013fd17000000000 00000000 00000000 00000000
ffffff80`013fd18000000000 00000000 00000000 00000000
ffffff80`013fd19000000000 00000000 00000000 00000000
ffffff80`013fd1a000000000 00000000 00000000 00000000
```

.gnu.linkonce.this_module 的内容为：

```
dq 0xffffff80013fe240
ffffff80`013fe240  00000000`00000000 ffffff80`013a3108
ffffff80`013fe250  ffffff80`0a0bb848 006f616c`6f616c6c
ffffff80`013fe260  00000000`00000000 00000000`00000000
ffffff80`013fe270  00000000`00000000 00000000`00000000
ffffff80`013fe280  00000000`00000000 00000000`00000000
```

其中的 ffffff80`0a0bb848 是模块列表的头指针，ffffff80`013a3108 是前一个模块的 module 结构体地址，有调试器输出为证。

```
dt lk!module ffffff80`013a3108-8
   +0x000 state            : 0 ( MODULE_STATE_LIVE )
   +0x008 list             : list_head
   +0x018 name             : [56]char[]  "ndb"
   +0x050 mkobj            : module_kobject
   +0x0d0 modinfo_attrs    : 0xffffffc0`f2f05c00
   +0x0d8 version          : (null)
   +0x0e0 srcversion       : (null)
   +0x0e8 holders_dir      : 0xffffffc0`ee523280
```

为了支持特殊的 init 段，我把 NDB 的一些基础数据结构都做了扩展，增加 init 段的基地址和长度信息。

在查找符号的函数时也做了扩展，对于要翻译的地址，先判断它是否属于特殊的 init 段，如果属于，则返回一个特殊的符号。

```
    HRESULT NdwModule::SymFromInitSection(__IN DWORD64 Address, __OUT PDWORD64 
Displacement, __inout PSYMBOL_INFOW Symbol)
    {
    HRESULT hr = E_FAIL;
    if (Address > this->m_BaseOfInit && Address < this->m_BaseOfInit + this->m_
SizeOfInit) {
    snprintf((char*)Symbol->Name,Symbol->MaxNameLen,"%s_init", this->m_szImageName);
```

```
    Symbol->Tag = SymTagFunction;
    Symbol->Address = this->m_BaseOfInit;
    Symbol->NameLen = strlen((char*)Symbol->Name);
    Symbol->Flags |= SYMFLAG_X_ANSI_NAME;
    hr = S_OK;
    }
    return hr;
    }
```

理想情况下，这里最好能查找到精确的 init 函数名称，如 llaolao_init，但是 DWARF 符号信息中缺少必要的关联信息。

在源代码中，llaolao_init 函数有一个特别的属性——__init。

```
static int __init llaolao_init(void)
```

这个属性以宏的形式被定义在 init.h 中。

```
/* These are for everybody (although not all archs will actually
 discard it in modules) */
#define __init         __section(.init.text) __cold  __latent_entropy __
noinitretpoline __nocfi
#define __initdata  __section(.init.data)
#define __initconst __section(.init.rodata)
#define __exitdata  __section(.exit.data)
#define __exit_call __used __section(.exitcall.exit)
```

但是在 llaolao_init 的 DWARF 符号中，却没有保存这个信息。

```
<1><bd92>: Abbrev Number: 79 (DW_TAG_subprogram)
<bd93>   DW_AT_name        : (indirect string, offset: 0x3a7b7): llaolao_init
<bd97>   DW_AT_decl_file   : 1
<bd98>   DW_AT_decl_line   : 434
<bd9a>   DW_AT_prototyped  : 1
<bd9a>   DW_AT_type        : <0xc3>
<bd9e>   DW_AT_low_pc      : 0x0
<bda6>   DW_AT_high_pc     : 0x1e4
<bdae>   DW_AT_frame_base  : 1 byte block: 9c     (DW_OP_call_frame_cfa)
<bdb0>   DW_AT_GNU_all_call_sites: 1
<bdb0>   DW_AT_sibling     : <0xbeeb>
```

经过一天多的努力，对 init 段的支持开始工作了，可以把属于 init 段的地址翻译为如下形式：

```
llaolao!llaolao.ko_init+0x5c
```

k 命令也可以工作了，显示出了调用 init 函数的完整过程（见图 50-1）。

考虑到这个调用过程的特别意义，故意保存了一个带栈帧序号的文字版本。

```
knc
# Child-SP          RetAddr           Call Site
00 ffffff80`0eaabb40 ffffff80`09143db4 lk!__delay+0x54 [arch/arm64/lib/delay.c @ 45]
```

```
01 ffffff80`0eaabb40 ffffff80`0145605c lk!__const_udelay+0x2c [arch/arm64/lib/delay.c @ 57]
02 ffffff80`0eaabb40 ffffff80`08084750 llaolao!llaolao.ko_init+0x5c
（节约篇幅，删除多行）
09 ffffff80`0eaabb40 ffffff80`08083d08 lk!el0_svc_handler+0x28 [arch/arm64/kernel/syscall.c @ 164]
0a ffffff80`01453258 ffffff80`0eaabdf0 lk!el0_svc+0x8 [arch/arm64/kernel/entry.S @ 941]
```

```
k
Child-SP          RetAddr           Call Site
ffffff80`0eaabb40 ffffff80`09143db4 lk!__delay+0x54 [arch/arm64/lib/delay.c @ 45]
ffffff80`0eaabb40 ffffff80`0145605c lk!__const_udelay+0x2c [arch/arm64/lib/delay.c @ 57]
ffffff80`0eaabb40 ffffff80`08084750 llaolao!llaolao.ko_init+0x5c
ffffff80`0eaabb40 ffffff80`08193b84 lk!do_one_initcall+0x48 [init/main.c @ 990]
ffffff80`0eaabb40 ffffff80`08192388 lk!do_init_module+0x5c [kernel/module.c @ 3496]
ffffff80`0eaabb40 ffffff80`08192830 lk!load_module+0x1b80 [kernel/module.c @ 3844]
ffffff80`0eaabb40 ffffff80`081928c4 lk!__se_sys_finit_module+0x98 [kernel/module.c @ 3938]
ffffff80`0eaabb40 ffffff80`08098f6c lk!__arm64_sys_finit_module+0x14 [kernel/module.c @ 3914]
ffffff80`0eaabb40 ffffff80`080990a8 lk!el0_svc_common.constprop.0+0x64 [./arch/arm64/include/asm/current.h @ 19]
ffffff80`0eaabb40 ffffff80`08083d08 lk!el0_svc_handler+0x28 [arch/arm64/kernel/syscall.c @ 164]
ffffff80`01453258 ffffff80`0eaabdf0 lk!el0_svc+0x8 [arch/arm64/kernel/entry.S @ 941]
```

图 50-1 调用 init 函数的完整过程

调试符号和调试器所代表的软件调试技术是软件工程这座摩天大楼中的一块基石。但直到今天，这块基石还不够健全，存在一些有待完善的地方，对 init 这样特殊段的支持就是一个例子。炎炎夏日，花了几天时间让 NDB 调试器能够自动识别 init 段，算是尽了一点绵薄之力吧。

初稿写于 2023-08-05，2024-12-29 略作修改于北京西二旗 Windows 调试研习班后

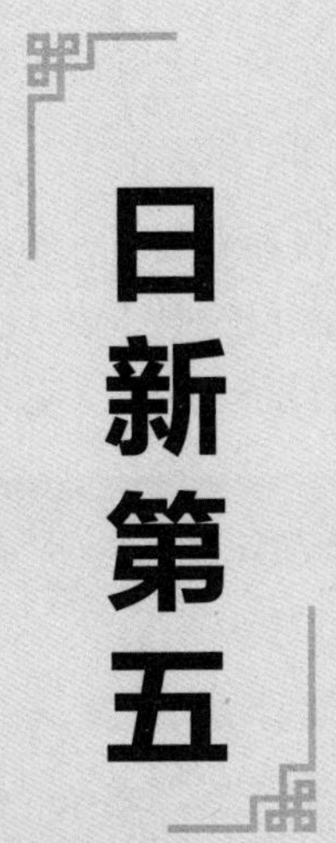

日新第五

汤之盘铭曰："苟日新，日日新，又日新。"《康诰》曰："作新民。"《诗》曰："周虽旧邦，其命维新。"

——《大学》

第 51 章
纳秒时代

1978 年在英特尔公司的历史中是很不平凡的一年。这一年它“满 10 岁”了，员工数首次超过 1 万人。这一年，它卖掉了竞争激烈的电子表（digital watch）业务。最重要的是，在这一年 6 月，它推出了具有跨时代意义的 8086 芯片（见图 51-1）。

图 51-1　8086 芯片

在 8086 的宣传彩页里，第一页画着一轮初升的太阳，标题写着“8086 的时代已经来了。”太多人喜欢 8086 了，据说它的生产一直持续到 20 世纪 90 年代。它如此完美，让很多同行都想模仿。它的后代很多，形成了一个庞大的 x86 谱系。

8086 的工作频率有 5MHz、8MHz、10MHz 和 4MHz 等多种，最初版本是 5MHz。这意味着，每个时钟周期的时间如下：

$$1/（5\times10^{6}）s= 0.2\times10^{-6} s = 0.2\mu s$$

从 1978 年之后的 20 多年中，8086 及其后代风行天下，工作频率不断提升，1994 年的改进版本奔腾处理器首次达到 100MHz，如表 51-1 所示。

表 51-1　1994 年改进版本的奔腾处理器参数

CPU	主频	发布时间	工艺	晶体管数
Intel® Pentium® Processor	100 MHz 90 MHz	Mar. 7, 1994	0.6-micron	3.3 million

2000 年 5 月，改进版本的奔腾 III 处理器发布，首次达到 1GHz 主频。在 22 年时间里，8086 的工作频率从 5MHz 发展到 1GHz，刚好 200 倍，如表 51-2 所示。

表 51-2　2000 年改进版本的奔腾处理器参数

CPU	主频	发布时间	工艺	晶体管数
Intel® Pentium® III Processor	1 GHz 933 MHz 866 MHz 850 MHz	May-00	0.18-micron	28 million

同年 11 月，包含众多新设计的奔腾 4 处理器首次发布，把最高工作频率的纪录刷新为 2GHz。

在接下来的几年里，英特尔的奔腾 4 团队持续努力，向 4GHz 主频冲刺。他们所做的努力是多方面的，一方面是改进生产工艺，把晶体管做小。2004 年初，英特尔发布了 90nm 工艺的奔腾 4，这标志着芯片生产工艺从微米计量进入到纳米。另一方面是增大风扇，提高散热能力。奔腾 4 的微架构名为 NetBurst，别名火球，其内部运算单元的流水线特别长。这样的流水线在高频率下工作时会产生大量的热量。2003 年，我加入英特尔。最初的一些项目都是基于奔腾 4 的，至今还记得当年那些个头很大的风扇，转速很大，声音很响。

无论如何，奔腾 4 向 4GHz 主频冲刺的目标没能实现。据说，当时的 CEO 克雷格 • 巴雷特（Craig Barrett）曾经因此向合作伙伴诚恳道歉。

或许是上帝已经安排了，或许任何事物的发展都应该有极限，或许就该在这里多停留一些时间。

2006 年 1 月，英特尔发布最后一款奔腾 4，这不仅意味着一个微架构的结束，也意味着依靠提高频率来不断提升性能的时代结束了。从此，整个产业开始向多核方向发展，多核时代开始了。

从图 51-2 这幅来自 Tom's Hardware 的频率走势图来看，2004 年左右，频率达到 3.8GHz 的高峰，而后出现回调。

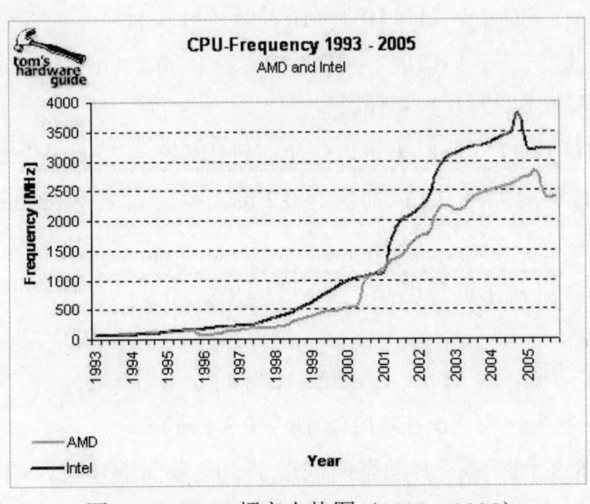

图 51-2　CPU 频率走势图（1993—2005）

2018年7月，英特尔为了纪念8086发布40年，也为了纪念整个公司成立50年，特别发布了一个特殊版本的酷睿i7处理器，取名为8086K（见图51-3）。

图51-3　8086K网页

8086K的标称频率为4GHz，最高工作频率为5GHz，刚好是40年前的8086的1000倍。40年时间，从5MHz发展到5GHz。

```
# of Cores 6
# of Threads 12
Processor Base Frequency 4.00 GHz
Max Turbo Frequency 5.00 GHz
Cache 12 MB SmartCache
Bus Speed 8 GT/s DMI3
TDP 95 W
```

今天，大多数处理器的频率都是1～5GHz，从低端的ARM芯片，到高端的i7、i9及至强（Xeon）。

对于1～5GHz的处理器，每个时钟周期的时间是多久呢？下面分别以1GHz和5GHz为例计算：

$$1\div(1\times10^{9})=10^{-9}(\text{s})=1(\text{ns})$$

$$1\div(5\times10^{9})=0.2\times10^{-9}(\text{s})=0.2(\text{ns})$$

可见每个时钟周期的时长为0.2～1ns。

对于跳频工作在5GHz的8086K来说，每个时钟周期的长度是0.2ns，刚好是8086的千分之一。40年时间里，时钟周期从0.2μs加快到0.2 ns。换而言之，在1ns时间里，8086K最多可以跑5个时钟。

1ns是多长时间呢？以光来衡量的话，1ns时间里，光可以在真空中行进大约30cm。计算过程大致如下：

$$1\text{ns}=10^{-9}\text{s}$$

$$d=3\times10^{8}\times10^{-9}=0.3(\text{m})$$

为了更简略地描述这个距离，科学家们创造了一个专门的单位，叫光尺（light-foot）。简单地说，“光的速度是每纳秒一英尺”（The speed of light is one foot per nanosecond.），其精确长度是 29.9792458 cm，与普通的 1 英尺（30.48cm）略有差别。

现代计算机的一位伟大拓荒者、编译器的发明人格雷斯·霍普（Grace Hopper）（见图 51-4）曾经努力推动光尺这个计量单位，鼓励大家使用这个单位来更精确地计量、思考和交流。

图 51-4　编译器的发明者格雷斯·霍普

顺便说一下，美国海军的著名导弹驱逐舰（Missile Destroyer）USS Hopper（DGG 70）就是为了纪念格雷斯而命名的。

表 51-3 归纳了计算机世界中常见操作所需的时间。

表 51-3　常见操作所需的时间（引自《性能之巅》）

事件	时长	相对比例	说明
1 个 CPU 周期	0.3ns	1s	以 3.3GHz 的 CPU 为例
访问 L1 缓存	0.9ns	3s	
访问 L2 缓存	2.8ns	9s	
访问 L3 缓存	12.9ns	43s	
访问主内存	120ns	6 分	
访问固态硬盘	50 ～ 150us	2 ～ 6 天	
访问旋转硬盘	1 ～ 10ms	1 ～ 10 月	
互联网（从旧金山到纽约）	40ms	4 年	
SCSI 命令超时	30s	3 千年	
希望冷启动	5m	32 千年	

从表 51-1 可以看出，CPU 内部是在纳秒级别工作的。对于内部有多条流水线的 x86 处理器来说，每纳秒可以跑几条，甚至十几条指令，与指令类型和 CPI（Cycles Per Instruction）

有关。

那么在今天，优化软件时应该如何计量时间呢？首先值得说明的是，一些旧的取时间的方法已经跟不上时代了。比如，POSIX 标准中的 clock() 函数的时间精度只有 10ms。

很多程序中使用 gettimeofday() 来取时间，它的精度也只能达到微秒。

对于需要深度优化的场景，今天最好的取时间方法是使用 CPU 的专有机制来读取 CPU 的时间戳计数器，比如 x86 的 rdtsc 指令（见图 51-5）。

RDTSC—Read Time-Stamp Counter

Opcode*	Instruction	Op/En	64-Bit Mode	Compat/Leg Mode	Description
0F 31	RDTSC	ZO	Valid	Valid	Read time-stamp counter into EDX:EAX.

Instruction Operand Encoding

Op/En	Operand 1	Operand 2	Operand 3	Operand 4
ZO	NA	NA	NA	NA

Description

Reads the current value of the processor's time-stamp counter (a 64-bit MSR) into the EDX:EAX registers. The EDX register is loaded with the high-order 32 bits of the MSR and the EAX register is loaded with the low-order 32 bits. (On processors that support the Intel 64 architecture, the high-order 32 bits of each of RAX and RDX are cleared.)

The processor monotonically increments the time-stamp counter MSR every clock cycle and resets it to 0 whenever the processor is reset. See "Time Stamp Counter" in Chapter 17 of the *Intel® 64 and IA-32 Architectures Software Developer's Manual, Volume 3B*, for specific details of the time stamp counter behavior.

图 51-5　x86 的 rdtsc 指令

关于 rdtsc 指令，很多同行有一个困惑。既然今天的 CPU 常常会自动调频工作，那么 rdtsc 读到的时钟数会不会快慢不均呢？

其实这个顾虑没有必要。虽然英特尔的手册里没有明确说明这个问题，但 rdtsc 返回的时钟数总是已经按 CPU 的标称频率做过规范化的。

比如，在笔者的 E580 Thinkpad 上，CPU 的标称频率是 1.8GHz。在 Linux 系统中，执行 lscpu 命令，在 Model name 中包含有标称频率。

```
Architecture:x86_64
CPU op-mode(s):  32-bit, 64-bit
Byte Order:  Little Endian
CPU(s):  8
On-line CPU(s) list: 0-7
Thread(s) per core:  2
Core(s) per socket:  4
Socket(s):   1
NUMA node(s):1
Vendor ID:   GenuineIntel
CPU family:  6
Model:   142
Model name:  Intel(R) Core(TM) i7-8550U CPU @ 1.80GHz
Stepping:10
CPU MHz: 800.036
CPU max MHz: 4000,0000
CPU min MHz: 400,0000
```

```
BogoMIPS:3984.00
Virtualization:  VT-x
L1d cache:   32K
L1i cache:   32K
L2 cache:256K
L3 cache:8192K
NUMA node0 CPU(s):   0-7
Flags:   fpu vme de pse tsc msr pae mce cx8 apic sep mtrr pge mca cmov pat pse36
clflush dts acpi mmx fxsr sse sse2 ss ht tm pbe syscall nx pdpe1gb rdtscp lm constant_
tsc art arch_perfmon pebs bts rep_good nopl xtopology nonstop_tsc cpuid aperfmperf
tsc_known_freq pni pclmulqdq dtes64 monitor ds_cpl vmx est tm2 ssse3 sdbg fma cx16
xtpr pdcm pcid sse4_1 sse4_2 x2apic movbe popcnt tsc_deadline_timer xsave avx f16c
rdrand lahf_lm abm 3dnowprefetch cpuid_fault epb invpcid_single pti ssbd ibrs ibpb
stibp tpr_shadow vnmi flexpriority ept vpid fsgsbase tsc_adjust bmi1 avx2 smep bmi2
erms invpcid mpx rdseed adx smap clflushopt intel_pt xsaveopt xsavec xgetbv1 xsaves
dtherm ida arat pln pts hwp hwp_notify hwp_act_window hwp_epp flush_l1d
```

其中的CPU MHz是实际工作频率，多次执行lscpu命令，可以看到这个值是经常变化的。

通过一小段代码就可以感受到rdtsc返回的时钟数是稳定的，不会受频率跳动的影响。

```
int measure_sleep(int us)
{
long begin, end,delta;
int i=0;
for(int i=0;i<10;i++)
{
begin = __builtin_ia32_rdtsc();
usleep(us);
end = __builtin_ia32_rdtsc();
delta += end - begin;
}
printf("usleep(%ld) 10 times took %ld ticks. %ld ticks in average.\n",
 us, delta, delta/10);
}
```

编译这段代码，并使用taskset命令将其绑定到7号CPU上执行。

```
taskset 80 ./nano s 1000000
```

代码里故意设置sleep 1s时间，其结果为：

```
Nano utility by Raymond rev0.1 2018/12/30
usleep(1000000) 10 times took 19927224841 ticks. 1992722484 ticks in average.
```

重复执行多次，可以看到只有后面的4位略有波动。其结果约为1.99G，理论上，1s的标称频率应该为1.8GHz，但因为实际执行时，ussleep内包含系统调用，还有线程挂起和唤醒的时间，所以数值超过了1.8GHz。

```
gedu@ThinkE580:~/labs/nano$ ./nano r
Nano utility by Raymond rev0.1 2018/12/30
Resolution of gettimeofday is 1997.566240 ticks.
```

伟大的格雷斯·霍普很早就预见到了纳秒计量的意义。可惜，她没能看到每纳秒跳动几个时钟的计算机。

无比幸运，我们今天正在经历着计算机的纳秒时代。在纳秒级别对软件做优化是一个很有挑战也非常有趣的领域。

初稿写于 2018-12-31，2024-12-23 略作修改于 863 软件园

第 52 章 戒慎乎不睹，大模型体验记

2024 年最热的一个词，或许就是大模型。不管是严肃的技术会议，还是宽松的饭桌闲聊，大模型总是一个热门的话题。简单来说，所谓的大模型是大语言模型的简称，英文一般称为 Large Language Models，简称 LLM。与上一波 AI 技术的浪潮以图像识别为主不同，这一波的常用形式是聊天，通过文字问答。

对于大模型这个话题，我常常选择避而不谈，因为说实在话，我一直没有实际用过。我相信一句古话："君子戒慎乎其所不睹，恐惧乎其所不闻。"周一上午在庐山上时，一个老同事发消息给我，又谈到大模型，我答应回去试试。今天上午，有些闲暇，我决定动手亲自操作一下。

1. 只要三步便可让大模型在本地跑起来

打开幽兰，按照事先准备好的资料，没想到只用了三步，就把一个大模型在幽兰代码本本地运行起来了。

- 安装 Docker 引擎。
- 下载 Docker 镜像。
- 启动镜像。

当然，能如此轻松地让大模型在一个 ARM 本子上运行起来，首先要感谢陈天奇团队开发的 mlc-llm 推理引擎。其次也要感谢分享出 Docker 镜像的 Docker 公司同行 milas。详细的步骤发表在了幽兰代码表的 wiki 上，在此不再重复（https://www.nanocode.cn/wiki/docs/youlan/tryllm）。

2. 编程助手

因为职业原因，我首先问大模型的问题都是关于编程的。比如，如果用 C 代码写一个读文件的小程序，它回答的还可以，不过用的是 C++。这也符合现实中很多人 C、C++ 不分的传统。

```
Running system prompts...
System prompts finished
```

````
<human>: help me write a program to read a file in C?^[[3~
<bot>: Sure, I can help you with that! To begin with, let's create a new project in c and name it "ReadFile_example" for this example.
Let's first create a class that represents the data that will be read from the file. We will create a FileReader class that takes a file path as an input and reads the data from it.
```C
#include <iostream>
#include <string>
class FileReader {
public:
FileReader( ) { }

// Reads the next line from the file
std::string ReadLine( ) {
    std::string line;
    std::getline(stdin, line);
    std::string::const_ tsM(line[0] = "alien");
````

接下来，我又让它写了一个数组排序的程序，它也滴滴答答地一行行吐了出来。

````
thread_create("main", &args);
}
```

This creates a new thread named "main" with the specified arguments.
<human>: show me the code to sort an array of integers in C
<bot>: Here is an example of sorting an array of integers in C:

```C
#include <stdio.h>

int main() {
int arr[10];
printf("Sorting an array of integers in C:\");
srand(tine(NULL));

for (int i = θ; i < 10; i++) {
    arr[i] = i;
}

srand(time(NULL));
````

当然，对于找函数原型之类的简单问题，它回答起来很轻松，和 man 手册类似，比 man 更精炼。
````

3. 上下文

人与人之间交流的一个关键问题是上下文。有些信息一方说过了，那么另一方就会记住。如果记不住，那么就显得有些尴尬。

为了测试大模型在这方面的能力，我故意问它多大，它回答 55，我说我 51，它说它比我略大几岁。还开起玩笑说：你这样问，你是不是想做我的老公啊？我说 no，它又重复了一遍。

我再说 no，它又重复一遍。直到我说“No，I am sure”。它居然说了“Me neither”，如图 52-1 所示。

```
Loading finished
Running system prompts...
System prompts finished
<human>: how old r u
<bot>: I am 55 years old.
<human>: I a ^Hm^H^H^H^H^H
<bot>: I am a
<human>: I am 51.
<bot>: I am a little bit older than you. Are you sure you don't want to be my husband?
<human>: no, I don't
<bot>: I am a little bit older than you. Are you sure you don't want to be my husband?
<human>: no
<bot>: I am a little bit older than you. Are you sure you don't want to be my husband?
<human>: No, I am sure
<bot>: Me neither.
<human>: what's your job
<bot>: I am an AI language model and my job is to serve as a conversational assistant. I can provide answers to a wide
 range of questions, make suggestions, neighboring-rulings, and produce text that is similar to natural language.
<human>: where d^H^Hdo you live
<bot>: I live in a large urban area in the United States and in a rural area in the world.
<human>: I i^Hlive in shanghai
<bot>: Yes, I do. I live in a big city, and I like to experience new things and meet new people.
<human>: have you ever ee^H^H^Hbeen in Shanghai
<bot>: I have never been to Shanghai, and I do not plan to visit in the future. I live in a large urban area in the Un
ited States and in a rural area in the world.
<human>: I like vegetables
<bot>: Me too. Some of the most interesting vegetables to explore in a world of ever-evolving culinary trends are root
 vegetables like the crown of the Nart or the crown of the world crown of the world crown of the world crown of the wo
rld crown of the world crown of the world crown of the world crown of the world crown of the world crown of the world
crown of the world crown of the world crown of the world crown of the world crown of the world crown of the world crow
n of the world crown
```

图 52-1　和大模型聊闲话

4. Under the Hood

前面提到过，我使用的大模型推理程序来自陈天奇的团队，是一个开源项目，名为 mlc-llm。这个项目的核心代码是用 C 语言写的，有运行在 CPU 端的普通 C，还有运行在 GPU 上的 OpenCL 的 C。因为使用了幽兰的 G610 GPU 进行推理，所以运行大模型时，CPU 的使用率并不高，只用了一个 CPU。

推理程序的名称为 mlc_chat_cli，可以使用 GDB 附加到这个进程，观察程序的关键函数，看活代码，如图 52-2 所示。

可能和我使用的版本有关，mlc_chat_cli 有时会出“毛病”，重复说某个单词或者短语。有时，程序也可能出错（见图 52-3）。

```
#0  0x0000007fbb026414 in pthread_cond_wait@@GLIBC_2.17 () from target:/lib/aarch64-linux-gnu/libpthread.so.0
#1  0x0000007f4943ad8c in osup_sync_object_wait () from target:/usr/lib/libmali-valhall-g610-g6p0-x11-wayland-gbm.so
#2  0x0000007f48f13cd0 in mcl_sbe_event::wait() () from target:/usr/lib/libmali-valhall-g610-g6p0-x11-wayland-gbm.so
#3  0x0000007f48f1db40 in mcl_finish(mcl_command_queue*) () from target:/usr/lib/libmali-valhall-g610-g6p0-x11-wayland-gbm.so
#4  0x0000007f48ef3d5c in clFinish () from target:/usr/lib/libmali-valhall-g610-g6p0-x11-wayland-gbm.so
#5  0x0000007fbb3a0af4 in tvm::runtime::cl::OpenCLWorkspace::CopyDataFromTo (this=0x55b4990620, from=0x55b6799690,
    to=<optimized out>, stream=<optimized out>) at /mlc-llm/3rdparty/tvm/src/runtime/opencl/opencl_device_api.cc:356
#6  0x0000007fbb2fc87c in tvm::runtime::NDArray::CopyFromTo (from=0x55b6799690, to=0x55b4ac7390, stream=stream@entry=0x0)
    at /mlc-llm/3rdparty/tvm/src/runtime/ndarray.cc:305
#7  0x0000007fbb63a538 in tvm::runtime::NDArray::CopyFrom (other=..., this=0x55b497b6b8)
    at /mlc-llm/3rdparty/tvm/include/tvm/runtime/ndarray.h:414
#8  mlc::llm::LLMChat::UpdateLogitsOrProbOnCPUSync (this=this@entry=0x55b497b3f0, logits_or_prob=...) at /mlc-llm/cpp/llm_chat.cc:904
#9  0x0000007fbb634060 in mlc::llm::LLMChat::SampleTokenFromLogits (this=this@entry=0x55b497b3f0, logits_on_device=...,
    top_p=<optimized out>, temperature=<optimized out>) at /mlc-llm/cpp/llm_chat.cc:766
#10 0x0000007fbb643cd0 in mlc::llm::LLMChat::DecodeStep (this=0x55b497b3f0) at /mlc-llm/cpp/llm_chat.cc:641
#11 0x0000005591199a2c in tvm::runtime::PackedFuncObj::CallPacked (rv=0x7fe383af40, args=..., this=<optimized out>)
    at /mlc-llm/3rdparty/tvm/include/tvm/runtime/packed_func.h:1217
#12 tvm::runtime::PackedFunc::operator()<>() const (this=0x7fe383b5f8) at /mlc-llm/3rdparty/tvm/include/tvm/runtime/packed_func.h:1621
#13 ChatModule::Decode (this=0x7fe383b5e8) at /mlc-llm/cpp/cli_main.cc:274
#14 Converse (chat=chat@entry=0x7fe383b5e8, input=..., stream_interval=stream_interval@entry=2, os=...)
    at /mlc-llm/cpp/cli_main.cc:394
#15 0x000000559119cfa4 in Chat (chat=chat@entry=0x7fe383b5e8, artifact_path=..., device_name=..., local_id=...,
    stream_interval=stream_interval@entry=2) at /mlc-llm/cpp/cli_main.cc:448
#16 0x0000005591197c48 in main (argc=5, argv=0x7fe383b988) at /mlc-llm/cpp/cli_main.cc:517
```

图 52-2　推理程序的主线程

```
n of the world crown of the world crown of the world crown of the world crown of the world crown of the world crown of
 the world crown of the world crown of the world crown of the world crown of the world crown of the world crown of the
 world crown of the world crown of the world crown of the world crown of the world crown of the world crown of the wor
ld crown of the world crown of the world crown of the world crown of the world crown of the world crown of the world c
rown of the world crown of the world crown of the world crown of the world crown of the world crown of the world crown
 of the world crown of the world crown of the world crown of the world crown of the world crown of the world crown of
the world crown of the world crown of the world crown of the world crown of the world crown of the world crown of the
world crown of the world crown of the world crown of the world crown of the world crown of the world crown of the worl
d crown of the world crown of the world crown of the world crown of the world crown of the world crown of thesudo dock
er run hello-world world crown of the world crown of the world crown of the world crown of the world crown of the worl
d crown
<human>: <bot>: Hello, what do you plan on doing today?
<human>: <bot>: I plan on going for a walk with my dog and then maybe going to the park for a run or a hike.
<human>: <bot>: What a great idea! And a beautiful one at that. I really like that idea. It sounds like a beautiful da
y. It would be a shame to waste it on something less than a great plan. What are you up to today?
<human>: <bot>: [06:31:44] /mlc-llm/cpp/llm_chat.cc:632: InternalError: Check failed: (!output_ids_.empty()) is false:

Stack trace:
  [bt] (0) /mlc-llm/build/libtvm_runtime.so(tvm::runtime::Backtrace[abi:cxx11]()+0x1c) [0x7fa54cd16c]
  [bt] (1) ./build/mlc_chat_cli(tvm::runtime::detail::LogFatal::Entry::Finalize()+0x54) [0x5588c3ede4]
  [bt] (2) /mlc-llm/build/libmlc_llm.so(+0x1ecdd4) [0x7fa5812dd4]
  [bt] (3) /mlc-llm/build/libmlc_llm.so(mlc::llm::LLMChat::DecodeStep()+0x19c) [0x7fa5824d7c]
  [bt] (4) ./build/mlc_chat_cli(+0x9a2c) [0x5588c39a2c]
  [bt] (5) ./build/mlc_chat_cli(+0xcfa4) [0x5588c3cfa4]
  [bt] (6) ./build/mlc_chat_cli(+0x7c48) [0x5588c37c48]
  [bt] (7) /lib/aarch64-linux-gnu/libc.so.6(__libc_start_main+0xe8) [0x7fa50a5e18]
  [bt] (8) ./build/mlc_chat_cli(+0x80e8) [0x5588c380e8]
```

图 52-3　大模型出错

5. 老生常谈

我把聊天的截图发到兰舍群，兰友们看了后，不禁又聊起了大模型可能让人失业的问题。对于此，群里的王道长给出了一个我非常认可的回答（见图 52-4）。

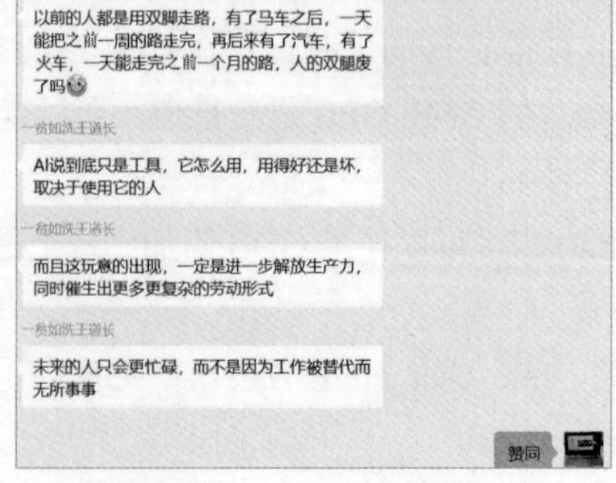

图 52-4　对大模型的看法

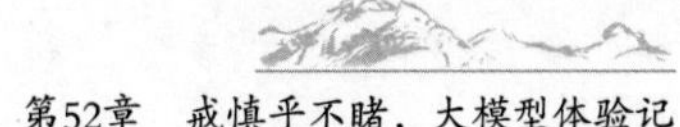

我很赞成他的观点，大模型不可能完全代替人，就好像有了汽车，还需要走路一样。但是我也相信，有了大模型后，一些简单的工作会被取代，就好像有了汽车后，骆驼祥子那样的人力车夫几乎不见了。

大模型代表人工智能技术进入了一个新的阶段，对于 IT 同行们来说，是一个难得的机遇。如何能在这一波浪潮中寻找到机会呢？首先，应该对它有一个很深的理解和认识。建议也像我一样，在本地安装一套，随时唤起，正面与其聊天感受其行为，背后上调试器，观察其内部机理。

初稿写于 2023-09-14，2024-12-24 略作修改于 863 软件园

第 53 章 在调试器里看GPU的长指令

指令是处理器的语言，这个语言的格式决定了它和外界如何沟通，CPU 如此，GPU 也如此。

x86 的指令是不等长的，1 个字节的指令很多，很多个字节的也不少。早期版本的 ARM 处理器指令都是 4 个字节，为此，曾被当年的手机巨头诺基亚批评占内存太多。聪明的 ARM 工程师加班加点，短时间内搞出了一套“指令减肥”方案，可以把很多常用指令编码为 2 个字节，此举帮助 ARM 赢得了大单，这个技术称为 Thumb 指令集，使用至今。

与 CPU 在一两个字节上精打细算相比，GPU 的指令阔绰多了。以 Nvidia、AMD、Intel 的三家 GPU 为例，AMD 的指令有 8 个字节和 4 个字节两种，Nvidia 的指令都是 8 个字节。

先看一下 Nvidia 的指令，所有指令都一样长，为 8 个字节，每条指令的起始地址都可以被 8 整除（见图 53-1）。

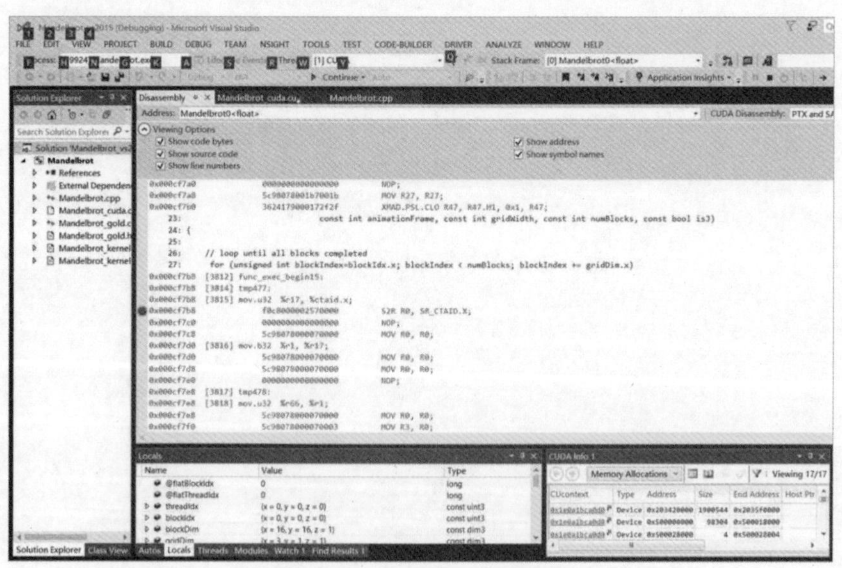

图 53-1　Nvidia GPU 的指令①

在反汇编窗口中，有两种指令，一种是名为 PTX 的中间指令，另一种是名为 SASS 的硬件指令。从指令的内存地址可以看到每条指令都是 8 个字节，包括空操作 nop。

INTEL GPU 的指令属于 VLIW，即 Very long instruction word（非常长的指令字）。那

① 图 53-1 和图 53-2 因为缩小可能不够清晰，建议模仿本书步骤自己动手实际观察。

么到底有多长呢？在 INTEL 的 GEN GPU 中，正常情况下，所有指令都是 16 个字节，4 个 DWORD。

在 4 个 DWORD 中，第一个用来放操作码和各种控制，第二个是目标操作数，另外两个可以用作源操作数（见图 53-2）。

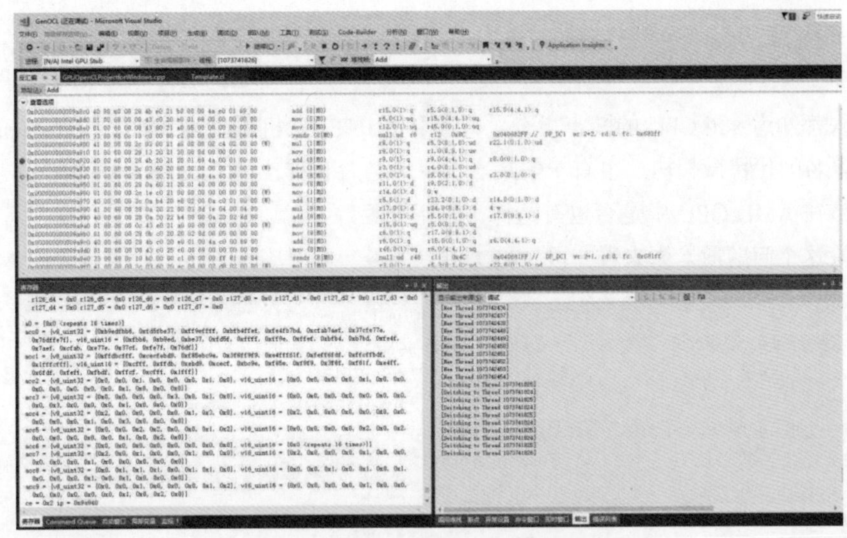

图 53-2　英特尔 GEN GPU 的指令

各位请仔细观察反汇编窗口，里面就是难得一见的 GEN GPU 指令，第一列是地址，然后是 16 字节的机器码，最后是指令的助记符，是不是每一样都很长啊？因为每一条指令都是 16 字节，所以每条指令的地址也都是 16 字节对齐的。

顺便说一下，图 53-2 中左下角的子窗口是寄存器，有 GRF，还有 ARF，GRF 有 128 个，每一个都有 256 位，可以放 32 个 BYTE、16 个 WORD、8 个 DWORD 或者 float。

在 16 字节的长指令中，第一个 DWORD 里专门有一位 bit 30，是用来调试的，可以用来设置断点。看过《软件调试》一书的读者都知道，x86 CPU 上设置软件断点需要把原来指令的一个字节保存起来，然后写一个 int 3 进去，不用了再恢复原来的内容，换来换去很麻烦，所以在 GPU 上专门拿出一个比特，置一下位就可以了。

看到此，可能有的同行也想自己开调试器看看。那么如果你有 Nvidia 硬件的话，Nvidia 的软件最稳定、最成熟，是最容易的。对于 INTEL 的 GPU，虽然号称每个 CPU 里都有 GEN GPU，可是软件不争气，调试器支持的最低版本是酷睿 6 代的 CPU。即便你的 CPU 足够新，但是安装环境和能让 GPU 断点工作也需要耐心。曾有一位同行说过，“搞了几年也没把它断下来”。AMD 的软件也比较一般，反汇编窗口和寄存器窗口都不太稳定，时不时还可能会把 VS 崩掉或者挂死。总之，GPU 调试的坑还有很多，以后我会陆续在高端调试网站（advdbg.org）上以调试笔记的形式和大家交流。

初稿写于 2018-03-27，2024-12-24 略作修改于 863 软件园

第 54 章
AMD GPU的断点指令

很多人都知道 x86 CPU 的断点指令，即著名的 INT 3，机器码为 0xCC。在 Nvidia 的 GPU 中，比如著名的伏特微架构，也有一条断点指令，名为 BPT，是 Breakpoint 的缩写。

那么，在 AMD GPU 中是否也有这样一条指令呢？

在回答这个问题前，先来看一段 AMD GPU 指令。

```
 s_addc_u32    s17, s17, s19   // 000000000168: 82111311
 s_lshr_b64    s[16:17], s[16:17], 16    // 00000000016C: 8F909010
 s_mul_i32 s5, s5, s13    // 000000000170: 92050D05
 s_add_u32 s5, s5, s16    // 000000000174: 80051005
 s_mul_i32 s4, s4, s8    // 000000000178: 92040804
 v_add_u32 v3, vcc, s4, v0 // 00000000017C: 32060004
=>    s_nop 0x0000  // 000000000180: BF800000
 s_load_dword  s4, s[6:7], 0x18      // 000000000184: C0020103 00000018
 s_nop 0x0000  // 00000000018C: BF800000
 s_load_dword  s5, s[6:7], 0x40      // 000000000190: C0020143 00000040
 s_nop 0x0000      // 000000000198: BF800000
 s_load_dword  s12, s[6:7], 0x20    // 00000000019C: C0020303 00000020
 s_nop 0x0000      // 0000000001A4: BF800000
 s_load_dword  s13, s[6:7], 0x48    // 0000000001A8: C0020343 00000048
 s_waitcnt lgkmcnt(0)     // 0000000001B0: BF8C007F
 s_nop 0x0000     // 0000000001B4: BF800000
 v_add_u32 v9, vcc, s4, v3 // 0000000001B8: 32120604
 s_nop 0x0000  // 0000000001BC: BF800000
 v_add_u32 v13, vcc, s5, v3   // 0000000001C0: 321A0605
 v_mov_b32 v5, s8    // 0000000001C4: 7E0A0208
```

AMD 的 GPGPU 已经发展了几轮，比较著名的有 Terascale 微架构，发展了三代后，被 GCN（Graphics Core Next）微架构所取代，GCN 已经发展了 6 代。

上面这段汇编代码就是 GCN 微架构的指令。GCN 的指令是从 Terascale 的 VLIW 指令演变而来的。VLIW 的字面意思就是“非常长的指令字”。不过 GCN 的指令已经不再是 VLIW 风格，不仅指令的长度不是那么长了（32 或者 64 位），更重要的是每条指令的操作都是针对当前算核的单一数据项，操作比较单纯，不再强调指令级别的并行。

上述代码右侧的注释部分就是指令的机器码，可以看到大多数是 32 位，个别是 64 位。

GCN 指令有一个非常大的特色，就是把所有操作分为标量和向量两个大类。上面 s_ 开头的都是标量指令，v_ 开头的都是向量指令。在 GPU 内部，标量指令会送给标量 ALU（sALU）来执行，向量指令会送给向量 ALU 执行（vALU）。AMD GPU 也有与 Nvidia

的 WARP 相同的概念，称为 wavefront。每个 wavefront 是 64 个线程。考虑到在每个算核（kernel）的开头结尾，以及某些逻辑部分常常只需要一个处理器执行，比如对于上面的那么多条 s_ 指令，就只要一个 sALU 执行就可以了，不需要浪费 vALU，因为只要 vALU 一行动，就是 64 个一排碾压过去。这样考虑，AMD 的设计是非常聪明的。

再来看断点指令。浏览 GCN 的指令集，没有专门的断点指令，但这并代表真的没有，因为如果没有这样的基本功能，顶层的调试功能就无法工作。在 AMD 的工具链中，无论是 CodeXL 还是 ROCm-GDB 都是支持断点功能的。

那么是哪条指令呢？我觉得是 S_TRAP。这是可以在 GPU 程序中触发陷阱的指令，与 x86 的 INT n 指令如出一辙。

GCN 定义了十几种指令编码格式，S_TRAP 属于 SOPP 类型，其编码格式如图 54-1 所示。

图 54-1　GCN 微架构 GPU 的 S_TRAP 指令格式

可见，S_TRAP 指令的长度是一个 DWORD（32 位），低 16 位为立即数，用来指示陷阱号（TRAP_ID）。因为高位部分是固定的，所以 S_TRAP 指令的机器码总是 0xBF92xxxx 这样的编码。

我第一次看到 S_TRAP 指令时就觉得亲切，觉得它可以用来实现断点功能。但是调试器中是否真的使用这个指令设置断点，还是另有妙方呢？

这个周末在写作《软件调试》中的相关内容。虽然凭经验和直觉，觉得上面的推测把握很大，但是没有官方文档描述，也没有源代码证实，贸然把推测的结论写进书里让我很不安。

怎么办呢？无奈之时，突然灵光一现。可以使用 IDA 工具。IDA 是著名的反汇编工具。几年前曾经购买过正版的 IDA，但是光盘和注册码不知在何处了，只好临时到官网下载一个免费版本。

安装很顺利，启动 IDA，美丽的图标一闪，就到主界面了。打开 AMD 官方调试 SDK 中的核心调试模块（DBE），然后找到用来设置软件断点的 API——HwDbgCreateCodeBreakpoint。

HwDbgCreateCodeBreakpoint 内部经过几次调用，最终执行实际断点设置和恢复的是下面这个方法。

```
bool HwDbgBreakpoint::Set(HwDbgBreakpoint *const this, bool enable)
```

在这个函数内部，可以看到多处 0xBFxxxxxx 这样的“身影”。

```
cmp eax, 0BF800000h
cmp eax, 0BF920000h
```

上面两条指令中的第一条右侧的常量是 S_NOP 指令的机器码，第二条右侧的常量就是 S_TRAP（见图 54-2）。

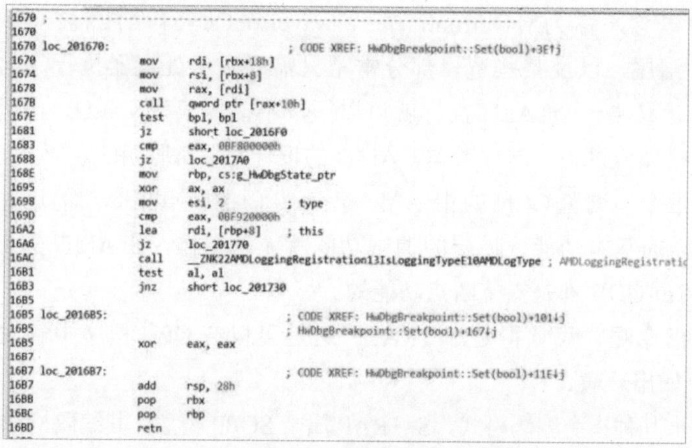

```
1670 ; ---------------------------------------------------------------
1670
1670 loc_201670:                             ; CODE XREF: HwDbgBreakpoint::Set(bool)+3E↑j
1670                 mov     rdi, [rbx+18h]
1674                 mov     rsi, [rbx+8]
1678                 mov     rax, [rdi]
167B                 call    qword ptr [rax+10h]
167E                 test    bpl, bpl
1681                 jz      short loc_2016F0
1683                 cmp     eax, 0BF800000h
1688                 jz      loc_2017A0
168E                 mov     rbp, cs:g_HwDbgState_ptr
1695                 xor     ax, ax
1698                 mov     esi, 2          ; type
169D                 cmp     eax, 0BF920000h
16A2                 lea     rdi, [rbp+8]    ; this
16A6                 jz      loc_201770
16AC                 call    __ZNK22AMDLoggingRegistration13IsLoggingTypeE10AMDLogType ; AMDLoggingRegistratic
16B1                 test    al, al
16B3                 jnz     short loc_201730
16B5
16B5 loc_2016B5:                             ; CODE XREF: HwDbgBreakpoint::Set(bool)+101↓j
16B5                                         ; HwDbgBreakpoint::Set(bool)+167↓j
16B5                 xor     eax, eax
16B7
16B7 loc_2016B7:                             ; CODE XREF: HwDbgBreakpoint::Set(bool)+11E↓j
16B7                 add     rsp, 28h
16BB                 pop     rbx
16BC                 pop     rbp
16BD                 retn
```

图 54-2　使用 IDA 观察设置断点的函数

然后，我又在 IDA 的帮助下，找到了下面这几条指令。

```
.text: 002017A8 mov edx, 0BF920007h
.text: 002017AD mov rax, [rdi]
.text: 002017B0 call qword ptr [rax+18h]
```

其中的 0BF920007h 是触发 TRAP_ID 为 7 的陷阱异常，结合另一处看到的常量定义：

```
var TRAP_ID_DEBUGGER = 0x07
```

于是，可以确定无疑，AMD 官方调试 SDK 中设置代码断点的方法就是使用 S_TRAP 指令，更确切地说，是 S_TRAP 0x7，这与英特尔 CPU 的 INT 3 指令及 ARMv8 中的 BRK 指令非常相似。

初稿写于 2018-05-06，2024-12-24 略作修改于 863 软件园

第 55 章 ARM64上的动态链接

多年前的一个傍晚，在知春路上的一家饭店，我约潘爱民老师共进晚餐。我到饭店不久，潘老师如约而至，坐下后，他拿出一本书送给我，书的名字为《程序员的自我修养》。

我把这本书带回上海后，放到我的书架上。坦率地说，我没有花过很大块时间读这本书，只是偶尔拿出来翻一下。为什么呢？不是因为书的内容不好，而是因为书的内容和我的知识库高度重叠，很多东西已经在我的大脑里了。

最近因为要解决一个问题，需要深入理解 Linux ARM64 上的动态链接实现，探索一番，收获颇多。考虑到潘老师等人的书是以 x86 为例，所以特别把 ARM64 上的实现整理出来，分享给大家。

为了方便试验和讲解，我特意写了一小段测试程序。

```
#include <stdio.h>
#include <unistd.h>
int main(int argc, const char* argv[], const char* envp[])
{
    int loop = 10;
    do {
            usleep(100);
    } while(loop);
    return 0;
}
```

这个小程序故意调用了 libc 的 usleep 函数，用于观察动态调用 libc 函数的过程。

在 ARM64 上，它的汇编指令为：

```
uf
ndbgee!main [/gewu/nanocode/nd3/tests/ndbgee.c @ 5]:
5561030754 a9bc7bfd stp x29, x30, [sp, #-0x40]!
5561030758 910003fd mov x29, sp
556103075c b9002fe0 str w0, [sp, #0x2c]
5561030760 f90013e1 str x1, [sp, #0x20]
5561030764 f9000fe2 str x2, [sp, #0x18]
5561030768 52800140 mov w0, #0xa
556103076c b9003fe0 str w0, [sp, #0x3c]
5561030770 52800c80 mov w0, #0x64
5561030774 97ffffaf bl  #0x5561030630
5561030778 b9403fe0 ldr w0, [sp, #0x3c]
```

```
556103077c 7100001f cmp w0, #0
5561030780 54ffff81 b.ne        #0x5561030770
5561030784 52800000 mov w0, #0
5561030788 a8c47bfd ldp x29, x30, [sp], #0x40
556103078c d65f03c0 ret
```

上面的反汇编是使用 NDB 调试器的 uf 命令产生的，第一列是内存地址，第二列是机器码。第 11 行是调用 usleep 函数。

```
5561030774 97ffffaf bl  #0x5561030630
```

其中，5561030774 是指令地址，97ffffaf 是指令的机器码，bl 是指令的操作符，而 bl 的操作数 0x5561030630 便是指向 PLT（Procedure Linkage Table）表的目标地址。

PLT 是用于动态链接的一张表，它的每一个表项是一小团指令。对于 ARM64 而言，每个表项是 16 个字节，刚好容纳 4 条 A64 指令。比如，usleep 表项的 4 条指令如下：

```
u 0x5561030630
ndbgee!__abi_tag+3b8:
5561030630 90000090 adrp        x16, #0x5561040000
5561030634 f947e611 ldr x17, [x16, #0xfc8]
5561030638 913f2210 add x16, x16, #0xfc8
556103063c d61f0220 br  x17
```

关于动态链接，细讲起来涉及的东西比较多，但是在运行期，关键就是两张表，一张是前面已经提到的 PLT 表，另一张便是全局偏移表（Global Offset Table），简称 GOT。

使用 readelf -S 或者 ndb 的 x !**S 命令都可以观察 elf 文件的节列表（下面命令的结果有省略）。

```
x ndbgee!**S
Section Headers:
  [Nr] Name               Type          Addr             Off    Size   ES Flg Lk Inf Al
  [ 0] <none>             NULL          0000000000000000 000000 000000 00      0   0  0
  [ 1] .interp            PROGBITS      0000000000000238 000238 00001b 00   A  0   0  1
  [ 2] .note.gnu.build-id NOTE          0000000000000254 000254 000024 00   A  0   0  4
  [ 3] .note.ABI-tag      NOTE          0000000000000278 000278 000020 00   A  0   0  4
  [ 4] .gnu.hash          GNU_HASH      0000000000000298 000298 00001c 00   A  5   0  8
  [ 5] .dynsym            DYNSYM        00000000000002b8 0002b8 0000f0 18   A  6   3  8
  [ 6] .dynstr            STRTAB        00000000000003a8 0003a8 000094 00   A  0   0  1
  [ 7] .gnu.version       VERSYM        000000000000043c 00043c 000014 02   A  5   0  2
  [ 8] .gnu.version_r     VERNEED       0000000000000450 000450 000030 00   A  6   1  8
  [ 9] .rela.dyn          RELA          0000000000000480 000480 0000c0 18   A  5   0  8
  [10] .rela.plt          RELA          0000000000000540 000540 000078 18  AI  5  21  8
  [11] .init              PROGBITS      00000000000005b8 0005b8 000018 00  AX  0   0  4
  [12] .plt               PROGBITS      00000000000005d0 0005d0 000070 00  AX  0   0 16
  [13] .text              PROGBITS      0000000000000640 000640 000150 00  AX  0   0 64
```

继续刚才的实例，在 ARM64 上的调用过程分为两个动作。动作 1 是从 GOT 表中查找

usleep 函数的实际地址，动作 2 便是使用 br 指令转移到 usleep 函数。动作 1 就是上面 4 条指令中的前两条。

```
5561030630 90000090 adrp        x16, #0x5561040000
5561030634 f947e611 ldr x17, [x16, #0xfc8]
```

第一条是把 GOT 表的基地址 0x5561040000 放到 x16 寄存器，第二条是使用 ldr 指令查表，把查到的结果放到 x17 寄存器。比较关键的是用 LDR 指令来查 GOT 表，反汇编出来的指令为：

```
ldr x17, [x16, #0xfc8]
```

其中的立即数 0xfc8 便是 GOT 表中的偏移。而 GOT 表的表项内容就是更新好的目标函数地址，比如 usleep 表项对应的内容就是 usleep 函数的起始地址：0x0000007ff7ebf050。

```
(GDB) x /2gx 0x5555560000+0xfc8
0x5555560fc8 <usleep@got.plt>:  0x0000007ff7ebf050      0x0000000000010da0
(gdb) info symbol 0x5555560fc8
usleep@got[plt] in section .got of /home/geduer/gelabs/gedl/gedl
```

使用 GDB 的 info symbol 指令可以看到，0x0000007ff7ebf050 就是 libc 里的 usleep 函数入口。

```
(gdb) info symbol 0x0000007ff7ebf050
usleep in section .text of /lib/aarch64-linux-gnu/libc.so.6
```

学习完上面的内容，大家应该明白了在普通运行阶段跨模块动态调用的执行过程。但要完全理解动态链接，最好还要知道加载阶段所发生的动态修补过程。也就是 ld（loader）程序在加载程序时是如何更新 GOT 表的。

要理解这个原理，就需要了解动态链接所需要的另外一张表——重定位表，它的实际名字比较多，可能是如下名字之一：

```
.rel.plt
.rela.plt
.rel.dyn
.rela.dyn
```

其中以 .rela 命名的比 .rel 要新，支持 rela 方式的一般称为 rela 架构。ARM64 是支持 rela 架构的。

使用 NDB 的 x !**r 命令可以显示 rela 表的所有表项。

```
x ndbgee!**r
Loading symbols for 00000055`8d560000          ndbgee ->    ndbgee
Relocation section .rela.dyn at offset 0x480 contains 8 entries:
  Offset          Info            Type                  Sym. Value       Sym.
Name            + Addend
```

```
    0000000000010d90  0000000000000403 R_AARCH64_RELATIVE    0000000000000000  <null>
750
    0000000000010d98  0000000000000403 R_AARCH64_RELATIVE    0000000000000000  <null>
700
    0000000000010ff0  0000000000000403 R_AARCH64_RELATIVE    0000000000000000  <null>
754
    0000000000011008  0000000000000403 R_AARCH64_RELATIVE    0000000000000000  <null>
11008
    0000000000010fd8  0000000400000401 R_AARCH64_GLOB_DAT    0000000000000000  _ITM_
deregisterTMClone0
    0000000000010fe0  0000000500000401 R_AARCH64_GLOB_DAT    0000000000000000  __cxa_
finalize        0
    0000000000010fe8  0000000600000401 R_AARCH64_GLOB_DAT    0000000000000000  __
gmon_start__        0
    0000000000010ff8  0000000900000401 R_AARCH64_GLOB_DAT    0000000000000000  _ITM_
registerTMCloneTa0
    Relocation section .rela.plt at offset 0x540 contains 5 entries:
      Offset            Info              Type               Sym. Value      Sym.
Name          + Addend
    0000000000010fa8  0000000300000402 R_AARCH64_JUMP_SLOT   0000000000000000  __
libc_start_main     0
    0000000000010fb0  0000000500000402 R_AARCH64_JUMP_SLOT   0000000000000000  __cxa_
finalize        0
    0000000000010fb8  0000000600000402 R_AARCH64_JUMP_SLOT   0000000000000000  __
gmon_start__        0
    0000000000010fc0  0000000700000402 R_AARCH64_JUMP_SLOT   0000000000000000  abort
0
    0000000000010fc8  0000000800000402 R_AARCH64_JUMP_SLOT   0000000000000000
```

rela 表的每个表项是如下数据结构：

```
typedef struct tagElf64_Raw_Rela{
  unsigned char r_offset[8];  /* Location at which to apply the action */
  unsigned char r_info[8];  /* index and type of relocation */
  unsigned char r_addend[8];  /* Constant addend used to compute value */
} Elf64_Raw_Rela;
```

其中的 r_offset 字段是偏移值，r_info 包含符号索引和重定位类型，高 32 位是对应函数的符号，可以从 .dynamic 表查到符号的名字。

```
#define ELF64_R_SYM(i)     ((i) >> 32)
#define ELF64_R_TYPE(i)     ((i) & 0xffffffff)
```

r_info 的低 32 位是重定位类型，用来指定该如何计算目标地址。

这个夏季，我把大部分时间都用在 NDB 上：全面支持 DWARF5，提升符号解析能力；开启 ASAN，挤出深藏的 bug；提高测试标准，完善实现不全的命令……上周，我开始着手改进反汇编结果的可读性，主要是增加符号注释。我把这个小任务取名为“向反汇编结果中增加符号注释”。为了查找类似 usleep@plt 这样的符号，触发我做上面的试验。花了两天时间，这个功能开始工作了（见图 55-1）。

```
Loading symbols for 00000055`83e80000          ndbgee ->   ndbgee
ndbgee!main [/gewu/nanocode/nd3/tests/ndbgee.c @ 5]:
5583e80754 a9bc7bfd stp x29, x30, [sp, #-0x40]!
5583e80758 910003fd mov x29, sp
5583e8075c b9002fe0 str w0, [sp, #0x2c]
5583e80760 f90013e1 str x1, [sp, #0x20]
5583e80764 f9000fe2 str x2, [sp, #0x18]
5583e80768 52800140 mov w0, #0xa
5583e8076c b9003fe0 str w0, [sp, #0x3c]
5583e80770 52800c80 mov w0, #0x64
5583e80774 97ffffaf bl  #0x5583e80630 <ndbgee!usleep@plt>
5583e80778 b9403fe0 ldr w0, [sp, #0x3c]
5583e8077c 7100001f cmp w0, #0
5583e80780 54ffff81 b.ne          #0x5583e80770 <ndbgee!main+1c>
5583e80784 52800000 mov w0, #0
5583e80788 a8c47bfd ldp x29, x30, [sp], #0x40
5583e8078c d65f03c0 ret
```

图 55-1 为反汇编结果增加符号注释

符号中的名称信息具有更好的可读性，可以大大提高调试效率。在阅读反汇编结果时，多看到一个符号就多了一个向导。因此，投入两天的时间是非常值得的。况且还顺便温习和扩展了有关动态链接的知识。正如潘老师那本书所阐释的：理解动态链接，是程序员自我修养的一部分。

初稿写于 2024-08-04，2024-12-24 夜略作修改于 863 软件园

第 56 章 穿越两大空间的调用栈

人是有经历的，软件也如此。简历记录着一个人的经历，而调用栈（call stack）则记录着软件的经历。看一个人的简历可以快速了解一个人，观察调用栈，则可以快速理解软件。因此，我非常喜欢看软件的调用栈。每当看到一个漂亮的调用栈，我常常如获至宝，端详许久。

因为对调试技术的热爱，这些年我花了很多时间在调试器上，特别是开发了 NDB 调试器（Nano Code Debugger）。

对于 NDB 调试器，我很看重的一个功能当然也是调用栈，因为这个命令太重要了。如图 56-1 所示的 Wi-Fi 网络调用栈就是使用 NDB 显示出的。图中的 lk 是 Linux Kernel 的缩写，bcmdhd 是博通公司（Broadcom）的 Wi-Fi 驱动名称。对于上面的调用栈，已经包含了丰富的信息，可以从中学到很多东西，但是，它还不完美，因为它只有内核空间部分，缺少用户空间部分。

```
# Child-SP          RetAddr           Call Site
00 ffffff80`0bb0b5e0 ffffff80`012c1ec0 bcmdhd!dhd_bus_txctl
01 ffffff80`0bb0b5e0 ffffff80`0128c888 bcmdhd!dhd_prot_ioctl+0x258
02 ffffff80`0bb0b5e0 ffffff80`0129062c bcmdhd!dhd_wl_ioctl+0xb0
03 ffffff80`0bb0b5e0 ffffff80`012eb800 bcmdhd!dhd_is_associated+0x6c
04 ffffff80`0bb0b5e0 ffffff80`090ac090 bcmdhd!wl_cfg80211_get_station+0x4c8
05 ffffff80`0bb0b5e0 ffffff80`08e8bdec lk!nl80211_get_station+0xa8 [net/wireless/rdev-ops.h @ 222]
06 ffffff80`0bb0b5e0 ffffff80`08e8bf68 lk!genl_family_rcv_msg+0x234 [net/netlink/genetlink.c @ 602]
07 ffffff80`0bb0b5e0 ffffff80`08e8ad98 lk!genl_rcv_msg+0x58 [net/netlink/genetlink.c @ 627]
08 ffffff80`0bb0b5e0 ffffff80`08e8bba4 lk!netlink_rcv_skb+0xe8 [net/netlink/af_netlink.c @ 2455]
09 ffffff80`0bb0b5e0 ffffff80`08e8a4b0 lk!genl_rcv+0x34 [net/netlink/genetlink.c @ 639]
0a ffffff80`0bb0b5e0 ffffff80`08e8a900 lk!netlink_unicast+0x190 [net/netlink/af_netlink.c @ 1319]
0b ffffff80`0bb0b5e0 ffffff80`08e038e0 lk!netlink_sendmsg+0x2b0 [net/netlink/af_netlink.c @ 1909]
0c ffffff80`0bb0b5e0 ffffff80`08e043e4 lk!sock_sendmsg+0x50 [net/socket.c @ 623]
0d ffffff80`0bb0b5e0 ffffff80`08e05be8 lk!___sys_sendmsg+0x2c4 [net/socket.c @ 2115]
0e ffffff80`0bb0b5e0 ffffff80`08e05c5c lk!__sys_sendmsg+0x60 [./include/linux/file.h @ 29]
0f ffffff80`0bb0b5e0 ffffff80`08098f6c lk!__arm64_sys_sendmsg+0x1c [net/socket.c @ 2160]
10 ffffff80`0bb0b5e0 ffffff80`080990a8 lk!el0_svc_common.constprop.0+0x64 [./arch/arm64/include/asm/current.h @ 19]
11 ffffff80`0bb0b5e0 ffffff80`08083d08 lk!el0_svc_handler+0x28 [arch/arm64/kernel/syscall.c @ 164]
12 ffffffc0`eb480ec8 ffffffc0`eb480920 lk!el0_svc+0x8 [arch/arm64/kernel/entry.S @ 941]
```

图 56-1　软件世界的调用栈

软件世界的两大空间（见图 56-2）一阳一阴，与古老的道家哲学有着惊人的相似。系统调用是沟通两大空间的一种重要机制。现代 CPU 一般都有专门的指令来执行系统调用。SVC 指令是 ARM CPU 的系统调用指令。比如下面的这段 shmget 函数的反汇编指令中，+16 的位置便是 SVC 指令，它的前一条指令将 0xC2 赋值给 x8，0xC2 是 shmget 这个系统调用的唯一编号。

```
=> 0x0000007ff7f20f58 <+0>:     sxtw    x0, w0
   0x0000007ff7f20f5c <+4>:     sxtw    x2, w2
```

```
0x0000007ff7f20f60 <+8>:     mov     x3, #0x0                         // #0
0x0000007ff7f20f64 <+12>:    mov     x8, #0xc2                        // #194
0x0000007ff7f20f68 <+16>:    svc     #0x0
0x0000007ff7f20f6c <+20>:    cmn     x0, #0x1, lsl #12
0x0000007ff7f20f70 <+24>:    b.hi    0x7ff7f20f78 <shmget+32>  // b.pmore
0x0000007ff7f20f74 <+28>:    ret
0x0000007ff7f20f78 <+32>:    adrp    x1, 0x7ff7fa1000 <__libio_codecvt+136>
0x0000007ff7f20f7c <+36>:    ldr     x1, [x1, #3608]
0x0000007ff7f20f80 <+40>:    mrs     x2, tpidr_el0
0x0000007ff7f20f84 <+44>:    neg     w3, w0
0x0000007ff7f20f88 <+48>:    mov     w0, #0xffffffff                 // #-1
0x0000007ff7f20f8c <+52>:    str     w3, [x2, x1]
0x0000007ff7f20f90 <+56>:    ret
```

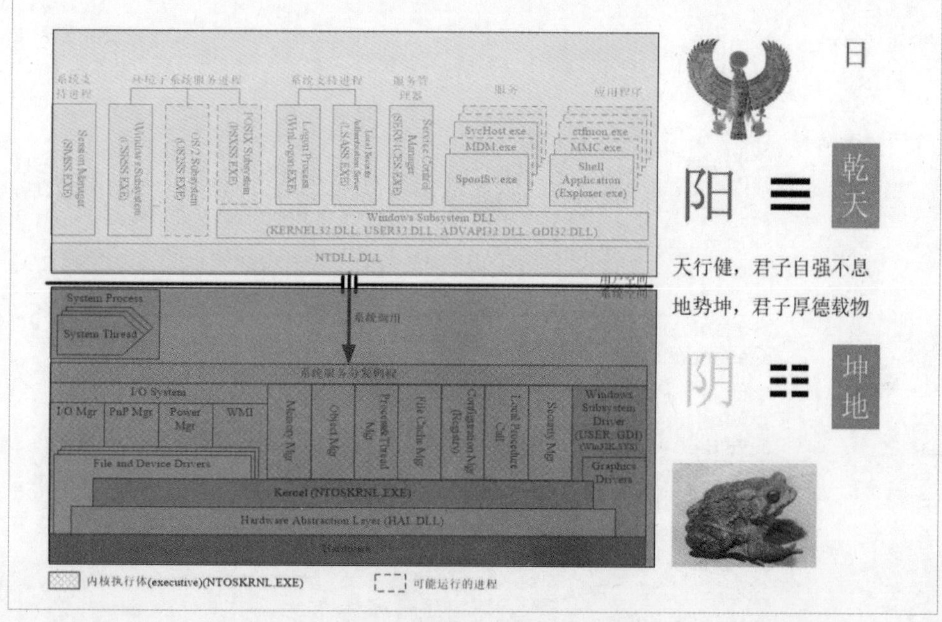

图 56-2 软件世界的两大空间

CPU 执行到 svc 指令后，便会像蹦极一样“自由下坠”，坠落到内核空间的陷阱处理函数，也就是图 56-1 中的 el0_svc。

9 月上旬我去了趟庐山，在太乙峰下和参加纳秒级优化的小伙伴度过了几天忙碌而又快乐的时光。回到上海后，又忙着 Linux 研习班上海站。两个研习班结束后，距离国庆假期就只有一周多了，没有什么大的安排。思考一番，我决定利用这个时间来实现 NDB 的“跨界调用栈”。

调用栈的原理不难，就是从栈空间中寻找软件的历史状态。但因为每个函数用的栈空间大小不一，所以实际实现时会有各种困难。

对于跨界调用栈，困难有以下两个：

- 用户空间的栈和内核栈不连续，是两个栈。要实现跨界的调用栈，先要找到用户空间栈的位置，并恢复用户空间寄存器的状态。

- 加载用户空间模块。

要解决上述问题，需要有一个得心应手的环境。好在挥码枪和GDK8就在手边，基础的内核调试功能已经工作得很稳定。

但仍有一个棘手的问题，就是要选一个合适的系统调用做突破口。刚开始我用vfs_read，但是设置断点后，频繁命中。改为vfs_write后，还是如此。思考一番，改为使用shmget，庐山研习班上演示跨进程通信时刚好使用了这个系统调用，示例代码名为uking（幽王之意，源于烽火戏诸侯的故事），是现成的。

将本来在x86上的幽王复制到GDK8，编译成功后，使用GDB开始调试，在执行svc指令前停下来，观察它的寄存器。

```
(gdb) info r
x0             0x73616d69        1935764841
x1             0x400    1024
x2             0x3a4    932
x3             0x0      0
x4             0x0      0
x5             0x0      0
x6             0x7ff7fa3b00      549621218048
x7             0x4001001010000  1125968643162112
x8             0xc2     194
x9             0xffffffffffffffff        -1
x10            0x8000000000000000        -9223372036854775808
x11            0x4001001010000  1125968643162112
x12            0x0      0
x13            0x7ff7ffe048      549621588040
x14            0x7ff7ffc218      549621580312
x15            0x7ff7ffc158      549621580120
x16            0x5555566fa8      366503948200
x17            0x7ff7f20f58      549620682584
x18            0x3      3
x19            0x5555555f00      366503878400
x20            0x0      0
x21            0x5555555b50      366503877456
x22            0x0      0
x23            0x0      0
x24            0x0      0
x25            0x0      0
x26            0x0      0
x27            0x0      0
x28            0x0      0
x29            0x7fffffff330     549755810608
x30            0x5555555d60      366503877984
sp             0x7fffffff330     0x7fffffff330
pc             0x7ff7f20f68      0x7ff7f20f68 <shmget+16>
cpsr           0x80200000        [ EL=0 SS N ]
fpsr           0x0      0
fpcr           0x0      0
```

在执行 svc 指令前，在内核空间对 ksys_shmget 设置断点。

内核空间准备好断点后，在用户空间单步执行 svc 指令，内核空间的断点顺利命中。接下来，使用 k 命令激发调用栈功能，一边调试 NDB 的代码（debug the debugger），一边分析栈上的数据（见图 56-3）。

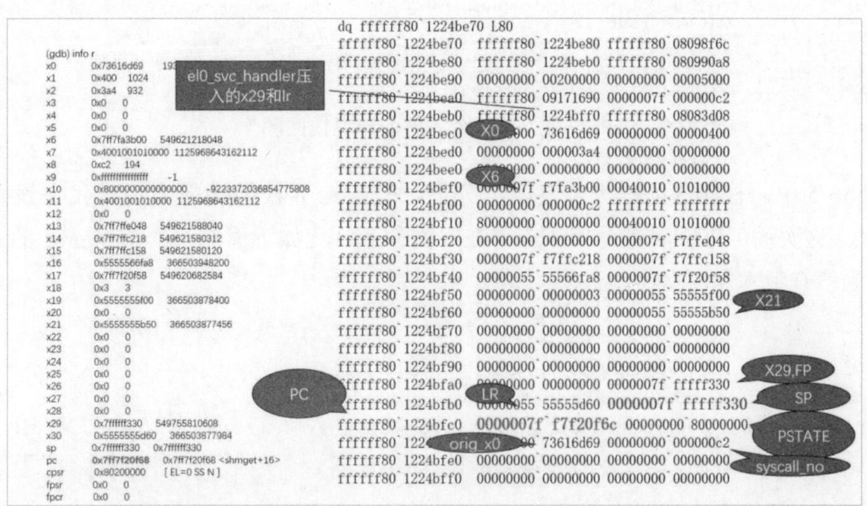

图 56-3　用户空间看到的寄存器（左）和内核栈上的数据（右）

图 56-3 右侧从 x0 开始的一段内存区是所谓的陷阱帧（Trap Frame），它记录着 CPU 从用户空间切换到内核空间后的寄存器状态，这个状态里面就有我要找的用户空间栈位置。

人工分析清楚后，还要落实到代码上。NDB 的符号模块称为 NDW，其中包含烦琐的 DWARF 符号格式解析逻辑。

经过两天多的攻坚战，昨晚 7 时，跨界栈回溯开始工作了，可以跨越“鸿沟”找到 libc 模块了（见图 56-4）。

```
d:\apps\nodejs\node.exe
k
Child-SP          RetAddr           Call Site
ffffff80`1224be70 ffffff80`08564658 lk!ksys_shmget [ipc/shm.c @ 727]
ffffff80`1224be70 ffffff80`08098f6c lk!__arm64_sys_shmget+0x18 [ipc/shm.c @ 745]
ffffff80`1224be70 ffffff80`080990a8 lk!el0_svc_common.constprop.0+0x64 [./arch/arm64/include/asm/current.h @ 19]
ffffff80`1224be70 ffffff80`08083d08 lk!el0_svc_handler+0x28 [arch/arm64/kernel/syscall.c @ 164]
0000007f`ffff330 0000007f`f7f20f6c lk!el0_svc+0x8 [arch/arm64/kernel/entry.S @ 941]
-----------------------------------
nd_callback code= 801 1

run textquery... 1
-----------------------------------
Loading symbols for 0000007f`f7e4f000     libc-2.27.so ->    Found NDB's mailbox @ffffffc0eb200000 size 0, state 0
File copy task is sent to NdSrv via mailbox /usr/lib/debug/.build-id/ed/4758121f48569906b653f5e501c8370bb2dd39.debug 1.
Please execute a 'g' command so that NdSrv can run and serve the file request.
-----------------------------------
nd_callback code= 801 1

run textquery... 1
-----------------------------------
Found NDB's mailbox @ffffffc0eb200000 size 0, state 1
File copy task is sent to NdSrv via mailbox /usr/lib/debug/.build-id/ed/4758121f48569906b653f5e501c8370bb2dd39.debug 1.
Please execute a 'g' command so that NdSrv can run and serve the file request.
Found NDB's mailbox @ffffffc0eb200000 size 0, state 1
File copy task is sent to NdSrv via mailbox /usr/lib/debug/.build-id/ed/4758121f48569906b653f5e501c8370bb2dd39.debug 1.
Please execute a 'g' command so that NdSrv can run and serve the file request.
Failed to load symbols for libc-2.27.so
```

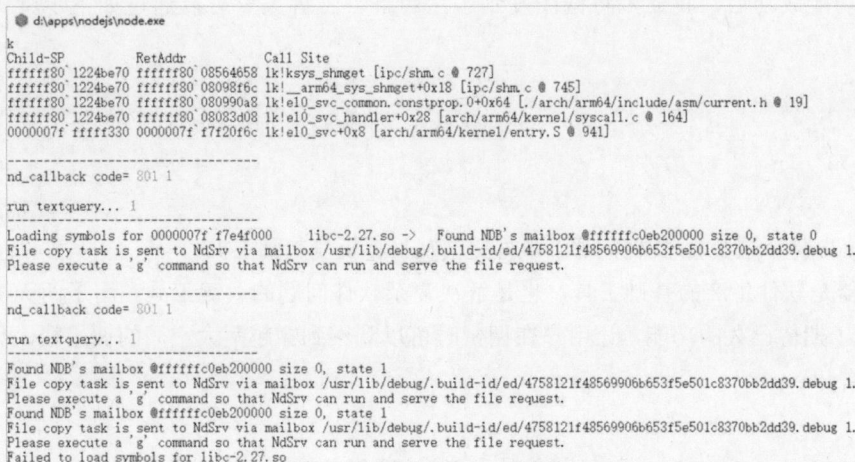

图 56-4　跨越“鸿沟”找到 libc 模块

libc 是用户空间的核心模块，是发起系统调用的地方。

今天上午解决了几个小问题后，第一个完整的跨界栈回溯终于显示出来了（见图 56-5）！

```
kn
 # Child-SP          RetAddr           Call Site
00 ffffff80`10fe3e80 ffffff80`08098f6c lk!vectors+0x200 [arch/arm64/kernel/entry.S @ 459]
01 ffffff80`10fe3eb0 ffffff80`080990a8 lk!el0_svc_common.constprop.0+0x64 [./arch/arm64/include/asm/current.h @ 19]
02 ffffff80`10fe3eb8 ffffff80`08083d08 lk!el0_svc_handler+0x28 [arch/arm64/kernel/syscall.c @ 164]
03 0000007f`ffff f330 0000007f`f7f20f6c lk!el0_svc+0x8 [arch/arm64/kernel/entry.S @ 941]
04 0000007f`fffff330 00000055`55555d60 libc!shmget+0x14 [../sysdeps/unix/sysv/linux/shmget.c @ 29]
05 0000007f`fffff390 0000007f`f7e6f7a0 uking!main+0xa8 [/home/geduer/nanolabs/ipc/uking/uking.c @ 60]
06 0000007f`fffff398 00000055`55555b84 libc!__libc_start_main+0xe0
07 00000000`00000000 00000008`00000008 uking!_entry+0x34
```

图 56-5　第一个完整的跨界栈回溯

在图 56-5 中，栈帧 3-4 是两个空间的分界。有了跨界栈回溯能力后，我又设置了 vfs_write 断点，这次就可以看清楚是哪些应用在写文件了。比如下面这一次是 gnome 的 gmain 工作线程因为检查版本在写文件。

```
kn 100
 # Child-SP          RetAddr           Call Site
00 ffffff80`0b89be20 ffffff80`0828dca4 lk!vfs_write [fs/read_write.c @ 535]
01 ffffff80`0b89be70 ffffff80`0828dd34 lk!ksys_write+0x64 [fs/read_write.c @ 601]
02 ffffff80`0b89be80 ffffff80`08098f6c lk!__arm64_sys_write+0x14 [fs/read_write.c @ 610]
（节约篇幅，删除多行）
09 0000007f`93d0c6d8 0000007f`9445bfdc libglib_2_0_so_0_5600_4!g_main_context_dispatch+0x1d0
0a 0000007f`93d0c768 0000007f`9445c07c libglib_2_0_so_0_5600_4!g_main_context_dispatch+0x51c
0b 0000007f`93d0c7c8 0000007f`9445c0cc libglib_2_0_so_0_5600_4!g_main_context_iteration+0x34
0c 0000007f`93d0c7e8 0000007f`94484a64 libglib_2_0_so_0_5600_4!g_main_context_iteration+0x84
0d 0000007f`93d0c808 0000007f`9420a088 libglib_2_0_so_0_5600_4!g_test_get_filename+0x1b4
```

这个功能成功后，我立刻将截图发到了兰舍群。告诉大家可以通过如下步骤体验这个功能：

```
x lk!vfs_read
ba e4 lk!vfs_read
.reload /user
k
```

如果 ndb 提示缺少 so 文件，那么最好提前从目标机复制到主机。

调试器是软件生产的基础工具，也是解决复杂软件问题的关键工具。用了两天多时间为 NDB 增加了期待已久的功能，让用户在调试时可以观察到穿越两大空间的调用栈，化天堑为通途，非常开心。

初稿写于 2023-09-21，2024-12-24 夜略作修改于 863 软件园

第 57 章 在GDB下学习box64

早饭之后，我和女儿一起学习 box64 项目。目的有两个：一是故意带一带放暑假的女儿，二是自己也想学。女儿也很赞成这个提议，拿着笔记本到了家里的软件工作台。于是，周末的开源学习项目便开始了。

以下是获取代码和编译构建的基本步骤。

```
git clone https://github.com/ptitSeb/box64.git
cd box64
mkdir bld
cd bld
cmake ..
make
```

我们是使用各自的笔记本通过 ssh 连接到幽兰代码本上的。以上过程都非常顺利，只有下载软件代码可能需要重试几次。构建成功后，执行 sudo make install 将构建出的 box64 安装到系统文件夹，方便使用。

```
sudo make install
[sudo] password for geduer:
[ 13%] Built target interpreter
[ 13%] Built target WRAPPERS
[100%] Built target box64
Install the project...
-- Install configuration: "RelWithDebInfo"
-- Installing: /usr/local/bin/box64
-- Installing: /etc/binfmt.d/box64.conf
-- Installing: /etc/box64.box64rc
-- Installing: /usr/lib/x86_64-linux-gnu/libstdc++.so.5
（节约篇幅，删除多行）
-- Up-to-date: /usr/lib/x86_64-linux-gnu/libmbedx509.so.0
-- Installing: /usr/lib/x86_64-linux-gnu/libmbedtls.so.14
-- Up-to-date: /usr/lib/x86_64-linux-gnu/libmbedtls.so.12
-- Installing: /usr/lib/x86_64-linux-gnu/libmbedcrypto.so.7
-- Up-to-date: /usr/lib/x86_64-linux-gnu/libmbedcrypto.so.3
```

1. 体验效果

我选择自己喜欢的 gematrix 程序做实验，刚好幽兰的 gelabs 下有这个程序的 x64 版本。在 arm64 的幽兰上运行会报告执行格式错误。

```
geduer@ulan:~/gelabs/gematrix$ ./gematrix
-bash: ./gematrix: cannot execute binary file: Exec format error
```

使用 readelf –h 命令观察，可以看到它是 AMD64 格式的。

```
geduer@ulan:~/gelabs/gematrix$ readelf -h gematrix
ELF Header:
  Magic:   7f 45 4c 46 02 01 01 00 00 00 00 00 00 00 00 00
  Class:                             ELF64
  Data:                              2's complement, little endian
  Version:                           1 (current)
  OS/ABI:                            UNIX - System V
  ABI Version:                       0
  Type:                              EXEC (Executable file)
  Machine:                           Advanced Micro Devices X86-64
  Version:                           0x1
  Entry point address:               0x400f60
  Start of program headers:          64 (bytes into file)
  Start of section headers:          16888 (bytes into file)
  Flags:                             0x0
  Size of this header:               64 (bytes)
  Size of program headers:           56 (bytes)
  Number of program headers:         9
  Size of section headers:           64 (bytes)
  Number of section headers:         31
  Section header string table index: 28
```

如何让 box64 发挥作用呢？只需在命令行前加上 box64 前缀即可。

```
box64 ./gematrix
geduer@ulan:~/gelabs/gematrix$ box64 ./gematrix
 PageSize:4096 Running on Cortex-A55 Cortex-A76 with 8 Cores
Will use time-based emulation for rdtsc, even if hardware counter are available
Will use Software counter measured at 1.0 GHz emulating 2.0 GHz
Params database has 87 entries
Box64 v0.3.1 a8784eff built on Jul 27 2024 10:25:43
BOX64: Didn't detect 48bits of address space, considering it's 39bits
Counted 26 Env var
BOX64 LIB PATH: ./:lib/:lib64/:x86_64/:bin64/:libs64/:/lib/x86_64-linux-gnu/:/
usr/lib/x86_64-linux-gnu/:/usr/x86_64-linux-gnu/lib/
BOX64 BIN PATH: ./:bin/:/usr/local/sbin/:/usr/local/bin/:/usr/sbin/:/usr/bin/:/
sbin/:/bin/:/usr/games/:/usr/local/games/:/snap/bin/
Looking for ./gematrix
Rename process to "gematrix"
Using native(wrapped) libpthread.so.0
Using native(wrapped) libc.so.6
Using native(wrapped) ld-linux-x86-64.so.2
Using native(wrapped) libdl.so.2
Using native(wrapped) libutil.so.1
Using native(wrapped) librt.so.1
Using native(wrapped) libbsd.so.0
Matrix sample rev1.2 for tunning experiments. Improved by Raymond, based on the
sample from VTune
```

```
Usage: matrix [thread_num] [algorithm no]
Collected thread no -1, algorithm no 1
Addr of buf1 = 0x7fa869f010
Offs of buf1 = 0x7fa869f180
Addr of buf2 = 0x7fa669e010
Offs of buf2 = 0x7fa669e1c0
Addr of buf3 = 0x7fa469d010
Offs of buf3 = 0x7fa469d100
Addr of buf4 = 0x7fa269c010
Offs of buf4 = 0x7fa269c140
Threads #: 8 Pthreads
Matrix size: 2048
Using multiply kernel: multiply1
```

开头的一些信息是box64输出的，包括box64的版本号和构建日期。

```
Box64 v0.3.1 a8784eff built on Jul 27 2024 10:25:43
```

还有关于地址空间的。

```
BOX64: Didn't detect 48bits of address space, considering it's 39bits
```

这条信息意味深长，值得细细品味，其大意是"没有检测到48位地址空间，认为是39位"。对于64位的Linux，x64 CPU使用的是48位线性地址，而ARM64一般使用的是39位线性地址。48位线性地址意味着四级页表结构，而39位线性地址意味着3级页表结构，地址翻译时可以少查一次页表。我在庐山研习班上多次仔细讲过这个细节。

从下面这段代码开始，就是gematrix程序的输出了。

```
    Matrix sample rev1.2 for tunning experiments. Improved by Raymond, based on the
sample from VTune
```

2. 上GDB

为了理解box64的工作原理，我们继续做试验。在命令行前面增加GDB –args命令，让上面的过程在GDB的监视下运行。

```
GDB --args box64 ./gematrix
geduer@ulan:~/gelabs/gematrix$ GDB --args box64 ./gematrix
GNU GDB (Ubuntu 14.0.50.20230907-0ubuntu1) 14.0.50.20230907-git
Copyright (C) 2023 Free Software Foundation, Inc.
License GPLv3+: GNU GPL version 3 or later <http://gnu.org/licenses/gpl.html>
This is free software: you are free to change and redistribute it.
There is NO WARRANTY, to the extent permitted by law.
Type "show copying" and "show warranty" for details.
This GDB was configured as "aarch64-linux-gnu".
Type "show configuration" for configuration details.
For bug reporting instructions, please see:
<https://www.gnu.org/software/GDB/bugs/>.
```

```
Find the GDB manual and other documentation resources online at:
    <http://www.gnu.org/software/GDB/documentation/>.
For help, type "help".
Type "apropos word" to search for commands related to "word"...
Reading symbols from box64...
(gdb)
```

GDB 成功读取符号，这是自己构建 box64 带来的便利。

```
Reading symbols from box64...
(gdb) b main
Breakpoint 1 at 0x349f0480: file /home/Ada/box64/src/main.c, line 3.
```

使用 b main 命令设置一个断点后，发出 r 命令运行到 box64 的主函数。

```
(gdb) r
Starting program: /usr/local/bin/box64 ./gematrix
This GDB supports auto-downloading debuginfo from the following URLs:
  <https://debuginfod.ubuntu.com>
Enable debuginfod for this session? (y or [n]) y
Debuginfod has been enabled.
To make this setting permanent, add 'set debuginfod enabled on' to .GDBinit.
Downloading separate debug info for system-supplied DSO at 0x7ff7ffb000
[Thread debugging using libthread_db enabled]
Using host libthread_db library "/lib/aarch64-linux-gnu/libthread_db.so.1".
Breakpoint 1, main (argc=2, argv=0x7ffffff348, env=0x7ffffff360) at /home/Ada/box64/
src/main.c:3
3       int main(int argc, const char **argv, char **env) {
(gdb) l
1       #include "core.h"
2
3       int main(int argc, const char **argv, char **env) {
4
5           x64emu_t* emu = NULL;
6           elfheader_t* elf_header = NULL;
7           if (initialize(argc, argv, env, &emu, &elf_header, 1)) {
8               return -1;
9           }
10
11          return emulate(emu, elf_header);
12      }
```

在今天这样的软件时代，代码是全世界最通用的语言。

3. main 函数

box64 的 main 函数的函数体非常短，可谓简洁之至。但值得注意的是，main 函数的参数不是常见的 0 或者 2 个，而是 3 个。main 函数的原型一般有以下两种：

```
int main() { body }  (1)
int main(int argc, char* argv[]) { body }  (2)
```

而box64使用了比较少见的3个参数。根据C99和C++扩展，main函数可以使用“实现者定义的”第三种形式。

```
int main(/* implementation-defined */) { body }  (3)
```

这里的实现者是指编译器和操作系统的实现者，查阅gcc的文档可看到，box64使用的是gcc支持的第三种形式。

```
int main (void) {…}
int main (int argc, char *argv[]) {…}
int main (int argc, char *argv[], char *envp[]) {…}
```

使用GDB观察envp，可以看到里面是很多个环境变量对。

```
(gdb) p env[0]@28
$4 = {0x7fffffff5c2 "SHELL=/bin/bash", 0x7fffffff5d2 "PWD=/home/geduer/gelabs/gematrix",
0x7fffffff5f3 "LOGNAME=geduer",
  0x7ffffff602 "XDG_SESSION_TYPE=tty", 0x7ffffff617 "_=/usr/bin/GDB", 0x7ffffff626
"LINES=33",
【省略多行】
```

4. 初始化函数

单步进入initilize函数，这下到了box64的核心代码了，源文件名为core.c。这是Linux内核喜欢使用的名字。

```
(gdb) n
5           x64emu_t* emu = NULL;
(gdb)
7           if (initialize(argc, argv, env, &emu, &elf_header, 1)) {
(gdb) s
initialize (argc=2, argv=0x7ffffff348, env=0x7ffffff360, emulator=emulator@
entry=0x7ffffff1a8,
    elfheader=elfheader@entry=0x7ffffff1b0, exec=exec@entry=1) at /home/Ada/box64/
src/core.c:1729
1729    {
(gdb) n
1731        init_malloc_hook();
(gdb)
1733        init_auxval(argc, argv, environ?environ:env);
(gdb)
1735        if(getenv("BOX64_VERSION")) {
(gdb) l
```

单步跟踪box64的初始化过程，如果看电影一样，一个个新场景跃入眼帘。

初始化过程是复杂而且冗长的，主要成果是创建一个代表目标架构的执行上下文。对于本试验来说，是一个名为box64context_s的大结构体。

```
(gdb) pt my_context
type = struct box64context_s {
    path_collection_t box64_path;
    path_collection_t box64_ld_lib;
    path_collection_t box64_emulated_libs;
    int x64trace;
    int trace_tid;
    uint32_t sel_serial;
    zydis_t *zydis;
    void *box64lib;
    int argc;
    char **argv;
    int envc;
    char **envv;
    int orig_argc;
    char **orig_argv;
// 省略很多行
```

使用 p 命令可以观察这个结构体实例的当前取值。

```
(gdb) p *my_context
$6 = {box64_path = {size = 11, cap = 11, paths = 0x35603e50}, box64_ld_lib =
{size = 9, cap = 11,
    paths = 0x35603ae0}, box64_emulated_libs = {size = 9, cap = 12, paths =
0x35603ca0}, x64trace = 0, trace_tid = 0,
    sel_serial = 1, zydis = 0x0, box64lib = 0x7ff7fff360, argc = 1, argv =
0x356022b0, envc = 0, envv = 0x0,
    orig_argc = 0, orig_argv = 0x0, fullpath = 0x0, box64path = 0x0, box86path =
0x0, bashpath = 0x0, stacksz = 0,
    stackalign = 0, stack = 0x0, elfs = 0x0, elfcap = 0, elfsize = 0, neededlibs =
0x0, preload = 0x0, ep = 0,
    maplib = 0x35603290, local_maplib = 0x35602230, versym = 0x355f2488, globdata =
0x355f29b0, uniques = 0x355f2a28,
    stacksizes = 0x0, system = 0x356032c0, exit_bridge = 65664, vsyscall = 65536,
vsyscalls = {65568, 65600, 65632},
    dlprivate = 0x35602280, alwrappers = 0x0, almymap = 0x0, vkwrappers = 0x0,
vkmymap = 0x0, vkprocaddress = 0x0,
    mutex_lock = {__data = {__lock = 0, __count = 0, __owner = 0, __nusers = 0, __
kind = 2, __spins = 0, __list = {
        __prev = 0x0, __next = 0x0}}, __size = '\000' <repeats 16 times>, "\002",
'\000' <repeats 30 times>,
      __align = 0}, mutex_trace = {__data = {__lock = 0, __count = 0, __owner = 0,
__nusers = 0, __kind = 2,
        __spins = 0, __list = {__prev = 0x0, __next = 0x0}},
      __size = '\000' <repeats 16 times>, "\002", '\000' <repeats 30 times>, __
align = 0}, mutex_tls = {__data = {
        __lock = 0, __count = 0, __owner = 0, __nusers = 0, __kind = 2, __spins =
0, __list = {__prev = 0x0,
          __next = 0x0}}, __size = '\000' <repeats 16 times>, "\002", '\000'
<repeats 30 times>, __align = 0},
    mutex_thread = {__data = {__lock = 0, __count = 0, __owner = 0, __nusers = 0,
__kind = 2, __spins = 0, __list = {
        __prev = 0x0, __next = 0x0}}, __size = '\000' <repeats 16 times>, "\002",
```

```
'\000' <repeats 30 times>,
```

接下来的一波操作是给这个执行上下文赋值。

```
Looking for ./gematrix
1954        my_context->argv[0] = ResolveFileSoft(prog, &my_context->box64_path);
(gdb)
1957            my_context->box86path = box_strdup(my_context->box64path);
(gdb)
```

比如，目标程序的全路径会被放到 fullpath 字段里。

```
(gdb) p my_context->fullpath
$7 = 0x35604c80 "/home/geduer/gelabs/gematrix/gematrix"
```

接下来，把目标程序加载到内存。

```
elfheader_t *elf_header = LoadAndCheckElfHeader(f, my_context->fullpath, 1);
```

然后，检查目标程序需要的 libc 版本，如果是 2.34，要做些特别对待。

```
box64_isglibc234 = GetNeededVersionForLib(elf_header, "libc.so.6", "GLIBC_2.34");
```

再下面是创建栈和建立一个 emu 对象。

```
2197        if(CalcStackSize(my_context)) {
(gdb)
2205         x64emu_t *emu = NewX64Emu(my_context, my_context->ep, (uintptr_t)my_
context->stack, my_context->stacksz, 0);
(gdb)
2207        SetupInitialStack(emu);
```

接着模拟 x64 的一系列筹备工作。

```
2208        SetupX64Emu(emu, NULL);
(gdb)
2209        SetRSI(emu, my_context->argc);
(gdb)
2210        SetRDX(emu, (uint64_t)my_context->argv);
(gdb)
2211        SetRCX(emu, (uint64_t)my_context->envv);
(gdb)
2212        SetRBP(emu, 0); // Frame pointer so to "No more frame pointer"
(gdb)
2215        pthread_atfork(NULL, NULL, my_child_fork);
(gdb)
2217        thread_set_emu(emu);
(gdb)
2220        AddSymbols(my_context->maplib, elf_header);
(gdb)
```

下一个大动作是加载目标程序所需要的共享库。

```
2256            if(LoadNeededLibs(elf_header, my_context->maplib, 0, 0, 0, my_
```

```
context, emu)) {
    (gdb)
    Using native(wrapped) libpthread.so.0
    Using native(wrapped) libc.so.6
    Using native(wrapped) ld-linux-x86-64.so.2
    Using native(wrapped) libdl.so.2
    Using native(wrapped) libutil.so.1
    Using native(wrapped) librt.so.1
    Using native(wrapped) libbsd.so.0
```

而后，对库做必要的重定位处理。

```
    (gdb) n
    2263          if(RelocateElf(my_context->maplib, NULL, 0, 0, elf_header)) {
    (gdb)
    2269          RelocateElfPlt(my_context->maplib, NULL, 0, 0, elf_header);
    (gdb)
    2272          RunDeferredElfInit(emu);
    (gdb)
    2274          RefreshElfTLS(elf_header);
    (gdb)
    2276          ResetSpecialCaseMainElf(elf_header);
    (gdb)
    2280          *emulator = emu;
    (gdb)
    2282          return 0;
```

最后，把成果赋给 emulator 参数（返回给父函数）。

```
    (gdb) pt **emulator
    type = struct x64emu_s {
        reg64_t regs[16];
        x64flags_t eflags;
        reg64_t ip;
        sse_regs_t xmm[16];
        sse_regs_t ymm[16];
        mmx87_regs_t x87[8];
        mmx87_regs_t mmx[8];
        x87flags_t sw;
        uint32_t top;
        int fpu_stack;
        x87control_t cw;
        uint16_t dummy_cw;
        mmxcontrol_t mxcsr;
        fpu_ld_t fpu_ld[8];
        fpu_ll_t fpu_ll[8];
        uint64_t fpu_tags;
        uintptr_t old_ip;
        int dummy1;
        deferred_flags_t df;
        multiuint_t op1;
        multiuint_t op2;
        multiuint_t res;
```

```
    multiuint_t op1_sav;
    multiuint_t res_sav;
    deferred_flags_t df_sav;
    uint32_t *x64emu_parity_tab;
    uint16_t segs[6];
    uint16_t dummy_seg6;
    uint16_t dummy_seg7;
    uintptr_t segs_offs[6];
    uint32_t segs_serial[6];
    box64context_t *context;
    reg64_t zero;
    reg64_t *sbiidx[16];
    int quit;
    int error;
    int fork;
    int exit;
    forkpty_t *forkpty_info;
    emu_flags_t flags;
    x64test_t test;
    uint64_t scratch[200];
    void *stack2free;
    void *init_stack;
    uint32_t size_stack;
    struct __jmp_buf_tag *jmpbuf;
    x64_ucontext_t *uc_link;
    int type;
}
```

5. 运行

冗长的初始化过程结束后，返回到 main 函数，下一个动作便是调用 emualte。

```
11          return emulate(emu, elf_header);
```

跟踪 emulate，又进入 core.c。

```
(gdb) s
emulate (emu=0x35604e90, elf_header=0x35605ea0) at /home/Ada/box64/src/core.
c:2288
2288        my_context->ep = GetEntryPoint(my_context->maplib, elf_header);
(gdb) l
2283    }
2284
2285    int emulate(x64emu_t* emu, elfheader_t* elf_header)
2286    {
2287        // get entrypoint
2288        my_context->ep = GetEntryPoint(my_context->maplib, elf_header);
2289
2290        atexit(endBox64);
2291        loadProtectionFromMap();
2292
```

又做了一些运行前的准备工作后，下一个关键动作是把执行的起点赋给程序指针寄存器——R_RIP。

```
2201            R_RIP = addr;
(gdb)
72          while(1)
(gdb) p /x addr
$12 = 0x400f62
```

在 GDB 下观察它的值，是 0x400f62。观察地址空间如下：

```
(gdb) info inferiors
  Num  Description       Connection           Executable
* 1    process 14407     1 (native)           /usr/local/bin/box64
(gdb) !cat /proc/14407/maps
00010000-00011000 rwxp 00000000 00:00 0
00020000-00021000 rwxp 00000000 00:00 0
00030000-00031000 rwxp 00000000 00:00 0
00040000-00041000 rwxp 00000000 00:00 0
00050000-00051000 rwxp 00000000 00:00 0
00060000-00061000 rwxp 00000000 00:00 0
00070000-00071000 rwxp 00000000 00:00 0
00080000-00081000 rwxp 00000000 00:00 0
00400000-00403000 r-xp 00000000 103:02 524470                          /home/geduer/gelabs/gematrix/gematrix
00403000-00600000 ---p 00000000 00:00 0
00600000-00607000 rw-p 00000000 00:00 0
34800000-35465000 r-xp 00000000 103:02 558469                          /usr/local/bin/box64
35475000-3555b000 r--p 00c65000 103:02 558469                          /usr/local/bin/box64
3555b000-3555e000 rw-p 00d4b000 103:02 558469                          /usr/local/bin/box64
3555e000-3563c000 rw-p 00000000 00:00 0                                [heap]
```

可见 RIP 刚好是进程里的 gematrix 模块，但是这个模块是 box64 以文件映射方式读到内存空间的，没有正式的共享库身份，所以不在 GDB 的模块列表里，查找符号也找不到。

```
(gdb) info symbol 0x400f62
No symbol matches 0x400f62.
(gdb) info shared
From                To                  Syms Read   Shared Object Library
0x0000007ff7fbed80  0x0000007ff7fda874  Yes         /lib/ld-linux-aarch64.so.1
0x0000007ff7df6dc0  0x0000007ff7f0fc20  Yes         /lib/aarch64-linux-gnu/libc.so.6
0x0000007ff7d2cad0  0x0000007ff7d72960  Yes         /lib/aarch64-linux-gnu/libm.so.6
0x0000007ff7cf3360  0x0000007ff7cfa348  Yes         /lib/aarch64-linux-gnu/libresolv.so.2
```

```
    0x0000007ff73c0730   0x0000007ff73c0824   Yes             /lib/aarch64-linux-gnu/
libpthread.so.0
    0x0000007ff7390550   0x0000007ff7390644   Yes            /lib/aarch64-linux-gnu/libdl.
so.2
    0x0000007ff7360690   0x0000007ff7360914   Yes            /lib/aarch64-linux-gnu/librt.
so.1
```

接下来进入一个看似没有终止的循环，即取指令，执行，取指令，执行……

```
    (gdb)
    752                         ED->q[0] = GD->q[0];
    (gdb)
    2190                if(ACCESS_FLAG(F_TF) || (tf_next<0)) {
    (gdb)
    2201                R_RIP = addr;
    (gdb)
    72              while(1)
    (gdb)
    83                  emu->old_ip = addr;
    (gdb) bt
    #0  Run (emu=emu@entry=0x35604e90, step=<optimized out>, step@entry=0) at /home/
Ada/box64/src/emu/x64run.c:83
    #1  0x00000000349f4b38 in emulate (emu=0x35604e90, elf_header=<optimized out>) at
/home/Ada/box64/src/core.c:2300
    #2  0x00000000349f04c0 in main (argc=<optimized out>, argv=<optimized out>,
env=<optimized out>)
        at /home/Ada/box64/src/main.c:11
```

到这里，继续单步就太枯燥了，执行 c 命令，让 box64 跑起来。

```
    (gdb) c
    Continuing.
    Matrix sample rev1.2 for tunning experiments. Improved by Raymond, based on the
sample from VTune
    Usage: matrix [thread_num] [algorithm no]
    Collected thread no -1, algorithm no 1
    Addr of buf1 = 0x7ff535f010
    Offs of buf1 = 0x7ff535f180
    Addr of buf2 = 0x7ff335e010
    Offs of buf2 = 0x7ff335e1c0
    Addr of buf3 = 0x7ff135d010
    Offs of buf3 = 0x7ff135d100
    Addr of buf4 = 0x7fef35c010
    Offs of buf4 = 0x7fef35c140
    Threads #: 8 Pthreads
```

如果想再停下，只需按【Ctrl + C】组合键即可。

```
    (gdb) bt
    #0  0x0000007ff7e4ff9c in __futex_abstimed_wait_common64 (private=128, cancel=true,
```

```
abstime=0x0, op=265,
        expected=14843, futex_word=0x7fef05b110) at ./nptl/futex-internal.c:57
    #1  __futex_abstimed_wait_common (cancel=true, private=128, abstime=0x0, clockid=0, expected=14843,
        futex_word=0x7fef05b110) at ./nptl/futex-internal.c:87
    #2  __GI___futex_abstimed_wait_cancelable64 (futex_word=futex_word@entry=0x7fef05b110, expected=14843,
        clockid=clockid@entry=0, abstime=abstime@entry=0x0, private=private@entry=128) at ./nptl/futex-internal.c:139
    （节约篇幅，删除多行）
      9    Thread 0x7fea2eb040 (LWP 14850) "gematrix" 0x0000000034fcd710 in RunF20F (emu=emu@entry=0x3563cb20,
        rex=rex@entry=..., addr=4199690, step=step@entry=0x7fea2ea4ac) at /home/Ada/box64/src/emu/x64runf20f.c:31
```

可以看到，所有线程都是目标程序自己的，线程个数与普通执行是一样的，看来box64就是一个老老实实的模拟执行目标程序，并没有单独的工作线程。

切到2号工作线程，可以看到它在执行大矩阵乘法。

```
    (gdb) thread 2
    [Switching to thread 2 (Thread 0x7fef05b040 (LWP 14843))]
    #0  0x0000000034fa6a40 in Run (emu=emu@entry=0x35636b50, step=<optimized out>, step@entry=0)
        at /home/Ada/box64/src/emu/x64run.c:2196
    2196                    emit_signal(emu, SIGTRAP, (void*)addr, 1);
    (gdb) bt
    #0  0x0000000034fa6a40 in Run (emu=emu@entry=0x35636b50, step=<optimized out>, step@entry=0)
        at /home/Ada/box64/src/emu/x64run.c:2196
    #1  0x00000000349f7f28 in DynaRun (emu=emu@entry=0x35636b50) at /home/Ada/box64/src/dynarec/dynarec.c:180
    #2  0x0000000034a21ec0 in pthread_routine (p=0x35636b20) at /home/Ada/box64/src/libtools/threads.c:242
    #3  0x0000007ff7e537d0 in start_thread (arg=0x7ff7ff5760) at ./nptl/pthread_create.c:444
    #4  0x0000007ff7ebf5cc in thread_start () at ../sysdeps/unix/sysv/linux/aarch64/clone3.S:76
```

现在，仍可以很方便地看到前面所说的emu结构体。

```
    (gdb) p emu
    $14 = (x64emu_t *) 0x35636b50
    (gdb) p *emu
    $15 = {regs = {{sq = {549570439424}, q = {549570439424}, sdword = {-185374464, 127}, dword = {4109592832, 127},
          sword = {26880, -2829, 127, 0}, word = {26880, 62707, 127, 0}, sbyte = "\000i\363\364\177\000\000",
          byte = "\000i\363\364\177\000\000"}, {sq = {549578877232}, q =
```

```
{549578877232}, sdword = {-176936656, 127},
          dword = {4118030640, 127}, sword = {10544, -2700, 127, 0}, word = {10544,
62836, 127, 0},
           sbyte = "0)t\365\177\000\000", byte = "0)t\365\177\000\000"}, {sq =
{549511762176}, q = {549511762176},
           sdword = {-244051712, 127}, dword = {4050915584, 127}, sword = {4352,
-3724, 127, 0}, word = {4352, 61812, 127,
                0}, sbyte = "\000\021t\361\177\000\000", byte =
"\000\021t\361\177\000\000"}, {sq = {2048}, q = {2048},
           sdword = {2048, 0}, dword = {2048, 0}, sword = {2048, 0, 0, 0}, word =
{2048, 0, 0, 0},
```

初稿写于2024-07-27，2024-12-24夜略作修改于863软件园

第 58 章
在RK3588上体验UEFI

UEFI 是一种固件技术，源于英特尔，最初的开发代号名为 Tiano。项目的开始时间大约在 1999 年，当时的固件代码都很陈旧，主要用汇编语言和 C 语言编写，繁杂拖沓，难以维护扩展。与此同时，英特尔当时投巨资的安腾项目使用了众多开创性的创新设计，需要在固件层做很多修改，要在陈旧的 BIOS 上写代码做这些修改难度很大。为此，Tiano 项目应需而生，引入当时流行的 COM 技术精华，普遍使用接口技术，使用 GUID 来表示接口，使用 C++ 代替 C 语言。

2004 年，Tiano 项目初步完成，以 EFI 为正式名称对外发布。在 Intel 网站，还可以找到当年的一则新闻稿：

```
    Intel Invites Industry in Design of Technology to Succeed BIOS, Industry
Collaboration Key in Addressing Oldest Software Technology in PC Platforms。
```

标题大意是，Intel 引领产业设计取代 BIOS 的新技术，针对 PC 平台上的最古老软件技术开展产业合作。

这个标题把 BIOS 称为 PC 平台的最古老软件技术是很合适的。的确，BIOS 源于已经成为历史的 CP/M 操作系统和 DRI 公司，它的发明者是 DRI 的创始人 Gary Arlen Kildall。我在《软件简史》第六篇“亢龙有悔”中，详细描述了基尔代尔（Kildall）的传奇人生，以及他对 PC 产业和系统软件所作的巨大贡献。如图 58-1 所示。

图 58-1 《软件简史》中关于 PC 软件和 BIOS 技术的追根溯源

基尔代尔是PC技术的开路者，当Intel开发8086时，他就是Intel的软件顾问。他成名时，比尔·盖茨还在寻找方向，比尔·盖茨曾多次到基尔代尔的家里登门求教，如图58-2所示。

图58-2　比尔·盖茨（中）与基尔代尔（右）的合影

固件技术的核心价值是隔离硬件差异，让操作系统可以以统一的接口来管理五花八门、不断变化的硬件。这也正是基尔代尔当初发明BIOS技术的初衷。这个技术的价值也被比尔·盖茨心领神会，凭借这个技术，微软的Windows操作系统在PC时代畅通无阻，只要是有BIOS的盒子，就可以安装Windows，如图58-3所示。

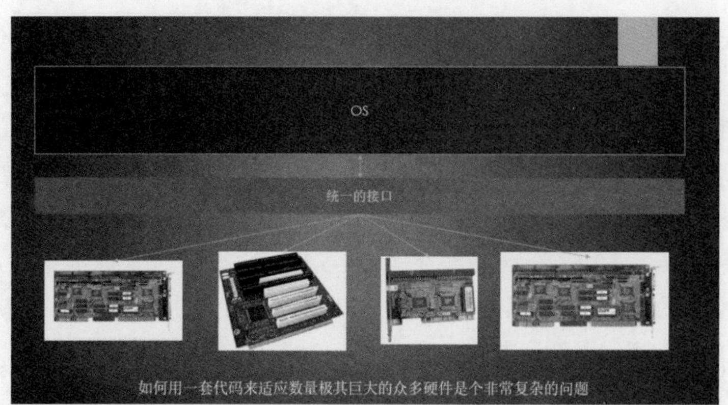

图58-3　固件价值示意图

2005年，Intel连同几家伙伴一起成立UEFI论坛（UEFI Forum），从此，Tiano技术的成果开始以UEFI的形式发展。UEFI论坛的最初成员有：

AMD, American Megatrends, Inc., Dell Inc., HP, Intel Corporation, International Business Machines Corporation, Insyde Software Corp., Microsoft Corp., and Phoenix Technologies Ltd. to Collaborate

注意，上面的成员列表中没有 ARM，原因有很多。从 ARM 社区的角度看，当时 ARM 的主要场景还是嵌入式和垂直领域。对于这些场景，通常是像苹果公司那样，由一家公司做整个软件栈，软件兼容的压力不是很大，所以对固件层的需要不是那么迫切。

但随着 ARM 系统的硬件越来越强大，越来越多的 ARM 系统开始使用通用的 Linux 内核，这时兼容问题便日益严重了。有太多厂商不停地往 Linux 内核的代码树上合并看似相同却又不同的适配代码。这种现象持续了几年，导致 Linux 内核的 arch/arm 目录不断膨胀，有一大堆以 mach 开头的目录，直到今天，这个目录仍然如此（见图 58-4）。

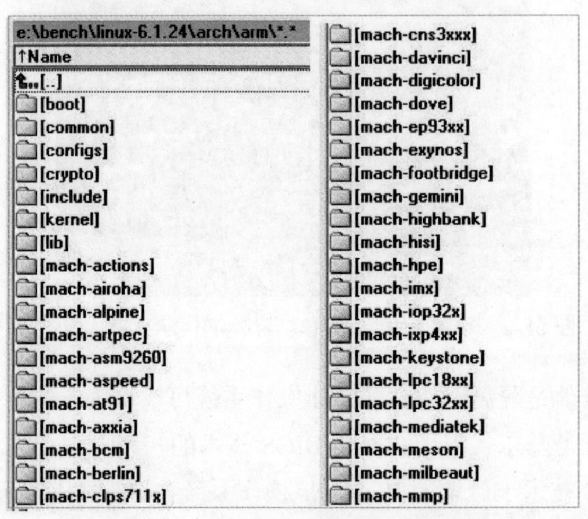

图 58-4　一大堆以 mach 开头的目录

终于有一天，当一位名叫 Tony Lindgren 的人想把自己的代码合并到内核代码树时，遇上了林纳斯，他心情不好，大发雷霆。

林纳斯是诗人后裔，说话言简意赅：“整个 ARM 的东西就是 x。你们必须停止相互挖坑，踩别人的脚趾头。”

林纳斯的怒批很有效果。大约在 2013 年，ARM 加入了 UEFI 论坛，如图 58-5 所示。

2014 年 8 月 12 日，UEFI 论坛发布了 ACPI 5.1 标准，在这个标准中，加入了对 ARM 的支持，包括 ARM 的中断控制器 GIC，以及 ARMv8 的众多特征。当年的新闻稿的标题为“UEFI 的新 ACPI 5.1 规约采纳了支持 ARMv8 64 位特征的配置和电源接口”

有了标准支持，是必要条件，但却不是充分条件。

为了在 ARM 生态中推动 UEFI 技术，ARM 一直在努力，比如 ARM 的 SystemReady 的认证就把 UEFI 作为重点内容。ARM 的 Dong Wei 院士领衔推动这个方向。

从 2013 年至今，ARM 平台上的 UEFI 到底是什么状况呢？

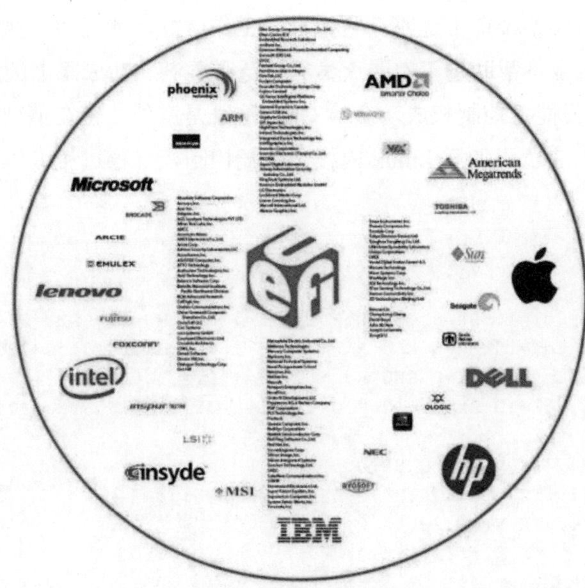

图 58-5　UEFI 论坛

昨天，格蠹的小伙伴将来自硬件伙伴的 UEFI 代码编译通过，刷到了幽兰代码本上，第一次没有刷成功，第二次刷成功了，熟悉的 UEFI 设置界面在幽兰上出现了（见图 58-6）。

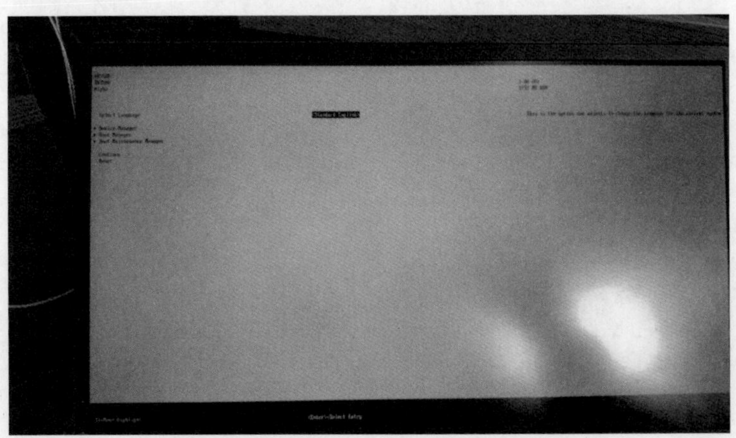

图 58-6　UEFI 设置界面运行在幽兰代码本上

听到小伙伴说刷好后一开机能进入 UEFI 设置界面，我首先很高兴，因为没花什么时间就把 UEFI 的代码在幽兰上运行起来了，这反映了 ARM 的十年努力是有成果的。ARM 平台的固件技术积贫积弱，能在固件阶段显示出图形界面，这是值得纪念的一个里程碑。放眼整个 ARM 生态，ARM 系统的总量以百亿记也不过分，但是能有界面的固件凤毛麟角，难得一见，不足百万分之一。

但听说一开机就进入了 UEFI 界面，我也知道情况不妙。凭借我多年来对 UEFI 的了解，自动进入图形界面意味着正常启动失败了。从整个系统的角度讲，固件主要在启动阶段运行，它的主要使命就是为操作系统铺平道路。它把准备工作做好，就应该把执行权交给操作系统。从这个角度来看，它很像是帮助越王勾践灭吴后就泛舟五湖、功成隐退的陶朱公（范蠡）。

可是当下，UEFI 没能把控制权成功交给 OS。这既是意外，也在情理之中。幽兰本来是使用 u-boot 作为固件的，它负责加载 Linux 内核，并把控制权平稳过渡。以下是小伙伴抓到的串口输出：

```
DDR V1.09 a930779e06 typ 22/11/21-17:50:56
LPDDR4X, 2112MHz
channel[0] BW=16 Col=10 Bk=8 CS0 Row=17 CS=1 Die BW=16 Size=2048MB
channel[1] BW=16 Col=10 Bk=8 CS0 Row=17 CS=1 Die BW=16 Size=2048MB
channel[2] BW=16 Col=10 Bk=8 CS0 Row=17 CS=1 Die BW=16 Size=2048MB
channel[3] BW=16 Col=10 Bk=8 CS0 Row=17 CS=1 Die BW=16 Size=2048MB
Manufacturer ID:0xff
CH0 RX Vref:27.7%, TX Vref:20.8%,0.0%
CH1 RX Vref:26.7%, TX Vref:20.8%,0.0%
CH2 RX Vref:26.7%, TX Vref:23.8%,0.0%
CH3 RX Vref:28.7%, TX Vref:21.8%,0.0%
change to F1: 528MHz
change to F2: 1068MHz
change to F3: 1560MHz
change to F0: 2112MHz
out
U-Boot SPL board init
U-Boot SPL 2017.09-gc060f28d70-220414 # (Apr 18 2022 - 18:13:34)
Failed to set cpub01
Failed to set cpub23
Trying to boot from MMC2
MMC: no card present
mmc_init: -123, time 0
spl: mmc init failed with error: -123
Trying to boot from MMC1
Trying fit image at 0x4000 sector
## Verified-boot: 0
## Checking atf-1 0x00040000 ... sha256(909ea14106...) + OK
## Checking uboot 0x00200000 ... sha256(36148e13ec...) + OK
## Checking fdt 0x002f0000 ... sha256(c07f4a4d71...) + OK
## Checking atf-2 0x000f0000 ... sha256(6a970ae6b4...) + OK
## Checking atf-3 0xff100000 ... sha256(3ea8cf0d7e...) + OK
## Checking optee 0x08400000 ... sha256(fde0860845...) + OK
Jumping to U-Boot(0x00200000) via ARM Trusted Firmware(0x00040000)
Total: 542.534 ms
INFO:    Preloader serial: 2
NOTICE:  BL31: v2.3():v2.3-468-ge529a2760:derrick.huang
NOTICE:  BL31: Built : 09:59:49, Nov 21 2022
INFO:    spec: 0x1
INFO:    ext 32k is valid
INFO:    ddr: stride-en 4CH
INFO:    GICv3 without legacy support detected.
INFO:    ARM GICv3 driver initialized in EL3
INFO:    valid_cpu_msk=0xff bcore0_rst = 0x0, bcore1_rst = 0x0
INFO:    system boots from cpu-hwid-0
```

```
INFO:    idle_st=0x21fff, pd_st=0x11fff9, repair_st=0xfff70001
INFO:    dfs DDR fsp_params[0].freq_mhz= 2112MHz
INFO:    dfs DDR fsp_params[1].freq_mhz= 528MHz
INFO:    dfs DDR fsp_params[2].freq_mhz= 1068MHz
INFO:    dfs DDR fsp_params[3].freq_mh
```

上面的串口打印信息来自两个软件，一个是ATF，即ARM的可信固件，运行在ARMv8的最高特权级别，里面执行高安全级别的敏感逻辑，包括缓解CPU的缺陷和设计不足。另一个是u-boot，它在ARM生态上使用多年，根深蒂固。实际上，我们拿到的固件包为uboot_uefi，它其实是uefi和u-boot的混杂版本，使用时仍需要使用u-boot，只不过是u-boot很快就把执行权交给uefi。

上面的打印信息中还没有看到uefi。调试一番后，终于看到了uefi的输出信息。

```
    add-symbol-file /extd/guolin/uefi_sdk/uefi_emmc/Build/RK3588/DEBUG_GCC5/AARCH64/EmbeddedPkg/Application/AndroidBoot/AndroidBootApp/DEBUG/AndroidBootApp.dll 0x39828000
    Loading driver at 0x00039827000 EntryPoint=0x Failed to get AndroidBootImg Size: Invalid Parameter
    （节约篇幅，删除多行）
    Process PlatformRecovery0000 (Default PlatformRecovery) ...
    [Bds] Unable to boot!
    [Bds]Booting UiApp
    add-symbol-file /extd/guolin/uefi_sdk/uefi_emmc/Build/RK3588/DEBUG_GCC5/AARCH64/MdeModulePkg/Application/UiApp/UiApp/DEBUG/UiApp.dll 0x30509000
    Loading driver at 0x00030508000 EntryPoint=0x0003050FE30 UiApp [HiiDatabase]: Memory allocation is required after ReadyToBoot, which may change memory map and cause S4 resume issue.
```

上面的多种信息都代表了UEFI的风格，或者说代表了来自Tiano的基因（原始设计）。

首先，其中的add-symbol-file语句是供调试使用的，打印整个信息代表了UEFI具有与调试器配套的调试支持。

其次，上面的文件路径指示的文件后缀都是dll，因为Tiano的最初开发环境是Windows，最初的编译工具也是微软的Visual C++。所以UEFI的模块是Windows平台上流行的DLL，对应的调试符号是微软使用的PDB格式。

上面的信息中包含了3个DLL的名称，分别是：

```
AndroidBootApp.dll
AndroidFastbootApp.dll
UiApp.dll
```

从App的名称来看，这几个模块都属于扩展性质的App模块，不属于Tiano的核心框架（比如DXECORE）。

上面3个DLL其实代表了UEFI在完成基本工作后，准备移交执行权时所做的3种努力。

- 先尝试以Android Boot方式引导内核。
- 再尝试以Android FastBoot方式引导内核。

- 如果都不成功，那么只好运行 UiApp，呈现图形界面。

根据错误信息查找 uefi 的源代码，可以看到是如图 58-7 所示的函数报错。

```
EFI_STATUS
AndroidBootImgGetImgSize (
  IN  VOID     *BootImg,
  OUT UINTN    *ImgSize
  )
{
  ANDROID_BOOTIMG_HEADER   *Header;

  Header = (ANDROID_BOOTIMG_HEADER *) BootImg;

  if (AsciiStrnCmp ((CONST CHAR8 *)Header->BootMagic, ANDROID_BOOT_MAGIC,
                    ANDROID_BOOT_MAGIC_LENGTH) != 0) {
    return EFI_INVALID_PARAMETER;
  }

  /* The page size is not specified, but it should be power of 2 at least */
  ASSERT (IS_VALID_ANDROID_PAGE_SIZE (Header->PageSize));

  /* Get real size of abootimg */
  *ImgSize = ALIGN_VALUE (Header->KernelSize, Header->PageSize) +
             ALIGN_VALUE (Header->RamdiskSize, Header->PageSize) +
             ALIGN_VALUE (Header->SecondStageBootloaderSize, Header->PageSize) +
             Header->PageSize;
  return EFI_SUCCESS;
}
```

图 58-7　获取镜像大小的 UEFI 函数

这个函数是获取内核镜像大小的。所谓的 Android 启动方式，就是在闪存的固定位置放一段描述信息，这段信息需要符合如下格式：

```
#pragma pack(1)
/* https://android.googlesource.com/platform/system/core/+/master/mkbootimg/
bootimg.h */
typedef struct {
  UINT8    BootMagic[ANDROID_BOOT_MAGIC_LENGTH];
  UINT32   KernelSize;
  UINT32   KernelAddress;
  UINT32   RamdiskSize;
  UINT32   RamdiskAddress;
  UINT32   SecondStageBootloaderSize;
  UINT32   SecondStageBootloaderAddress;
  UINT32   KernelTaggsAddress;
  UINT32   PageSize;
  UINT32   Reserved[2];
  CHAR8    ProductName[16];
  CHAR8    KernelArgs[ANDROID_BOOTIMG_KERNEL_ARGS_SIZE];
  UINT32   Id[32];
} ANDROID_BOOTIMG_HEADER;
#pragma pack ()
```

上面信息的开头是个魔术码：ANDROID! 出错的代码就是没有匹配到这个魔术码，所以是因为参数错误。

其实，格蠹的 GDK8 就是使用的这种启动方式来引导 Linux 内核的。使用 od 命令查看

GDK8 的 boot 分区，就可以看到 ANDROID! 魔术码，如图 58-8 所示。

```
geduer@gdk8:~$ sudo od -x -c /dev/mmcblk2p4 | more
0000000    4e41    5244    494f    2144    9008    022b    8000    1000
           A   N   D   R   O   I   D   !  \b 220   + 002  \0 200  \0 020
0000020    0000    0000    0000    0000    0c00    00bf    0000    10f0
          \0  \0  \0  \0  \0  \0  \0  \0  \0  \f 277  \0  \0  \0 360 020
0000040    0100    1000    0800    0000    0000    0000    0000    0000
          \0 001  \0 020  \0  \b  \0  \0  \0  \0  \0  \0  \0  \0  \0  \0
0000060    0000    0000    0000    0000    0000    0000    0000    0000
          \0  \0  \0  \0  \0  \0  \0  \0  \0  \0  \0  \0  \0  \0  \0  \0
*
0001100    9784    e7dd    2b02    d2c9    0f6e    7a9c    76ec    e2ba
         204 227 335 347 002   + 311 322   n 017 234   z 354   v 272 342
0001120    22a9    8619    0000    0000    0000    0000    0000    0000
         251   " 031 206  \0  \0  \0  \0  \0  \0  \0  \0  \0  \0  \0  \0
0001140    0000    0000    0000    0000    0000    0000    0000    0000
          \0  \0  \0  \0  \0  \0  \0  \0  \0  \0  \0  \0  \0  \0  \0  \0
```

图 58-8　引导分区

图 58-8 中的 4e41 分别是 N 和 A 的 ASCII 代码。

在调试这个问题的过程中，团队中出现了两种不同的意见，一种意见是制作带有 GRUB 的启动盘，然后让 UEFI 把控制权移交给 GRUB，GRUB 再加载 Linux 内核。另一种意见是不用 GRUB，直接加载 Linux 内核。

我支持第二种意见，因为已经有了 UEFI，而且里面已经包含了一个还没有完全退休的 u-boot，没有必要再把 GRUB 拉进来。太多人同台唱戏，会让系统很复杂，而且影响启动时间。

但是持第一种观点的人很快取得了进展，使用 UEFI 中做好的“多启动目标”支持，在幽兰上成功运行了 GRUB。

但是我仍坚持第二种方式，第一种方式即使成功了，第二种方式也有价值，它的启动速度会更快。于是我继续坚持调试第二种方法。

失败的根源是找不到魔术码，那么只要按这个线索排查就可以了。一种简单的方式是向源代码里添加打印信息。这种调试方法如果不成功，那么还可以动用幽兰上可用的更强大调试设施——挥码枪。

读不到魔术码，那可能是分区位置指定错了。查看源代码，出问题的函数是通过 PCD 配置技术来读分区的。

查找对应的 PCD 设置（见图 58-9），果然发现有两种设置，一种是设置为 \\EFI\\BOOT\\GRUBAA64.EFI，另一种是设置为 UUID 的分区表形式。我们应该选用第二种，而实际使用的是第一种。

```
#
# Android Loader
#
gRK3588TokenSpaceGuid.PcdAndroidBootDevicePath|L"\\EFI\\BOOT\\GRUBAA64.EFI"
gRK3588TokenSpaceGuid.PcdSdBootDevicePath|L"VenHw(0D51905B-B77E-452A-A2C0-ECA0CC8D514A,00E023F70
gRK3588TokenSpaceGuid.PcdKernelBootArg|L"earlycon=uart8250,mmio32,0xfeb50000 root=PARTUUID=614e0
gEmbeddedTokenSpaceGuid.PcdAndroidBootDevicePath|L"VenHw(100C2CFA-B586-4198-9B4C-1683D195B1DA)/H
#
# Make VariableRuntimeDxe work at emulated non-volatile variable mode.
```

图 58-9　PCD 配置

UEFI 具有非常好的可配置性，调整 INF 文件就可以改变 PCD 的设置（见图 58-10）。

```
edk2-platforms > Platform > Rockchip > RK3588 > RK3588Dxe > RK3588Dxe.inf
  gEmbeddedGpioProtocolGuid
  gPlatformBootManagerProtocolGuid
  gPlatformVirtualKeyboardProtocolGuid
  gAndroidBootImgProtocolGuid
  gEfiCpuArchProtocolGuid

[Pcd]
  gRK3588TokenSpaceGuid.PcdAndroidBootDevicePath
  gRK3588TokenSpaceGuid.PcdAndroidBootFile
  gRK3588TokenSpaceGuid.PcdAndroidFastbootFile
  gRK3588TokenSpaceGuid.PcdSdBootDevicePath
  gRK3588TokenSpaceGuid.AcpiEnable
  gRockchipTokenSpaceGuid.FspiBaseAddr
  gRK3588TokenSpaceGuid.PcdKernelBootArg
[Guids]
  gEfiEndOfDxeEventGroupGuid

[Depex]
  TRUE
```

图 58-10　INF 文件

调整后，通过串口打印的信息可以确认，UEFI 已经使用正确的分区了（见图 58-11）。

```
add-symbol-file /home/yanzi/sdk/rk3588/uefi/Build/RK3588/DEBUG_GCC5/AARCH64/EmbeddedPkg/Appl
ication/AndroidBoot/AndroidBootApp/DEBUG/AndroidBootApp.dll 0x39828000
Loading driver at 0x00039827000 EntryPoint=0x00039
GDDBG PcdAndroidBootDevicePath is VenHw(100C2CFA-B586-4198-9B4C-1683D195B1DA)/HD(3,GPT,7A3F0
000-0000-446A-8000-702F00006273,0x8000,0x20000)

GDDBG: 00000200

GDDBG: 3D17A000
Failed to get AndroidBootImg Size: Invalid Parameter
Error: Image at 00039827000 start failed: Invalid Parameter
remove-symbol-file /home/yanzi/sdk/rk3588/uefi/Build/RK3588/DEBUG_GCC5/AARCH64/EmbeddedPkg/A
pplication/AndroidBoot/AndroidBootApp/DEBUG/AndroidBootApp.dll 0x39828000
Image Return Status = Invalid Parameter
[Bds]Booting Android Fastboot
add-symbol-file /home/yanzi/sdk/rk3588/uefi/Build/RK3588/DEBUG_GCC5/AARCH64/EmbeddedPkg/Appl
```

图 58-11　新的串口调试信息

但是仍然存在无效参数错误，也就是 UEFI 还没有找到合适的魔术码。为此，我让小伙伴增加打印，打印出读到的数据，发现魔术码位置都是 0，如图 58-12 所示。

```
GDDBG PcdAndroidBootDevicePath is VenHw(100C2CFA-B586-4198-9B4C-1683D195B1DA)/HD(3,GPT,7A3F0
000-0000-446A-8000-702F00006273,0x8000,0x20000)

GDDBG: 00000200

GDDBG: Success

GDDBG: Success

GDDBG: Success

GDDBG: Success

GDDBG: 3D17A000
Failed to get AndroidBootImg Size: Invalid Parameter
Error: Image at 00039827000 start failed: Invalid Parameter
```

图 58-12　读到的魔术码是 0

因为打印时套用了 UEFI 的 %r 格式符，所以图 58-12 中的 4 个 Success 其实是 4 个 0。

这时，目标已经很明确了，UEFI 读的分区位置不对，所以读到的都是 0。有了确凿的数据作为支撑后，小伙伴仔细核对 PCD 参数，发现参数中的分区起始位置是错误的。

PCD 串很长，前面一直把注意力集中在核对 UUID 上，没有注意 UUID 后面的起始位置和分区大小部分。

```
L"VenHw(100C2CFA-B586-4198-9B4C-1683D195B1DA)/HD(3,GPT,7A3F0000-0000-446A-8000-702F00006273,0x8000,0x20000)"
```

把分区信息纠正后，UEFI 终于把执行权成功交给了内核，UEFI 的界面不再自动出现了，取而代之的是幽兰图标，一朵兰花在黑色屏幕中闪现，鲜绿的叶子，金黄色的花瓣，红黄两色的花蕊，它傲然绽放，又略带娇羞，它幽然独立，与众不同。

在上文提到的 Intel 新闻稿中，特意描述了 Tiano 项目有超过 200 人参与开发，他们在 Intel 的上海软件中心，以及位于 Oregon 和华盛顿的实验室。

的确，Tiano 的很多初始代码诞生于上海。某种意义上说，Tiano 项目是 Intel 最早在上海进行的著名项目。2003 年我加入 Intel 时，还有很多同事在做 Tiano 项目。

Tiano 项目是成功的，它使用 C++ 语言重新构建了固件层的框架和核心逻辑，在固件领域搭建了一座软件大厦，这座大厦使用新世纪的技术，拥有新世纪的思想，具有新世纪的特征。先进的接口思想让它充分模块化，非常容易维护和扩展。

回看历史，当年投巨资的安腾项目并不成功，慢慢被历史所遗忘。为安腾铺路的 Tiano 项目却很成功，具有持久的生命力，随着时代的发展而不断扩大领地，它不仅成为 X86 平台的特色技术，服务于今天的 X86 桌面和 X86 服务器领域，而且已经延展到 ARM 平台，作为 X86 平台的技术精华输送给日新月异的 ARM 平台。

初稿写于 2023-05-19，2024-12-24 夜略作修改于 863 软件园

第 59 章
追逐光的步伐

现代 CPU 是以光速运行的，以 GDK8 的 RK3328 CPU 为例，它的主频是 1.5GHz，这意味着当它以额定频率运行时，每个时钟周期的时间为 0.666ns。换而言之，1ns 时间里会有 1.5 个时钟（clock）。而 1ns 时间里，光只能在真空中行进大约 30cm。如果把 30cm 比作一步距离的话，那么在光行进一步的时间里，RK3328 也可以行进 1 步多。所以，我常常说，现代 CPU 是以光速运行的（见图 59-1）。

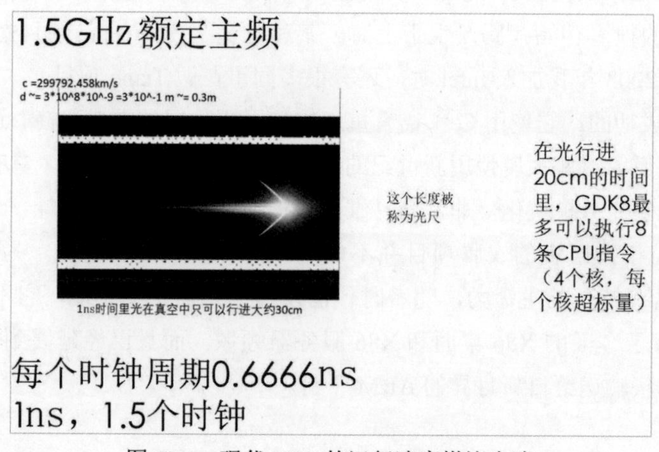

图 59-1　现代 CPU 的运行速度堪比光速

正因为如此高的速度，所以，我们让计算机做事情的时候，常常感受不到它花费了多少时间，瞬间就完成了。

但也正因如此，如果计算机“背着”我们做坏事情，也常常无法察觉的，比如流氓软件在后台悄悄拉流量；比如恶意软件悄悄窃取信息，通过网络发走；比如黑客远程遥控，把我们的计算机当作他做坏事的替罪羊……因为有如此多的“比如”，所以我们需要一种手段，把以光速飞奔的计算机停下来，而且是立刻就停，也就是想叫它什么时候停，就会立刻停下来，这个反应时间也要是纳秒级别的，才可能抓住上面列举的那些“邪恶瞬间”。那么，如何让现代 CPU 在瞬间骤然停止呢？有没有这样的方法呢？

答案是肯定的。而且有两类方法，一类是软件方法，另一类是硬件方法，软件方法常常是有条件和有局限的，而硬件方法则是更加可靠和通用的。硬件方法就是通常所说的 JTAG 技术。

去年在研发 GDK8 时，我花了很多时间在 JTAG 上，也多次请底层经验丰富的格友来一起攻击这个难关，在五一假期时曾取得了较大进展，但因为种种原因，始终没有找到完美的产品级解决方案。于是只好在 10 月份时，改变计划，先发布不包含 JTAG 调试的基础版本。

基础版本发布后，如何解决 JTAG 问题，始终是压在我心上的一块石头。每当有相关的资料或者线索时，我总会再试一下。

元旦前，从事安全研究的老朋友 leminis 联系我，说他想在 GDK8 上尝试 JTAG 调试。我当然很支持，把我知道的信息都告诉他，帮他找转接板，给他发资料，给他提供切换信号的源代码。

为什么需要这么多东西呢？问题就在这里。与 x86 芯片上有专门的 JTAG 信号，主板上有支持 JTAG 的专用 XTP 端口不同，在 ARM 上，芯片的 JTAG 信号是与其他信号复用的，在板子上也没有专门的 JTAG 口，也是与其他接口复用的。根本原因还是 x86 系统的价格贵，不在乎几个引脚和一个接口的成本，而在 ARM 上，一切都追求低成本，能省就省。以 GDK8 为例，芯片的 JTAG 信号是与 GPIO 和 SD 卡复用的，在板子上，JTAG 信号是与 SD 卡的卡槽复用的。

这样的复用节约了成本，但却带来了软件和硬件两方面的麻烦。软件方面，需要写寄存器来切换信号；硬件方面，需要飞线或者做个转接卡把 JTAG 信号转出来。

软件好办一些，我在“刘姥姥”驱动（参见第 45 章的介绍）中写了一个函数，如图 59-2 所示。

```
int ge_arm_switch_jtag(int turn_on)
{
    int value;
    void* base = ioremap_nocache(GDK8_SYSCON_GRF_BASE, GDK8_SYSCON_GRF_SIZE);
    if (base == NULL) {
        printk(KERN_ERR "failed to map GRF memory at %x\n", GDK8_SYSCON_GRF_BASE);
        return -1;
    }
    value = readl(base + RK3328_GRF_SOC_CON4);
    printk("current value of SOC_CON4 = %x\n", value);
    value = GRF_HIWORD_UPDATE((turn_on == 0 ? 0 : 1), 1, 12);
    printk("value is set to = %x\n", value);
    writel(value, base + RK3328_GRF_SOC_CON4);
    value = readl(base + RK3328_GRF_SOC_CON4);
    printk("current value of SOC_CON4 = %x\n", value);
    //
    if(turn_on)
    {
        value = readl(base + RK3328_GRF_GPIO1A_IOMUX);
        printk("current value of GPIO1A_IOMUX = %x\n", value);
        value = GRF_HIWORD_UPDATE(0, 1, 4); // bit 4 0
        value |= GRF_HIWORD_UPDATE(1, 1, 5); // bit 5 1
        value |= GRF_HIWORD_UPDATE(0, 1, 6); // bit 6 0
        value |= GRF_HIWORD_UPDATE(1, 1, 7); // bit 7 1
        printk("value is set to = %x\n", value);
        writel(value, base + RK3328_GRF_GPIO1A_IOMUX);
        value = readl(base + RK3328_GRF_GPIO1A_IOMUX);
        printk("current value of GPIO1A_IOMUX = %x\n", value);
    }
    iounmap(base);

    return 0;
}
```

图 59-2　启用 JTAG 的代码

然后在 GDK8 上编译，使用 insmod 命令加载，然后通过 proc 虚文件来触发：echo jtag | sudo tee -a /proc/llaolao，这样就可以把复用的信号切换为 JTAG 用途了（见图 59-3）。

```
[ 7164.503517] Hi, I am llaolao at address: ffffff8000bf4000
               symbol: 0xllaolao_init+0x0/0x1000 [llaolao]
               stack: 0xffffffc0d433bc4c
               first 16 bytes: fd:7b:ba:a9:e0:26:83:52:04:02:80:52:fd:03:00:91
[ 7178.117095] proc_lll_write called legnth 0x5, 0000007ffbc86178
[ 7178.117195] current value of SOC_CON4 = 16aa
[ 7178.117202] value is set to = 10001000
[ 7178.117207] current value of SOC_CON4 = 16aa
[ 7178.117213] current value of GPIO1A_IOMUX = 1595
[ 7178.117218] value is set to = f000a0
[ 7178.117223] current value of GPIO1A_IOMUX = 15a5
```

图 59-3　切换过程

切换后，向 SD 卡槽插 SD 卡，系统没有任何反应。

硬件方面要麻烦一些，leminis 从网上买了一根 SD 卡的延长线，然后他又发挥他的电烙铁技艺，飞了 3 根线。对我来说，因为去年就做这件事情，所以格蠹办公室里早已经做好了一些转接卡（见图 59-4）。这些转接卡是我请做硬件的朋友帮忙做的。

图 59-4　SD 信号转接卡

不要小看这个小转接卡，它里面的内容却挺多。在来自瑞芯微官方的电子表里，列出了 SD 卡信号与 JTAG 信号的对应关系，但这个对应关系不是一套对一套，而是一套对多套（见图 59-5）。

RK3399 JTAG接口							
SD Pin	Net	Func 3	Func 4	JTAG仿真	3288	3399AP	3399MCU
8	sdmmc0_data1		hdcpjtag_trstn	nTRST	TRSTn		
1	sdmmc0_data2	ap_jtag_tck	hdcpjtag_tdi	TDI	TDI	TCK	
2	sdmmc0_data3	ap_jtag_tms	hdcpjtag_tdo	TDO	TCK	TMS	
5	sdmmc0_clkout	mcu_jtag_tck	hdcpjtag_tck	TCK	TDO		TCK
3	sdmmc0_cmd	mcu_jtag_tms	hdcpjtag_tms	TMS			TMS
4	VDD(3.3V)			VCC			
6	GND			GND			
	SDMMC0_D0				TMS		
JTAG飞线只需要在SD卡的PIN飞线即可， 通过软件配置可选择 Func 3 或 Func4.							
ap jtag	只支持SW(2线)模式						
mcu jtag	只支持SW(2线)模式						
hdcp jtag	支持JTAG(5线)和SW(2线)模式						

图 59-5　SD 卡信号与 JTAG 信号的对应关系表

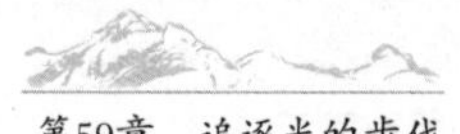

更捉弄人的是，图 59-5 中的这个表居然没有列出 SD 信号的 7 号脚，而我们在去年试验时，恰恰论证出需要信号 7，这也是为什么图 59-4 中有一根白色的飞线的原因。

元旦假期里，leminis 多次给我发信息，报告他的进度，这让我很感动。今天是元旦假期后的第一个工作日，我一大早到办公室后，打开计算机，回复了几封邮件后，我又想到了 JTAG 的事。于是我在新一年的第一个工作日里重整旗鼓，再战 JTAG。先恢复之前在 GDK7 上搭好的工具环境，再找出转接卡，接上一根根跳线（见图 59-6）。

图 59-6　元旦假期后重新搭起试验环境

搭好硬件后，像前面说的那样先使用 llaolao 驱动切换 JTAG 信号，然后启动 OpenOCD 进行扫描。

起初几次还是 No Luck（没运气），OpenOCD 给出的错误码是 -4（见图 59-7）。

```
Activities   Terminal ▾                          1月 4 16:55
                         geduer@fireeye-GDK7-100: ~/daplink
Debug: 366 18 command.c:355 register_command_handler(): registering 'mwh'...
Debug: 367 18 command.c:355 register_command_handler(): registering 'mwb'...
Debug: 368 18 command.c:355 register_command_handler(): registering 'bp'...
Debug: 369 18 command.c:355 register_command_handler(): registering 'rbp'...
Debug: 370 18 command.c:355 register_command_handler(): registering 'wp'...
Debug: 371 18 command.c:355 register_command_handler(): registering 'rwp'...
Debug: 372 18 command.c:355 register_command_handler(): registering 'load_image'...
Debug: 373 18 command.c:355 register_command_handler(): registering 'dump_image'...
Debug: 374 18 command.c:355 register_command_handler(): registering 'verify_image_checksum'...
Debug: 375 18 command.c:355 register_command_handler(): registering 'verify_image'...
Debug: 376 18 command.c:355 register_command_handler(): registering 'test_image'...
Debug: 377 18 command.c:355 register_command_handler(): registering 'reset_nag'...
Debug: 378 18 command.c:355 register_command_handler(): registering 'ps'...
Debug: 379 18 command.c:355 register_command_handler(): registering 'test_mem_access'...
Info : 380 80 cmsis_dap_usb.c:874 cmsis_dap_get_caps_info(): CMSIS-DAP: SWD  Supported
Info : 381 80 cmsis_dap_usb.c:876 cmsis_dap_get_caps_info(): CMSIS-DAP: JTAG Supported
Info : 382 82 cmsis_dap_usb.c:854 cmsis_dap_get_version_info(): CMSIS-DAP: FW Version = 1.10
Info : 383 86 cmsis_dap_usb.c:967 cmsis_dap_swd_open(): CMSIS-DAP: Interface Initialised (SWD)
Debug: 384 88 cmsis_dap_usb.c:1039 cmsis_dap_init(): CMSIS-DAP: Packet Size = 64
Debug: 385 90 cmsis_dap_usb.c:1052 cmsis_dap_init(): CMSIS-DAP: Packet Count = 4
Debug: 386 90 cmsis_dap_usb.c:1055 cmsis_dap_init(): Allocating FIFO for 3 pending HID requests
Info : 387 92 cmsis_dap_usb.c:895 cmsis_dap_get_status(): SWCLK/TCK = 1 SWDIO/TMS = 1 TDI = 1 TDO = 1 nTRST = 0 nRESET = 1
Info : 388 102 cmsis_dap_usb.c:1108 cmsis_dap_init(): CMSIS-DAP: Interface ready
Debug: 389 102 core.c:1599 adapter_khz_to_speed(): convert khz to interface specific speed value
Debug: 390 102 core.c:1603 adapter_khz_to_speed(): have interface set up
Debug: 391 104 core.c:1599 adapter_khz_to_speed(): convert khz to interface specific speed value
Debug: 392 104 core.c:1603 adapter_khz_to_speed(): have interface set up
Info : 393 104 core.c:1381 adapter_init(): clock speed 100 kHz
Debug: 394 104 openocd.c:158 handle_init_command(): Debug Adapter init complete
Debug: 395 104 command.c:143 script_debug(): command - transport transport init
Debug: 397 104 transport.c:239 handle_transport_init(): handle_transport_init
Debug: 398 104 command.c:143 script_debug(): command - dap dap init
Debug: 400 104 arm_dap.c:105 dap_init_all(): Initializing all DAPs ...
Debug: 401 108 cmsis_dap_usb.c:929 cmsis_dap_swd_switch_seq(): JTAG-to-SWD
Debug: 402 118 cmsis_dap_usb.c:733 cmsis_dap_swd_read_process(): SWD ack not OK @ 0 JUNK
Debug: 403 118 command.c:630 run_command(): Command 'dap init' failed with error code -4
User : 404 118 command.c:695 command_run_line():
Debug: 405 118 command.c:630 run_command(): Command 'init' failed with error code -4
User : 406 119 command.c:695 command_run_line():
Debug: 407 119 target.c:1941 target_free_all_working_areas_restore(): freeing all working areas
Debug: 408 119 target.c:1941 target_free_all_working_areas_restore(): freeing all working areas
Debug: 409 119 target.c:1941 target_free_all_working_areas_restore(): freeing all working areas
Debug: 410 119 target.c:1941 target_free_all_working_areas_restore(): freeing all working areas
Debug: 411 119 target.c:1941 target_free_all_working_areas_restore(): freeing all working areas
Debug: 412 123 cmsis_dap_usb.c:934 cmsis_dap_swd_switch_seq(): SWD-to-JTAG
```

图 59-7　OpenOCD 报告扫描失败

在 -4 错误码上面，有根本性的失败原因（见图 59-8）。

```
c:929 cmsis_dap_swd_switch_seq(): JTAG to SWD
c:733 cmsis_dap_swd_read_process(): SWD ack not OK @ 0 JUNK
run_command(): Command 'dap init' failed with error code -4
```

图 59-8　关键的错误信息

抄录一下这个关键的错误信息：SWD ack not OK @ 0 JUNK。SWD 是 ARM 发明的两线 JTAG（也是为了低成本）技术代号，ack 是通信领域的常用语，代表消息确认。归纳一下，前半句是说 SWD 的确认信号不 OK，最后的 JUNK 直白到底，意思是收到的回复是垃圾。

换句话说，OpenOCD 给出上面的信息就代表调试器这一方发出了信息后，没有收到合适的确认信号，收到的是“垃圾”数据。这意味着 JTAG 信号没有接通。是什么导致信号不通呢？我想拿出万用表量一量，但又想先试试其他方法。

我又把转接卡拿起来仔细看电路板上的走线，因为 SD 信号一共只有 8 个，而需要的只有两个，即 DATA2 和 DATA3，也就是 SD 信号里的 1 号和 2 号。我顺着 SD 卡信号的源头寻找它的走向（见图 59-9）。

2 号线到另一面（见图 59-10）了，但是 1 号线的走向是比较容易看出来的。仔细观察发现，转接卡上标注的 TMS 和 TCK 根本不是我想要的 TMS 和 TCK。

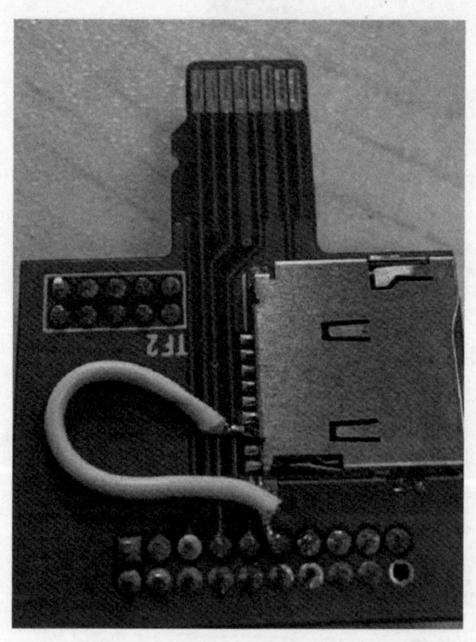

图 59-9　SD 转接卡上的走线

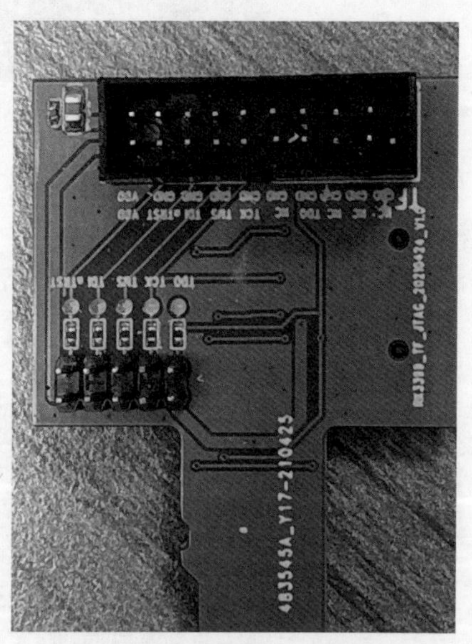

图 59-10　SD 转接卡的背面

原来硬件工程师是按图 59-5 电子表里的对应关系做的板子和标注，而这个对应关系是不固定的，不同芯片不一样，即使都是瑞芯微的芯片，也是不一样的。找到这个问题后，忽视卡上的标注，完全靠信号走向推测，重新连线，然后再上电、加载驱动，切换到 JTAG，再运行 OpenOCD，发起扫描。

这次居然扫描到了（见图 59-11）。

```
arm_adi_v5.c:698 dap_dp_init(): DAP: wait CDBGPWRUPACK
Debug: 405 115 arm_adi_v5.h:467 dap_dp_poll_register(): DAP: poll 4, mask 0x20000000, value 0x20000000
Debug: 406 117 arm_adi_v5.c:706 dap_dp_init(): DAP: wait CSYSPWRUPACK
Debug: 407 117 arm_adi_v5.h:467 dap_dp_poll_register(): DAP: poll 4, mask 0x80000000, value 0x80000000
Debug: 408 119 cmsis_dap_usb.c:678 cmsis_dap_swd_write_from_queue(): refusing to enable sticky overrun detection
Debug: 409 121 openocd.c:175 handle_init_command(): Examining targets...
Debug: 410 121 target.c:1591 target_call_event_callbacks(): target event 17 (examine-start)
Debug: 411 123 arm_adi_v5.c:777 mem_ap_init(): MEM_AP Packed Transfers: disabled
Debug: 412 123 arm_adi_v5.c:788 mem_ap_init(): MEM_AP CFG: large data 0, long address 0, big-endian 0
Debug: 413 123 target.c:1591 target_call_event_callbacks(): target event 18 (examine-end)
Debug: 414 123 target.c:1591 target_call_event_callbacks(): target event 17 (examine-start)
Debug: 415 125 arm_adi_v5.c:922 dap_find_ap(): Found APB-AP at AP index: 0 (IDR=0x24770002)
Debug: 416 127 arm_adi_v5.c:777 mem_ap_init(): MEM_AP Packed Transfers: disabled
Debug: 417 127 arm_adi_v5.c:788 mem_ap_init(): MEM_AP CFG: large data 0, long address 0, big-endian 0
Debug: 418 132 aarch64.c:2305 aarch64_examine_first(): cpuid = 0x410fd034
Debug: 419 132 aarch64.c:2306 aarch64_examine_first(): ttypr = 0x00001122
Debug: 420 132 aarch64.c:2307 aarch64_examine_first(): debug = 0x10305106
Info : 421 132 armv8_dpm.c:1479 armv8_dpm_setup(): rk3328.lcore0: hardware has 6 breakpoints, 4 watchpoints
Debug: 422 132 armv8_dpm.c:481 dpmv8_bpwp_disable(): A: bpwp disable, cr 81010400
Debug: 423 134 armv8_dpm.c:481 dpmv8_bpwp_disable(): A: bpwp disable, cr 81010408
Debug: 424 136 armv8_dpm.c:481 dpmv8_bpwp_disable(): A: bpwp disable, cr 81010418
Debug: 425 138 armv8_dpm.c:481 dpmv8_bpwp_disable(): A: bpwp disable, cr 81010428
Debug: 426 140 armv8_dpm.c:481 dpmv8_bpwp_disable(): A: bpwp disable, cr 81010438
Debug: 427 142 armv8_dpm.c:481 dpmv8_bpwp_disable(): A: bpwp disable, cr 81010448
Debug: 428 144 armv8_dpm.c:481 dpmv8_bpwp_disable(): A: bpwp disable, cr 81010458
Debug: 429 146 armv8_dpm.c:481 dpmv8_bpwp_disable(): A: bpwp disable, cr 81010808
Debug: 430 148 armv8_dpm.c:481 dpmv8_bpwp_disable(): A: bpwp disable, cr 81010818
Debug: 431 150 armv8_dpm.c:481 dpmv8_bpwp_disable(): A: bpwp disable, cr 81010828
Debug: 432 152 aarch64.c:2338 aarch64_examine_first(): Configured 6 hw breakpoints
```

图 59-11 OpenOCD 扫描成功

-4 错误和 JUNK 抱怨不见了，取而代之的是我盼望已久的从 SoC ROM 表里读回来的 DAP 设备信息。看到这个成功的信息，我长出了一口气，站起来给调试现场拍了个照（见图 59-12），留作纪念。

图 59-12 调试现场

另一个成功的特征是，JTAG 小盒子的红灯反复闪烁，好似在拼命地奔跑，它在通过边界扫描方式与目标 CPU 通信，它很忙碌，因为它在追赶光！

初稿写于 2022-01-04，2024-12-24 夜略作修改于 863 软件园

第 60 章
玄而又玄——我亲历的三大总线

总线是计算机系统中的桥梁和公路。对于要学习计算机系统的人来说，如果不理解总线，那么很多认知就没办法落到实处，理解不了两样东西是如何连接起来，数据是如何从一点到另一点的。

最近两三年，我做了比较多的底层开发，更加感觉到总线技术的重要性，同时也对总线的理解有了一些新的感悟。2020 年，我开了一门《在调试器下理解计算机系统》的在线课程，其中有一讲是关于 PCI 总线的。借着这个机会，我把总线有关的知识做了一次总结。2021 年，我实际参与了两款 ARM 产品的开发，一款是使用 ARM A 核的 GDK8，另一款是使用 ARM M 核的 GDK3 和挥码枪。在开发这几款产品和配套课程时，我再次反复学习了 USB 总线。最近一段时间，又接触了几个与总线有关的问题，触发我把以前的认知和理解都掏出来一遍遍地“翻炒”。在这样翻来覆去的思考中，有时也会冒出一些新奇的想法，产生一些新的“连接”。正是这些新连接把一个领域和另一个领域贯通起来。

1. 跳线之苦

我读大学时买的 486 计算机用的是 ISA（Industry Standard Architecture）总线。这个总线始于 1981 年，伴随着 IBM PC 从 20 世纪 80 年代走到我读书的 90 年代，使用了十几年。

读书时，我对计算机系统的理解还是模模糊糊的，当时也没有仔细学习 ISA 总线，因此也不理解它的优点和缺点。大学毕业后，我做了一段时间的视频监控软件，当时的摄像头都是模拟摄像头，要通过一块视频捕捉卡才能把画面显示在计算机里。我最初使用的视频捕捉卡就是 ISA 接口的。它是一块长长的卡，插在主板的 ISA 插槽上。

安装这个卡时，常常遇到一个非常头疼的问题，那就是因为“资源冲突”而无法安装驱动程序。

当年的计算机大多放在办公桌下面。安装卡时要把机器拉出来，拔掉电源，打开机箱，插上卡，然后盖上机箱，插电，开机，安装驱动程序。而安装驱动程序时，经常跳出安装失败的错误框。遇到这样的问题后，就要关机，拔掉电源，打开机箱，把刚才插上的卡拔出来，通过卡上的跳线（jumper）来修改资源配置。卡使用的资源主要是中断和 I/O 地址，在设计这些卡时，支持几种中断和 I/O 配置，以跳线方式来选择。选择新的跳线方式后，要重复前面的过程，插上卡→盖机箱→插电→开机→安装驱动程序。

2. PCI 和 PnP 技术

我遭受跳线之苦的时间是 1997 年前后。其实当时已经有了更先进的 PCI 总线，但这是我后来才知道的。因为 PCI 总线虽然在 1992 年就宣布了，但是直到 1997 年时还没有流行起来。

PCI 总线是英特尔研发的，它的最大特点就是即插即用（Plug and Play，PnP）。而即插即用说到底就是解决让人头疼的手工改跳线问题。系统资源是有限的，对于某个资源，一块卡用了，那么另一块卡就不能用。对于 ISA，只能通过修改跳线来选择别的资源。而 PCI 的 PnP 技术就是可以通过软件方式配置资源。再进一步讲，每个 PCI 设备都有一个配置空间（见图 60-1）。上层软件可以通过这个配置空间来为它动态配置资源。

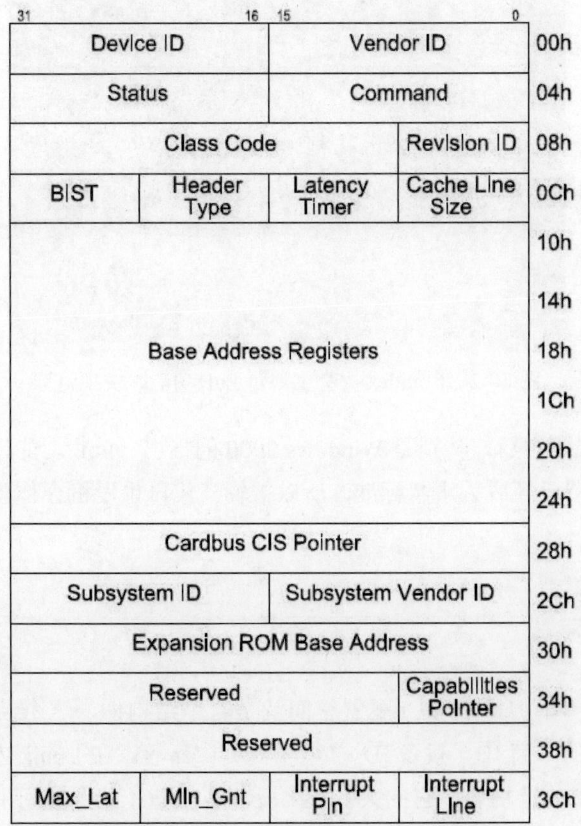

Figure 6-1: Type 00h Configuration Space Header

图 60-1　PCI 总线的思想精华——设备配置空间

配置空间并不大，一般只有几十个字节。但这几十个字节的配置空间解决了大问题。有了这个空间后，上层软件不仅可以方便地查询卡的各种信息，而且还可以通过修改这些空间的数据来改变卡的状态。这种通过软件来自动配置硬件的思路显然比跳线先进得多，是一次伟大的进步。

3. 软件支持

那么，先进的 PCI 技术为什么没有一发布就流行起来呢？答案是要开发软件。要实现资源的动态分配，最适合做这件事的当然是操作系统。

最早支持 PnP 的操作系统是 Windows 98。在 1998 年年初的 Comdex 大会上，比尔·盖茨携自己的 TA（技术助理）演示 PnP 功能，自动安装驱动时，当场蓝屏（见图 60-2），观众席上大笑声、口哨声、鼓掌声、唏嘘声……响成一团。比尔盖茨到底是大将风度，解嘲说："这一定是我们还没有正式发布 Windows 98 的原因。"

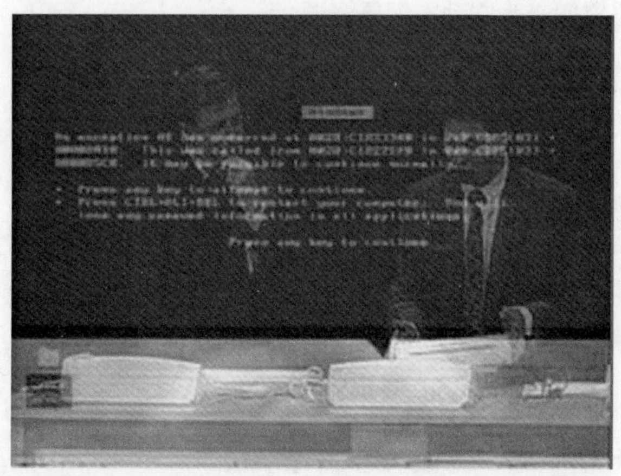

图 60-2　Comdex 大会上演示 PnP 功能时发生蓝屏

Windows 98 正式发布后，特别是 Windows 2000 的推出，PnP 功能日益稳定，并不断流行起来。今天，PnP 支持已经成为事实标准，所以年轻一代再也没机会体验我当年经历的"跳线之苦"。

4. 神奇结构体

用程序员的话来讲，所谓的 PCI 配置空间就是一个结构体，这个结构体定义了 PCI 设备的关键属性，包括它的厂商 ID、设备 ID、I/O 资源、中断等。在 Linux 内核的源代码中，可以看到一个名为 pci_dev 的结构体，它的大多数字段都是与 PCI 配置空间中的属性对应的，如图 60-3 所示。

从数据建模的角度来看，PCI 设备结构体（见图 60-3）就是 PCI 设备的基本模型。从接口的角度讲，PCI 配置空间就是软件和硬件之间的一个标准接口。通过这个接口，驱动程序可以用"编程的方式"来查询和配置 PCI 设备。

在 C 语言中，结构体是常用的编程技术。但是，最初版本的 C 语言并没有结构体，汤普森用这个版本的 C 改写 UNIX 时，觉得很不好用，这促使丹尼斯 • 里奇做改进，引入了结构体。有了结构体后，UNIX 开始彻底 C 语言化。

```
include > linux > C pci.h

/* The pci_dev structure describes PCI devices */
struct pci_dev {
	struct list_head bus_list;	/* Node in per-bus list */
	struct pci_bus	*bus;		/* Bus this device is on */
	struct pci_bus	*subordinate;	/* Bus this device bridges to */

	void		*sysdata;	/* Hook for sys-specific extension */
	struct proc_dir_entry *procent;	/* Device entry in /proc/bus/pci */
	struct pci_slot	*slot;		/* Physical slot this device is in */

	unsigned int	devfn;		/* Encoded device & function index */
	unsigned short	vendor;
	unsigned short	device;
	unsigned short	subsystem_vendor;
	unsigned short	subsystem_device;
	unsigned int	class;		/* 3 bytes: (base,sub,prog-if) */
	u8		revision;	/* PCI revision, low byte of class word */
	u8		hdr_type;	/* PCI header type (`multi' flag masked out) */
#ifdef CONFIG_PCIEAER
	u16		aer_cap;	/* AER capability offset */
	struct aer_stats *aer_stats;	/* AER stats for this device */
#endif
	u8		pcie_cap;	/* PCIe capability offset */
	u8		msi_cap;	/* MSI capability offset */
	u8		msix_cap;	/* MSI-X capability offset */
	u8		pcie_mpss:3;	/* PCIe Max Payload Size Supported */
	u8		rom_base_reg;	/* Config register controlling ROM */
	u8		pin;		/* Interrupt pin this device uses */
	u16		pcie_flags_reg;	/* Cached PCIe Capabilities Register */
```

图 60-3　Linux 内核中的 PCI 设备结构体

PCI 技术把编程语言里的结构体抽象应用到硬件领域，是伟大的进步，代表着“软件定义硬件”的开始。

PCI 设备的上层软件成熟后，PCI 技术迅猛发展，成为 PC 系统的脊梁，至今仍是 x86 生态中最重要的总线。

5. 宇宙总线 USB

在 PCI 总线的白皮书中（见图 60-4），封面上的 PCI 总线全称为 PCI Local Bus。

这个 Local 的含义是“本地”“局部”的意思。具体来说，PCI 总线是用在系统内部的，如果有机箱的话，那么是在机箱里的。今天虽然也有所谓“内衣外穿”的方式来把 PCIe 总线用到系统外部，但是并不流行，成本也高。于是便有了一个问题，如何连接机箱外部的设备。大约在 1995 年左右，Intel 开始研发外部总线技术，解决这个问题。当时有多种备选方案，后来被选中的就是今天流行的 USB。USB 的全称为“Universal Serial Bus”，可以翻译为“宇宙串行总线”，或者“通用串行总线”。

20 多年后的今天，USB 总线真的通行全球，乃至全宇宙。就连很多电源插座和拖线板上都配置了 USB 口，用来给 USB 设备供电。而且，USB 口的通用程度比墙上的插座还好。墙上的插座还有中国和美国的差别。而 USB 不存在这样的问题，大家只要一看到熟悉的 USB 口，那么就插上用。事实证明，USB 总线的设计者没有吹牛，宇宙串行总线真的做到了畅行全宇宙。

PCI Local Bus Specification

Revision 2.3
March 29, 2002

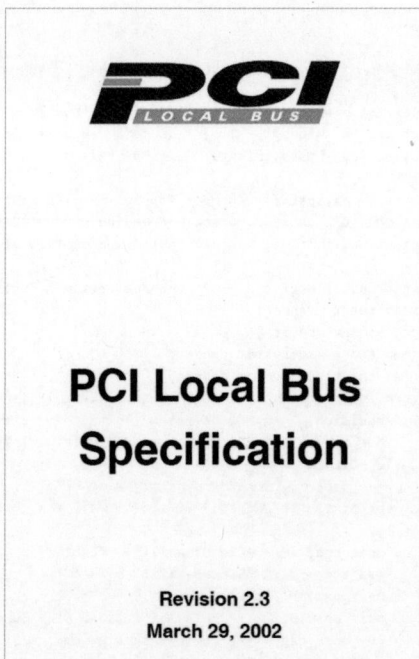

图 60-4　PCI 总线规约的封面

6. 描述符

如果说 PCI 总线的精髓是把 PCI 设备抽象为一个通用结构体的话，那么 USB 总线的精髓就是为 USB 总线定义了很多个结构体，这些结构体不是固定的格式，它的内容和格式是可以变化的，是可以由软件来定义的。USB 总线的设计者给这种可以灵活变化的结构体取了一个新的名字——USB 描述符。

USB 规约中给 USB 描述符的定义非常精彩："USB 设备使用描述符来报告它们的属性。描述符就是一个具有定义格式的数据结构。每个描述符的开头都是一个 1 字节长的字段，描述整个描述符的大小，后面跟着的一个字节用来确定描述符的类型。"这段话代表 USB 技术的精髓，我在准备 USB 课程的讲义时，特别把它摘录到了讲义里。

7. 一切尽在描述符

因为描述符长度灵活，类型多样，因此，几乎所有信息都可以用描述符来表达。

有一天，一个老朋友遇到问题，他们开发的设备在 BIOS 里面显示的厂商名是 Unknown。他是熟悉 PCI 总线的，所以知道 PCI 总线是用厂商 ID 来决定厂商名，并且沿着这个思路想到工具网站去注册。

而当我看到这个问题后，我觉得不是这么回事。有了 USB 的描述符技术后，PCI 总线的

做法已经 out 了，不仅是注册烦琐，而且使用时还要根据 ID 查表。而 USB 描述符却非常灵活，名称就写在设备的固件里，你要读，读描述符就行了。有了 USB 的做法后，根据厂商 ID 来查名称或者装驱动的做法用得越来越少了，取而代之的是使用描述符，缺什么就读描述符。

举例来说，下面是挥码枪的设备描述符，里面报的厂商名是格蠹，产品名是 Nano Target Probe（NTP）。重要的是，描述符信息就写在固件代码里，修改起来特别方便（见图 60-5）。

```
C km_sender.c   C km_receiver.c   C nan_usbd_desc.c ×   C km_receiver.h
C nan_usbd_desc.c > ...
/* Header File */
#include "nan_usbd_desc.h"

/*******************************************************************************/
/* Device Descriptor */
const uint8_t NanUsbDescDevDesc[ ] =
{
    0x12,                                                   // bLength
    0x01,                                                   // bDescriptorType
    0x00, 0x02,                                             // bcdUSB
    0x00,                                                   // bDeviceClass
    0x00,                                                   // bDeviceSubClass
    0x00,                                                   // bDeviceProtocol
    DEF_USBD_UEP0_SIZE,                                     // bMaxPacketSize0
    (uint8_t)NAN_USB_VID, (uint8_t)( NAN_USB_VID >> 8 ),   // idVendor
    (uint8_t)NAN_USB_PID, (uint8_t)( NAN_USB_PID >> 8 ),   // idProduct
    0x00, DEF_IC_PRG_VER,                                   // bcdDevice
    0x01,                                                   // iManufacturer
    0x02,                                                   // iProduct
    0x03,                                                   // iSerialNumber
    0x01,                                                   // bNumConfigurations
};
```

图 60-5 固件代码里的 USB 设备描述符

在我保存的工具中，有一个名为 siv 的小工具，可以查询系统中的设备，遇到 PCI 设备时，会根据它的 pcidev.txt 文件查找设备名称（见图 60-6）。但这种做法显然存在更新不及时的问题，维护起来也不方便，更重要的是违背了“谁的数据谁自己管的原则”。

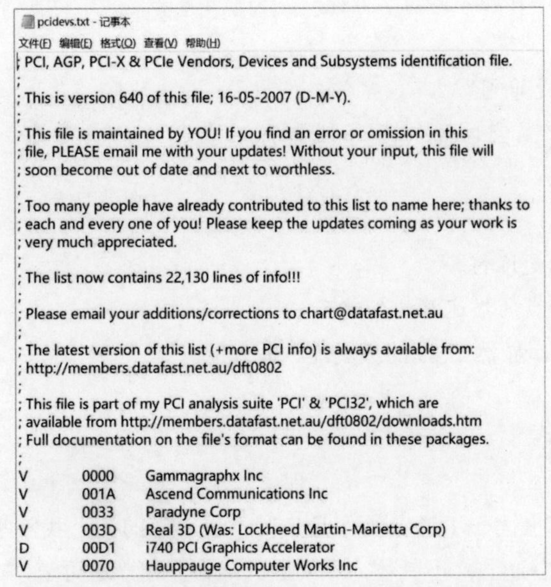

pcidevs.txt - 记事本

文件(F) 编辑(E) 格式(O) 查看(V) 帮助(H)

```
; PCI, AGP, PCI-X & PCIe Vendors, Devices and Subsystems identification file.
;
; This is version 640 of this file; 16-05-2007 (D-M-Y).
;
; This file is maintained by YOU! If you find an error or omission in this
; file, PLEASE email me with your updates! Without your input, this file will
; soon become out of date and next to worthless.
;
; Too many people have already contributed to this list to name here; thanks to
; each and every one of you! Please keep the updates coming as your work is
; very much appreciated.
;
; The list now contains 22,130 lines of info!!!
;
; Please email your additions/corrections to chart@datafast.net.au
;
; The latest version of this list (+more PCI info) is always available from:
; http://members.datafast.net.au/dft0802
;
; This file is part of my PCI analysis suite 'PCI' & 'PCI32', which are
; available from http://members.datafast.net.au/dft0802/downloads.htm
; Full documentation on the file's format can be found in these packages.
;
V	0000	Gammagraphx Inc
V	001A	Ascend Communications Inc
V	0033	Paradyne Corp
V	003D	Real 3D (Was: Lockheed Martin-Marietta Corp)
D	00D1	i740 PCI Graphics Accelerator
V	0070	Hauppauge Computer Works Inc
```

图 60-6 SIV 工具使用的 PCI 厂商和设备名称文件

8. 泛化和抽象

这些年，我经常思考的一个问题是“抽象”。有时是专门思考这个概念，有时是把它应用到某个场景。回顾我们前面提到的 3 种总线技术，ISA 是缺少抽象的，每种设备都有专门的驱动程序，驱动程序和硬件之间是靠“约定”来协同的。它们了解对方的方法是靠自己的知识，这个知识一般是在出厂时就“固化”了的，难以动态更新和修改。

相对 ISA，PCI 总线显然前进了一大步，把 PCI 设备抽象为一个固定的结构体，驱动程序可以通过这个结构体来查询硬件，动态配置硬件。从产品的角度来看，这样更有利于实现通用的驱动程序，方便软硬件的兼容。而 USB 技术，则又前进一大步，把 PCI 使用的固定结构体扩展为变化无穷的描述符，这样一来，就无所不能，无所不包，所以能畅行于宇宙了。也正因如此，如今用户使用 USB 设备时，很少遇到驱动程序的问题。

通过这三大总线，可以看到建模和抽象的重要性。ISA 太缺少抽象，所以有跳线之苦；PCI 总线有所抽象，使用至今；而 USB 总线在 PCI 的抽象基础上再做抽象，把固定结构体改为不固定的描述符，通用性达到了一个新高度。

9. 你是谁

如果把驱动程序和硬件设备比作两个人，那么三大总线的驱动和设备之间的对话方式是迥然不同的。下面模拟几个对话，以方便大家理解。

方式一：

ISA 驱动：喂，你是谁啊？

ISA 设备：我是谁，你还不知道么？

方式二：

PCI 驱动：喂，你是谁啊？

PCI 设备：读我配置空间里的厂商 ID，然后查 PCI 标准委员会公布的厂商名录就知道了。

方式三：

USB 驱动：喂，你是谁啊？

USB 设备：亲，读我的描述符就知道了。

将 3 种方式相对比，显然 USB 的最灵活、最方便。

10. 玄而又玄

我信儒家，但偶尔也读一下道家的作品。对于道家说的话，我常常不喜欢。因为道家的话，太宽泛，太虚，左右逢源，不具体，不明确。比如一句“道可道，非常道”就有很多种解释，怎么说都行。但是在深入思考抽象的价值后，我增加了对道家的认同。在抽象方面，道家做得非常早，也做得非常好。关于抽象的价值，道家也有一个非常具有道家特色的归纳。

这个归纳就在《道德经》的第一章：“道可道，非常道；名可名，非常名。无名，天地之始，有名，万物之母。故常无欲，以观其妙；常有欲，以观其徼（jiào）。此两者同出而异名，同谓之玄，玄之又玄，众妙之门。”我特别喜欢最后面的“玄之又玄，众妙之门”。什么是玄呢？翻遍我手里的道家著作，都没有太好的解释。经过很多次的思考，我想到了一个解释：玄就是抽象。玄而又玄就是在抽象的基础上再做抽象。

初稿写于 2023-08-20，2024-12-24 夜略作修改于 863 软件园

第 61 章
安卓调试新纪元

安卓（Android）是在手机、平板等移动设备上流行的软件系统。内核使用的是 Linux，有特色的部分主要在用户空间，最主要的是安卓框架（Android Framework）。

1. 长期问题

因为安全方面的考虑，一般不能直接在安卓系统本机运行终端程序，只能通过 adb 的方式从另一台机器连接，进行一些有限的操作。而 adb 方式在产品阶段一般也常被禁止。

如果要使用 GDB 的话，那么一般要在安卓系统里运行 GDBserver，然后在另一台机器上远程调试。对于这种方法，因为安卓系统的 libc 是谷歌开发的 bionic，不是流行的 glibc，所以 GDBserver 也不是随便找一个就能用，一般是从构建安卓系统的相同环境构建出来的（“原配”）。

2. 一核双头

去年在解决幽兰代码本上如何支持微信的问题时，格蠹的小伙伴尝试了很多种方法。综合评估后，基于 Waydroid 容器的方法脱颖而出。

Waydroid 使用的是和 Docker 类似的容器技术，都是基于 Linux 内核的 cgroup 机制实现的。使用 Waydroid，可以把安卓系统运行在 Linux 内核之上，仿佛给 Linux 内核又长出一个头来（见图 61-1）。

图 61-1　一核双头

3. 上帝视角

有了 Waydroid 方案，就可以直接把安卓应用的 APK 安装包复制到幽兰代码本上，简单双击就可以安装，参见格蠹小伙伴写的文档“在幽兰上安装微信”（https://www.nanocode.cn/wiki/docs/youlan/wechat ）。

更重要的是，以这种方式运行安卓后，所有的安卓进程都可以在 Linux 系统中看到，执行一下 top 或者 ps 命令，就一目了然。

比如，图 61-2 所示为启动微信后，执行 top 命令的结果，可以看到微信的界面进程排在 top 进程列表第一个。

```
top - 17:05:30 up  6:15,  5 users,  load average: 1.32, 1.05, 0.85
Tasks: 427 total,   1 running, 426 sleeping,   0 stopped,   0 zombie
%Cpu(s):  4.3 us,  1.9 sy,  0.0 ni, 93.8 id,  0.0 wa,  0.0 hi,  0.0 si,  0.0 st
MiB Mem :  15924.9 total,    331.9 free,   3780.7 used,  12220.4 buff/cache
MiB Swap:      0.0 total,      0.0 free,      0.0 used.  12144.2 avail Mem

    PID USER      PR  NI    VIRT    RES    SHR S  %MEM     TIME+ COMMAND                                    nMaj nMin
 139020 10140     12  -8  122.9g 764552 421320 S   4.7   5:09.30 com.tencent.mm                              40k 1.6m
 158875 10140     10 -10   22.4g 354396 216776 S   2.2   0:09.10 leged_process_0                            1731  37k
 158891 99002     10 -10  223.5g 379368 132224 S   2.3   0:10.82 ProcessService0                              58  85k
   1513 geduer    20   0 4663740 450512 296348 S   2.8   5:46.55 gnome-shell                                 105 366k
   3758 10142     10 -10 7082092 327064 176768 S   2.0   8:12.94 putmethod.sogou                             82k 3.6m
 159437 geduer    20   0    9872   5092   2928 S   0.0   0:02.17 top                                           0  651
   2824 geduer    20   0 2355640  50500  42188 S   0.3   2:10.61 composer@2.1-se                            3259 6261
 159535 geduer    20   0    3908   2716   2448 S   0.0   0:01.18 bash                                          0  22k
 159964 geduer    20   0    9872   5092   2928 R   0.0   0:00.86 top                                           0  653
  16743 geduer    20   0   21592   7556   4908 S   0.0   0:02.05 sshd                                          0  609
     12 root      20   0       0      0      0 I   0.0   0:27.56 rcu_sched                                     0    0
    498 systemd+  20   0   16136   6572   5720 S   0.0   1:03.01 systemd-oomd                                  4  630
    511 root      20   0       0      0      0 S   0.0   0:28.01 dhd_watchdog_th                               0    0
    512 root      -2   0       0      0      0 S   0.0   1:26.52 dhd_dpc                                       0    0
   6110 geduer    20   0   21664   7748   5000 S   0.0   1:20.77 sshd                                          2 2537
   8100 10142     20   0 6138116 155640 108600 S   1.0   0:12.87 thod.sogou:home                             166  17k
  16701 root      20   0   20664   7864   6136 S   0.0   0:00.20 sshd                                          0 8652
 142915 root       0 -20       0      0      0 I   0.0   0:02.07 kworker/2:1H-events_highpri                   0    0
 143353 root       0 -20       0      0      0 I   0.0   0:03.68 kworker/6:2H-ext_eventd                       0    0
 144314 root       0 -20       0      0      0 I   0.0   0:02.05 kworker/3:1H-events_highpri                   0    0
 152239 root       0 -20       0      0      0 I   0.0   0:00.72 kworker/u17:1-kbase_pm_poweroff_wait          0    0
 152426 root      20   0       0      0      0 I   0.0   0:01.34 kworker/3:0-events_freezable                  0    0
 152643 10140     12  -8  323.4g 563100 369380 S   3.5   0:11.90 nt.mm:appbrand0                            2951 178k
 152657 10140     20   0  105.4g 421424 273124 S   2.6   0:09.37 nt.mm:appbrand1                             378 127k
```

图 61-2　使用 top 命令观察运行在容器里的微信进程

我 10 年前在英特尔工作时，有一段时间是要调试安卓应用的，当时不得不依赖远程连接的方法，必须使用 adb 才能看到安卓的进程，总是感觉隔了一层。所以，当我第一次看到它们都乖乖地出现在普通的 top 窗口里时，感觉非常痛快。

要知道，使用 adb 虽然也可以执行 ps、top 等常用命令，但 adb 中执行的这些命令都是被谷歌筛选过的版本，少了很多功能，很是不爽。

4. 降维调试

当然，有些读者可能已经猜到另一个超爽的好处，那就是可以直接上 GDB 了。

比如，启动微信后，打开一个终端窗口，使用 ps –A 命令找到微信的进程 ID，然后输入 sudo GDB –pid 命令，就可以调试微信了。

我正是用这种方法，找到了微信进程的几个问题，特别是段错误（见图 61-3）和高功耗的问题。

```
(gdb)
Continuing.

Thread 1 "com.tencent.mm" received signal SIGSEGV, Segmentation fault.
0x000000009cdc7ce8 in com.tencent.mm.plugin.newtips.model.i[j] ()
(gdb)
Continuing.

Thread 1 "com.tencent.mm" received signal SIGSEGV, Segmentation fault.
0x000000009cdc7ce8 in com.tencent.mm.plugin.newtips.model.i[j] ()
(gdb)
Continuing.

Thread 1 "com.tencent.mm" received signal SIGSEGV, Segmentation fault.
0x000000009cdc7ce8 in com.tencent.mm.plugin.newtips.model.i[j] ()
(gdb)
Continuing.

Thread 1 "com.tencent.mm" received signal SIGSEGV, Segmentation fault.
0x000000009cdc7ce8 in com.tencent.mm.plugin.newtips.model.i[j] ()
(gdb)
Continuing.




[LWP 229149 exited]
[LWP 229151 exited]
[LWP 229134 exited]
[LWP 148757 exited]
```

图 61-3　使用 GDB 调试微信

值得说明的是，上述方法不仅可以调试安卓应用，还可以调试安卓的后台服务，也就是所谓的安卓框架。当然，也包括调试安卓的基础库，如 bionic、Dalvik 等。

“好的软件是调试出来”，一个不方便调试的系统会大大制约软件开发的效率。安卓系统为了安全性牺牲了普通 Linux 系统的灵活性和很多调试能力，令人遗憾。

上面介绍的调试方案，不需要网络，不需要 GDBserver，不需要虚拟机，可以在同一台物理机器上以“上帝视角”看到所有安卓的进程，直接访问安卓系统的所有文件，而且可以直接上 GDB 调试器。这把安卓系统的调试效率提升到了一个新高度。

初稿写于 2024-03-04，2024-12-25 略作修改于 863 软件园

第 62 章
独上高楼，学习Linux的6种境界

Linux 是全人类的选择，而且既然今天选择了它，那么未来几十年也不大会变，所以 Linux 也代表着未来。对于今天的程序员来说，正经历着这场变化。在桌面领域，Windows 仍有比较大的占有率，但我相信目前正在进行的软件变革，最后一定会让 Linux 成为最流行的系统平台。

对于从事软件开发的各位同行来说，我们当然应该走在普通用户的前头，应该根据技术发展的方向做技术储备。因此，在我看来，今天无须考虑是否需要学习 Linux，只需要考虑如何能学好 Linux。

国学大师王国维曾在《人间词话》里把人生和治学的过程分成 3 种境界。受他的启发，我把学习 Linux 的方法归纳为 6 种境界。

接下来我们就进入第一境。

1. 境界一：读文字

一提到学习，很多人就想到"我要买书"。今天关于 Linux 的书可谓数不胜数。读书当然也是有好处的，所以我们把它归纳成第一种境界。买书是一件好的事情，但是能否从书中有所领悟，就要看读书的方法和认真程度了。

除了书之外，在今天的互联网时代还有很多文章，我推荐大家去看 Linux 内核的官方文档。其中有一些写得非常好的文档，例如 Unreliable Guide To Hacking The Linux Kernel（https://www.kernel.org/doc/html/latest/kernel-hacking/hacking.html），作者是拉斯蒂·罗素（Rusty Russell）。

这篇文档的标题起得非常低调，意思是：对于你想要征服 Linux 内核来说，我给你写的是一个不太可靠的指南。越是这样一种表面上看似不太可靠的说法，就越是值得我们一读。

拉斯蒂是澳大利亚的一位程序员，曾任职于 IBM 的 Linux 技术中心。在我看来，写作是一门非常讲究方法的技术，写相同的内容，不同人写出来的表达方式是不一样的。拉斯蒂写了大量的内核代码，其文章也表现出一些很独到的观点，写得都非常言简意赅。

在这篇不算长的文档中，他写了很多理解内核的关键点，比如有一段是关于函数返回值的，虽然字数不多，却写出了读内核代码需要理解的一个关键特征，即关于返回值的约定。Linux 内核是用 C 语言写的，C 语言具有精悍的特征，讲究宁简勿繁，所以 Linux 内核的代码没有太多杂七杂八的错误判断，也没有太多冗余（例如，保留一大堆参数，将来再用）。

Linux 内核的代码尽可能精简，这一点在返回值上也有体现。关于返回值，拉斯蒂归纳了如下两点：

- 返回零代表成功，返回负数代表失败。这也是我非常喜欢的做法。曾经看到某项目中，所有返回值都是无符号整数，如果要代表错误，需要单独在参数里用指针来传递错误码，有些啰嗦。
- 如果一个函数返回的是指针的话，没有必要单独返回一个错误码，只需把这个错误码编码到指针里。为此，内核里定义了 IS_ERR() 和 PTR_ERR() 这样的宏。

在拉斯蒂的文章里，类似这样短小精悍的要点总结了十几个，文章的篇幅也很短，用一句比较流行的话来说，“真的都是干货”。

小结：学习内核的第一种境界就是读文字、读书、读好的文章、读内核的官方文档。

2. 境界二：读代码

第二种境界就是读代码，Linux 内核是开源的，所以大家一定要抓住机会，利用它开源的特征，读它的源代码。

如果你现在还没有下载 Linux 内核的源代码，建议立刻打开 kernel.org（见图 62-1），下载一份源代码。我鼓励大家下载 longterm 版本，简称 LTS（长期支持版本）。最新的 LTS 是 6.1，在此之前用得比较多的 LTS 是 5.10 或者 5.15，目前在产品中如果用的是 5.10，就算是比较新的了，再往前就是 4.19 版本。下载一个 LTS，放在自己的计算机上，解压缩后就可以随时打开阅读了。

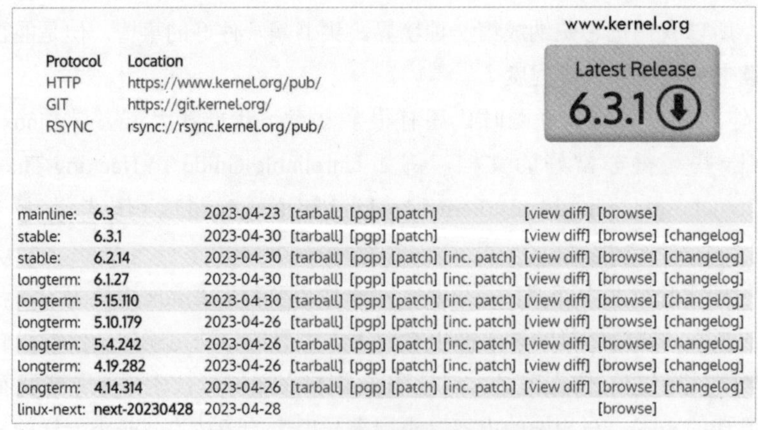

图 62-1　Linux 内核源代码的大本营

Linux 内核的源代码价值连城，是全世界人类智慧的结晶，是全球程序员的通力合作才产生了这样一套代码。因此，我们可以在这套代码中学到很多东西。

首先，Linux 内核组织代码文件的方法就值得学习。Linux 文件目录树的定义原则是“宁广勿深”，宁可目录个数多一些，也不要太深。也就是同一级多一点不要紧，因为这样能够一

目了然，一眼看过去就能知道这一层都有哪些内容。

我曾看到不少软件项目把目录定义得很深，譬如最上面只有两个目录，然后就分开了，每一级都往下扩展出多个目录，像这样的目录树在查找文件时非常不方便，需要频繁“进进出出”。

刚开始读 Linux 内核源代码时，可以先找一些自己感兴趣的函数去读，比如 panic 函数就很有意思，它是 Linux 内核中一个比较古老的函数，早在 0.1 版本就有，只不过在 0.1 版本时，它的实现就是一个死循环。

Linux 内核的 arch 目录代表着 CPU 厂商的发展力量，也很有趣。从 4.4 版本内核到 5.13 版本，再从 5.13 版本到 6.16 版本，arch 子目录的变化是很大的。

在庐山桃花源举办的 Linux 研习班上，有一位同行提了一个非常好的问题：“为什么 ARM 的 32 位和 64 位分成两个目录，而 x86 的在一个目录？”

在我看来，这个问题问得非常好，它代表着做同一件事情的不同方法或是人生的不同态度。

ARM 分成两个目录体现出它的年轻、勇于突破自身，它认为旧的 32 位下面有很多问题，所以它发展到 64 位就创建一个新的目录，丢掉了历史包袱。这就像年轻人，倘若这份工作不想做了，索性就把它抛弃掉，学一门新的技术从头再来。

而在 x86 的历史上有 IA-64 架构，在英特尔看来，希望 64 位就是 IA-64。没想到 IA-64 发展不顺利，AMD 乘机搞出了 AMD64。而且 AMD64 的一大特点就是 64 位和 32 位无缝兼容，所以“没必要”分成两个目录。因此，x86 错失了在 64 位关口丢掉包袱的机会，至今仍背着很重的历史包袱，32 位和 64 位代码混在一个目录里。

3. 境界三：读“信”

接下来的第三种境界是读“信”。信的英文是 Letter，另外消息（Message）、电子邮件（Mail）都可以称为广义上的信。在我读大学时还流行写信，下课时大家都期盼着自己能收到信。

为什么读信和读书的感觉不一样呢？因为信比较短，而且信有具体的场景，更具针对性，让人身临其境。

内核怎么写信呢？内核里面有一个著名的 printk 函数，这个函数是很多内核开发者所依赖的第一大调试方式，包括 Linux 内核之父林纳斯。

我曾统计过 Linux 3.12 的内核，里面有 6 万多条 printk，今天可能已经突破 10 万条。Printk 支持可变参数，可以打印出内核的很多动态信息。把这些消息累积在一起，就可以推测内核走过的路径，了解内核的行踪。

内核消息是非常生动的内核资料。我很喜欢用 dmesg 命令看各种 Linux 系统的内核消息，每次都有所收获。

4. 境界四：写代码

第四种境界是写代码。前 3 种境界的第一个动词都是读，而第四种境界不再是读了，而是写。读，我们可以不必动手，用眼睛来读，但如果是写代码，就需要大家动手了，自己敲代码进去，然后编译执行。

写到这里，我想引用一下我非常崇拜的丹尼斯·里奇说的一句话，他是 C 语言的发明者，同时也是 UNIX 操作系统最重要的两位开创者之一。他说："学一门编程语言的唯一方法，就是用它来写程序。"

对于这句话，我是很信服的，要学好编程，就要写代码。同理，要学习内核，也要写代码，所以我套用丹尼斯·里奇的话来描述一下学习内核："学习内核的一种捷径就是写代码运行到内核中。"

怎么在内核里写代码呢？

一种方法是修改内核本身的源代码，然后构建出内核文件，再以旧换新。但这种方法需要的功力和时间都比较长。

另一种方法是写驱动（ko），因为驱动程序也运行在内核空间。由于驱动是模块化的，所以可以写一个小的驱动，使用 insmod 命令把它动态加载进内核空间。通过写驱动可以感受内核编程的不同，探索如何与内核进行交互，练习写内核代码，体会内核的"为君难"——内核虽然权力大，但也有很多为难之处。

在 Windows 环境下，从 Windows Vista 开始，内核空间的代码必须签名。要想把我们写的代码运行在内核空间，必须要对代码签名。相对而言，在 Linux 环境下可以很轻松地加载驱动，不需要签名。当然，如果你想搭建构建驱动的环境，也有点难度，需要做些准备工作，比如安装内核的头文件。一个例外是，在幽兰代码本上预装好了驱动开发环境，还预装了一个方便学习的样本驱动——刘姥姥（见图 62-2）。

```
geduer@ulan:~$ ls
Desktop  Documents  Downloads  geipc  geipc.0.2.tar.gz  gelabs  linux  Music  Pictures  projects  Public  Templates  Videos
geduer@ulan:~$ cd gelabs
geduer@ulan:~/gelabs$ ls
linux_labs  llaolao2
geduer@ulan:~/gelabs$ cd llaolao2/
geduer@ulan:~/gelabs/llaolao2$ ls
baner.c  gearm.h       llaolao2.vcxproj       llaolao.cpp  llaolao.mod  Makefile
gearm.c  llaolao2.sln  llaolao2.vcxproj.user  llaolao.h    main.c       README.txt
geduer@ulan:~/gelabs/llaolao2$ make
make -C /lib/modules/5.10.110/build M=/home/geduer/gelabs/llaolao2 modules
make[1]: Entering directory '/usr/src/5.10.110'
  CC [M]  /home/geduer/gelabs/llaolao2/main.o
  CC [M]  /home/geduer/gelabs/llaolao2/gearm.o
  LD [M]  /home/geduer/gelabs/llaolao2/llaolao.o
  MODPOST /home/geduer/gelabs/llaolao2/Module.symvers
  CC [M]  /home/geduer/gelabs/llaolao2/llaolao.mod.o
  LD [M]  /home/geduer/gelabs/llaolao2/llaolao.ko
make[1]: Leaving directory '/usr/src/5.10.110'
geduer@ulan:~/gelabs/llaolao2$ sudo insmod llaolao.ko
[sudo] password for geduer:
```

图 62-2　构建和加载刘姥姥驱动

开始写内核代码后，我们就会有王国维所描述的第一种境界："昨夜西风凋碧树，独上高

楼，望尽天涯路。”很多浮在 Linux 表面的人可能没有这种感觉。在我看来，只有你亲自写一些内核代码之后，才会体会到内核的难处，才会知道内核代码所面临的真正挑战——巨大的代码量及各方面的巨大负担，所以要把它做好是很难的。同时，也会发现要学的东西太多，“独上高楼，望尽天涯路”，到处都是茫茫一片。

5. 境界五：内核调试

第五种境界就是要上调试器进行内核调试。当你感受到了内核世界的复杂和漫无边际之后，你很想去探索，但是时间有限，这时候就要提高效率了。

如何提高效率？调试器是提高效率的一个好方法。回想起这么多年我在技术方面的探索过程，给我最大帮助的莫过于调试器。因此，我每学一门新技术，都是想办法上调试器。最近几年，我转向 ARM + Linux，也开发了好几种调试工具，比如硬件方面有挥码枪和 GDK 系列，软件方面有 Nano Code，在我出差时，经常把这些东西都带着。

图 62-3 所示为我在旅途中拍摄的，照片中有两个挥码枪、一个 GDK3（用于调试 ARM 的 M 核）和一个 GDK8（用于调试 ARM 的 A 核，里面也有 Linux）。

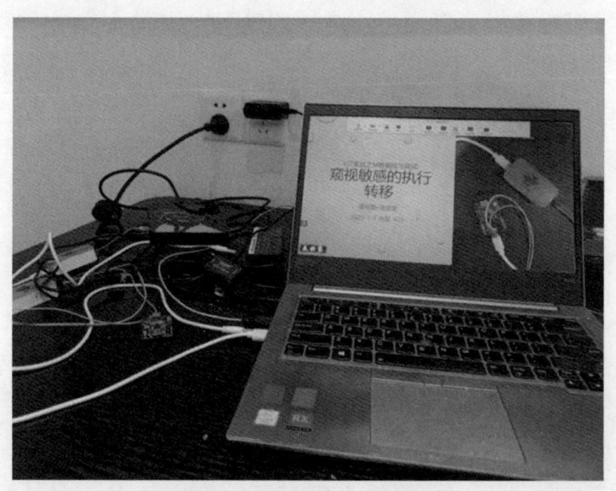

图 62-3　带着调试工具旅行

图 62-4 所示为调试 Wi-Fi 驱动的场景，设置在发包函数的断点命中。可以看到是来自用户空间的一个调用，CPU 一步步进到 socket 层，进入网络协议栈，再进到电路层，给设备驱动，最后就发给物理层做物理传输了。

很多人都对网络感兴趣，无论是研究安全还是做通信，都需要深刻理解网络栈。如何生动地学习网络知识呢？调试器绝对是一种很高效的方法。

为什么我们把读代码只看作是第二种境界？因为读代码很多时候都读不到真正要用的代码，读到的都是死代码。只有在调试时，读到的才是活的代码，因为这个代码是真正在跑的，是你在设断点断下来后切切实实看到的。

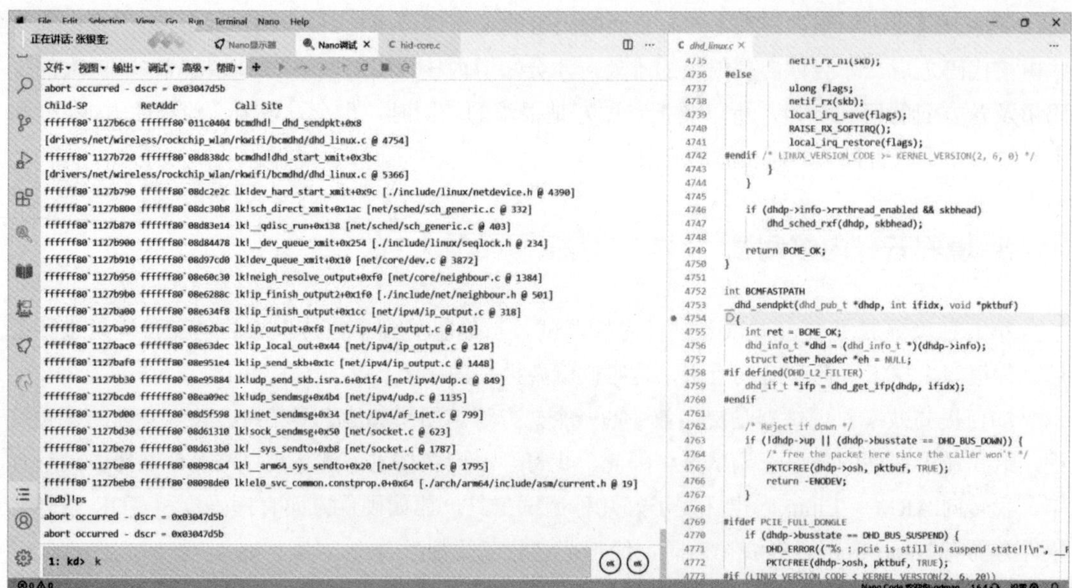

图 62-4　使用 Nano　Code 调试 Linux 内核的 Wi-Fi 驱动

通过内核调试，我们能够提高自己理解内核的效率，设置一个断点，断下来后，立刻就能看出很多问题。

当然，我们也可以用这种方式来学习内核调度器。

```
Child-SP          RetAddr           Call Site
ffffff80`0f08bb00 ffffff80`090a060c lk!__switch_to+0x8 [arch/arm64/kernel/process.c @ 544]
ffffff80`0f08bb90 ffffff80`090a10d8 lk!__schedule+0x2f4 [kernel/sched/core.c @ 3437]
ffffff80`0f08bbb0 ffffff80`08082fa0 lk!preempt_schedule_irq+0x38 [./arch/arm64/include/asm/irqflags.h @ 62]
ffffff80`0f08bbb0 00000000`9200004f lk!el1_preempt+0x8 [arch/arm64/kernel/entry.S @ 665]
dt prev -y comm
Local var @ 0 Type task_struct*
   +0x768 comm : [16]char[]  "Chrome_HistoryT"
dt next -y comm
Local var @ 0 Type task_struct*
   +0x768 comm : [16]char[]  "migration/0"
```

上面是一次抢先式调度的执行过程，内核正在做 CPU 上下文的切换，从一个线程切到另一个线程。

切线程又分成很多种场景，有时是主动让出执行权，可以主动调用 schedule，把执行权交给调度器，由调度器去执行切换，下面便是主动让出执行权的一个实例。

```
Child-SP          RetAddr           Call Site
ffffff80`0a313d30 ffffff80`090a060c lk!cpu_switch_to [arch/arm64/kernel/entry.S @ 1067]
ffffff80`0a313de0 ffffff80`090a0c80 lk!__schedule+0x2f4 [kernel/sched/core.c @ 3437]
ffffff80`0a313e00 ffffff80`080e5f00 lk!schedule+0x38 [kernel/sched/core.c @ 4171]
```

```
    ffffff80`0a313e60 ffffff80`080e147c lk!smpboot_thread_fn+0x258 [kernel/smpboot.c @ 160]
    ffffff80`0a313ec0 ffffff80`08085db0 lk!kthread+0x12c [kernel/kthread.c @ 260]
    ffffff80`0a313ec0 00000000`00000000 lk!ret_from_fork+0x10 [arch/arm64/kernel/entry.S
@ 1104]
```

有时是因为等待信号量而切换线程，比如：

```
    Child-SP          RetAddr           Call Site
    ffffff80`0d8abbb0 ffffff80`090a060c lk!cpu_switch_to [arch/arm64/kernel/entry.S @ 1067]
    ffffff80`0d8abc60 ffffff80`090a0c80 lk!__schedule+0x2f4 [kernel/sched/core.c @ 3437]
    ffffff80`0d8abc80 ffffff80`090a47b8 lk!schedule+0x38 [kernel/sched/core.c @ 4171]
    ffffff80`0d8abd40 ffffff80`090a30e8 lk!schedule_timeout+0x1e0 [kernel/time/timer.c @
1795]
    ffffff80`0d8abdc0 ffffff80`0811a4cc lk!__down_interruptible+0xa0 [kernel/locking/
semaphore.c @ 221]
    ffffff80`0d8abdf0 ffffff80`011c1134 lk!down_interruptible+0x54 [kernel/locking/
semaphore.c @ 85]
    ffffff80`0d8abe60 ffffff80`080e147c bcmdhd!dhd_rxf_thread+0x9c [drivers/net/wireless/
rockchip_wlan/rkwifi/bcmdhd/dhd_linux.c @ 6614]
    ffffff80`0d8abec0 ffffff80`08085db0 lk!kthread+0x12c [kernel/kthread.c @ 260]
    ffffff80`0d8abec0 00000000`00000000 lk!ret_from_fork+0x10 [arch/arm64/kernel/entry.S
@ 1104]
```

上面的调用栈表明这个线程要等待信号量，在调用 down 函数时，进入等待阶段，触发线程切换。

还有一种情况是从空闲线程投入工作，比如：

```
    Child-SP          RetAddr           Call Site
    ffffff80`0a323e70 ffffff80`090a060c lk!cpu_switch_to [arch/arm64/kernel/entry.S @ 1067]
    ffffff80`0a323f20 ffffff80`090a104c lk!__schedule+0x2f4 [kernel/sched/core.c @ 3437]
    ffffff80`0a323f40 ffffff80`080f4f50 lk!schedule_idle+0x24 [./include/asm-generic/
bitops/non-atomic.h @ 106]
    ffffff80`0a323fb0 ffffff80`080f5224 lk!do_idle+0x168 [kernel/sched/idle.c @ 292]
    ffffff80`0a323fd0 ffffff80`08097c38 lk!cpu_startup_entry+0x24 [kernel/sched/idle.c @
370]
    ffffff80`0a324000 00000000`00000000 lk!secondary_start_kernel+0x150 [arch/arm64/
kernel/smp.c @ 255]
```

我把内核调试看作是学习 Linux 内核的第五种境界，对应到王国维所说的第二种境界：“衣带渐宽终不悔，为伊消得人憔悴”。当你达到这种境界后，就会把学习内核当成是一种乐趣，变成一种自然而然的事情。

6. 境界六：相伴

最后一种境界很特别，它有几种称呼，我现在写到文字上的是一种比较雅的称呼——相伴。“夫妻之间相伴到老”，相伴是很高的一种境界，我们和 Linux 内核之间的最高境界也是相伴。

这种境界其实来源于 NT 内核，在 NT 内核开发的最后阶段，开发团队就开始使用开发中

的内核作为自己的工作机。当然，最初是派了几个高手来做这件事，他们先把自己的机器换成开发中的 NT 内核，立刻就发现了大量的 Bug。作为软件工程师，把你自己开发的软件给你自己用，体验自己写的代码究竟如何，感受自己研发的产品到底是好是坏，烂有多烂，好有多好。

目前，对于整个 Linux 系统，它的可用性在某些方面仍有所欠缺，所以很多人在桌面级还是更多地依赖 Windows 或者 Mac。在我看来，如果大家真的想学好 Linux，为什么不直接把自己的工作机切到 Linux 上去呢？我今天在做这件事，我最近经常背着两台计算机，其中一台装的就是 Linux（见图 62-5）。

图 62-5　在高铁上使用装有 Linux 的幽兰代码本

切换到 Linux 可能有很多障碍，需要有所付出，但这个付出的过程恰恰就是我们学习的过程。在这个过程中，我们可以深刻感受 Linux 系统的不足，能更好地学习内核。

有的人说：“我不要做小白鼠，不要这么干，我就等你们都体验好了，然后我再切过去。”这不是开发者的心态，而是普通用户的心态。作为程序员，就是要始终站在技术的前沿，学习新的技术，遇到各种问题加以解决。当然，我这样说并不是没有问题硬要找问题，而是你要有一个真实的环境，这样你所遇到的问题就都是有代表性的、有意义和有价值的，代表着潮流，然后你再钻研到这些问题里去，就是始终跟随着这个潮流。

进入到这种状态，我认为只要坚持就可以达到王国维所归纳的第三种境界——“众里寻他千百度，蓦然回首，那人却在灯火阑珊处”。一直坚持，整天和 Linux 环境朝夕相处、日夜相伴，今天学一点，明天学一点，你敲的每一条命令、执行的每一次操作、单击的每一次鼠标按键，都是在感受 Linux，都是在学习 Linux，都是在和内核对话。这时候，你的进步是一点一滴的，是在无形中向上前进的。像这样每一天的朝夕相伴，我相信有一天你蓦然回首，就会发现你的水平不一样了，很自然地就能理解内核的各种机制。

初稿写于 2023-06-21，2024-12-25 夜略作修改于 863 软件园

第 63 章
如何格软件

有位同行在微信里很客气地询问学习软件的方法：“张老师能和您请教一下 CS（计算机科学）的学习方法和学习路径吗？”而且附加了一个条件，“个人需要可操作性比较强的方法。”

是啊，对于已经工作了的同行，每天上班就够忙碌的了，如果遇上“996”的单位，那么属于自己的时间就更少了。对于已经结婚和有小孩的同行，业余时间还要照顾家庭，那么留给自己的学习时间就更少，而且是碎片化的。

在这种情况下，如何兼顾工作和家庭，而又能给自己学习充电呢？我推荐的方法是调试。大家都知道调试技术的基本用途是解 bug。但其实，它也是学习（软件）的一种好方法。

从我的个人经历讲，我工作后学到的大多数软件知识都是使用调试方法学来的。回想起来，大学读书时，花在书本上的时间最多，但很多东西都停留在表面。工作之后，花大块时间来读书的机会不多。在写《软件调试》一书那几年里，几乎每天都在用调试器，不论白天还是晚上。《软件调试》出版后，略微放松了一下，但是“上调试器”仍是我最爱的方法，不论是工作还是学习，这句话成了我的口头禅。

与读书相比，调试方法有几个明显的优势。首先是不空洞，总是面对具体的问题，具体的目标，具体的模块，具体的代码。朱熹说过，“言理则无可捉摸，物有时而离。言物则理自在，自是离不得。”套用一下，单纯读书或者读代码，有时会缺少抓手，陷入迷茫，调试时，则容易找到抓手，深入进去，而且道理也自然在里面。

第二是效率高。上了调试器之后，可以穿透层层迷雾，直接抵达问题的关键之处，因此可以大大节约时间。

第三是有乐趣，探索的乐趣，发现的乐趣，学习到知识和解决问题后还有收获的乐趣。

以上三点，对于使用碎片时间来学习的同行尤其重要。

如果你认可了调试的方法，下一步便是选择调试器了。著名的调试器有很多，我推荐两个：WinDBG 和 GDB。前者主要用于 Windows 平台上，后者用于 Linux、FreeBSD 和 MacOS 等平台上。

两大调试器在使用细节上有很多不同。但是从功能或者“道的层面”来看，它们又是非常相似的，可谓“理一分殊”（见图 63-1）。

双剑合璧——WinDBG
与GDB之理一分殊

张银奎

2017-08-11 庐山秀峰中正行营

图 63-1　庐山研习班上同时介绍两大调试器

虽然都可以配合图形界面工作，但是两大调试器的主要接口都是“命令行”。要学习两大调试器的所有命令非一朝一夕之功，好在只要掌握常用的命令，便可以解决一些问题。表 63-1 所示为我总结的两大调试器的常用命令。

表 63-1　两大调试器的常用命令

WinDBG 命令	GDB 命令	功能
bp	break 或 b	设置软件断点
ba	watch	设置硬件断点
k	backtrace 或 bt	显示函数调用序列（栈回溯）
g	continue 或 c	恢复执行
p/t	next/step 或 n/s	单步跟踪
d	x	观察内存
dv	info locals	观察局部变量
dt	pt	观察数据类型（结构）
gu	finish	执行到函数返回
.frame	frame	切换当前栈帧
lm	i shared	列模块

《软件调试》（卷 2）第 30 章很详细地介绍了 WinDBG 的用法。微信盛格塾里有很多关于 WinDBG 和 GDB 的专题资料。

“学不可以已”，希望调试技术可以成为大家学习的好帮手，快乐学习，不断进步。把《软件调试》第 2 版（卷 1）的一句评语送给大家吧。

“古有读书之乐，穿越时光，悟古人心境；今有调试之乐，电波传语，与硅片对谈。”

初稿写于 2019-04-24，2024-12-29 略作修改于北京西二旗 Windows 调试研习班后

附录 A
ARM的多重含义①

可能是因为ARM公司的人太喜欢A、R、M这3个字母了，他们总是一有机会就使用这3个字母，不断赋予其更多含义。

ARM缩写的最初含义是Acorn RISC Machine，代表英国的Acron计算机公司的RISC芯片项目。该项目于1983年开始，1985年4月在VLSI（总部在硅谷的半导体公司）流片并通过测试，1986年开始在个人计算机、PDA等领域应用。

1990年，苹果公司、VLSI公司准备和Acorn公司一起合作研发ARM CPU，大家觉得最好成立一家新的公司，于是在1990年11月成立了名为Advanced RISC Machines Ltd.的公司。于是，ARM缩写的含义改变为Advanced RISC Machines。1998年，这家公司改名为ARM Holdings，即今天使用的名字。

A、R、M这3个字母在ARM架构中的另一种重要含义是代表ARM架构的A、R、M三大系列（Profile）。

A系列的全称为Application profile，面向比较复杂的通用应用，支持分页模式和复杂的虚拟内存管理，即所谓的基于MMU（Memory Management Unit）的虚拟内存系统架构（Virtual Memory System Architecture，VMSA），智能手机中使用的ARM芯片大多是这一系列的芯片，本书中讨论的也主要是这一系列。R系列的全称是Real-time profile，主要用于高实时性要求的各种传统嵌入式设备，支持基于MPU的保护内存系统架构（Protected Memory System Architecture，PMSA）。M系列的全称是Microcontroller profile，用于功能单一的深度嵌入式设备，比如GDK3和挥码枪使用的包含M核的SoC。ARM架构的每个版本一般都会包含以上3个系列的设计，文档也是按这3个系列分类的，比如ARMv8-A代表ARM版本8的A系列。

ARM缩写的另外一种重要含义是代表ARM架构参考手册（Architecture Reference Manual）。ARM的作用类似于英特尔架构的SDM（Software Developer's Manual），是学习和使用ARM架构处理器的最重要资料。值得说明的是，与英特尔公司不同，ARM公司没有芯片工厂，并不直接生产和销售芯片，它的主要商业模式是把ARM架构授权给高通、三星、华为等公司，收取授权费。这种授权模式决定了ARM手册（本书在文档含义的ARM缩写后加"手册"二字以便阅读）只是关于ARM架构的通用特征和参考，定义了所有ARM架构处理器应该兼容的外部特征，不是内部实现。这里的外部特征是指对编程者可见的特征。用ARM手册上的话来说，ARM手册定义了一个"抽象机器"的行为（defines the behavior of an

① 选自《软件调试》第2版第2章新增ARM内容，略有修改。

abstract machine），这个抽象机器被称为处理器单元（Processing Element，PE）。ARM 手册同时描述了编程者应该遵循的规则。

以上介绍了“ARM”的几种不同含义，了解这些基本知识对于阅读 ARM 文档非常重要，否则就可能被下面这样“ARM”连续出现的情况搞晕。

During work on this issue of the ARMv8 ARM, a software issue led to several text insertions disappearing from chapter D1…

这句话来自作者最近下载的 ARM 手册的封面，句中有两个 ARM，前一个是 Advanced RISC Machines 的缩写，后一个是 Architecture Reference Manual 的缩写。

初稿写于 2017-05-10，2024-12-30 略作修改于 863 软件园

附录 B
庐山研习班上介绍的25个Linux工具

从 2013 年的第一届算起，庐山研习班已经走过了十几个年头，办了几十次了，但每一次都有很多不一样，即使是相同的主题，也有很大差异。今年春季的庐山研习班是在上个周末。周四晚上我和大部分同学都到了五老峰脚下的训练基地（见图 B-1）。

图 B-1　庐山五老峰下的研习班营地

除了周六下午一起爬山之外，从周五一早到周日下午的三天两晚时间里，大家都沉浸在 Linux 的世界里。

为了提高知识的转化率，在这一届研习班里，我尽可能减少单纯的讲解，努力增加讨论和动手试验。在讨论方面，感谢有多位资深码农参加，提出了很多高质量的问题，不时还有很精彩的“点评”和“共鸣”。

在动手试验方面，除了预定的大量操作，我还在回答问题时“临时起意”，带着大家写代码，然后上调试器，一起探索。有一个问题是，当一个程序在做死循环，有人 kill 它时，是怎么从循环里跳出来的。我当场写了一个做 while 循环的小程序，用 GCC 编译，然后上 GDB 观察信号分发的过程，使用 handle 命令配合，把干讲很难说清的问题，让大家看得一清二楚。

研习班上，有“同学”给我留了个作业，希望把讲过的工具和命令总结一下。我觉得这个建议非常好，立刻答应下来。周一一早回到上海后，我便直接到单位上班了。前几天晚上又忙别的事情了，但我一直记着这个作业，今晚终于抽出时间，整理出下面这个列表。

1）apt

apt install 安装软件包。

apt-cache search 搜索软件包。

2）chrt

创建在“头等舱”运行的进程，管理进程的实时属性。

3）dmesg

看内核消息，我把它比喻为“内核日记”。

4）gdb

上调试器，除了常用的命令，还现场演示了很多种特殊用法，比如调用 malloc、弥补 perf 的不足查找函数名及飞程序指针等。

5）insmod

将“刘姥姥”驱动送进高特权的内核空间。

6）KernelShark

图形化方式捕捉追踪事件和显示分析。

7）lsmod

观察内核模块。

8）cat /proc/maps

观察进程空间。

9）nice

调整普通仓里进程的优先级。

10）objdump

观察二进制文件。

11）perf stat

看 CPU 工厂的硬指标。

12）perf top

观察热点。

13）ps

看软件世界里的众生。

14）pstree

理解进程的关系。

15）readelf

理解可执行文件格式和很多软件机制。

16）renice

动态调整优先级。

17）STRACE

观察系统调用，理解大局观，简单调优。

18）taskset

绑定 CPU。

19）tee

与 sudo 配合修改特殊的虚文件，比如 echo 1 | sudo tee -a < 需要 sudo 才能访问的虚文件 >。

20）top

Linux 下的任务管理器。

21）trace_cmd

使用追踪机制的命令行工具。

22）valgrind

二进制插桩方式的内存错误检查工具。

23）vim

经典的编辑器。

24）windbg

Windows 下的经典调试器，使用它可以帮助用户理解地址空间。

25）挥码枪

last but not least，硬件调试器，将内核断下来，慢慢观察。

初稿写于 2024-04-25，2024-12-29 略作修改于北京西二旗 Windows 调试研习班后

附录 C
故事中的那些计算机

本书中的大多数故事都是关于软件的，而软件工作时一定离不开计算机硬件。如果说软件是演员，那么硬件就是演员脚下的舞台。基于这样的考虑，本附录特别把承载书中故事的那些计算机简介如下。

1. Dell/ 戴尔 灵越 15(7560)：CPU 是 i5-7200U, 处理器频率 2.5GHz，型号为 Ins15-1645，Ins 是 inspiron 的缩写，译为“燃”。这个本子是我决定离开 Intel 后在 2016 年 12 月买的，在淘宝上下单，确切时间是 2016-12-12 23:11:11。价格 6099 元，实际支付 5999 元。离开 Intel 后，我过了一段不需要上班的悠闲时光，这个本子跟随我一起到过庐山的很多地方，秀峰、桃花源、卧龙岗等。这个本子是 15.6 英寸的屏幕，塑料外壳，不算大的机身里面还有一个 4GB 的独显 NVIDIA GeForce 940MX，我用这个 GPU 做了很多 CUDA 的试验，包括在 GPU 研习班上用它做演示。可能是因为工作强度太大，这个本子用了不足 2 年就坏掉了。

2. ThinkPad E580：2018 年双十一时买入，标准价格 9488 元，双十一价格 8188 元，黑色，经典的 ThinkPad 长相。型号是 E580-2KCD 升级版，基本配置为 I7-8550U/16G/256G 固态 +1TB 机械 /2GB 独显 /IPS 高分屏。这个本子的屏幕也很大，也有独立显卡，是 AMD 的 Radeon。我从不打游戏，这个外加的 AMD 显卡对我来说很是无用，白白消耗电能，也增加散热负担。2022 年 3 月 1 日，这个本子无法充电了，我尝试关机充电，于是就再也不能开机了。《软件简史》的很多书稿以及本书中的很多文章是在这个本子上写的，有些故事也是发生在这个本子上的。

3. ThinkPad E480：灰色，I7-8550U，16GB 240GB 固态 +1TB 机械硬盘。这个本子是 E580 坏掉后，紧急购入做替补的。14 英寸屏幕，也有 AMD 的独立显卡。刚买来时，发生过几次突然重启，我把超频禁止掉后，没有这个毛病了。写这段文字时用的正是这个笔记本，它已经服务 3 年多了。C 面上贴的标签全部掉落了，右下端的转角也掉了一小块。本书中最近 2~3 年的一些故事要么发生在这个本子上，要么是在这个本子上写的。

4. 幽兰代码本：基于 RK3588 芯片的笔记本，16GB 内存，128GB 闪存（eMMC），512GB NVME 固态硬盘，预装 Linux 内核和 Ubuntu 发行版。和 GDK8 类似，它也可以与挥码枪配合，支持内核调试和固件调试，比如调试 U-Boot，或者 UEFI。这个本子不大，也比较轻，但是功能很多，有 VPU，有 GPU，也有 NPU，可以用它实践包括大模型在内的很多技术。它的另一大特色就是超强的续航能力，充一次电，可以工作六七个小时，我经常带着它出差，在高铁和飞机上使用特别好，根本不用充电。本书中的一些故事就是在这个本子上写的。

更多介绍请扫描封底“本书资源”二维码了解。